# 优质青粗饲料
## 资源开发利用关键技术和典型案例

YOUZHI QINGCU SILIAO
ZIYUAN KAIFA LIYONG GUANJIAN JISHU HE
DIANXING ANLI

农业农村部畜牧兽医局
全 国 畜 牧 总 站 组编

中国农业出版社
北 京

图书在版编目（CIP）数据

优质青粗饲料资源开发利用关键技术和典型案例 / 农业农村部畜牧兽医局，全国畜牧总站组编. — 北京：中国农业出版社，2021.12

ISBN 978-7-109-29102-7

Ⅰ. ①优… Ⅱ. ①农… ②全… Ⅲ. ①青贮饲料-资源开发-案例②青贮饲料-资源利用-案例 Ⅳ. ①S816.5

中国版本图书馆 CIP 数据核字（2022）第 009572 号

中国农业出版社出版

地址：北京市朝阳区麦子店街 18 号楼

邮编：100125

责任编辑：王森鹤　弓建芳

版式设计：王　晨　　责任校对：吴丽婷

印刷：中农印务有限公司

版次：2021 年 12 月第 1 版

印次：2021 年 12 月北京第 1 次印刷

发行：新华书店北京发行所

开本：787mm×1092mm　1/16

印张：17.25　　插页：2

字数：385 千字

定价：100.00 元

## 编写人员

主　　编：玉　柱　王中力　李蕾蕾

副主编：罗海玲　张立志　田　莉　李新一　柳珍英

编　　者：（以姓氏笔画排序）

王　炳　王　赫　王　磊　王中力　王显国

王瑞红　玉　柱　田　莉　田吉鹏　史莹华

白春生　包锦泽　司丙文　师尚礼　刘忠宽

刘庭玉　闫艳红　祁　娟　许庆方　孙志强

孙雨坤　苏华维　李　昕　李　源　李文麒

李佳瑞　李新一　李蕾蕾　杨　阳　杨文钰

杨红建　杨富裕　肖海霞　何晓涛　张　庆

张立志　张美艳　张晓涵　陈　强　林炎丽

罗海玲　柳珍英　娜日苏　敖日格乐　贾婷婷

倪奎奎　徐生阳　高　润　郭旭生　曹　烨

游永亮　谢　悦　谢艺潇　薛世明　薛泽冰

# 前 言

Foreword

■■■

随着我国畜牧业结构的持续调整与优化升级，肉牛肉羊标准化规模养殖取得了长足进步，但是优质青粗饲料供给不足已成为牛羊等草食畜牧业更快更好发展的短板。为挖掘我国优质青粗饲料的生产潜力，提升生产水平和供给能力，促进草食畜牧业的绿色可持续发展，“十三五”期间，农业农村部畜牧兽医局启动实施了“优质青粗饲料资源开发利用示范”项目。

项目在农业农村部畜牧兽医局的总体设计和全国畜牧总站的组织协调下，以中国农业大学为主要实施单位，联合中国农业科学院、甘肃农业大学、河南农业大学、内蒙古农业大学、山西农业大学、河北省农林科学院、云南草地动物研究院、华南农业大学和四川农业大学等多家农业院校和科研院所，在我国肉牛肉羊主产区开展示范点创建、种植轮作模式优化、品质控制技术开发、肉牛肉羊肉驴精准饲喂技术研究和集成配套技术的示范推广等工作。项目全体成员凝心聚力、踔厉奋发，在科研创新、技术攻关、试验示范和宣传推广等方面取得了一系列成果，带动了我国优质青粗饲料的生产供给能力和加工利用水平的提升，促进了我国草食畜牧业的高质量发展。

为贯彻落实《中华人民共和国乡村振兴促进法》《国务院办公厅关于促进畜牧业高质量发展的意见》以及农业农村部《推进肉牛肉羊生产发展五年行动方案》等对加快畜牧业高质量发展的要求，充分体现优质青粗饲料在草食畜牧业中的压舱石作用，并对项目成果进行梳理总结，农业农村部畜牧兽医局和全国畜牧总站组织项目专家编写了这本《优质青粗饲料资源开发利用关键技术和典型案例》，以期为优质青粗饲料资源开发利用提供借鉴与参考。

本书分为“技术篇”和“案例篇”。“技术篇”从“优质饲草种植栽培关键技术”“优质青粗饲料调制加工关键技术”和“优质青粗饲料饲喂利用关键技术”三个方面展开，详细介绍了45项优质青粗饲料资源开发利用关键技术；“案例篇”详细介绍了我国河北、山西、内蒙古、山东、河南、四川和宁夏等省（自治区）10家项目示范企业（合作社）的经营管理实践经验。书中优质青粗饲料关键技术和示范点案例紧密结合，适合畜牧行业专业技术人员和广大从业者参考使用。

书稿的编写和修改过程中得到了多位行业专家的大力支持，在此谨对各位专家学者、技术人员以及相关单位的辛勤付出表示诚挚的感谢。由于我国地域广阔，各项技术与案例不能完全满足各地区、各部门和广大读者的需求，加之时间紧迫、编者水平有限，不足之处敬请广大读者批评指正。

编　者

2021年11月

# 目　录

Contents

前言

## 技 术 篇

第一节　优质饲草种植栽培关键技术 / 3

一、盐碱地雨养旱作苜蓿沟播与高效追肥关键技术 / 3
二、雨养旱作青贮玉米宽窄行间作饲用大豆关键技术 / 5
三、饲草谷子-毛叶苕子雨养旱作复种关键技术 / 7
四、科尔沁沙地苜蓿生产关键技术 / 10
五、“饲用黑麦-高丹草”一年两作青绿饲草周年生产关键技术 / 14
六、高丹草宽窄行一穴双株膜上覆土栽培关键技术 / 17
七、饲用小黑麦-青贮玉米复种关键技术 / 20
八、河西走廊绿洲荒漠交错区苜蓿禾草混播草地建植关键技术 / 24
九、西北黄土高原丘陵灌区苜蓿与老芒麦混播放牧利用关键技术 / 28
十、西北黄土高原丘陵区饲用玉米间作高丹草混收混贮关键技术 / 32
十一、河西走廊农区5年苜蓿1～2年玉米高效轮作关键技术 / 36
十二、厩肥配施化肥饲草提质增效关键技术 / 40

第二节　优质青粗饲料调制加工关键技术 / 44

一、禾谷类饲草青贮饲料硝酸盐减控关键技术 / 44
二、全株玉米与拉巴豆混合青贮关键技术 / 47
三、新型乳酸菌青贮添加剂及其应用关键技术 / 51
四、构树高效青贮加工与动物利用关键技术 / 58
五、柠条揉切捆贮关键技术 / 61
六、菌解木质纤维素苜蓿干草生产关键技术 / 65
七、高水分牧草青贮关键技术 / 68
八、玉米-大豆带状复合种植与混合青贮关键技术 / 74

九、热区高禾草种质资源挖掘与利用关键技术 / 79
十、辣木高效青贮关键技术 / 84
十一、以玉米秸秆为基础颗粒化全混合日粮生产利用关键技术 / 87
十二、天然优质牧草青贮关键技术 / 92
十三、饲用甜高粱青贮饲料加工与利用关键技术 / 95
十四、柱花草青贮调制关键技术 / 99
十五、饲草青贮霉菌毒素抑制关键技术 / 102
十六、低水分青贮苜蓿原料外源性灰分减控关键技术 / 108

第三节 优质青粗饲料饲喂利用关键技术 / 111

一、肉羊用苜蓿型发酵全混合日粮配方与饲养关键技术 / 111
二、夏季放牧草场带犊母牛补饲和哺乳期犊牛“放牧＋补饲”高效培育关键技术 / 115
三、天然放牧草场不同生长阶段肉用母牛精准补饲关键技术 / 119
四、舍饲条件下围产期肉用母牛能量高效利用饲养关键技术 / 122
五、杂交构树青贮及饲喂关键技术 / 124
六、酿酒葡萄皮渣在肉牛生产中的应用关键技术 / 129
七、中部地区组合型优质青粗饲料高端牛肉生产关键技术 / 133
八、中部地区花生秧-全株玉米青贮混合日粮肉牛育肥关键技术 / 140
九、中部地区组合型优质青粗饲料肉羊育肥关键技术 / 146
十、苜蓿青贮型肉牛饲料配方与饲养关键技术 / 151
十一、中部地区花生秧混合日粮肉羊育肥关键技术 / 155
十二、舍饲与人工草场放牧肉羊高品质育肥关键技术 / 160
十三、优质蛋白源青贮饲料在滩羊养殖中利用关键技术 / 164
十四、华北地区小尾寒羊全株小麦青贮和燕麦草混合日粮育肥关键技术 / 169
十五、全株小麦青贮苜蓿干草组合肉羊饲喂关键技术 / 173
十六、“张杂谷”谷草青贮和谷草干草育肥关键技术 / 176
十七、全株玉米青贮饲喂育成驴关键技术 / 180

案 例 篇

第一节 河北省优质青粗饲料资源开发利用典型案例 / 189

一、河北省张家口市兰海牧业示范点“光伏＋养殖”肉羊养殖典型案例 / 189
二、河北康宏牧业公司黄淮海地区饲用小黑麦-青贮玉米节水省肥高效种植模式典型案例 / 197

第二节 山西省优质青粗饲料资源开发利用典型案例 / 206

山西盛态源农牧有限公司小黑麦-青贮玉米生产模式典型案例 / 206

**第三节　内蒙古自治区优质青粗饲料资源开发利用典型案例** / 210

一、内蒙古通辽市沃格德勒生态养殖有限公司肉牛饲养典型案例 / 210
二、内蒙古绿田园农业有限公司肉羊饲养典型案例 / 216
三、内蒙古多伦县博赫牛场肉牛健康绿色养殖典型案例 / 225

**第四节　山东省优质青粗饲料资源开发利用典型案例** / 231

山东临清润林牧业优质青粗饲料开发利用关键技术典型案例 / 231

**第五节　河南省优质青粗饲料资源开发利用典型案例** / 241

河南恒都食品有限公司“基地＋合作社＋农户”肉牛养殖典型案例 / 241

**第六节　四川省优质青粗饲料资源开发利用典型案例** / 251

四川农垦牧原天堂农牧科技有限责任公司高原藏区种养循环模式典型案例 / 251

**第七节　宁夏回族自治区优质青粗饲料资源开发利用典型案例** / 257

宁夏红寺堡区天源良种羊繁育养殖有限公司滩羊饲养典型案例 / 257

# 技术篇

JISHUPIAN

# 第一节 优质饲草种植栽培关键技术

## 一、盐碱地雨养旱作苜蓿沟播与高效追肥关键技术

### （一）技术概述

1. 技术基本情况　针对黄淮海平原盐碱旱地苜蓿传统播种技术出苗难度大、传统追肥技术效果差等突出问题，以滨海盐碱地水盐运移规律、土壤养分特征及苜蓿养分需求规律为基础，研究建立了以深开沟、浅覆土、中镇压为核心的雨养旱作苜蓿沟播技术和以冬前追肥、开沟条施肥、苜蓿专用肥为核心的雨养旱作苜蓿高效追肥技术，优化集成了盐碱地雨养旱作苜蓿沟播与高效追肥技术，不仅解决了黄淮海地区盐碱地雨养旱作苜蓿播种出苗和施肥的技术问题，同时实现了水肥高效互作，提高了肥根水共济效应，保证了盐碱地雨养旱作苜蓿丰产稳产。

2. 技术示范推广情况　盐碱地雨养旱作苜蓿沟播与高效追肥技术近年来在河北省沧州市累计推广应用 6 000 $hm^2$ 以上。

### （二）技术要点

盐碱地雨养旱作苜蓿沟播与高效追肥技术主要包含 2 个技术核心，一是盐碱地雨养旱作苜蓿沟播技术；二是盐碱地雨养旱作苜蓿高效追肥技术。

1. 盐碱地雨养旱作苜蓿沟播技术

（1）机械选择　黄淮海平原盐碱地苜蓿春季播种、秋季播种时，选用专用开沟播种机械（自带镇压装置）进行苜蓿沟播播种。

（2）播种要求　开沟深度一般 3～5 cm，覆土厚度 1.0～1.5 cm，播后镇压，播种行距 20～25 cm，播种量（净种子）2.25～3.00 $g/m^2$。

（3）杂草防治　播种后出苗前（一般在播后 3 d 内）进行土壤封闭防治苜蓿苗期杂草（图 1-1），可选用 48%地乐胺（双丁乐油）乳油 200～250 mL 兑水 30～40 kg 进行喷雾，或选用 50%乙草胺乳油 75～100 mL 兑水 30～40 kg 进行喷雾（若地块阔叶杂草严重，可添加 80%的阔草清水分散粒剂 4 g）。

2. 盐碱地雨养旱作苜蓿高效追肥技术

（1）施肥时间选择　黄淮海平原盐碱地雨养旱作苜蓿适宜施肥期为最后一茬刈割后（冬季施肥）、第一茬刈割后、第二茬刈割后，其中重点在最后一茬刈割后（冬季施肥）、第一茬刈割后（图 1-2）。

（2）施肥方式选择　施肥方式一般采用开沟条施，开沟深度 10 cm 左右为宜。

（3）肥料养分配比要求　以磷、钾肥为主，兼顾氮肥，一般氮磷钾比例 1∶2∶1 为宜。

图 1-1 盐碱旱地苜蓿沟播出苗效果

图 1-2 盐碱地雨养旱作苜蓿高效追肥示范田

（4）肥料用量 每次亩施苜蓿氮磷钾专用复合肥或磷酸二铵 15～20 kg。

## （三）技术效果

### 1. 已实施的工作

（1）盐碱地雨养旱作苜蓿沟播技术生产试验示范 分别在沧州黄骅、南大港产业园、中捷产业园等典型盐碱雨养旱作区开展苜蓿沟播技术应用的生产试验示范。在同一示范区，选择相邻且土质相对均匀的 6 块土地，每块面积为 6 667～66 667 $m^2$，将 6 块土地随机分成 2 组，每组分别对应苜蓿沟播和撒播播种技术处理。播种后，在每块土地随机选取 5 个 30 $m^2$（5 m×6 m）的样方，做好标记，用作后期出苗率调查。后期管理措施保持一致。

（2）盐碱地雨养旱作苜蓿高效追肥技术生产试验示范 分别在沧州黄骅、南大港、中捷等典型盐碱雨养旱作区开展盐碱地雨养旱作苜蓿高效追肥技术生产对比试验示范。在同一示范区，选择生长年限（3 年）、密度、产量、地力等基础指标相同或相近的 12 块苜蓿地，每块面积约 20 亩*[1]，在同一块土地上随机选取 5 个 30 $m^2$（5 m×6 m）的样方，做好标记，用作后期产量调查和肥料利用率计算。将 12 块苜蓿地随机分成 4 组，每组分别对应常规追肥 1（第一茬苜蓿收获后表面撒肥）、常规追肥 2（最后一茬苜蓿收获后表面撒肥）、高效追肥 1（第一茬苜蓿收获后开沟施肥）、高效追肥 2（最后一茬苜蓿收获后开沟撒肥）等处理。后期管理保持一致。

**2. 取得的成效**

（1）盐碱地雨养旱作苜蓿沟播技术和常规播种技术相比，苜蓿出苗率平均提高 60% 以上，苜蓿单位面积产量增加 50%以上，亩均纯收益提高 40%以上。

（2）盐碱地雨养旱作苜蓿高效追肥技术与常规追肥技术相比，苜蓿单产平均提高 30%以上，化肥利用率提高 40%以上，亩均纯收益增加 35%以上。

### （四）技术适用范围

本技术适用于黄淮海平原盐碱地雨养旱作苜蓿，同时可供黄淮海平原其他雨养旱作苜蓿及西北地区、东北地区雨养旱作苜蓿参考。

### （五）技术使用注意事项

1. 盐碱地雨养旱作苜蓿沟播技术适宜在春季雨季来临前 15 d 应用，避免大雨淹没苜蓿幼苗而造成死苗。

2. 钾肥宜使用硫酸钾，不能使用氯化钾，以免加重盐碱地盐害。

3. 黄淮海盐碱地普遍严重缺乏磷素、氮素，而且根瘤发育严重不足。因此，苜蓿追肥时要根据土壤养分状况及苜蓿产量目标合理重施磷肥、氮肥。

## 二、雨养旱作青贮玉米宽窄行间作饲用大豆关键技术

### （一）技术概述

**1. 技术基本情况**　针对华北地区雨养旱作青贮玉米产量不高、蛋白饲草短缺、耕地土壤肥力不高等突出问题，以豆禾间作研究为基础，研究建立了以宽窄行缩株增密、深沟播、秋耕翻等为核心的青贮玉米宽窄行缩株增密雨养旱作技术和以耐荫晚熟品种、适度密植为核心的饲用大豆雨养旱作技术，优化集成了华北地区雨养旱作青贮玉米宽窄行间作饲用大豆技术，有效解决了华北地区雨养旱作青贮玉米产量低、蛋白饲草短缺、耕地土壤肥力不高等问题，同时显著提高了种植经济效益。

**2. 技术示范推广情况**　雨养旱作青贮玉米宽窄行间作饲用大豆技术近年来在河北省沧州市、石家庄市等地已累计推广应用 6 666.67 $hm^2$，增收近 4 000 万元（图 1-3）。

### （二）技术要点

盐碱地雨养旱作苜蓿沟播与高效追肥技术主要包含 3 个技术核心，一是青贮玉米宽窄

* 1 亩≈667 $m^2$。——编者注

图 1-3 雨养旱作青贮玉米宽窄行间作饲用大豆技术示范田

行缩株增密雨养旱作技术；二是饲用大豆雨养旱作技术；三是青贮玉米饲用大豆一体化收获技术。

**1. 青贮玉米宽窄行缩株增密雨养旱作技术**

（1）土地整理　为更好积蓄雨雪水，最好在前一年秋季进行土壤深翻，耕翻深度 30 cm 以上，翻后进行耙磨整地。播种当年早春顶凌耙地减少蒸发，播前进行土壤镇压。

（2）玉米播种方式选择　为实现借墒保墒、避风早播，宜采用深沟播方法。采用专用开沟播种一体机械，开沟深度 10 cm 左右，播种深度 4～5 cm。覆土要严，播后镇压。

（3）玉米播种要求　青贮玉米采取宽窄行种植，大行距 120～160 cm，小行距 33 cm 左右，株距 16 cm 左右；2 行或 3 行玉米一带，玉米密度为每平方米 6.75～7.50 株。

（4）玉米养分管理　结合整地施用腐熟有机肥 3 000～3 750 $g/m^2$，玉米专用三元复合肥（总养分 45%及以上）30～37 $g/m^2$；若无有机肥，则底施玉米专用三元复合肥（总养分 45%及以上）60～67 $g/m^2$。在玉米拔节期至大喇叭口期趁雨追施尿素，一般 22～30 $g/m^2$。

**2. 饲用大豆雨养旱作技术**

（1）大豆品种选择　饲用大豆宜选用晚熟品种。

（2）大豆播机械选择　在玉米大行间同期播种饲用大豆，推荐使用玉米大豆一体播种机，进行玉米大豆同步播种；或采用大豆专用播种机，单独进行播种作业。

（3）大豆播种要求　播种行距 40 cm 左右，株距 15 cm 左右，播种深度 3～5 cm，距玉米行 40 cm 左右，亩密度 2.5～3 万株。

（4）大豆养分管理　结合整地施用腐熟有机肥 2 250～3 000 $g/m^2$，大豆专用三元复合肥（总养分 35%及以上）22.50～30.00 $g/m^2$；若无有机肥，则底施大豆专用三元复合肥（总养分 35%及以上）30.00～37.50 $g/m^2$。在饲用大豆初花期趁雨追施尿素，一般 7.5～9.0 $g/m^2$。

**3. 青贮玉米饲用大豆一体化收获技术**

（1）收获机械选择　采用青贮收获机械进行青贮玉米、饲用大豆混收混贮。

（2）收获时期确定　以青贮玉米适宜收获期为标准。综合产量与营养品质，青贮玉米适宜收获期为乳线 1/2～2/3 位置，干物质含量 30%～35%，一般为乳熟末期至蜡熟前期。

（3）玉米留茬高度要求 青贮玉米适宜收获留茬高度 20～25 cm，一般不低于 15 cm。

### （三）技术效果

1. 已实施的工作

（1）雨养旱作青贮玉米宽窄行间作饲用大豆技术示范 在沧州、石家庄等地开展了以 2 行玉米 3 行大豆为主的间作模式示范推广，玉米亩密度 4 500～5 000 株，大豆亩密度 2.5 万～3 万株。以常规青贮玉米种植和大豆种植为对照。

（2）青贮玉米饲用大豆一体化收获技术示范 在示范区去采用青贮收获机械在玉米乳线 1/2～3/4 时进行青贮玉米、饲用大豆混收混贮。

2. 取得的成效 和常规技术相比，雨养旱作青贮玉米宽窄行间作饲用大豆技术，收获青贮原料 5 685 g/m$^2$、纯收益超过 0.975 元/m$^2$，较单作青贮玉米收获青贮原料 4 125 g/m$^2$、纯收益 0.765 元/m$^2$ 分别提高了 37.8%和 27.5%，且粗蛋白产量提高 40%以上。

与单作青贮玉米相比，青贮玉米宽窄行间作饲用大豆种植模式土壤质量明显改善，种植 2 年的示范地土壤耕层有机质提高 0.12 个百分点，土壤全氮含量提高 35.2%。

该技术模式的研发与应用，为我国构建优质饲草生产、蛋白饲草保障与耕地用养结合提供了重要技术支撑。

### （四）技术适用范围

本技术适用于华北一年一作种植区，同时可供华北一年二作种植区、西北地区、东北地区等地借鉴。

### （五）技术使用注意事项

1. 秋季耕翻整地越早越好，耕翻深度越深越好；早春顶凌耙地要掌握好时机，过早过晚均不好；播前表层土壤含水量低于 15%时宜镇压，播前表层土壤含水量高于 15%时、低洼湿地、盐碱地均不宜镇压。

2. 饲用大豆一定要选用晚熟品种，确保青贮玉米收获时大豆处于鼓粒期或结荚期。

3. 根据示范，以 2 行青贮玉米+3 行饲用大豆最佳，其次为 2 行青贮玉米+2 行饲用大豆。

## 三、饲草谷子-毛叶苕子雨养旱作复种关键技术

### （一）技术概述

1. 技术基本情况 针对黄淮海平原地下水限采区雨养旱作饲草谷子产量不高、蛋白饲草短缺、耕地土壤肥力不高、冬闲田裸露扬尘扬沙等突出问题，以豆禾轮作研究为基础，研究建立了以缩行增密、沟播等为核心的雨养旱作饲草谷子沟播技术和以耐寒品种、免耕播种等为核心的雨养旱作毛叶苕子免耕播种技术，优化集成了黄淮海平原地下水限采区饲草谷子-毛叶苕子雨养旱作复种技术，有效解决了黄淮海平原地下水限采区雨养旱

作饲草谷子产量不高、蛋白饲草短缺、耕地土壤肥力不高、冬闲田裸露扬尘扬沙等突出问题，同时显著提高了种植经济效益（图 1-4）。

图 1-4　饲草谷子-毛叶苕子复种示范田

**2. 技术示范推广情况**　饲草谷子-毛叶苕子雨养旱作复种技术已在河北省沧州市推广应用，近 3 年累计推广应用 2 000 $hm^2$ 以上。

## （二）技术要点

饲草谷子-毛叶苕子雨养旱作复种技术主要包含 2 个技术核心，一是雨养旱作饲草谷子沟播技术；二是雨养旱作毛叶苕子免耕播种技术。

**1. 雨养旱作饲草谷子沟播技术**

（1）谷饲草子品种选择　选择高产优质、抗病、抗倒能力强、商品性好的适宜于本地种植的优良品种。

（2）饲草谷子田整理时间　毛叶苕子收获后及时整地播种，一般为 5 月中下旬。

（3）饲草谷子田基肥管理　中等地力条件下，结合整地施入充分腐熟有机肥 3 000～4 500 $g/m^2$，需要使用化肥时，可选用磷酸二铵 12.00～15.00 $g/m^2$ 或尿素 15.00～22.5 $g/m^2$、硫酸钾 4.50～7.50 $g/m^2$。

（4）饲草谷子播种要求　饲草谷子采用沟播播种方式，开沟深度一般 5～7 cm，覆土厚度 2～3 cm，播后镇压；采取条播等行距种植，行距 20～25 cm，播种量 3.00～4.50 $g/m^2$，密度 60 株/$m^2$ 至 90 万株/亩。

（5）饲草谷子田间管理　饲草谷子 3～4 叶期间苗，5～6 叶期定苗，间苗时要注意拔掉病、小、弱苗。孕穗期趁雨追施尿素 12～15 $g/m^2$。

（6）饲草谷子收获期　饲草谷子干草在抽穗期至开花期收获；青贮饲料调制则在乳熟期收获。

**2. 雨养旱作毛叶苕子免耕播种技术**

（1）毛叶苕子品种选择　品种宜选择土库曼、蒙苕 1 号等抗寒性强的品种。

（2）毛叶苕子播期 饲草谷子收获后，一般在8月下旬至9月上中旬，为实现毛叶苕子适期早播，一般利用免耕播种机进行免耕播种。

（3）毛叶苕子播种要求 条播行距25～30 cm，播种量4.5～6.0 g/$m^2$，在保证出苗墒情情况下播深2～3 cm，墒情差的地块播深3～5 cm；播种同时施用种肥，一般施用磷酸二铵8～12 g/$m^2$；播后镇压。

（4）毛叶苕子养分管理 雨养旱作条件下毛叶苕子以冬季（一般在10月下旬）追肥为宜，追施磷酸二铵15～22.5 g/$m^2$。

（5）毛叶苕子收获要求 加工干草或青贮，一般在现蕾期-初花期进行刈割，留茬高度7～9 cm。

### （三）技术效果

**1. 已实施的工作** 该技术在河北省沧州市、张家口市等旱作雨养区开展了规模化推广应用。饲草谷子在6月上旬或中旬播种，生长期间谷子氮肥减施20%，在8月下旬至9月上中旬收获；谷子收获后，立即铁茬播种毛叶苕子，于第二年5月中下旬进行翻压。

**2. 取得的成效**

（1）和常规技术相比，饲草谷子复种毛叶苕子后，土壤有机质、氮素养分等含量明显提高，2年后0～30 cm土壤有机质、全氮含量分别提高18.5%、46.7%；在毛叶苕子后茬饲草谷子不减产条件下饲草谷子氮肥可减施20%左右，氮肥不减施条件下饲草谷子产量平均提高25%左右。

（2）优质饲草生产供应能力显著提高，饲草谷子平均干草产量1 275 g/$m^2$、毛叶苕子干草产量690 g/$m^2$，较单作饲草谷子产量960 g/$m^2$增加104.69%。

（3）与单作饲草谷子相比，饲草谷子复种毛叶苕子种植模式亩均纯收益增加60%以上，经济效益显著。

（4）实现了农田全程绿色覆盖、抑制扬尘扬沙等效果，与一季饲草谷子种植模式相比，农田扬尘扬沙量下降95%以上，生态环境效应显著。

### （四）技术适用范围

本技术适用于黄淮海平原雨养旱作区，同时可供黄淮海平原其他种植区参考借鉴。

### （五）技术使用注意事项

1. 雨养旱作饲草谷子沟播技术适宜在春季雨季来临前15 d应用，避免大雨淹没饲草谷子幼苗而造成死苗。

2. 为保证毛叶苕子安全越冬，黄淮海平原毛叶苕子最迟播期不晚于10月上旬。

3. 毛叶苕子收获期的确定既要兼顾毛叶苕子产量和品质，也要确保饲草谷子适期播种，其中保证饲草谷子适期播种最为关键。

## 四、科尔沁沙地苜蓿生产关键技术

### （一）技术概述

**1. 技术基本情况** 科尔沁沙地以内蒙古通辽市为腹地，总面积 5.06 万 $km^2$，为我国北方重要的草牧业生产基地。科尔沁沙地目前是我国集中连片地块面积最大、配套灌溉设施最完备、机械化程度最高的苜蓿生产基地，“十三五”期间，农业部发布的《全国苜蓿产业发展规划（2016—2020 年）》中指出，内蒙古自治区要发挥牛羊养殖量较大的优势，推行草田轮作，发展苜蓿干草生产，促进种养结合，规划中涉及的 48 个县大多分布于科尔沁沙地。目前，科尔沁沙地具有集中连片的生产基地约 6.67 万 $hm^2$，本区苜蓿高产稳产事关全国苜蓿产业发展。

本技术针对科尔沁沙地苜蓿建植、田间管理和适时收获进行规范化管理，对苜蓿生产中的关键指标和关键时间节点进行规定，适用于本区及临近区域的苜蓿生产，可显著提高本区苜蓿种植产业的产量与质量水平，促进本区苜蓿种植企业的健康发展。

**2. 技术示范推广情况** 本技术的实施可显著提高本区苜蓿企业的苜蓿整体产量与质量水平，现已建成苜蓿高效种植技术示范基地 1 333 $hm^2$，辐射推广应用面积达 2 万 $hm^2$ 以上（图 1－5）。

图 1－5 中国草都（赤峰市阿鲁科尔沁旗）的苜蓿生产

### （二）技术要点

**1. 苜蓿建植前的整地与土壤封闭**

（1）整地 整地的基本程序为耕翻、耙地或旋地、耱地（拖平）及镇压。耕翻深度达 25～30 cm。整地应依地势而行，土壤紧实的地块可深松，松土深度 35～40 cm。整地后的土地平整度应达到播种机播幅内高低差不超过±3 cm。播种前应至少镇压 1 次，镇压后的苗床土壤应平整坚实。

（2）土壤封闭 结合土壤整地进行施用土壤封闭型除草剂。可选择 48%的氟乐灵乳油、氟乐灵与异丙甲草胺组合等，喷药后应立即用轻型耙混土，混土深度 5～8 cm，施药 5～7 d 之后即可播种。

2. 适时播种　夏季播种时间通常为6月20日至8月5日，最晚不迟于8月10日。为提高当年越冬率，宜于7月21日前完成播种。播种方式通常为条播，行距10～20 cm；开沟条播时，行距为20 cm。亦可使用专用的撒播机进行撒播，撒播后应覆土并再次镇压。条播裸种子播种量15～21 kg/hm$^2$，撒播裸种子播种量18～22.5 kg/hm$^2$。丸粒化种子的播种量按裸种播量和丸衣所占重量比进行换算。普通条播播种深度0.5～1.5 cm。

3. 苗期管理　播种后至第一复叶期，视天气状况（风力、温度等）进行灌溉，先小后大，逐渐加大，先浅后深，逐渐加深，出苗期每次灌水量4～4.5 mm，以土壤表面不出现干土为准。两叶期至分枝期，表土干湿交替，每次灌溉量逐渐从6 mm提高至20 mm，此期通常持续2～3周。

4. 适量施肥　生长季内，根据土壤测试结果确定施肥量安排施肥计划，采用水肥一体化方式施肥时，每茬苜蓿生长初期追肥一次。如施颗粒肥，则磷肥可在返青前一次性施入。

（1）氮肥施用　当土壤硝态氮含量低于6.0 mg/kg时，适量施用氮肥，纯氮用量30～37.5 kg/hm$^2$。土壤硝态氮含量高于6.0 mg/kg时可不施氮肥。

（2）钾肥施用　土壤速效钾含量低于70 mg/kg时，少量多次追施钾肥，钾肥施用总量为240～290 kg/hm$^2$，当土壤速效钾含量高于70 mg/kg时，钾肥施用量为150～180 kg/hm$^2$。

（3）磷肥施用　土壤速效磷含量为本区苜蓿产量的重要影响因子之一，建议根据表1-1来确定磷肥的施用量。

表1-1　不同土壤速效磷含量下的推荐施肥量

| 土壤速效磷等级划分 | 土壤速效磷含量（mg/kg） | 目标产量（t） | 施肥量（$P_2O_5$，kg/hm$^2$） |
|---|---|---|---|
| 极低 | <5 | 11 | 260 |
| 低 | 5～10 | 13 | 200 |
| 中 | 10～20 | 15 | 120 |
| 高 | 20～30 | 18 | 60 |
| 极高 | >30 | 18 | 0 |

5. 灌溉标准　科尔沁沙地紫花苜蓿生长季和非生长季灌水定额分别为20～50 mm（200～500 m$^3$/hm$^2$）和5～10 mm（50～100 m$^3$/hm$^2$）。苜蓿生长季和非生长季灌水深度分别为30～60 cm和3～10 cm。灌水周期为7～12 d。苜蓿生长季和非生长季灌水次数分别为20～30次和3～5次。科尔沁沙地紫花苜蓿冬季补水适宜灌水时期为地表干土层厚度1 cm左右、日间气温0℃以上的日期，灌水定额为4～5 mm（40～50 m$^3$/hm$^2$）。越冬底水灌水时期为10月下旬至11月上旬，灌溉定额为50～70 mm（500～700 m$^3$/hm$^2$）；越冬封冻水灌水时期为11月上旬至中旬，灌水定额为4～5 mm（40～50 m$^3$/hm$^2$）。

6. 干草调制　干草捆调制须安排在连续5 d以上无雨的天气条件下。第一茬通常在苜蓿处于现蕾末期-初花期，5月底至6月上旬刈割；第二茬在苜蓿处于初花期，7月10日之前刈割；第三茬在8月10—20日刈割。苜蓿刈割留茬高度在5～6 cm，末次刈割留茬不低于8～10 cm。为加快水分散失，应使用带有压扁装置的割草压扁机械，并根据作业速度和喂入量调节压扁辊间隙，中度压扁，裂而不断。

打捆时，随时用水分测定仪进行跟踪检测。选择早上或傍晚大气湿度相对较高的时段进行打捆，若晚上的湿度适中，亦可连夜作业。

### （三）技术效果

**1. 已实施的工作**

**（1）不同播种期对紫花苜蓿播种越冬率和次年生产性能的影响** 试验采用二因素随机试验设计。每 5 d 一个播种期，共设置 10 个播种期 T1～T10，分别为 7 月 1 日、7 月 6 日、7 月 11 日、7 月 16 日、7 月 21 日、7 月 26 日、7 月 31 日、8 月 5 日、8 月 10 日、8 月 15 日。三个品种 P1：骑士 T；P2：公农 1 号；P3：擎天柱。小区面积 4 m×6 m=24 $m^2$，4 次重复，共 120 个小区。分别于 6 月 15 日、7 月 10 日、8 月 15 日进行产量测定（图 1－6）。

图 1－6 紫花苜蓿大田现场

**（2）不同播种量及行距对紫花苜蓿播种次年生产性能的影响** 试验采用二因素随机区组试验设计，播种量设置不同的 3 个梯度 D1～D3，分别为 36.2 kg/$hm^2$、26.1 kg/$hm^2$、16.8 kg/$hm^2$；行距 H1～H4：撒播、10 cm、15 cm、20 cm 撒播，一个品种骑士 T。小区面积 4 m×6 m=24 $m^2$，4 次重复，小区间隔 1 m。48 个小区。分别于次年 6 月 15 日、7 月 10 日、8 月 15 日进行产量测定。

**（3）磷钾养分丰缺指标和单因素施肥试验** 开展磷钾养分丰缺指标试验和磷、钾单因素施肥试验。根据岩峰公司每个苜蓿生产圈内不同的土壤养分测定值（土壤速效磷含量 5～10 mg/kg、速效钾含量 50～100 mg/kg 范围），布置了 14 个施肥试验点，以期对科尔沁沙地地区磷、钾土壤养分丰缺指标和不同土壤养分水平下的最佳施肥量进行优化。

**（4）苜蓿田节水灌溉技术** 开展节水灌溉试验，试验共设 4 个灌水量处理（W1、W2、W3、W4），每个处理 5 次重复。小区面积约 2 亩。灌溉时间：当 W3 处理 0～60 cm 土层含水率达到 60%FC 时开始灌溉。灌水定额：W1 为 60%ET；W2 为 80%ET；W3 为 100%ET；W4 为 120%ET。

**2. 取得的成效**

（1）通过比较不同播种期下紫花苜蓿越冬率和产量的影响（图 1－7 和彩图 1），结果显示三个品种在 7 月 16 日后，返青率显著降低；同一品种不同播种期比较，随着播种期的延迟，干草产量逐渐降低。骑士 T 和公农 1 号的干草产量都是在 7 月 16 日后显著降低（$P<0.05$）；擎天柱的干草产量在 7 月 6 日显著降低（$P<0.05$）。

本区夏季适宜播种时间通常为 6 月 20 日至 8 月 5 日，为提高当年越冬率，宜于 7 月 21 日前完成播种。

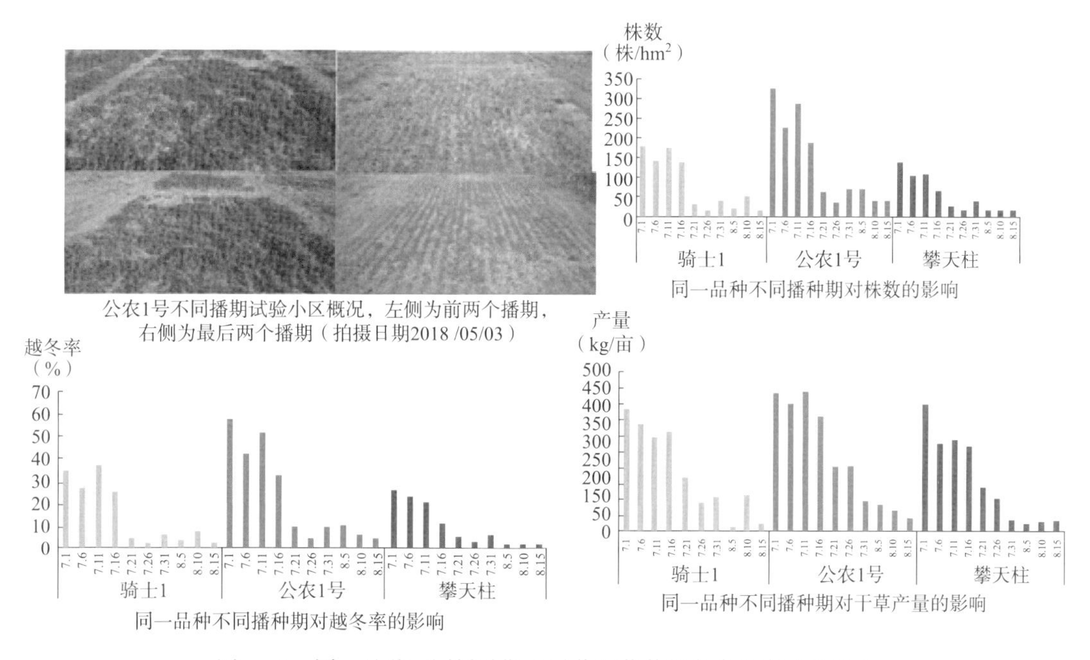


图 1-7　同一品种不同播种期下对紫花苜蓿越冬率和产量的影响

（2）从磷钾养分丰缺指标和单因素施肥试验中可以看出，本区的土壤速效磷含量与土壤的依存率存在线性相关性。从图 1-8 中可以看出，本区土壤速效磷水平与地里依存率存在线性相关关系，即本区土壤速效磷含量较低的情况下，施肥具有较高的增产潜力，而当随着土壤速效磷含量的增高，施肥的增产潜力逐渐下降。

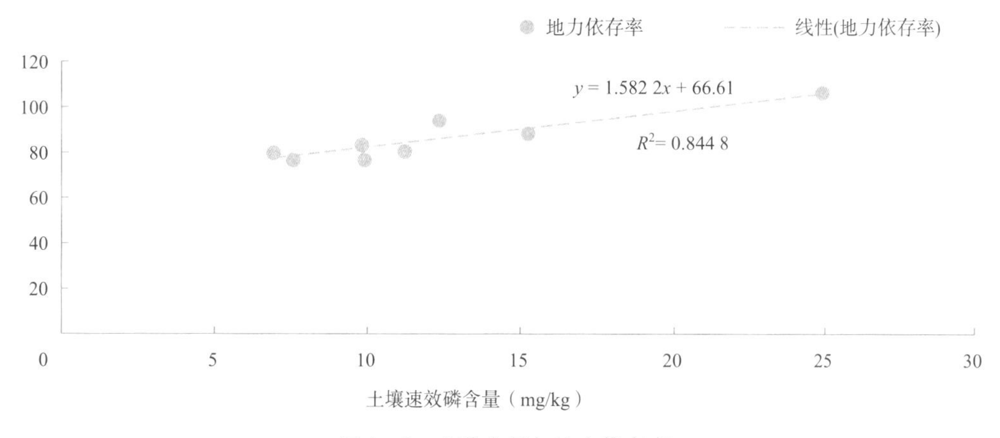


图 1-8　土磷含量与地力依存率

(3) 从本地区苜蓿全年需水量来看，利用近30年的气象数据，采用联合国粮食及农业组织推荐的彭曼-蒙特斯公式法，结合试验结果表明，本区紫花苜蓿第1茬、第2茬、第3茬、第4茬、生长季、非生长季和全年需水量分别为221 mm、187 mm、169 mm、179 mm、755 mm、70 mm和825mm，需水强度分别为4.3 mm/d、4.7 mm/d、4.1 mm/d、2.5 mm/d、3.7 mm/d、0.4 mm/d和2.3 mm/d，灌溉需水量分别为194 mm、118 mm、66 mm、131 mm、508 mm、56 mm和564 mm，灌溉定额分别为228 mm、139 mm、78 mm、154 mm、598 mm、66 mm和664 mm。

通过在内蒙古岩峰农业生物科技有限公司建立1 333 $hm^2$ 的苜蓿生产示范基地，对苜蓿施肥、末次刈割、节水灌溉、杂草防控技术等多项技术进行示范应用。苜蓿平均单产由原来的1.200 $kg/m^2$ 提高至1.425 $kg/m^2$，增产幅度达18%以上。

### (四) 技术适用范围

本技术适用于内蒙古科尔沁沙地地区苜蓿生产。

### (五) 技术使用注意事项

1. 夏播苜蓿当年不应刈割，以利苜蓿越冬。春播苜蓿，当根系达到35 cm及以上时方可刈割，且当季刈割次数不超过2次。

2. 为保证顺利越冬，应施用适量的越冬肥，可在苜蓿第3茬刈割后（8月下旬至9月中旬）施用钾肥45～180 $kg/hm^2$。

3. 新建植紫花苜蓿返青前适宜灌水时期为地表干土层厚度1 cm左右，灌水定额为4～5 mm（40～50 $m^3/hm^2$）。

4. 生长2年及以上紫花苜蓿返青前适宜灌水时期为地表干土层厚度2 cm左右，灌水定额为5～10 mm（50～100 $m^3/hm^2$）。

## 五、“饲用黑麦-高丹草”一年两作青绿饲草周年生产关键技术

### (一) 技术概述

**1. 技术基本情况** 受“营养体农业”的启示，充分利用当地气候资源、土地资源、生物资源和植物的生长发育规律，根据能量和营养标准由单纯收籽粒的粮食调整为收营养体的饲草。研究形成了“饲用黑麦-高丹草”一年两作青绿饲草周年生产种植技术。

饲用黑麦为越年生冷季型饲草，可充分利用冬春的冷凉季节进行饲草生产，而高丹草为暖季型饲草，且为C4作物，能充分利用夏秋两季充足的光温资源，最大限度地提高光能利用率。饲用黑麦和高丹草在播期方面可以形成互补，饲用黑麦秋季适期晚播不会对其生长发育产生影响，为高丹草的秋季生长能提供较充足的时间，而高丹草的喜温性决定了其播期不宜太早，也使饲用黑麦在早春季节拥有了充分的生长时间。这种在时间和空间上的有机结合，形成了饲草的周年生产体系，且地面周年有绿色作物覆盖，光能和土地利用率大大提高，单位面积的生物产量最大化，亩产鲜草可达到10 t。而且鲜草供应期一年可产出3～4次，在平原农区基本实现了新鲜饲草的周年供应，经济效益显著。

**2. 技术示范推广情况** 河北省农林科学院旱作农业研究所研制的“饲用黑麦-高丹草”一年两作青绿饲草周年生产技术已在河北、山东等省开展了示范推广，为多家养殖企业以及部分小养殖户提供了优质饲草高效种植技术，为草食家畜提供优质饲草奠定基础。

### （二）技术要点

**1. 品种选择** 饲用黑麦品种：冬牧 70、奥克隆等；高丹草品种：以国审品种冀草 2 号、冀草 4 号、褐色中脉（BMR）饲草高粱等。

**2. 播种方式** 饲用黑麦一般在 10 月播种，播量 150 $kg/hm^2$，条播种植，行距 20 cm。第二年 4 月下旬至 5 月初收获，之后趁雨播种高丹草，播量 15 $kg/hm^2$，留苗密度为 12 万～15 万株/$hm^2$，条播种植，行距 40 cm。10 月中旬收完高丹草后可再播种饲用黑麦，形成周年生产。

**3. 施肥技术** 全年施肥量为 N：555 $kg/hm^2$、$P_2O_5$：300 $kg/hm^2$、$K_2O$：300 $kg/hm^2$。磷、钾肥在饲用黑麦播前一次性底施，氮肥饲用黑麦施用 1/3，高丹草施用 2/3，而且底施追施各占一半。

**4. 杂草防除** 饲用黑麦田一般无须除草，高丹草田在播后苗前采用 38%莠去津（阿特拉津，atrazine）可防除杂草，用药量为每公顷 1.8～2.25 kg，兑水 450 L。

**5. 刈割利用** 大面积种植时，饲用黑麦一次性收获，收获时期掌握在抽穗期，时间在每年 4 月中旬至 5 月上旬；小养殖户可随割随用，在孕穗期之前进行多次刈割。高丹草在大面积种植时可刈割 1～2 次，掌握在抽穗后（或株高 2.5 m）刈割，每次留茬 10～15 cm；小养殖户种植时，高丹草可在一块地轮割，一般播种后 45 d 后开始刈割利用，以后每天可根据饲养量确定刈割量，这样养殖户可以保证每天有青饲草供应，可一直延续到 10 月上旬，基本实现了新鲜饲草的周年供应。注意每次刈割时留茬 10～15 cm 以利再生。

**6. 刈割机械** 小养殖户种植时，可人工刈割。当养殖企业大面积种植时，针对饲用小黑麦株高相对较高、茎秆相对较细、抽穗期后易倒伏的实际，以及高丹草植株高大、分蘖性强、密度大、高产条件下出现部分倒伏情况；两种饲草目前尚无专用青贮收获机械。通过对现有的多种类型国产、进口玉米青贮收获机进行了青贮收获效能比较筛选，筛选出轮盘式收获割台的青贮机效果较好。机械碾压对高丹草第 2 茬草无影响。

**7. 青贮加工** 饲用黑麦可以直接青贮，并且发酵品质优良，可进行裹包青贮，效果很好，田间不破损条件下可存放两年（图 1 - 9）。同时试验、示范证明，饲用黑麦也可以晒制青干草，采用苜蓿干草收获加工机械，可完成刈割、翻晒、打捆等作业。高丹草直接青贮即可，但因水分较高青贮发酵品质一般；添加乙酸、丙酸、丙酸+尿素以及乳酸菌可使高丹草青贮的发酵品质和营养价值得到改善；高丹草配合干草混贮效果最好，以每吨添加 25 kg 小麦秸秆的混贮效果最佳。

**8. 饲喂技术** 饲喂牛、羊时，搭配干草进行。初次饲喂鲜草先添加 1/3，1 周后变为各半，再 1 周后可增加到 2/3，以防止生理不适应造成应激反应，导致腹泻。饲喂优质饲草由于其营养价值高，可减少淀粉类饲料如玉米的添加量。

图 1－9　高丹草裹包和窖贮

## （三）技术效果

### 1. 已实施的工作

（1）饲用黑麦适宜刈割时期和次数　在河北低平原区对饲用黑麦的刈割时期及刈割次数进行了研究。研究发现，随着刈割时期的推迟，饲用黑麦鲜干比、茎叶比、粗蛋白含量逐渐下降；在抽穗期结束其生育进程前提下，从鲜草、干草、粗蛋白产量综合比较，刈割 1 次优于 2 次，1 次刈割最佳时间在饲用黑麦的抽穗初期至抽穗期。饲用黑麦春季要进行多次刈割时，每次刈割时株高应在 50 cm 以下（拔节期以前）进行。到孕穗期则不能再刈割，否则不能再生（图 1－10）。

图 1－10　饲用高丹草、黑麦刈割利用

（2）饲用黑麦适宜播量及播期效应　在河北低平原区对饲用黑麦的播量及播期效应进行了研究。研究发现，饲用黑麦以收获饲草为目的适宜播量为 150 $kg/hm^2$，在河北平原区适宜播期阈值下限为 10 月底，饲用黑麦的播期效应明显，随着播期的推迟导致其孕穗期、抽穗期、扬花期的延迟并使产量明显下降。

（3）复种条件下高丹草品种筛选　对国内外引进的 14 个高丹草新品种在河北平原农区的产草量、粗蛋白产量、物候期、分蘖力、再生性、株高等性状进行了分析，研究筛选出了适宜和饲用黑麦进行一年两作的高丹草新品种，为“饲用黑麦-高丹草”一年两作青绿饲草周年生产技术提供了品种支撑。

（4）高丹草在河北低平原区的播期效应　在河北低平原区对高丹草进行了春播播期试验研究。研究发现，播期能对高丹草产草量和粗蛋白产量产生明显影响，以 4 月 15—22 日为春播的最佳播期，此时播种高丹草鲜干草产量和粗蛋白产量最高。适期播种情况下，如果加强生长期间的田间管理并且及时刈割，高丹草最后 1 次刈割时期可适当后延至

10月10日，此时在河北低平原区能完成3茬草的收获。

**2. 取得的成效**

（1）实现饲草周年生产 饲用黑麦与高丹草复种实现了周年地面有绿色作物覆盖，光能和土地利用率大大提高，单位面积的生物产量最大化。大面积种植饲用黑麦一般刈割1次，高丹草刈割1～2次，全年刈割2～3次，小农户种植可随割随用，多次刈割。使华北平原农区的饲草一年产出一次进行贮藏后周年供应，改变为一年产出2～3次，完善了饲草的周年供应。

（2）经济效益 该模式亩产鲜草可达到10 000 kg以上，饲用黑麦可每亩收鲜草2 500 kg，高丹草亩产鲜草8 000 kg。纯效益较小麦＋夏玉米复种高约200元。

（3）节水节肥 饲用黑麦只需春灌1次，返青水即可，较冬小麦每亩节水50～100 $m^3$。施肥量较小麦低，底肥可减少50%，春季追氮肥较小麦少30%。为提高水的利用率可在饲用黑麦刈割前7～10 d灌水1次，饲用黑麦利用的同时成为高丹草播种的造墒水；高丹草灌水情况同夏玉米。

（4）节药情况 饲用黑麦对锈病免疫、高抗白粉病无须农药防治；抗虫，生育期间虫害只有蚜虫少量发生，一般无须防治。因此与小麦相比，生育期间不使用农药。高丹草田与玉米相比也无须使用农药。

### （四）技术适用范围

本技术适用于在黄淮海平原区与养殖企业结合进行推广种植，也适用于小养殖户种植。

### （五）技术使用注意事项

小养殖户种植时，饲用黑麦可在孕穗前多次刈割，高丹草也可在播种后45 d后开始刈割利用，每天根据饲养量确定刈割量，多次刈割，但饲用黑麦须防止机械碾压影响再生。针对养殖企业大面积种植情况，饲用黑麦建议刈割1次，高丹草刈割1～2次。对种植区域的生产条件也有一定要求，需要粮食（小麦＋夏玉米）可实现一年两作区域，并有一定水肥条件。

## 六、高丹草宽窄行一穴双株膜上覆土栽培关键技术

### （一）技术概述

**1. 技术基本情况** 高丹草（*Sorghum bicolor*×*Sorghum sudanense*）是高粱［*Sorghum bicolor*（L.）Moench］与苏丹草［*Sorghum sudanense*（Piper）Stapf］的远缘杂交种。作为一种抗逆性强、优质、能量型饲草，高丹草可充分利用旱薄盐碱地种植，又可充分利用夏、秋两季的光温资源进行生长，在北方农区已深受广大种养户的青睐。然而在我国北方旱作区，高丹草播种时间一般在每年4—5月，等雨或造墒播种，种植方式为露地等行距条播种植。存在的主要问题是：播种后1个月内，因气候干旱、少雨多风、地表蒸发大，导致耕层（0～30 cm）土壤水分散失严重、播后出苗、保苗困难。如何提高这一

时期的水资源利用效率、提高出苗及苗期存活率是亟待解决的技术问题。

基于此，创建了一种高丹草宽窄行一穴双株膜上覆土栽培技术，可有效解决上述问题。其核心技术为：采用 60～40 cm 的宽窄行种植，在行上穴播种植；一穴双株、穴距 30 cm；地膜覆盖在 2 个窄行上，便于机械化覆膜操作；同时覆膜后，以穴播种子为中心，半径 10 cm 内覆上一层 2～3 cm 厚的土层，利用单子叶向上生长和膜上土壤的重力作用原理，高丹草子叶可直接顶破地膜、顶出土壤。不仅实现了精量播种，减少了覆土点的数量，而且提高了覆土效率，还提高了单株的顶土能力。

**2. 技术示范推广情况** 河北省农林科学院旱作农业研究所研制的高丹草宽窄行一穴双株膜上覆土栽培技术已在河北、河南、新疆等地区开展了示范推广，为多家养殖企业提供了高丹草高效种植技术，为草食家畜提供优质饲草奠定了基础（图 1 - 11）。

图 1 - 11　高丹草宽窄行一穴双株膜上覆土栽培技术示范效果

### （二）技术要点

**1. 播前整地** 在有效降雨或灌溉后，等墒情合适时整地播种。播种前精细整地，减少明暗坷垃对出苗的影响；底施复合肥 750 kg/hm$^2$（总质量中 N、P、K 各占 15%）。

**2. 种子选择** 选择颗粒饱满、大小均一，发芽率、净度均在 95%以上，种子质量符合《禾本科草种子质量分级》（GB 6142—2008）中二级种子的规定。

**3. 播种** 采用宽窄行种植方式播种高丹草种子，其中宽行行距 60 cm，窄行行距 40 cm，每行种子播种量一致，穴播，每穴留苗 2 株，穴与穴间隔 30 cm，播种深度 5 cm，留苗密度每公顷 135 000 株。

**4. 覆膜** 播种后立即在窄行上覆膜，所选用的地膜幅宽 90 cm、厚度 0.04 mm，地膜采用棉田所使用的塑料膜，为可降解膜。

**5. 覆土** 覆膜操作完成的同时，在覆膜的窄行两侧，以穴播高丹草种子为中心，半径 10 cm 内覆上一层 2 cm 的土层，然后等待出苗；利用种子的单子叶向上生长和膜上土壤的重力作用原理，高丹草子叶可直接顶破地膜、顶出土壤（图 1 - 12）。覆土兼有镇压地膜防风作用。

图 1－12　高丹草膜上覆土自然破膜出苗技术示范效果

**6. 田间管理**　杂草防除于播后苗前，采用 38%莠去津悬浮剂均匀喷施地表，用药量为每公顷 1 800 g；出苗后到三叶期定苗；其他田间管理同该地区高丹草常规管理。

### （三）技术效果

**1. 已实施的工作**　为探讨海河平原区覆膜种植对春播高丹草生产性能的影响，在春播雨养条件下，以“等行距＋不覆膜”处理为对照，测定了“调整株行距＋不覆膜”“调整株行距＋覆膜”处理下高丹草主要农艺性状、土壤温度、土壤含水量的变化。结果表明，“调整株行距＋覆膜”处理下的出苗率、单株干重、干草产量以及播后 1 个月内 0～20 cm 土壤温度、土壤含水量均显著高于其他 2 个处理（$P<0.05$）；与对照“等行距＋不覆膜”处理相比，“调整株行距＋覆膜”处理可使 1 个月内 0～20 cm 土壤温度平均升高 2.3℃，土壤含水量平均提高 13.8%，出苗率提高 32.3%，干草产量显著提高 15.6%（表 1－2）。高丹草“宽窄行、双株、覆膜”栽培技术可在海河平原区推广应用。

表 1－2　高丹草宽窄行一穴双株膜上覆土处理下高丹草产量相关性状

| 处理 | 出苗率（%） | 株高（cm） | 主茎叶片数（片/株） | 主茎直径（mm） | 叶片长度（cm） | 叶片宽度（cm） | 群体密度（个/$hm^2$） | 茎叶比 | 干草产量（kg/$hm^2$） |
|---|---|---|---|---|---|---|---|---|---|
| A | $43.3\pm1.6^{c}$ | $249.1\pm3.7^{b}$ | $19\pm0^{a}$ | $18.74\pm1.25^{a}$ | $84.1\pm2.6^{b}$ | $6.4\pm0.3^{a}$ | $223\ 333\pm10\ 599^{b}$ | $1.51\pm0.12^{a}$ | $10\ 095.6\pm523.7^{b}$ |
| B | $48.9\pm1.9^{b}$ | $276.5\pm7.1^{a}$ | $19\pm0^{a}$ | $18.13\pm0.82^{a}$ | $85.9\pm0.8^{b}$ | $6.3\pm0.2^{a}$ | $235\ 185\pm8\ 038^{ab}$ | $1.56\pm0.01^{a}$ | $10\ 796.9\pm80.6^{b}$ |
| C | $57.3\pm0.9^{a}$ | $281.3\pm3.3^{a}$ | $20\pm0^{a}$ | $17.50\pm0.50^{a}$ | $90.4\pm0.3^{a}$ | $6.1\pm0.2^{a}$ | $250\ 741\pm7\ 143^{a}$ | $1.61\pm0.17^{a}$ | $11\ 675.5\pm424^{a}$ |

注：A 表示等行、不覆膜；B 表示调整株行距、不覆膜；C 表示调整株行距、覆膜处理。同列肩标不同小写字母表示差异显著（$P<0.05$）。

**2. 取得的成效**

（1）“宽窄行”种植方式便于机械覆膜操作。“一穴双株”穴播不仅实现了精量播种，每亩节省种子用量 50%；而且节省了膜上所覆土的用量，覆土效率提高 50%；同时还增强了单株顶土能力，有助于出苗率的提高。

海河平原区高丹草常规种植时，一般行距 50 cm、株距 15 cm，如果在 50 cm 的行距下直接进行覆膜栽培，会因行距窄而影响覆膜操作；同时也会因株距小造成膜上破孔多，最终也影响覆膜效果。据此，创造性地将生产中“50 cm：50 cm”等行距种植改为“60 cm：40 cm”的宽窄行种植，便于机械覆膜操作；将传统的“15 cm 株距”改为一穴双株，穴距扩大到 30 cm，不仅实现了精量播种，而且每亩节省种子用量 50%，还增强了单株顶土能力，有助于出苗率的提高。

（2）“膜上覆土自然破膜出苗技术”破解了传统的人工破膜出苗难题，是高丹草地膜覆盖栽培技术的突破。这个技术的关键是改变传统的“先种后覆膜，待出苗后人工放苗”技术，也不同于“先覆膜后破膜播种”技术；地膜覆盖高丹草后，高丹草子叶无法将膜顶破，需要靠人工破膜出苗，该技术发明的在高丹草地膜上再覆一层 2 cm 厚的土层，利用单子叶向上生长和膜上土壤的重力作用原理，将高丹草子叶直接顶出土壤，是高丹草地膜覆盖栽培技术的突破。

“膜上精准覆土自然破膜出苗技术”是覆膜和覆土同时操作进行，因为高丹草出苗快，从播种到出苗需要 5～7 d，如果分开操作，一是可能造成春、初夏季节因揭膜不及时对苗造成的伤害；二是覆土不及时，幼苗的“露锥”（即子叶展开前）已出土展开，无法将膜顶开，也失去了膜上覆土的意义。因此需要覆膜覆土同时操作，而且在覆土量上提出，以穴播种子为中心，半径 10 cm 内覆上一层约 2 cm 厚的土层，这样大大减少了田间用土量，达到省土省力效果。

（3）本技术大幅度降低了劳动力成本，劳动效率提高 50%以上；而且显著提高了光温水资源利用率，增产效益明显；同时，还可有效防治杂草生产，减少除草剂对环境的污染。本技术提出的膜上覆土技术，可最大程度上避免了春、初夏季节因揭膜不及时对苗造成的伤害，而且节省了人工破膜出苗用工费，每亩节省劳动力 1～2 人，劳动效率提高 50%以上。本技术还可使高丹草播后 1 个月内 0～20 cm 土壤温度平均升高 2.3℃，0～20 cm 土壤含水量平均提高 13.8%，出苗率提高 32.3%，干草产量提高 15.6%，增产效益显著；同时覆膜处理可有效降低杂草生长，除草剂的使用量降低 40%以上，减少对环境的污染。

### （四）技术适用范围

本技术适用于我国北方农区适合高丹草春播种植的地区。

### （五）技术使用注意事项

本技术通过适当应用可降解地膜，减少环境污染。

## 七、饲用小黑麦-青贮玉米复种关键技术

### （一）技术概况

**1. 技术基本情况**　饲用小黑麦具有生物产量高、营养价值高、抗逆性强、适应性广、

抗旱节水等特点，并可充分利用冬闲田，且能有效缓解冬春枯草季饲草紧张的矛盾，青饲、青贮、干草均可。饲用小黑麦为一年生越冬性冷季型饲草，生长习性接近冬小麦。在黄淮海平原区，饲用小黑麦与青贮玉米进行复种，形成一年两作，可替代冬小麦与夏玉米种植模式。符合“供给侧改革”“粮改饲”发展需求。

饲用小黑麦播种时期与冬小麦一致，作为饲草收获一般在灌浆期，株高可达1.5～1.7 m，海河平原区一般在5月15—20日。收获时间较冬小麦提前20～25 d，因此青贮玉米播期较普通玉米可提前20～25 d，且青贮玉米的收获一般在腊熟期，也较普通玉米生育期提前，使得青贮玉米的生育期延长，产量提高。

**2. 技术示范推广情况**　河北省农林科学院旱作农业研究所研发的饲用小黑麦与青贮玉米复种技术已成为河北省地方标准，2019—2021年连续3年成为河北省农业农村厅主推技术之一。该种植技术也在河北省衡水市、保定市、沧州市进行了大面积示范推广，辐射到宁夏、贵州、陕西、云南等地区示范种植。

### （二）技术要点

**1. 饲用小黑麦栽培技术**　主要参照河北省地方标准《饲用小黑麦栽培技术规程》（DB13/T 2188—2015）执行。

（1）播种前准备

①种子准备　选用国家或省级审定的冬性饲用小黑麦品种，种子质量符合《禾本科草种子质量分级》（GB/T 6142—2008）的规定。播前将种子晾晒1～2 d，每天翻动2～3次。地下虫害易发区可使用药剂拌种或种子包衣进行防治，采用甲基辛硫磷拌种防治蛴螬、蝼蛄等地下害虫。

②整地造墒　在一年两作积温充足地区整地造墒按照《饲用小黑麦栽培技术规程》规定实施。在一年两作积温不足地区，饲用小黑麦的造墒水提前在青贮玉米刈割前10～15 d灌溉，墒情合适后及时刈割青贮玉米，青贮玉米刈割后马上整地播种饲用小黑麦。结合整地施足基肥。肥料的使用符合《肥料合理使用准则　通则》（NY/T 496—2010）的规定。有机肥可于上茬作物收获后施入，并及时深耕；化肥应于播种前，结合地块旋耕施用。化肥施用量N为105～120 kg/hm$^2$、$P_2O_5$为90～135 kg/hm$^2$、$K_2O$为30～37.5 kg/hm$^2$。施用有机肥的地块增施腐熟有机肥45～60 m$^3$/hm$^2$。实施秸秆还田地块增施化肥N为30～60 kg/hm$^2$。

（2）播种　播种时间一般在10月上旬，一般采用小麦播种机播种，条播为主，行距18～20 cm，播种深度控制在3～4 cm，播后及时镇压。播种量为150 kg/hm$^2$。

（3）田间管理　春季返青期至拔节期之间需灌水1次。结合灌溉进行追肥。每次灌水量450～675 m$^3$/hm$^2$。结合春季灌水追施尿素300～375 kg/hm$^2$。返青后及时防除杂草和病虫害。农药使用须符合《农药合理使用准则（一）》（GB/T 8321.1—2000）至《农药合理使用准则（七）》（GB/T 8321.7—2002）的规定。蚜虫一般在抽穗期发生危害，防治优先选用植物源农药，可使用0.3%的印楝素90～150 mL/hm$^2$；或10%的吡虫啉300～450 g/hm$^2$。在刈割前15 d内不得使用农药。

（4）收获　饲用小黑麦在一年两作积温充足地区收获时期在乳熟中期，一般在5月

15—20 日；在一年两作积温不足地区可适当提前收获（图 1 - 13）。

图 1 - 13　小黑麦田间收获

2. 青贮玉米栽培技术

（1） 播种前准备

①品种选用　选择高产、优质、抗病虫害、抗倒伏性强，适宜当地种植的国审或省审青贮玉米品种。一年两作积温充足地区青贮玉米品种应选择生育期在 105～110 d 的品种；一年两作积温不足地区应选择生育期短于 105 d 的早熟或中熟品种。

②种子质量要求　种子质量应符合《禾本科草种子质量分级》的规定中一级指标的要求。

③种子处理　宜选用玉米专用种衣剂，种子包衣所使用的种衣剂应符合《农作物薄膜包衣种子技术条件》（GB/T 15671—2009）的规定。

④播前整地　饲用小黑麦收获后免耕播种青贮玉米，播后依据墒情决定是否灌水。

⑤种肥施用　根据土壤肥力和品种需肥特点平衡施肥。一般情况下整个生育期每公顷施氮肥（纯 N）为 150～195 kg，磷肥（$P_2O_5$）为 75～112.5 kg，钾肥（$K_2O$）为 60～75 kg。其中，磷、钾肥随播种一次性施入，氮肥 40%作为种肥随播种施入，60%作为追肥拔节期施入。施肥时应保证种、肥分开，以免烧苗。肥料使用符合《肥料合理使用准则　通则》的规定。

（2） 播种技术

①播种期　一年两作积温充足地区收获饲用小黑麦后直接播种青贮玉米；一年两作积温不足地区按照夏播玉米播种时间进行。

②播种方式　单粒播种，采用播种机械进行。

③播种量与种植密度　行距为 60 cm，株距为 20～25 cm，每平方米留苗 6～9 株。

（3） 播后管理

①播后灌溉　收获饲用小黑麦后直接播种的青贮玉米，视墒情进行及时灌溉，每公顷灌水量 600～750 $m^3$。

②杂草防除　播种同时喷施苗前除草剂防治杂草，或在青贮玉米 3～5 叶期，及时喷施苗后除草剂。药剂使用方法和剂量按照药剂使用说明进行。

③追肥　每公顷追施纯氮 N 为 90～117 kg。追肥在拔节期一次进行。施肥后视墒情及时灌溉。

④抽穗期灌溉　结合当地的降雨、墒情适时灌溉，每公顷灌水量 600～750 $m^3$。

⑤病虫害防治　虫害主要有蓟马、玉米螟等，病害主要有叶斑病、茎腐病、粗缩病等。药剂使用应符合《农药合理使用准则（一）》的规定。

（4）收获技术

①收获时期　通过观察籽粒乳线位置确定收获时间。收获期宜在籽粒乳线位置达到50%时收获。应在10月1日前收获完毕。

②收获方式　将玉米的茎秆、果穗等地上部分全株刈割，并切碎青贮。刈割时留茬高度不得低于15 cm，避免将地面泥土带到饲草中。

（5）贮藏　青贮玉米收割后及时青贮（图1-14）。

图1-14　青贮玉米窖贮藏

## （三）技术效果

### 1. 已实施的工作

（1）复种模式下饲用小黑麦氮磷肥适宜用量　在海河平原区开展了施氮磷肥对饲用小黑麦生产性能及营养品质的影响，确定该地区饲用小黑麦的合理施肥量，在海河平原区肥力较差土壤上种植饲用小黑麦须施肥，建议施氮肥120～180 kg/hm$^2$，磷肥90～135 kg/hm$^2$。肥力较好的土壤种植饲用小黑麦可以不施肥或隔年施1次，施肥量同土壤肥力较差地块。

（2）晚春播青贮玉米品种的生产性能及适应性评价　在河北省黑龙港地区选择深州市护驾迟、威县赵村和沧县前营3个试验点，对14个青贮玉米在晚春播条件下的生育期、农艺性状、抗逆性、生物产量和饲用品质等指标进行综合评定，旨在筛选出晚春播条件下适宜和饲用小黑麦搭配种植的青贮玉米品种，为该地区“粮改饲”及草牧业发展提供技术支撑。

（3）复种模式下青贮玉米播期和种植密度　连续3年选择3个青贮玉米品种，设置3个播期和5个种植密度，开展了播期和种植密度对青贮玉米生产性能、饲用品质的影响综合评价认为：海河平原区青贮玉米适宜播种期在6月5日左右，种植密度为7.50万～8.25万株/hm$^2$，为降低成本，减少倒伏风险，建议适宜种植密度为7.50万株/hm$^2$。

**2. 取得的成效**

（1） 经济效益　饲用小黑麦与青贮玉米高效节水复种模式比冬小麦夏玉米一年两作种植模式总投入减少 2 452.5 元/$hm^2$，但总产出提高 1 560 元/$hm^2$，纯收入提高 4 012.5 元/$hm^2$。

（2） 节水、肥、药　饲用小黑麦与青贮玉米高效节水复种模式全生育期较冬小麦夏玉米一年两作种植模式节水 1～2 次，每公顷节水 750～1 500 $m^3$，节省投入 375～750 元。肥料投入与冬小麦相比，节省了 50%肥料，每公顷节省投入 1 275 元。小黑麦生长期间无须农药防治病虫害，每公顷节约投入 277.5 元。每公顷共计节省投入 1 927.5～2 302.5 元。

（3） 生态效益　饲用小黑麦整个生育期间无须农药防治，又减少了化肥使用，因此可减轻对环境的污染。作为冬春饲料作物，很适合低温生长，正好在枯草季节为奶牛提供能量和蛋白质含量高、维生素丰富的青绿饲料。由于饲用小黑麦是对越冬性饲草，使整个冬季地表覆盖度好，有效地阻止了裸地的扬尘，具有较好的生态效益。

### （四）技术适用范围

本技术适用于我国黄淮海平原区，建议长江中下游地区推广应用。

### （五）技术使用注意事项

本技术适宜种养结合区推广，或规模化奶牛集中养殖区推广。

## 八、河西走廊绿洲荒漠交错区苜蓿禾草混播草地建植关键技术

### （一）技术概述

**1. 技术基本情况**　我国西北河西走廊“绿洲-荒漠”农牧交错区生态严酷，水资源日益紧缺，传统作物种植经济与生态效益有限，而长期一年生作物种植及不合理的灌溉制度等，加速了土地的盐碱化、沙化和退化，使绿洲边缘区耕地撂荒现象。同时，河西走廊荒漠区牧业天然草地生产受制于荒漠类草地的低质与低产，或主要依赖作物秸秆维持，优质饲草料的严重缺乏是长期制约区域畜牧业高质量发展的关键瓶颈。从长远发展眼光看，建植优质人工草地是解决这一问题的重要途径，也是现代草地农业系统的必由之路。

针对长期以来人工草地建植过程中存在的草种单一，或混播草种组合不科学导致草地建植不容易成功、生产力低或质量不高等问题，尤其是人工草地的稳定性差，容易退化等问题，无法实现长期放牧或刈割利用的生产目标。

经过多年的科学试验与系统研究与示范，提出了河西走廊“绿洲-荒漠”农牧交错区盐碱化土地建植根茎型多年生豆禾混作人工草地技术——牧刈兼用草地的草种配置技术与成功建植管理技术。本技术以根茎型豆科牧草清水紫花苜蓿、根茎型禾本科牧草无芒雀麦和长穗偃麦草三种多年生牧草，按照 1∶1∶1 的播种比例进行混作。通过三种根茎型豆科牧草与禾本科牧草的合理搭配，形成了根茎型豆禾混播牧刈兼用草地，保证了盐碱化土地建植草地的成功率，同时提高草地生产能力与牧草品质，增强了牧草群落稳定性和放牧利用的耐践踏性，并在一定程度上改良了“绿洲-荒漠”农牧交错区盐碱化土地。

在河西走廊“绿洲-荒漠”农牧交错区盐碱地建植多年生豆禾混播型人工草地，不仅可以在一定程度上遏制土地的进一步退化，也能充分利用边际土地资源以缓解当地天然牧场的压力。

**2. 技术示范推广情况** 与大禹节水集团股份有限公司深度合作，在甘肃酒泉肃州、张掖肃州开展试验研究与示范。目前该技术正在河西走廊主要苜蓿生产地区开始推广应用，成为优质紫花苜蓿商品草生产模式之外，人工草地生产的重要补充。放牧刈割兼用型草地技术对我国草牧业发展有重要支撑作用与重大意义，未来发展潜力大。

### （二）技术要点

**1. 整地** 在河西走廊“绿洲-荒漠”农牧交错区，4月上旬整地，采用中型耕地机翻耕，翻耕深度30 cm，翻耕后采用中型平地机平地。播种前精细整地以使灌水均匀，防止部分区域因灌水量不足导致种子发芽受到影响。同时，在经过平整的土壤中施入底肥磷酸二铵（18%N、46%P），用量120～180 kg/hm$^2$，施入底肥后灌溉1次。

**2. 播种** 于4月下旬至5月初开始牧草播种。播种选用同行条播，行距20 cm，播种深度2 cm左右，播种量为：清水紫花苜蓿6.5～8.0 kg/hm$^2$、无芒雀麦9.2～11.1 kg/hm$^2$、长穗偃麦草3.0～4.3 kg/hm$^2$。

**3. 田间管理** 灌溉方式建议采用喷灌方式。在牧草播种后立即灌溉1次，以田间持水量的75%～90%为标准进行灌溉。后续灌溉标准为：田间含水量下降至田间持水量的30%～25%时再灌溉（每次灌溉量为650～800 m$^3$/hm$^2$），灌溉可使施入的底肥充分融入土壤，为牧草种子发芽后的生长提供充足的养分。

**4. 刈割利用** 刈割时期以清水紫花苜蓿生育时期为依据，待清水紫花苜蓿生长至初花期时进行刈割，或现蕾期开始放牧，刈割留茬高度为6 cm，每年刈割2～3次。

**5. 放牧利用** 待草层高度达40 cm，开始放牧。留茬高度不低于10 cm，实行轮牧，每小区可放牧3～5次。生长季放牧管理需根据放牧草地面积，结合合理放牧密度，确定放牧家畜数量、放牧强度、划分轮牧小区数量与面积。

### （三）技术效果

**1. 已实施的工作** 在甘肃酒泉肃州区建立6.67 hm$^2$试验示范区，开展16种不同豆禾混播组合的筛选。通过连续4年的草地组合不同生长生育期规律的观测，生产力、营养品质综合评价，草地群落稳定性监测评价，草地生产力构成因素与增产机制研究，获得3种最佳豆禾组合，其中“清水紫花苜蓿＋无芒雀麦＋长穗偃麦草”混播为理想的混播模式。适合河西走廊“绿洲-荒漠”农牧交错区盐碱地，建植多年生牧刈兼用人工草地的牧草组合，选用的是根茎型豆科牧草和耐旱耐寒耐盐的多年生根茎型豆禾草种，根茎型豆科牧草与禾本科牧草的合理搭配，建植成功率高，形成了群落稳定的根茎型混播牧刈兼用草地。目前该技术正在河西走廊苜蓿地区及“绿洲-荒漠”过渡区开始推广应用，对本区域及相似地区人工草地放牧型草畜业发展的重要支撑技术，应用潜力大。

2. 取得的成效

（1）技术改进或创新后的使用效果　目前人工草地草种较单一，混播草种组合不理想，草地建植不易成功，生产力偏低或质量不高。尤其是适合放牧或牧刈兼用的人工草地少。"清水紫花苜蓿＋无芒雀麦＋长穗偃麦草"混播技术解决了河西走廊"绿洲-荒漠"农牧交错区缺少多年生混播人工草地，尤其是牧刈兼用型的人工草地，并且可维持稳定，提供高产和高品质的饲草（图 1－15）。

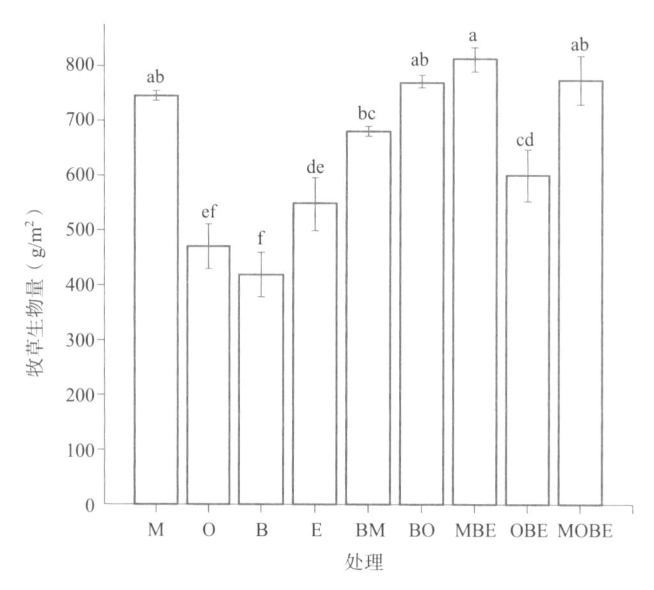


图 1－15　不同混播组合草地对牧草生物量的影响

注：M、O、B、E 分别代表清水紫花苜蓿、红豆草、无芒雀麦、长穗偃麦草；不同小写字母表示差异显著（$P<0.05$）

（2）提升饲草产品产量、品质和安全　"绿洲-荒漠"农牧交错区草地具有耐放牧和耐刈割特性，草地生产力高而稳定。配合一定氮磷肥施用，刈割利用时年鲜草产量可达 58 500 $kg/hm^2$ 或干草产量 18 600 $kg/hm^2$；放牧利用时可获鲜草产量 66 600 $kg/hm^2$，折合干草产量 15 200 $kg/hm^2$，按牧草 3/4 有效利用，每年放牧 4 个月（120 d）计算，每公顷草地每年放牧饲养 45 只羊。

混作草地中各组分同单播相比较，无芒雀麦产量提高了 92.50%，蛋白含量提高了 27.9%；长穗偃麦草的产量提高了 48.4%，蛋白含量提高了 56.6%；同单播相比较，清水紫花苜蓿、无芒雀麦与长穗偃麦草的成苗率分别提高了 117.3%、72.3%和 120.1%，使混合饲草的总体饲用价值有了较大的提升。

建植根茎型豆禾混播多年生牧刈兼用草地，解决了苜蓿单播不易成活的问题，同时可避免苜蓿单作草地放牧反刍家畜易发生瘤胃臌胀的风险。

（3）节约成本、增加效益　河西走廊"绿洲-荒漠"农牧交错区生态严酷，水资源日益紧缺，长期种植高耗水农作物，加之冬春季地面裸露，蒸发量大，土壤盐碱化、沙化严重（绿洲边缘区尤其突出），出现土地撂荒，农村出现较严重的空心化问题，农村产业发展也趋于衰败，产业振兴面临挑战。传统养殖与畜牧业发展中面临的最大问题是放牧家畜冬季补饲困难，草畜矛盾突出，严重制约着河西走廊“绿洲-荒漠”农牧交错区草地畜牧业的可持续发展。

河西走廊“绿洲-荒漠”农牧交错区苜蓿禾草混播草地建植技术的示范推广，对解决河西走廊“绿洲-荒漠”农牧交错区草食畜牧业对优质饲草料缺乏的问题提供了机遇。自2018年后，肃州区在城市用工减少，本地黑枸杞产业发展受阻的情况下，部分农牧民开始发展传统草畜养殖业。河西走廊“绿洲-荒漠”农牧交错区苜蓿禾草混播草地建植技术，对促进舍饲与放牧结合的养殖模式对承接天然草地退牧还草和家畜冬季补饲，发展基于人工草地的放牧与舍饲结合高效养殖。

（4）提高耕地质量和生态环保贡献　本技术解决了河西走廊“绿洲-荒漠”农牧交错区盐碱化土地有效利用与生态保护问题。该混作模式可实现刈割青草与放牧利用的结合，既可收获青干草，也可生产优质混合青贮草。三年草地固定$CO_2$价值数据显示，“紫花苜蓿＋无芒雀麦＋长穗偃麦草”组合均最高，建植当年为1 164.06元/$hm^2$，第2年达30 551.94元/$hm^2$，第3年达29 978.19元/$hm^2$，且建植第2年和第3年显著高于其他所有处理，建植第1年“紫花苜蓿＋无芒雀麦＋长穗偃麦草”组合较其他播种组合产量提高了4.6%～48.1%，第2年提高了7.8%～40.1%，第3年提高了9.9%～75.8%。并且几种长寿命多年生根茎型豆禾牧草混作可实现一次种植，长年覆盖地表，压减压盐，草地稳定性好，多年收获与放牧利用的目的（图1-16）。本技术投入成本低，生态效益、经济效益、社会效益显著。

图1-16　清水紫花苜蓿和无芒雀麦、长穗偃麦草混播

## （四）技术适用范围

本技术选用的清水紫花苜蓿、无芒雀麦和长穗偃麦草均为多年生根茎型牧草，且兼具耐寒、耐旱、耐贫瘠、耐盐碱、分蘖能力强等特点，可在甘肃、新疆、内蒙古、青海等西北干旱类似地区种植和推广应用。

三种根茎型牧草的分蘖类型、株丛类型等生物学特性互补，群落的稳定性更高，地下根茎相互交织形成根茎网结构，形成了稳定的疏松透气的草皮结构，增强了高产放牧草地的耐践踏特性。清水紫花苜蓿生长年限长且营养丰富，一年内可多次刈割或放牧；无芒雀麦产量高，耐放牧，适应性强，是建立人工草场和环保固沙的主要草种；长穗偃麦草适口性好，马、牛、羊等均喜食的同时兼具良好的固沙性能。也可参照以上配置模式，组合类似草种组合进行混播。

### （五）技术使用注意事项

1. 盐碱过重的区域或土地须进行前期改良或处理，如种植耐盐碱作物进行改良，以保证建植的成功率。

2. 因豆禾混播草地组分包括单子叶禾草和阔叶的豆科草，建植初期藜等杂草防治有一定难度，因此对杂草过严重的区域须进行前期杂草防控处理或建植初期进行积极防控，如果藜等杂草发生较重时，也可通过适宜的刈割进行控制，刈割留茬高度5～6 cm抑制杂草效果较好。

3. 为保证牧草产量，可根据土壤养分状况每年施用一定数量的氮、磷肥，并及时灌溉。

4. 生长期每小区放牧天数不超过7 d。放牧开始的1～4 d，为防止家畜出现臌胀，放牧前，家畜须饲喂喜食的干草，第1天放牧时间控制在1 h内，以后每天增加1 h，第5天开始自由采食。另外，在生长季结束前1个月停止放牧或刈割利用。

## 九、西北黄土高原丘陵灌区苜蓿与老芒麦混播放牧利用关键技术

### （一）技术概述

1. 技术基本情况　西北黄土高原丘陵干旱区是我国重要的牧草种植区，由于西北地区气候干燥，降水量少，水土流失严重，加之近年来人们肆意开垦、超载放牧等导致其成为我国水土流失最为严重，生态环境最为脆弱的地区，严重制约了当地经济、社会、生态的可持续发展。而建植人工草地不仅可以极大地提高牧草的产量和质量，进一步协调草地和家畜的关系，提高草地畜牧业的生产力，实现草地畜牧业集约化发展，而且也是建设生态屏障，保持水土，改善生态环境的有力举措。因此，寻求高效的栽培技术来解决畜牧业发展饲草供应不足已成为当前亟须解决的问题。采用豆禾混作能有效提高草地生产力，具有潜在的生态和经济价值。

混播是牧草播种的一种方式，混播草地牧草具有营养全面、产量高、品质好等优点。主要原因在于牧草合理配置了地上部分和地下部分，加之对光能利用率的增加和病虫危害轻，便于管理。人工混播草地较天然草地和单播草地有显著的增产作用。利用优良豆科和禾本科牧草混播建立高产人工草地是一个重要的生态生物学技术问题，是退化草地恢复的强有力的技术措施，豆科牧草不仅能提高土壤肥力和完善土壤结构，还能使禾本科牧草获得更多数量的含氮产物，缓冲两类混播牧草对土壤养分和氮素的激烈竞争，从而对混播草地氮素需求给予一定的补充。豆科牧草所固定的含氮物不断被禾本科利用也

促进了本身固氮能力的提高，因此，豆科牧草和禾本科牧草混播有利于两种牧草的生长。所以充分利用豆科牧草的固氮作用，提高饲草产量和质量，保证草场氮素平衡，尤其对初建或供氮水平低的草场建设具有重大的理论指导和现实意义。

选用的豆科牧草为根茎型清水苜蓿，具有叶量丰富，粗蛋白含量高、产量稳定等特点，禾本科牧草是当地刈牧兼用型优良牧草——青牧1号老芒麦，为多年生禾本科披碱草属牧草，抗寒、耐贫瘠性能好，适合寒冷半湿润地区气候条件下生长，在黄土高原西部丘陵干旱灌区引种，表现分蘖多、叶量丰富、饲草产量高、品质优，是披碱草属中饲用价值较高的草种，也是我国西北地区重要的多年生栽培牧草。因此，根茎型清水紫花苜蓿和青牧1号老芒麦混播，不但可以解决黄土高原丘陵干旱灌区或半湿润区饲草缺乏问题，而且具有重要的生态、经济和社会价值。

**2. 技术示范推广情况** 在西北黄土高原旱作区甘肃会宁和定西，武威灌区开展了已筛选的最优组合苜蓿与老芒麦2∶4同行混播模式推广示范。混播系统产量提高了21%，苜蓿-老芒麦混播草地的单位面积粗蛋白年产量为2 535.4 kg/hm$^2$，可作为黄土高原区建植高效、稳定人工草地最优组合。该模式为周边奶牛、肉牛及肉羊的适度规模型养殖需求的草产品生产提供质量高、品质优、稳定可靠的饲草原料。

### （二）技术要点

**1. 种植区域** 适宜于海拔1 500～2 500 m，黄土高原丘陵干旱灌区或年降水量450～500 mm的半湿润区。且适宜于地势平坦或缓坡，通气性较好的壤土种植。

**2. 栽培技术**

（1）品种选择 耐寒耐旱高产优质刈牧兼用的根茎型清水苜蓿品种，叶量丰富，粗蛋白含量高；老芒麦品种为青牧1号，分蘖多、叶量丰富，抗寒抗旱性强，植株高大，产草量高，适口性好。

（2）种子处理 紫花苜蓿硬实种子可用破除种皮法处理，直到种皮发毛为止。紫花苜蓿种子消毒可用种子重量的6.5%菲醌拌种，同时用根瘤菌剂浸种，一般每千克种子用根瘤菌剂5 g，溶于水中与苜蓿种子拌湿混种，水量以浸湿种子为宜，拌匀后立即播种，早上或晚上播种为佳，避开阳光直晒；老芒麦种子可以选用饱满的优质种子直接播种。

（3）整地施基肥 播种前清除土壤杂草、石块等，充分整细整平。翻耕前每亩施腐熟厩肥或堆肥2 000 kg和过磷酸钙40 kg或尿素25 kg作基肥，撒施到地里，翻耕20～25 cm翻入土壤中。

（4）播种

①播期 黄土高原干旱灌区或半湿润区紫花苜蓿和老芒麦于土壤解冻至5月上旬雨季来临前播种或初秋播种为宜，无论早春还是初秋播种均不宜过迟，过迟则可能会影响苜蓿在混播群落中所占的比例，另外要考虑土壤墒情、降雨天气等确定具体时间。

②播种量 每种牧草的播种量占其单播时播种量的70%，即紫花苜蓿的播种量为10.5 kg/hm$^2$，老芒麦的播种量为21 kg/hm$^2$。紫花苜蓿与老芒麦混播比例为2∶4，按其比例进行播种；播种方法为条播，紫花苜蓿和老芒麦同行混播，行距20 cm，播种深度2～3 cm，多风地区播种深度3～4 cm。不宜将两种种子混合在一起播种，将苜蓿加入

一个独立种子箱，老芒麦加入另一独立种子箱播种，播种后要进行覆土，深度 2～3 cm。播后立即用圆盘耙轻耙，而后再行镇压一遍即可。

（5） 田间管理　播种当年，生长前期中耕除草极为重要，中耕应与施肥结合进行，有灌溉条件的结合灌溉可提高肥效及水分利用效率。建植紫花苜蓿与老芒麦混播草地时，应特别注意追施钾肥，每亩追施钾肥 5～10 kg、氮肥 5～10 kg、磷肥 3～5 kg。

（6） 利用方式　可进行刈割收获和加工利用或放牧利用。

①刈割收获和加工利用　紫花苜蓿与老芒麦混播草地在紫花苜蓿开花期刈割较为合适，这时产草量及营养物质含量都较高。最后一次刈割时，应在早霜来临前 30 d 左右，刈割留茬高度 4～5 cm，越冬前最后一次刈割留茬高度为 7～8 cm，有利于牧草越冬。收获后及时进行青贮，调制成青干草或加入添加剂调制成全价饲草，饲喂家畜。

②放牧利用　规划为轮牧小区实行轮牧。待春季草层高度达 40 cm 左右开始放牧，留茬高度不低于 10 cm，每小区可放牧 3～5 次。根据放牧草地面积，确定放牧家畜数量、放牧强度。

## （三）技术效果

### 1. 已实施的工作

（1） 不同播种方式及比例对老芒麦-苜蓿混播系统的影响　将紫花苜蓿和老芒麦进行不同播种比例（2∶4、2∶5、2∶6、2∶7 和 2∶8）及方式（间行混播和同行混播）的混播处理，研究苜蓿-老芒麦混播系统的互作效应，筛选出混播效果较好的方式及比例，充分评价混播系统的技术效果（图 1-17 和图 1-18）。

图 1-17　苜蓿与老芒麦同行混播草地

图 1-18　苜蓿与老芒麦间行混播草地

（2） 混播技术的示范　在西北黄土高原旱作区甘肃会宁和定西推广示范 100 亩，武威灌区开展了已筛选的最优组合苜蓿与老芒麦 2∶4 同行混播模式推广示范 200 亩。

### 2. 取得的成效

（1）混播系统的总干草产量达 12.4 t/hm$^2$，较单播苜蓿提高了 33.8%，较单播老芒麦提高了 300%。混播系统苜蓿的粗蛋白含量较单播提高了 11.10%，粗脂肪含量较单播提高了 15.5%，酸性洗涤纤维（ADF）与中性洗涤纤维（NDF）含量较单播降低了

52.2%和27.2%，相对饲喂价值较单播苜蓿提高了1.7%。混播系统老芒麦粗蛋白含量较单播提高了52.7%，ADF与NDF含量较单播降低了16.8%和5.2%，相对饲喂价值较单播老芒麦提高了4.8%（表1-3）。

表1-3 不同混播模式草产量及品质比较

| 处理 | 苜蓿：老芒麦 | 草产量（$kg/hm^2$） | 粗蛋白（%） | 粗脂肪（%） | 酸性洗涤纤维（%） | 中性洗涤纤维（%） |
|---|---|---|---|---|---|---|
| 单播苜蓿 | | 9 241.27 | 21.80 | 2.79 | 32.79 | 52.43 |
| 单播老芒麦 | | 3 094.24 | 10.05 | 3.15 | 29.66 | 52.45 |
| 间行混播 | 2：4 | 9 652.05 | 21.48 | 2.56 | 26.79 | 48.77 |
| | 2：5 | 8 732.25 | 22.93 | 3.25 | 35.32 | 63.66 |
| | 2：6 | 10 878.97 | 18.27 | 2.85 | 26.65 | 50.32 |
| | 2：7 | 9 714.71 | 12.66 | 1.91 | 22.60 | 40.09 |
| | 2：8 | 7 985.08 | 13.88 | 1.80 | 24.66 | 43.16 |
| 同行混播 | 2：4 | 12 365.35 | 20.50 | 2.72 | 27.25 | 47.71 |
| | 2：5 | 10 649.94 | 18.96 | 3.01 | 28.62 | 49.89 |
| | 2：6 | 10 734.92 | 16.72 | 2.52 | 29.37 | 50.17 |
| | 2：7 | 7 015.76 | 18.39 | 2.69 | 27.71 | 49.43 |
| | 2：8 | 7 769.93 | 14.47 | 2.46 | 29.06 | 50.04 |

（2）苜蓿-老芒麦混播草地的单位面积粗蛋白（CP）年产量可达2 535.4 $kg/hm^2$。豆科和禾本科牧草混播有利于两种牧草的正常生长，充分利用豆科作物的固氮作用，提高饲草产量和质量，保证草场氮素平衡，减少化肥的施用量。

### （四）技术适用范围

本技术适用于西北黄土高原灌区或半湿润区，用于刈割或放牧利用。主要为肉牛、肉羊或奶牛等草食家畜养殖提供优质饲草。

### （五）技术使用注意事项

1. 由于清水紫花苜蓿与青牧1号老芒麦混播，为不同草种在同一自然环境条件下和相同栽培利用措施影响的草地建植与管理技术，因此具有极强的地域性。

2. 清水紫花苜蓿与青牧1号老芒麦混播组合中各草种竞争生长激烈，各组分消长规律十分复杂，影响因子颇多，须注意维持混播群落稳定性。

3. 当发生杂草为害时，在清水紫花苜蓿与青牧1号老芒麦混播草地上应用选择性除草剂的难度较大，应合理选择除草方法。

4. 作为长期利用草地，特别是放牧利用草地，苜蓿的比例宜低，而短期利用草地，苜蓿比例可适当高一些。

5. 混播前苜蓿种子打破硬实，老芒麦必须去芒。

6. 前茬如果未种植过豆科牧草，注意苜蓿接种根瘤菌，提高其固氮效率。

## 十、西北黄土高原丘陵区饲用玉米间作高丹草混收混贮关键技术

### （一）技术概述

**1. 技术基本情况** 西北黄土高原丘陵区是我国农区草地畜牧业发展的重点区域之一。但因干旱少雨，饲草供给不足，草畜矛盾突出，严重制约着草畜产业的高质量发展。如何科学高效建立优质人工草地，使草地农业生态系统提质增效成为当前亟须解决的紧迫问题，也是解决该区域畜牧业持续稳定发展的根本出路。长期以来，黄土高原干旱区农业生产中化肥、农药等化学品投入增多，有机肥投入减少，导致传统轮作消失，多样性减少，土壤连作退化，环境问题日益突出。根据种养结合和区域资源禀赋条件，通过引草入田、调整种植结构，建立粮-草-畜多元复合草地农业生态系统，优化农业结构，提高综合效益，是改变草畜矛盾的重要突破点。

玉米是黄土高原丘陵干旱区广泛种植的高光效粮饲兼用作物，营养丰富，饲用价值高，不仅富含蛋白质、脂肪、维生素、微量元素和纤维素，也是较理想的饲料作物。随着我国草食畜牧业的不断发展和人民生活水平的不断提高，改善饲草料传统的种植结构，推广种植饲用玉米不仅对农业产业化发展有重要意义。高丹草也是重要的高光效饲用作物，植株高大、叶量丰富，生物产量高，抗旱性很强，同时又具有很高的营养价值，茎秆汁液含量高达50%～70%，含糖量达12%～22%，适口性好，尤其在一些气候条件不利、生产条件不好的地区，如干旱地区、半干旱地区、低洼易涝和盐碱地区、土壤贫瘠的山区和半山区均可种植。

为了适应西北黄土高原丘陵干旱区调整种植结构的需求，解决当地发展畜牧业中饲草不足，“粮改饲”引草入田，进行饲用玉米与高丹草间作，实施饲用玉米和高丹草间作高效栽培技术，同时对间作模式下的饲用玉米和高丹草一次性进行混合收获，混合青贮，具有很好的增产转化效果。

**2. 技术示范推广情况** 固原市草业协会、各市县牧草龙头企业及融侨集团共同参与了技术推广。2020年4月下旬，在融侨集团肉牛养殖项目核心区三营镇种植饲用玉米间作高丹草“双高”种植技术示范田18.67 hm²。已经建成了草产业“研究基地+科技示范+产业示范”模式基地2.67 hm²。为宁夏肉牛养殖龙头企业（融侨集团）优质牧草生产示范区技术指导，混合草产品质量达到2级以上。助力宁夏回族自治区打造和做强宁夏草畜业产品品牌，体现出种草效益，合力服务地方产业发展。

### （二）技术要点

**1. 种植区域** 本技术适宜于海拔1 500～2 300 m、年降水量350～500 m的温带西北黄土高原丘陵干旱及半干旱地区，且应地势平坦或缓坡，有良好的耕作基础。

**2. 栽培技术**

（1）土地准备 对饲用玉米及高丹草无残效的茬口地，整平整细。

（2）品种选择　高产优质饲用玉米和高丹草品种，具有耐密、抗倒、耐旱、丰产性好的特性。

（3）播种　饲用玉米和高丹草同期播种，春播播种时间为4月上旬至4月下旬雨季来临前。耕种前，底肥施用氮磷钾复合肥675 kg/hm$^2$，总养分≥43%，其中，N、$P_2O_5$、$K_2O$含量分别为30%、6%和7%。间作方式：饲用玉米与高丹草实行带状间作条播，饲用玉米带种植4行，高丹草种植8行，带间距40 cm。播种均匀无缺苗断垅情况。

（4）饲用玉米　播种量1.6 kg/hm$^2$，穴播，行距40 cm，株距20 cm，播种深度4～6 cm，每穴播2～4粒种子，覆土1～2 cm；高丹草播种量为1.1 kg/ hm$^2$，条播，行距20 cm，株距20 cm，播种深度3～4 cm，播后覆土1～2 cm。

（5）追肥　根据土壤肥力状况，结合降雨，于分蘖到拔节期追施尿素45～75 kg/hm$^2$。追肥可以撒施。

（6）收获利用时期　在饲用玉米乳熟末期到蜡熟期，两种牧草同时刈割收获，留茬高度7～9 cm。

3. 青贮技术　在饲用玉米蜡熟期进行刈割，利用切碎机将刈割的玉米和高丹草铡碎，加入青贮发酵剂（如Sila－Max，含植物乳酸菌、丙酸菌杆菌、纤维素酶，乳酸菌≥2×$10^{11}$ CFU/g，添加量0.002 5 kg/t；Sila－Mix，乳酸菌、碳酸钙、黑曲霉，乳酸菌≥1.8×$10^6$ CFU/g，添加量1 kg/t），紧实地装填入池中，边装填边压实，装满后进行严格密封，防止空气进入。经过60 d发酵后可以直接饲用。

### （三）技术效果

#### 1. 已开展的工作

（1）利用玉米（Zea mays）品种为“正大12”和甜高粱（*Sorghum bicolor* × *S. sudanense*）品种为“F10”，在宁夏原州区进行玉米||高丹草宽行、中行、窄行3种种植模式研究与示范，行比分别为6∶12、4∶8、2∶4（图1－19、彩图2和图1－20）。玉米的行距为40 cm，种植密度为12.5万株/hm$^2$；高丹草的行距为20 cm，播种量为22.5 kg/hm$^2$。

图1－19　饲用玉米与高丹草高效间作种植模式

图 1－20　饲用玉米与高丹草间作种植模式大田

（2）进行了不同种植模式对玉米高丹草青贮品质的影响和栽培技术模式效应释放研究与示范。将添加剂 Silga－Max 和 Sila－Mix 按规定添加量添加至不同种植模式下已粉碎的玉米与高丹草中，充分混匀。青贮 60 d 后进行取样和分析，测定玉米、高丹草青贮饲料营养指标和发酵指标的变化，研究不同种植模式对玉米、高丹草青贮品质的影响。

**2. 取得的成效**

（1）间作系统鲜草产量达 17 222.34 $g/m^2$，干草产量达 5 766.39 $g/m^2$，鲜草、干草产量分别比饲用玉米单播和高丹草单播增加了 39.40％和 3.54％（表 1－4）。

表 1－4　不同间作种植模式的牧草产量

| 处理 | | 作物鲜草亩产量（kg） | 系统鲜草亩产量（kg） | 作物干草亩产量（kg） | 系统干草亩产量（kg） | 鲜干比 |
|---|---|---|---|---|---|---|
| 饲用玉米单播 | | 8 236.59 | 8 236.59$^{d}$ | 2 809.20 | 2 809.20$^{e}$ | 2.932 |
| 高丹草单播 | | 11 088.54 | 11 088.54$^{a}$ | 3 711.02 | 3 713.66$^{b}$ | 2.988 |
| 饲用玉米‖高丹草（宽行） | 饲用玉米 | 9 041.21 | 10 910.05$^{b}$ | 2 851.21 | 3 461.76$^{c}$ | 3.171 |
| | 甜高粱 | 12 778.89 | | 4 072.30 | | 3.138 |
| 饲用玉米‖高丹草（中行） | 饲用玉米 | 9 879.36 | 11 481.56$^{a}$ | 3 390.31 | 3 844.26$^{a}$ | 2.914 |
| | 甜高粱 | 13 083.75 | | 4 298.21 | | 3.044 |
| 饲用玉米‖高丹草（窄行） | 饲用玉米 | 6 300.82 | 8 803.88$^{c}$ | 2 152.65 | 2 930.53$^{d}$ | 2.927 |
| | 甜高粱 | 11 306.94 | | 3 708.41 | | 3.049 |

注：同列肩标不同小写字母表示差异显著（$P<0.05$）。

（2）间作饲用玉米的可溶性糖含量均升高，宽行、中行和窄行分别升高了 11.07％、14.46％和 8.20％。宽行和中行间作饲用玉米、高丹草 NDF 含量均升高，中行间作升高幅度最大，饲用玉米提高 3.36％，高丹草提高 12.51％；中行间作高丹草 ADF 下降 10.23％（表 1－5）。

表 1-5　不同间作种植模式的牧草营养品质

| 处理 | | 粗蛋白（%） | 中性洗涤纤维（%） | 酸性洗涤纤维（%） | 可溶性糖（mg/g） |
|---|---|---|---|---|---|
| 饲用玉米单播 | | 6.06 | 41.02 | 21.94 | 36.24 |
| 高丹草单播 | | 5.46 | 58.19 | 29.71 | 87.50 |
| 饲用玉米‖甜高丹草（宽行） | 饲用玉米 | 5.95 | 42.52 | 22.20 | 40.25 |
| | 高丹草 | 5.09 | 59.77 | 32.34 | 78.26 |
| 饲用玉米‖高丹草（中行） | 饲用玉米 | 5.86 | 43.63 | 23.12 | 41.48 |
| | 高丹草 | 4.68 | 65.47 | 26.67 | 81.69 |
| 饲用玉米‖高丹草（窄行） | 饲用玉米 | 5.85 | 35.61 | 22.51 | 39.21 |
| | 高丹草 | 5.29 | 57.16 | 37.17 | 70.92 |

饲用玉米、高丹草中行间作（玉米 4 行+高丹草 8 行），既能提高草产量，又有利于营养品质的提升，是理想的饲用玉米与高丹草间作高效模式。

（3）间作种植，玉米与高丹草混合青贮效果更好，明显提高蛋白质含量，尤其利用青贮发酵剂后，使得粗蛋白较青贮前提高 14.3%，且明显降低酸性洗涤纤维含量，尤其中行种植模式的酸性洗涤纤维较青贮前降低 22.4%（表 1-6）。

表 1-6　饲用玉米和高丹草间作模式的混合青贮品质

| 养分 | 间作行宽 | 饲用玉米与高丹草间作系统饲草 | | | |
|---|---|---|---|---|---|
| | | 青贮前 | 无添加剂 | Max | Mix |
| 粗蛋白（%） | 宽 | 6.08 | 6.33 | 6.78 | 6.95 |
| | 中 | 6.41 | 5.77 | 6.35 | 6.22 |
| | 窄 | 7.10 | 5.86 | 5.86 | 5.65 |
| 中性洗涤纤维（%） | 宽 | 47.97 | 51.74 | 54.47 | 54.47 |
| | 中 | 47.60 | 50.94 | 52.73 | 58.18 |
| | 窄 | 49.35 | 45.44 | 51.70 | 52.51 |
| 酸性洗涤纤维（%） | 宽 | 27.62 | 27.70 | 24.87 | 25.23 |
| | 中 | 28.06 | 26.67 | 23.64 | 21.78 |
| | 窄 | 27.57 | 30.51 | 26.65 | 26.02 |
| 可溶性糖（%） | 宽 | 9.25 | 9.13 | 10.04 | 9.42 |
| | 中 | 11.87 | 11.58 | 11.22 | 10.57 |
| | 窄 | 13.08 | 12.08 | 12.65 | 11.24 |

（4）间作提高了资源竞争能力及系统生产力，提高了土地当量比（LER）；间作模式较单作具有节肥增产优势（图 1-21）。

### （四）技术适用范围

本技术适用于西北黄土高原丘陵干旱区草食畜牧业禾本科青贮饲草供给生产，主要用于肉牛、肉羊、奶牛等区域性草牧业发展的饲草种植生产供给。

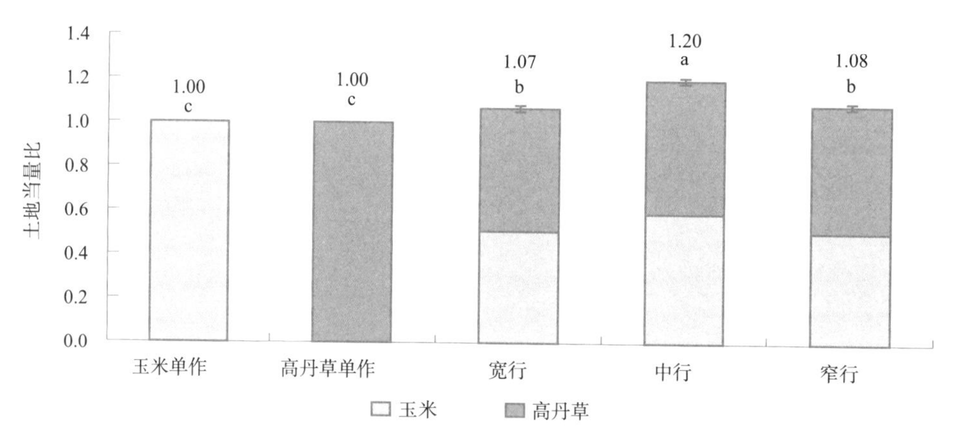


图 1-21　不同种植模式对土地当量比（LER）的影响

注：不同小写字母表示差异显著（$P<0.05$）

### （五）技术使用注意事项

1. 在饲用玉米和高丹草 3 叶期间苗。
2. 在分蘖前进行追肥，以氮肥为主，增加分蘖。
3. 喷施添加剂一定要均匀。草样紧实地装填入池中，边装填边压实，装满后进行严格密封，防止空气进入。

## 十一、河西走廊农区 5 年苜蓿 1～2 年玉米高效轮作关键技术

### （一）技术概述

**1. 技术基本情况**　为加快实施农业供给侧结构性改革、促进农业结构调整，2015 年党中央做出了实施“粮改饲”政策的决定，并写入中央 1 号文件。“粮改饲”政策以我国“镰刀湾”地区玉米种植结构调整为重点，推进由粮食作物种植向饲草料作物种植的转变，实行草畜配套，大力发展草食畜牧业，促进种养循环、产加一体、粮饲兼顾、农牧结合。引草入田对合理利用土地资源和实现农牧业可持续发展具有重要意义，把草地和畜牧业加入传统种植业为主的农业系统中，使农作物生产、牧草种植和家畜饲养结合起来，达到畜产品和饲草的安全生产、家畜健康养殖，同时使大农业生态系统达到良性循环的可持续发展。

草田轮作是作物生产、饲草生产和动物生产结合的有效形式。草田轮作形成作物复合群体，作物间的生态互补和生产互补，可增加对资源的利用效率，实现生产与生态功能的协调发展。苜蓿和玉米是西北河西走廊地区的两大主要优质高产蛋白饲草和作物，苜蓿草地轮作玉米，苜蓿用于草食动物饲养，玉米既可用于粮食，又可用于饲料。在昼夜温差大、光照时间长，土地资源和水资源紧缺，以灌溉生产为主要方式的河西走廊地区，本技术是实现优质高效生态农业生产系统的重要模式。

**2. 技术示范推广情况**　与甘肃杨柳青牧草饲料开发公司合作，已在甘肃省金昌市形

成连片种植紫花苜蓿标准化生产基地面积 1 133 $hm^2$；在甘肃省定西市安定区示范种植 200 公顷。目前该技术正在河西走廊苜蓿主产区推广应用。

## （二）技术要点

**1. 草种选择** 玉米品种为适宜西北干旱区灌溉生境粮饲兼用或饲用玉米品种，最好具有活体成熟的特性。

紫花苜蓿品种为适宜西北干旱区灌溉生境优质高产的品种。要求千粒重达到 2.0～2.3 g，纯度和净度不低于 95%，发芽率不低于 90%，不携带检疫性对象。

**2. 播种** 紫花苜蓿草地种植 5～6 年后，苜蓿草产量明显下降，第 2 茬刈割收获后翻耕，翌年春季种植玉米，轮作 1～2 年后再种植紫花苜蓿（图 1－22）。

图 1－22 紫花苜蓿种植 5～6 年后轮作玉米

玉米播种时间为 4 月下旬，选用发芽势强、活力强的高质量种子，通过单粒精量播种机进行精量播种，严把播种质量关，确保一播全苗。播前晒种 2～3 d，提高出苗率和整齐度。播种量控制在 12.6～14.0 $kg/hm^2$，根据品种特性进行酌情增减，种植密度较普通籽粒玉米品种适当增加，一般 4 500～6 000 株/亩。播种深度 3～5 cm，等行距种植，行距 40 cm。出苗后及时查苗、补苗并及早间苗定苗。一般 3 叶期间苗，5 叶期定苗。及时去除弱苗、病苗、虫苗，留壮苗、匀苗、齐苗，提高群体整齐度。规模化种植时，科学制订种植计划，分期播种，以便实现适期分批收获。

玉米秋季收获后，犁地整地，翌年春季播种紫花苜蓿。播种量为 22.5 $kg/hm^2$，条播，行距 15 cm，播种深度 1～2 cm。一般要求田间保苗密度达到 600 万～675 万株/$hm^2$ 为宜。包衣种子按包衣材质比例折合计算。

**3. 基肥** 轮作玉米播种前均匀施入农家肥 15～75 $t/hm^2$、纯氮 105～135 $kg/hm^2$、$P_2O_5$ 90～120 $kg/hm^2$、$K_2O$ 45～60 $kg/hm^2$ 作为基肥。

紫花苜蓿播前施农家肥 11～15 $t/hm^2$ 作为基肥；或施纯氮 42 $kg/hm^2$、磷酸二铵 225～300 $kg/hm^2$、氯化钾 105 $kg/hm^2$ 作为基肥。

**4. 田间管理** 玉米苗期施纯氮 45 $kg/hm^2$ 肥 1 次，10～11 片叶时施纯氮 225～300 $kg/hm^2$，开花后追施纯氮 30～75 $kg/hm^2$，同时少量喷施 1 次叶面肥磷酸二氢钾。适当时期进行中耕或人工除草。

紫花苜蓿草地播种当年不追肥，2 年及以上草地每年追施纯氮 42～56 $kg/hm^2$、氯化钾 60～75 kg/hm$^2$。

**5. 刈割利用** 饲用玉米最适收获期为蜡熟期，全株含水率为65%～70%，干物质含量达到30%以上。以籽粒乳线位置作为判别标准，乳线处于1/2时适期机械收割。

紫花苜蓿于现蕾期或初花期刈割收获。

### （三）技术效果

**1. 已开展的工作**

（1）在河西走廊武威凉州区黄羊镇进行了5年紫花苜蓿-小麦、5年紫花苜蓿-玉米、5年紫花苜蓿-小麦-小麦、5年紫花苜蓿-玉米-玉米轮作研究与示范（图1-23和彩图3）。

图1-23　苜蓿-玉米-苜蓿轮作：玉米后茬苜蓿长势（小麦后茬为对照）

（2）与甘肃杨柳青牧草饲料开发公司合作，已在甘肃省金昌市形成连片种植紫花苜蓿标准化生产基地面积1 133 hm$^2$；在甘肃省定西市安定区示范种植牧草200 hm$^2$。

**2. 取得的成效**

**（1）苜蓿/玉米轮作的苜蓿产量和品质表现** 5～6年紫花苜蓿草地轮作玉米茬较小麦茬的苜蓿干草产量增加7.63%～13.19%，粗蛋白含量增加5.89%～7.91%。苜蓿-玉米-苜蓿轮作，具有较大的增产提质潜力。表1-7为5年紫花苜蓿轮作1～2年玉米模式（轮作小麦为对照）的苜蓿干草产量和品质。5年紫花苜蓿轮作2年玉米模式较轮作1年玉米产量提高19.06%，粗蛋白含量提高3.6%。

**表1-7　5年苜蓿1～2年玉米/小麦轮作的后茬苜蓿产量和品质**

| 处理 | 产量（t/hm$^2$） | 粗蛋白（%） | 中性洗涤纤维（%） | 酸性洗涤纤维（%） | 粗脂肪（%） | 粗灰分（%） |
|---|---|---|---|---|---|---|
| 5年苜蓿-苜蓿 | 7.92 | 20.18 | 48.73 | 29.76 | 2.29 | 8.92 |
| 5年苜蓿-1年小麦-苜蓿 | 9.31 | 20.9 | 46.94 | 27.67 | 2.46 | 9.25 |
| 5年苜蓿-2年小麦-苜蓿 | 10.54 | 21.25 | 43.72 | 27.5 | 3.33 | 9.26 |
| 5年苜蓿-1年玉米-苜蓿 | 10.02 | 22.13 | 42.28 | 26.74 | 2.88 | 9.53 |
| 5年苜蓿-2年玉米-苜蓿 | 11.93 | 22.93 | 41.45 | 25.6 | 3.26 | 9.6 |

（2）轮作玉米对紫花苜蓿自毒效应的消减及土壤的改良效果 与5年紫花苜蓿土壤环境相比，轮作玉米第1年自毒物质总含量降低17.90%，第2年较第1年降低16.24%，显著减轻了自毒效应，促进紫花苜蓿种子萌发和幼苗生长，种子发芽率均高于5年，其化感指数（RI）大于0，进一步提高再建植紫花苜蓿幼苗酶活性，幼苗可溶性糖含量显著提高、超氧化物歧化酶（SOD）活性显著增强。

5年紫花苜蓿茬轮作玉米，能显著改善土壤微生物种群结构，土壤细菌和放线菌数量增加，土壤细菌多样性以5年紫花苜蓿-玉米-玉米最高。此外，养分含量消耗增加，积累减少。与5年紫花苜蓿茬相比，5年紫花苜蓿茬轮作玉米后土壤总养分含量下降，速效养分含量提高。5年紫花苜蓿-玉米-玉米土壤碱解N、速效P和速效K含量高于CK3。

（3）形成河西走廊苜蓿草产业发展的重要技术支撑 甘肃农业大学草业学院与甘肃杨柳青牧草饲料开发公司技术合作，在甘肃省金昌市形成连片种植紫花苜蓿标准化生产基地面积1 133 $hm^2$，形成了河西走廊最重要的苜蓿生产基地和“粮改饲”示范基地，效益不断增加，同时对周边风沙缘区的生态保护也起到了积极的作用。在甘肃省定西市安定区旱作区辐射推广该技术种植苜蓿和玉米200 $hm^2$，种植与养殖结合，构建了新型粮经饲三元种植结构，显著提升了区域生态文明水平。实施的第2年新增加产值50万元，公司新增产值15万元，合作社农民新增产值35万元，人均收入增长10%。

### （四）技术适用范围

在河西走廊农区，适宜采用苜蓿-玉米轮作草田耕作模式。一般以紫花苜蓿种植5～6年后轮作1～2年玉米为宜。也可扩展到以产草量高、改土作用明显的其他多年生豆科牧草（如红豆草等）与玉米轮作。

### （五）技术使用注意事项

1. 轮作草田的管理比较简单，主要是选择适宜品种、调整好轮作播期，适时播种，适当时期防杂草、防虫、防病等。

2. 一般来说，每一块地都是可以轮作的。如果主要以提高牧草产量为目的的草田轮作，应选择在地势较平缓、土质肥沃、最好有灌溉条件的地段，同时要注意做到平整土地、精耕细作。根据轮作作物的种植规模和轮作年限，把轮作区划分成面积大致相等的轮作小区。小区的形状最好是长方形，长宽比例约为5∶1，在缓坡地耕作区长度方向应与等高线平行，以防止水土流失。

3. 不要在牧草的高产期到来时或高产期内进行轮换。

4. 利用好紫花苜蓿较强的再生性，适时进行刈割。主要是掌握刈割时期、刈割高度。

5. 适时收割，调制优质青干草。注意观察天气预报，切忌刈割后雨淋。

6. 饲用玉米收割期可根据收获机械配置、加工量、收贮进度等适当调整。

## 十二、厩肥配施化肥饲草提质增效关键技术

### （一）技术概况

**1. 技术基本情况** 有机肥是一种很好的土壤改良剂。当有机肥被用于农田或退化土壤，可以增加有机质，改土壤结构，减少化学肥料的使用量，并且可以减轻土壤的潜在侵蚀。厩肥是有机肥的一种，是家畜粪尿和垫圈材料、饲料残茬混合堆积并经微生物作用而成的肥料，富含有机质和各种营养元素。各种畜粪尿中，以羊粪的氮、磷、钾含量高，猪、马粪次之，牛粪最低；排泄量则牛粪最多，猪、马类次之，羊粪最少。垫圈材料有秸秆、杂草、落叶、泥炭和干土等。厩肥分圈内积制（将垫圈材料直接撒入圈舍内吸收粪尿）和圈外积制（将牲畜粪尿清出圈舍外与垫圈材料逐层堆积）。经嫌气分解腐熟。在积制期间，其化学组分受微生物的作用而发生变化。为了抓好末端利用，测试分析畜禽粪污等厩肥的主要成分，根据土壤肥力背景值及主栽饲草燕麦的目标产量，计算燕麦养分需求量、土壤养分供应量、厩肥当季养分供应量，需求量与供应量的差值，用化学肥料补足，以期实现有机肥料为主、化肥补施为辅的绿色燕麦饲草高产优质。

**2. 技术示范推广情况** 山西农业大学饲草生产与利用的教学科研工作者，研发与集成厩肥配施化肥饲草提质增效技术，在山西省汾河平原区予以推广和示范，一方面提升了饲草的产量，保障了草食动物产业对饲草的需求；另一方面促进了粪污还田，避免了养殖业的污染，有力推动了绿水青山就是金山银山，助力生态草牧业的发展。

### （二）技术路径

**1. 土壤养分分析** 对拟栽培饲草地的土壤进行多点采样，采集 30 cm 土层土壤样品（图 1－24），带回室内分析土壤全氮、碱解氮、有效磷等养分含量（表 1－8）。

图 1－24 采集的土壤样品

表 1－8 部分土壤样品检测结果

| 序号 | 有机质（g/kg） | 碱解氮（mg/kg） | 有效磷（mg/kg） | 速效钾（mg/kg） |
|---|---|---|---|---|
| 1 | 10.04 | 25.04 | 17.29 | 93.0 |
| 2 | 14.72 | 35.77 | 28.42 | 125.1 |
| 3 | 6.02 | 7.15 | 7.92 | 63.0 |
| 4 | 12.49 | 26.83 | 6.66 | 107.6 |
| 5 | 4.01 | 12.52 | 5.14 | 40.7 |

**2. 厩肥成分分析** 经前期腐熟的厩肥，从不同位点采集样品，带回室内，分析氮、磷等矿物质元素和有机质含（表 1－9）。

表 1-9 厩肥检测结果

| 厩肥种类 | 氮（%） | 磷（%） | 钾（%） |
| --- | --- | --- | --- |
| 羊粪 | 1.53 | 0.87 | 1.51 |
| 牛粪 | 10.16 | 3.29 | 8.21 |
| 鸡粪 | 17.38 | 8.58 | 14.27 |

**3. 燕麦养分需求计算** 参考《农业部办公厅关于印发〈畜禽粪污土地承载力测算技术指南〉的通知》（农办牧〔2018〕1号）；或者针对目标收获期的产量和氮磷钾养分含量，计算燕麦养分需求量。

**4. 厩肥施用** 基于厩肥最高养分限量施用原则，以厩肥氮、磷中含量最多的养分为施用的最大值（图 1-25）。

图 1-25 厩肥撒施

**5. 化肥施用种类及数量测算** 根据前期测算养分需求量和养分供给量，计算差额养分的种类和数量。如果氮元素缺乏施用尿素等氮肥，磷元素缺乏则施用过磷酸钙等磷肥。

**6. 化肥追施** 剩余与目标产量有差异的养分，以化肥施用弥补，在燕麦生长期间追肥施用。

### （三）技术效果

**1. 已实施的工作**

（1）引用土壤养分分级指标与级别 以土壤全氮含量（g/kg）、有效磷含量（mg/kg）将土壤养分划分为三级，一级土壤全氮含量大于 1 g/kg、有效磷含量大于 40 mg/kg，二级土壤全氮含量为 0.8～1 g/kg、有效磷含量为 20～40 mg/kg，三级土壤全氮含量低于 0.8 g/kg、有效磷含量低于 20 mg/kg。

（2）摸清羊粪养分含量 堆制腐熟后的羊粪，含有机质 45.17%、全氮 1.53%、$P_2O_5$ 0.87%、$K_2O$ 1.51%。厩肥养分含量本地基础数据的获得，可以为有机肥合理施用提供指导，规范羊粪的施用量。

（3）羊粪施用 在饲草不同的生长阶段施用厩肥，可以分别采用撒施、条施、穴施等方式，以基肥施用采用撒施的方式。以二级土壤养分为基础，目标产量每公顷 4 t 燕麦饲草，羊粪粪肥全部就地利用，当季利用率按照 30%计算。因为燕麦每形成单位生物量的氮磷比为 3.1，羊粪氮磷比为 1.8，含磷量较高，以磷元素计算羊粪最大施用量为 360 kg。

（4）补施化肥量　在施用 360 kg 羊粪时，可以施入氮肥 5.5 kg，按照当季利用率 30%计算，能够提供 1.6 kg 的氮素营养，尚缺氮素 5 kg，以化肥尿素或者氮钾复合的形式施入。

（5）燕麦饲草产量和质量　通过厩肥施入，可以维持燕麦的产量，不会因为厩肥过量施用影响产量（图 1-26）。减少了化肥的施用量，在灌浆期收割，每亩产干草可以达到 300 kg，同时木质纤维素含量降低了 21.5%，奶吨产量提升了 116 kg，奶亩产量提高了 107 kg。

**2. 取得的成效**

（1）集成土壤养分分级指标与级别技术　按照养分贮量高低评定土壤养分丰缺程度的等级，目的在于为制订施肥计划和进行土地技术经济评价提供依据。一般根据土壤中有机质、全氮、水解氮、速效磷和速效钾的含量及其比例关系，分别评出高、中、低三级（或分为极高、较高、中等、低、板低五级）。土壤养分等级高的，一般可以不施肥或少施肥，在一定时间内也能维持高产。土壤养分等级中等的，要根据田间试验结果合理施肥，才能增产。土壤养分等级低的，一般施肥的增产效果较为显著。由于不同饲草所需养分不同和不同土壤的养分供应特性不同，因此，对于不同土壤和不同作物来说，确定土境养分等级的具体指标也有差异。

（2）厩肥取样与测定技术　类似厩肥的有机肥料种类多，成分复杂，均匀性差，给采样带来了很大的困难。经腐熟的有机肥料，一般呈堆积状态，采用多点取样，点的分布考虑肥堆的上中下部位和堆的内外层。点的多少根据肥堆的大小而定。一般一个大型肥料堆取 20%～30%，每个点取样 0.5 kg，置于塑料布上（图 1-27）。将大块肥料捣碎，充分混匀后，以四分法取样约 5 kg，装入塑料袋中并编号。样品迅速带回测试室，按照国标要求，分别测定相应的成分含量。

图 1-26　燕麦田间生长情况

图 1-27　有机肥取样

（3）饲草养分需求测算技术 首先根据饲草作物产量和养分含量，测算饲草作物的养分吸收量。注意要精准估算目标产量，这非常重要，从而可以设计出能够实现目标产量的综合饲草作物生产计划。因为许多损失是不可避免，所以要预测肥料利用率。虽然要把损失降到最低，但当确定能够满足饲草作物需求的施肥量时，还是要考虑一些不可避免的损失。采用土壤与植物测试、响应试验、缺素小区或饱和参考带（作为对照）等一系列方法估算土壤养分供应。然后根据有机肥的使用量和利用效率，计算可得有机肥肥料供应量。差额用化肥补足。

### （四）技术适用范围

1. 在草食动物养殖集约化养殖区域，对饲草需求旺盛，本技术能实现饲草当地生产、青粗饲料本地化，保障草食动物饲草供应。

2. 本技术适用于畜牧业，可改善农牧循环。畜牧业发展占据农业产值相当的比重，具有充分的厩肥资源。

3. 本技术适用于粪肥施用量较大，对水体可能产生污染的区域。不同区域应用本技术需要针对性地监测评估水体。

### （五）技术使用注意事项

1. 施用的厩肥要提前腐熟。新鲜厩肥含有尿酸、尿酸盐，养分不易直接吸收；致病性微生物、寄生虫卵污染危害土壤，发酵产热损害根系。

2. 厩肥以基肥的方式播前施入饲草田间，耕翻或旋耕播种时与表土拌混，避免地表施用，因雨水侵蚀、氧化而肥效挥发。

## 第二节 优质青粗饲料调制加工关键技术

### 一、禾谷类饲草青贮饲料硝酸盐减控关键技术

#### （一）技术概述

**1. 技术基本情况** 随着人们生活水平的提高，对高品质畜产品的需求日益增加，其中乳、肉等反刍家畜产品的消费量不断扩大，在市场需求的拉动下，对反刍家畜的生产规模和产品质量也提出了更高的要求。饲料是开展反刍家畜生产的基础，其供给能力和质量制约着反刍家畜生产的规模和水平，同时饲料中的有毒有害物质还是影响家畜健康水平的重要安全性因素，且存在通过食物链传递进而威胁人类健康的风险，因此改善饲料的质量和安全水平是从源头控制畜产品品质的保障。

全株玉米、高丹草、饲用高粱等饲草青贮饲料是反刍家畜日粮主要的组成部分，是发展反刍家畜畜牧业的重要物质基础，在提供营养物质、均衡饲料供给、拓展饲料资源等方面发挥着不可或缺的作用。但是，在饲草高产栽培模式下，为了提高禾谷类饲草的产量，氮肥的施用是保障饲草供给的必要手段，加之气候、种植密度等条件的影响，在实现高产的同时常引起禾谷类饲草硝酸盐的积累，成为影响威胁畜产品质量安全的首要诱因。采食硝酸盐含量过高的青贮饲料可造成反刍家畜硝酸盐中毒，引起产奶量下降，诱发乳腺炎，导致流产、死胎等繁殖障碍，严重中毒可造成家畜死亡。调查结果表明，主要的禾谷类饲草青贮原料中均普遍存在硝酸盐，成为限制饲喂的主要因素。

本技术通过系统研究禾谷类饲草在不同收获阶段的硝酸盐积累规律、收获技术措施对青贮饲料硝酸盐含量的影响以及青贮过程中硝酸盐降解调控技术，提出了适合禾谷类饲草青贮饲料硝酸盐减控技术，规定了关键技术参数，并配套研发了适合于生产现场检验的快速检测方法，可为提高禾谷类饲草安全青贮饲料的生产与供给提供技术支撑。

**2. 技术示范推广情况** 本技术依托“优质青粗饲料资源开发利用示范”项目集成、优化，在辽宁地区的全株玉米等饲草青贮饲料加工中进行了技术的示范应用，取得了良好的效果。

#### （二）技术要点

**1. 原料的硝酸盐监测** 临近禾谷类饲草原料收获阶段，田间采集代表性样品，采用试纸简易法或实验室分析法检测硝酸盐含量，监测硝酸盐含量变化，以硝态氮含量 1 000～1 200 mg/kg 作为安全界限值，在保证营养属性的前提下，结合硝酸盐含量确定适时收获期（图 1－28）。

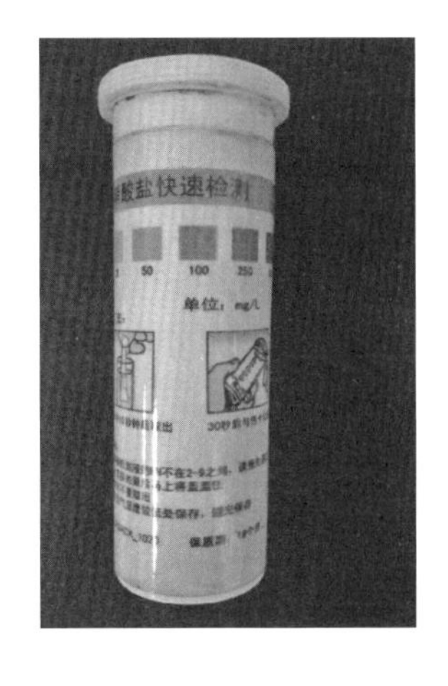

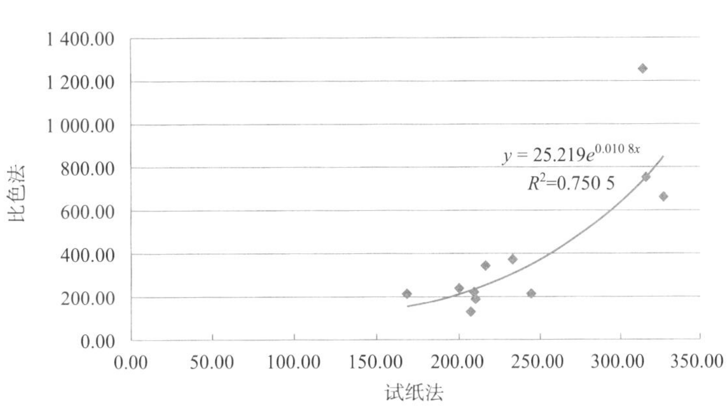


图 1－28　试纸简易法检测硝酸盐含量

**2. 收获**　硝酸盐在茎秆基部积累量高，高于界限值的禾谷类饲草，收获时的留茬高度建议提高至 25～35cm。此外，随着饲草生育期延长，硝酸盐含量呈下降趋势，可在适时收获的前提下，适当延后收获时间。以全株玉米青贮原料为例，从乳熟后期到腊熟期，硝酸盐含量有望降低到安全界限值以下，与营养和加工属性的理想收获期间也存在一定的耦合性。

**3. 青贮调制**　使用微生物和化学性青贮添加剂调控发酵过程，提高青贮过程中硝酸盐的降解率，降低青贮饲料中残留的硝酸盐含量。推荐选用的添加剂种类有布鲁氏乳杆菌、短乳杆菌添加剂以及化学盐类添加剂；菌类添加剂添加量应使添加的活菌数达到 $10^8$～$10^9$ CFU/t，化学盐类添加剂的添加量为 0.5%～1%。

**4. 饲喂**　青贮饲料开封后，定期检验硝酸盐含量，制定安全的饲喂方案（表 1－10）。

表 1－10　不同硝酸盐浓度饲喂方案

| 硝态氮浓度（mg/kg，DM） | 注意事项 |
| --- | --- |
| 0～1 000 | 饲喂充足的饲料和饮水，安全 |
| 1 000～1 500 | 除妊娠牛，安全<br>妊娠牛不得超过日粮干物质的 50% |
| 1 500～2 000 | 所有牛不得超过日粮干物质的 50% |

## （三）技术效果

### 1. 已实施的工作

（1）收获措施对禾谷类饲草青贮饲料发酵品质与硝酸盐含量的影响　分别考察了收获时间和留茬高度对全株玉米、高丹草青贮饲料发酵品质、饲用价值以及硝酸盐含量的影响，评价收获技术措施对青贮饲料硝酸盐含量的调控作用。以春季播种的全株玉米为对象，分别在乳熟后期和蜡熟期进行收获，切碎至 1～2 cm，调制青贮饲料，贮藏 90 d，开封取样检测发酵品质和营养成分，并检测硝酸盐、亚硝酸盐含量。以全株玉米和高丹草为对象，设计不同的留茬高度（常规留茬，10 cm；高留茬，30 cm以上）收获饲草，切碎后调制青贮饲料，贮藏60～90 d，取样检测青贮品质和硝酸盐、亚硝酸盐含量，评估留茬高度对禾谷类作物青贮饲料硝酸盐含量的影响。

（2）添加剂对青贮饲料硝酸盐降解的促进作用　以高丹草和甜高粱为原料，考察了添加乳酸菌制剂和化学添加剂对促进青贮饲料硝酸盐降解的作用。将两种饲草在抽穗至乳熟期收获，留茬15～20 cm，切碎至1～2 cm后，分别添加布鲁氏乳杆菌、短乳杆菌，添加量为鲜重的$10^5$～$10^6$ CFU/g，密封调制青贮饲料，开封后取样测定青贮品质和硝酸盐含量。另外，采用与上述乳酸菌试验相似的设计，考察了添加0.5%～1%碳酸氢钠和碳酸钾对青贮品质和硝酸盐降解的影响。

**2. 取得的成效**　应用该技术可大幅降低禾谷类饲草青贮原料的硝酸盐含量，加工为青贮饲料后，硝酸盐的残留量可降低到原料水平的50%以下，对青贮饲料的发酵品质和营养价值无不利影响，有助于削减或消除禾谷类饲草青贮饲料在奶牛饲养中的使用禁忌，提高奶牛健康水平和生产性能，也为生产安全的食品奠定基础。

（1）通过分析收获时间和留茬高度对全株玉米青贮饲料的影响发现，乳熟后期和蜡熟期调制的全株玉米青贮饲料均获得了较高的发酵品质，但从营养价值来看，蜡熟期收获能够提高全株玉米青贮饲料的营养价值；留茬高度对全株玉米青贮发酵品质几乎没有影响，高留茬（30 cm）可以有效降低全株玉米青贮饲料的纤维含量，提高营养价值，从而获得高质量的青贮饲料；乳熟后期收获的全株玉米青贮饲料中硝酸盐和亚硝酸盐含量高于蜡熟期，留茬高度增加，硝酸盐和亚硝酸盐含量有所降低（图1-29）。

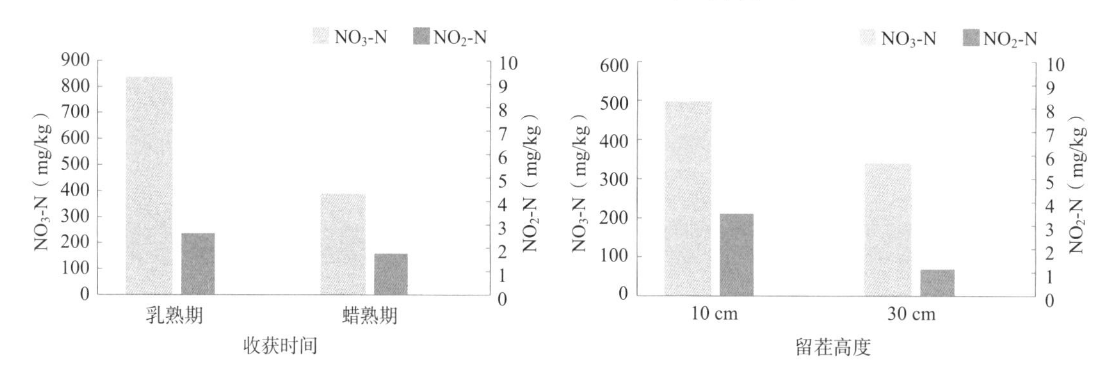


图1-29　收获时间和留茬高度对全株玉米青贮饲料硝酸盐含量的影响

以高丹草为对象开展的研究结果与全株玉米相似，与低留茬相比（10 cm），提高留茬高度（60 cm）可有效降低高丹草青贮饲料的硝态氮含量（1 550 mg/kg降低到780 mg/kg），青贮饲料的硝态氮含量均可降到1 000 mg/kg以下。

（2）以甜高粱为原料的研究表明，添加布鲁氏乳杆菌、短乳杆菌后，有助于提高甜高粱青贮饲料有氧稳定性，且青贮饲料的硝态氮含量比直接青贮低40%左右（690 mg/kg降低到441～444 mg/kg）。在高丹草青贮中，通过添加0.5%的碳酸氢钠以及1%的碳酸钾发现，添加碳酸钾使高丹草青贮呈现出pH和乳酸含量升高的趋势，但仍保持优质的青贮品质，V-Score评价与未添加的青贮饲料均为良好（90.09与97.89），添加碳酸氢钠

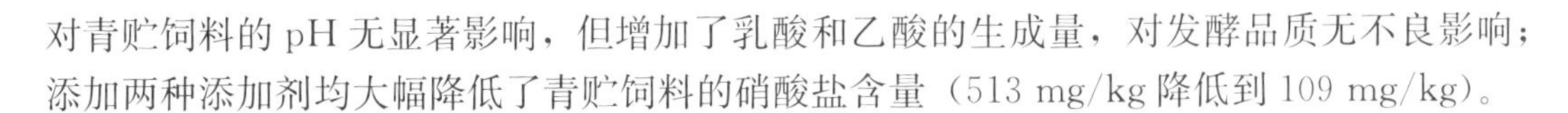


对青贮饲料的 pH 无显著影响，但增加了乳酸和乙酸的生成量，对发酵品质无不良影响；添加两种添加剂均大幅降低了青贮饲料的硝酸盐含量（513 mg/kg 降低到 109 mg/kg）。

#### （四）技术适用范围

1. 本技术适用于全株玉米、饲用高粱、甜高粱、高丹草等禾谷类饲草的低硝酸盐青贮饲料生产。

2. 目前开展禾谷类饲草青贮饲料生产的企业和养殖场，可结合现有的青贮调制工艺与机械设备条件采用本技术。

#### （五）技术使用注意事项

1. 注意配合科学施肥与田间管理，结合适宜收获技术，降低原料中的硝酸盐含量是重要的基础性工作。

2. 硝酸盐含量过高（>4 000 mg/kg）的原料需留意青贮调制过程中产生有毒氮氧化物的风险，必要时可考虑混合安全性辅料。

3. 添加剂的使用应保障添加均匀一致。

4. 青贮饲料的调制应严格遵循工艺技术要点展开。

5. 重视检测对采取技术措施的支撑作用。

### 二、全株玉米与拉巴豆混合青贮关键技术

#### （一）技术概述

1. 技术基本情况　随着人们生活水平的不断提高，乳肉等优质蛋白来源的食品日益受到人们的青睐，在饮食结构中所占的比重日益提高。牛羊等反刍家畜是提供优质动物食品的主要家畜种类，是目前提供奶制品和优质肉类的重要来源。在反刍家畜日粮中，饲草饲料占有较大比重，是反刍家畜饲养的重要物质基础。全株玉米青贮饲料是反刍家畜主要的饲料来源之一，是反刍家畜主要的粗饲料来源，在目前的反刍家畜饲养体系中占据着不可替代的地位。在国家大力推进“粮改饲”、促进农业种植结构调整的战略性部署中，全株玉米作为“粮改饲”的重要优势作物，在饲料供给中将发挥更大的作用。

虽然全株玉米在种植范围、适应性以及饲料能量水平等方面优势突出，并且具有较好的青贮属性，容易调制出优质的青贮饲料，但直接青贮时存在蛋白含量低、有氧稳定性差等问题，不利于全株玉米青贮饲料优良饲用属性的发挥。将豆类饲草与全株玉米混合青贮是进一步提高饲用价值的有效途径之一。拉巴豆作为豆科饲草，具有丰富的蛋白质，与全株玉米间营养属性互补、适宜收获期相近，且在与青贮玉米混播时，具有提高饲草产量和土地利用率的作用。

本技术在北方春玉米种植区，研究了通过将全株玉米与拉巴豆混合青贮改善青贮饲料有氧稳定性、提高蛋白质含量的混合青贮技术，确定了适宜的混合比例，评估了混合饲料属性和有氧稳定性参数。应用本技术可为提高北方地区提高全株玉米青贮饲料的贮藏性能和利用率提供技术支撑。

**2. 技术示范推广情况** 本技术依托“优质青粗饲料资源开发利用示范”项目集成、优化，在辽宁地区的饲草青贮饲料生产加工中进行了技术的示范应用，取得了良好的效果。

## （二）技术要点

**1. 原料的收获** 全株玉米于蜡熟期、籽粒达到1/2～2/3乳线期收获；拉巴豆于营养生长后期到现蕾期，与全株玉米同期收获（图1-30）。玉米收获的留茬高度以15 cm左右为宜，可根据品质目标适度提高留茬高度。田间混播时，可根据全株玉米的适时收获期进行统一收获，可采用青贮原料联合收割机进行收获，同时完成切碎作业。收获过程尽量避免泥沙、杂物混入。

**2. 青贮原料的混合** 将分别收获时的青贮原料切碎至1～2 cm后，按全株玉米与拉巴豆比例（90∶10）～（80∶20）混合。可采用TMR搅拌车等进行混合。

**3. 青贮调制** 采用青贮窖等固定设施调制青贮饲料时，将混合原料严格按照青贮调制技术规程进行装填、压实，压实密度达到750kg/m$^3$以上，密封贮藏；采取草捆裹包青贮工艺时，调节机械实现草捆良好成型，拉伸膜裹包6层以上。

**4. 贮后管理** 定期检查青贮窖中青贮饲料的沉降、厌氧状态保持等情况，防止青贮膜的破损，做好风险排查工作。裹包青贮时，草捆堆垛高度一般不超过2层，以防止草捆变形；贮藏过程中注意检查裹包青贮拉伸膜是否出现破损，出现破损及时用胶带等修补。

**5. 饲喂** 青贮饲料开封后，保证每天取饲量，定期开展饲用品质检测，制定科学的饲喂方案。

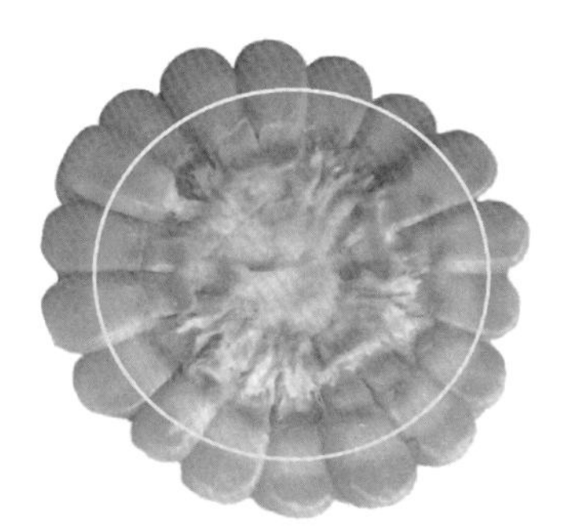

图1-30 全株玉米与拉巴豆青贮原料的收获

### （三）技术效果

**1. 已实施的工作**

（1）确定全株玉米与拉巴豆不同混合比例对青贮饲料品质的影响　将切碎处理的全株玉米和拉巴豆原料，按鲜重 90∶10、80∶20、70∶30、60∶40 比例充分混合调制青贮饲料，贮藏 40 d 后取样，测定 pH、发酵产物、微生物数量，分析混合比例对全株玉米混合青贮饲料发酵品质的影响。

针对全株玉米蛋白质含量较低的不利因素，结合拉巴豆蛋白属性特点，在评价发酵品质基础上，取样测定了混合青贮饲料粗蛋白（CP）、中性洗涤纤维（NDF）、酸性洗涤纤维（ADF）、淀粉（Starch）等营养成分含量，分析了拉巴豆对混合青贮饲料营养属性的影响以及对蛋白质提升的效果。

（2）评估全株玉米与拉巴豆混合青贮饲料的有氧稳定性　对开封后的全株玉米与拉巴豆混合青贮饲料，实时监测有氧暴露过程中的温度变化，并于有氧暴露后的 24 h、72 h、168 h 取样测定 pH、微生物和发酵产物，评估混合青贮饲料的有氧稳定性。

**2. 取得的成效**　本技术的应用可提高全株玉米青贮饲料的有氧稳定性，平衡青贮玉米的蛋白属性，并可良好耦合全株玉米与豆科作物混播的饲草生产方式，具有良好的经济效益和生态效益。

（1）与全株玉米直接青贮相比，混合拉巴豆后，混合青贮饲料的 pH 有升高趋势，但处理间无显著差异，且均低于 4.0（图 1－31）；乳酸含量及乳酸/乙酸有所升高，乙醇产量有降低趋势，无丁酸生成。由此分析，全株玉米与拉巴豆的混合青贮饲料具有良好的发酵品质，混合低比例的拉巴豆对混合青贮饲料发酵品质无不良影响。

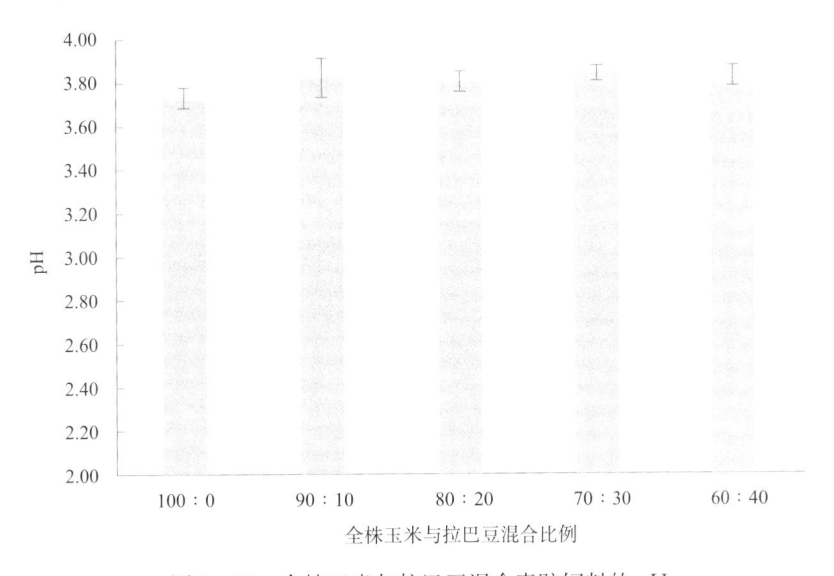


图 1－31　全株玉米与拉巴豆混合青贮饲料的 pH

全株玉米具有较高的能量水平，但粗蛋白含量降低，营养属性不均衡。检验发现，随着拉巴豆混合比例的提高，混合青贮饲料的淀粉含量有所降低，且纤维含量升高，拉巴豆混合比例 20%以下时，淀粉含量可维持在 30%以上；混合 10%～20%拉巴豆调制的混合青贮饲料与直接青贮调制的全株玉米青贮饲料相比，蛋白质含量可提高 5%～13%（7.90%～8.48%提高到 7.46%，DM）。综合发酵品质与营养成分，全株玉米与拉巴豆的混合比例以（90∶10）～（80∶20）为宜（表 1－11）。

表 1－11　全株玉米与拉巴豆不同比例混合青贮营养物质含量

| 混合比例 | 干物质（%） | 粗蛋白（%） | 淀粉（%） | 中性洗涤纤维（%） | 酸性洗涤纤维（%） |
|---|---|---|---|---|---|
| 100∶0 | 34.74[a] | 7.46[b] | 33.26[a] | 38.55[c] | 18.96[bc] |
| 90∶10 | 32.53[ab] | 7.90[b] | 31.91[ab] | 39.58[bc] | 18.59[c] |
| 80∶20 | 31.94[ab] | 8.48[ab] | 30.81[b] | 41.00[abc] | 20.08[abc] |
| 70∶30 | 31.04[ab] | 9.63[a] | 28.42[c] | 43.77[ab] | 23.84[ab] |
| 60∶40 | 29.67[b] | 9.78[a] | 26.93[c] | 44.15[a] | 24.84[a] |

注：同列肩标不同小写字母表示差异显著（$P<0.05$）。

（2）全株玉米与拉巴豆混合青贮饲料的有氧稳定性大幅优于全株玉米青贮饲料。全株玉米青贮饲料开封后发生有氧腐败的时间仅为 12 h 左右，混合拉巴豆的青贮饲料有氧稳定时间可达到 72 h 以上，其中 9∶1 和 8∶2 比例的混合青贮饲料有氧稳定时间大于 150 h（图 1－32 和彩图 4）。从开封后有氧暴露过程中的微生物数量来看，与全株玉米青贮饲料相比，全株玉米与拉巴豆混合青贮显著降低了有氧暴露过程中霉菌的数量，说明混合青贮有助于降低霉菌毒素污染的风险。

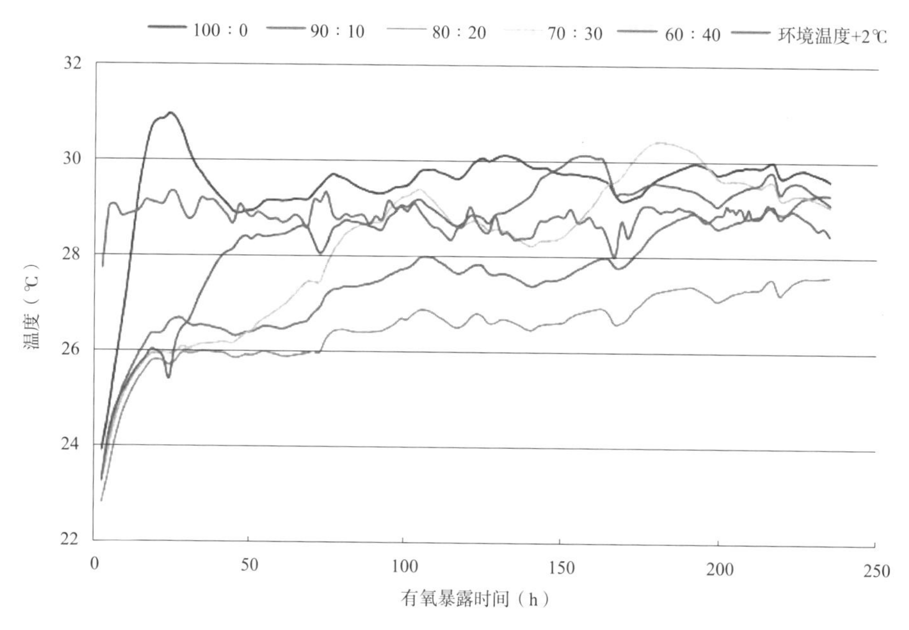


图 1－32　全株玉米与拉巴豆混合青贮饲料的有氧稳定性

## （四）技术适用范围

1. 本技术适用于北方地区春玉米种植区的全株玉米与拉巴豆混合青贮饲料的生产。

2. 目前开展全株玉米青贮饲料生产的企业和养殖场，可结合现有的青贮调制工艺与机械设备条件采用本技术。

### （五）技术使用注意事项

1. 与全株玉米相比，拉巴豆茎秆韧性较强，须留意切碎机械的选择与整备，以保证切碎长度。
2. 混合原料时应尽量保证混合均匀。
3. 可根据调制工艺技术以及饲料生产目标选择使用青贮添加剂。
4. 青贮饲料的调制应严格遵循工艺技术要点开展。

## 三、新型乳酸菌青贮添加剂及其应用关键技术

### （一）技术概述

**1. 技术基本情况** 乳酸菌青贮制剂的开发和利用在高品质青贮饲料生产和牧草产业发展中具有重要的作用，是推动牧草产业安全、高效发展的重要保障措施之一。目前常用的青贮乳酸菌制剂其主要功能为提高青贮饲料发酵品质和防止霉变。而开发既能提高青贮饲料发酵品质，又具有降解纤维功能的青贮乳酸菌制剂一直以来是青贮饲料乳酸菌研究领域的热点。本技术结合目前国际上对青贮发酵调控的形势以及大量前人的研究，定向筛选出一株能够有效改变青贮发酵过程中木质纤维素结构的产阿魏酸酯酶植物乳杆菌 A1。在苜蓿青贮时，添加该菌株能够有效降低青贮饲料纤维含量，提高青贮饲料 DM 消化率；同时，青贮过程中产生的阿魏酸可提高青贮饲料抗氧化特性，对家畜健康具有促进作用。

**2. 技术示范推广情况** 兰州大学饲草加工利用研究团队近年来开展了大量有关新型乳酸菌青贮饲料添加剂的研发与示范推广工作。研究团队研发的产阿魏酸酯酶乳酸菌添加剂已在甘肃、四川、河南、山东、宁夏、青海等地应用。2020 年 7 月，在兰州大学定西巨盆草牧业产学研试验基地，采用该技术制作的苜蓿青贮饲料饲喂奶山羊后，苜蓿青贮的干物质消化率比原来平均提高 4 个百分点，奶山羊自身免疫性能明显增强，奶品质也有较大改善。目前，“乳酸菌青贮饲料纤维降解技术”中所使用的关键乳酸菌菌种已经进入国内市场，在全国范围内的各大牧场推广使用（图 1－33）。

图 1－33 产阿魏酸酯酶乳酸菌在苜蓿裹包青贮中的试验示范

### （二）技术要点

**1. 新型乳酸菌添加剂的使用** 按照说明书活化后，以 $10^5$ CFU/g（鲜物质基础）的接种量添加至捡拾切碎后的青贮原料中。

**2. 青贮饲料发酵时期** 使用添加剂后青贮饲料需发酵 30 d 以上，确保乳酸菌对青贮饲料纤维充分发挥降解作用。

**3. 青贮原料要求** 新型产阿魏酸酯酶乳酸菌在苜蓿青贮中的应用效果最佳。

**4. 青贮饲料的饲喂** 使用产阿魏酸酯酶乳酸菌发酵青贮饲料 30 d 以后饲喂家畜，可提高家畜对青贮饲料的消化率。同时，青贮饲料发酵过程中纤维降解产生的阿魏酸可促进家畜健康并提高畜产品品质。

### （三）技术效果

**1. 已实施的工作**

（1）新型降纤维乳酸菌制剂在苜蓿青贮中的应用与示范 在苜蓿裹包青贮时添加由兰州大学饲草加工利用研究团队研发的产阿魏酸酯酶乳酸菌制剂，开展其对苜蓿青贮发酵品质、纤维含量、阿魏酸含量等的影响。在发酵 7 d、14 d、30 d、60 d 和 90 d 后打开苜蓿裹包青贮，测定苜蓿裹包青贮的发酵特性、营养成分、阿魏酸含量等，充分评价和验证新型乳酸菌添加剂在实践中的应用效果。

（2）苜蓿青贮饲料在奶山羊饲喂中的示范 分别使用商品化乳酸菌制剂和兰州大学饲草加工利用研究团队研发的新型乳酸菌制剂进行苜蓿裹包青贮的加工调制。选取 24 只奶山羊，随机分成两组，分别饲喂两种青贮饲料，开展奶山羊饲喂效果评价，包括测定消化率、产奶量和奶品质及奶山羊健康指标（图 1-34）。

图 1-34 苜蓿裹包青贮的奶山羊饲喂试验与示范推广

**2. 取得的成效**

（1）青贮过程中苜蓿青贮饲料的发酵特征 苜蓿在青贮过程中的发酵指标动态和 DM 损失如图 1-35 所示。与对照组相比，接种乳酸菌的青贮饲料在整个青贮过程中 pH 降低，乳酸浓度升高，青贮发酵品质明显改善（图 1-35 和彩图 5）。

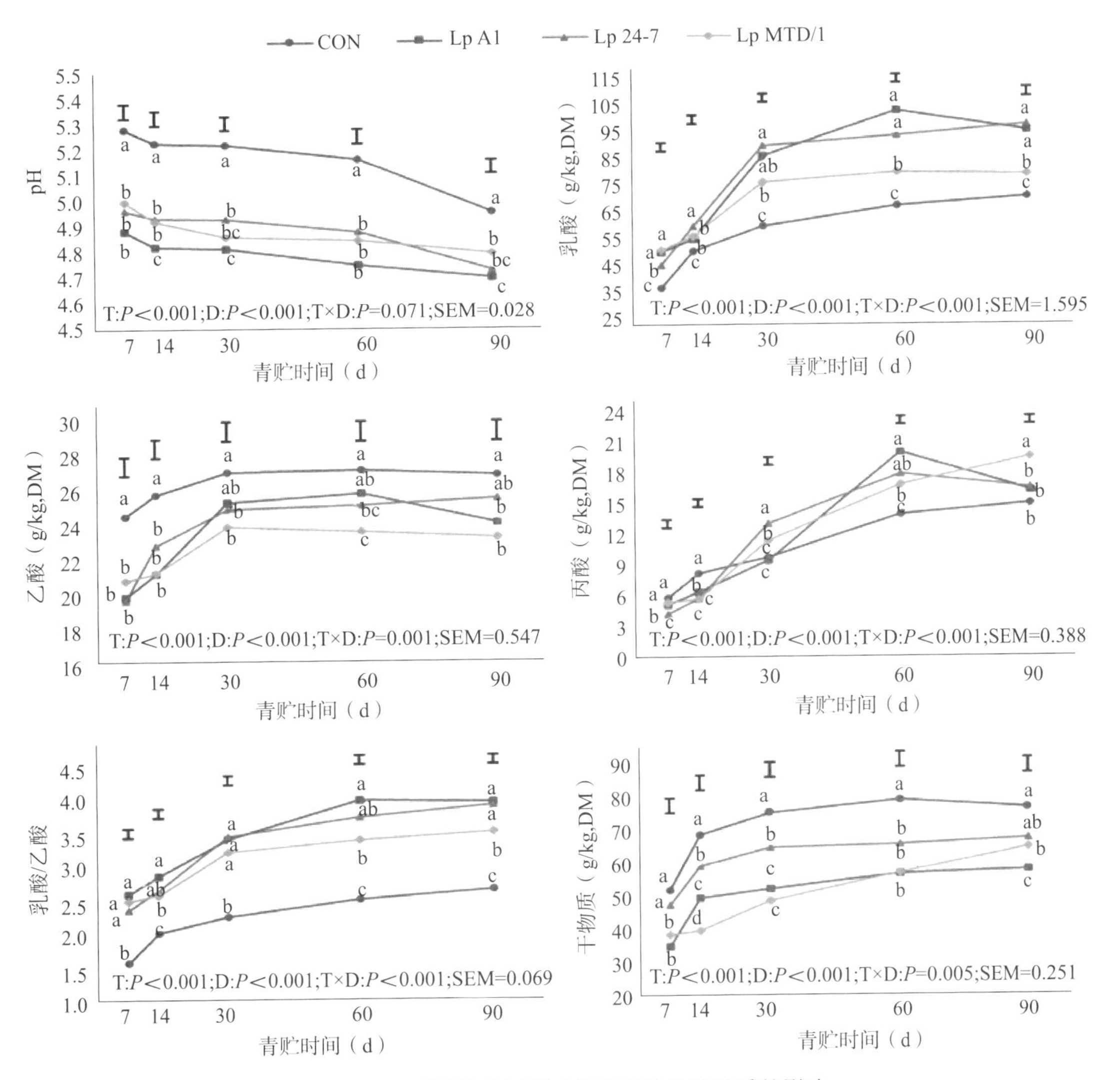


图 1-35　不同乳酸杆菌对苜蓿青贮发酵品质的影响

注：CON，对照；Lp A1，产阿魏酸酯酶植物乳杆菌 A1 处理组；Lp 24-7，抗氧化植物乳杆菌 24-7 处理组；Lp MTD/1，植物乳杆菌 MTD/1 处理组；T，处理影响；D，青贮时间的影响；T×D，处理与青贮时间的交互作用；同一列不同小写字母表示同一青贮时间内各个处理组间差异显著（$P<0.05$）

（2）青贮过程中苜蓿青贮饲料的纤维降解特征　青贮 30 d 后，Lp A1 处理组的青贮表现出较高的木质纤维素降解性能。特别是当青贮到第 90 天时，Lp A1 处理的青贮饲料中 aNDF、ADF 和半纤维素含量显著低于其他接种剂处理组（图 1-36 和彩图 6）。

（3）青贮过程中苜蓿青贮饲料的阿魏酸含量　整个青贮过程中苜蓿中阿魏酸浓度的变化如图 1-37 所示。添加产阿魏酸酯酶乳酸菌 Lp A1 处理后，青贮饲料中阿魏酸的浓度在整个青贮过程中最高。

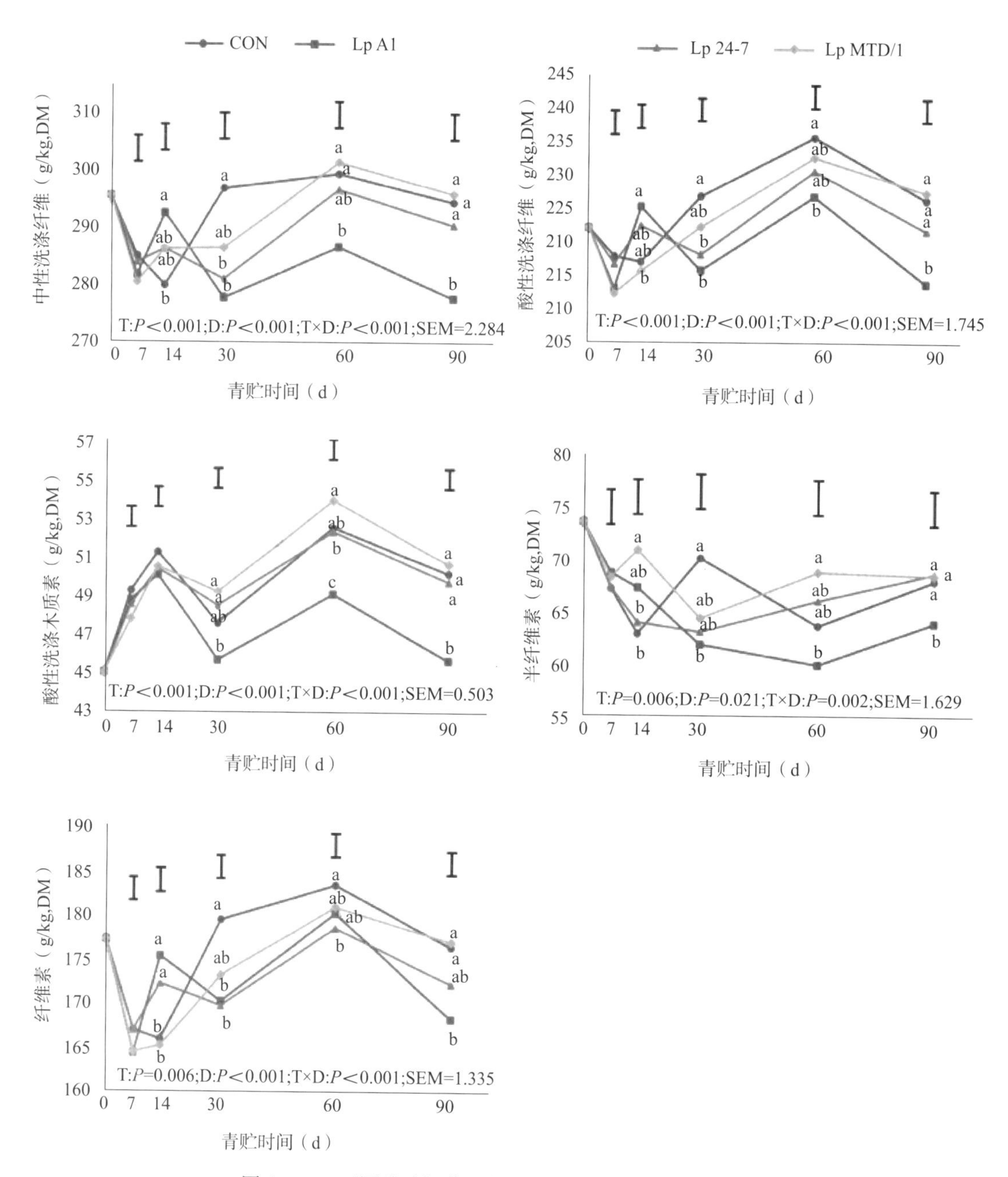


图 1-36　不同乳酸杆菌对苜蓿青贮纤维组分浓度的影响

注：CON，对照；Lp A1，产阿魏酸酯酶植物乳杆菌 A1 处理组；Lp 24-7，抗氧化植物乳杆菌 24-7 处理组；Lp MTD/1，植物乳杆菌 MTD/1 处理组；T，处理影响；D，青贮时间的影响；T×D，处理与青贮时间的交互作用；同一列不同小写字母表示同一青贮时间内各处理组间差异显著（$P<0.05$）

（4）产阿魏酸酯酶乳酸菌处理苜蓿青贮对家畜采食量及消化率的影响　Lp A1 处理组的干物质、有机物、粗蛋白消化率显著高于常规商品化乳酸菌 Lp MTD/1 处理组。但中性洗涤纤维和酸性洗涤纤维的消化率在二者中无显著差异（表 1-12）。

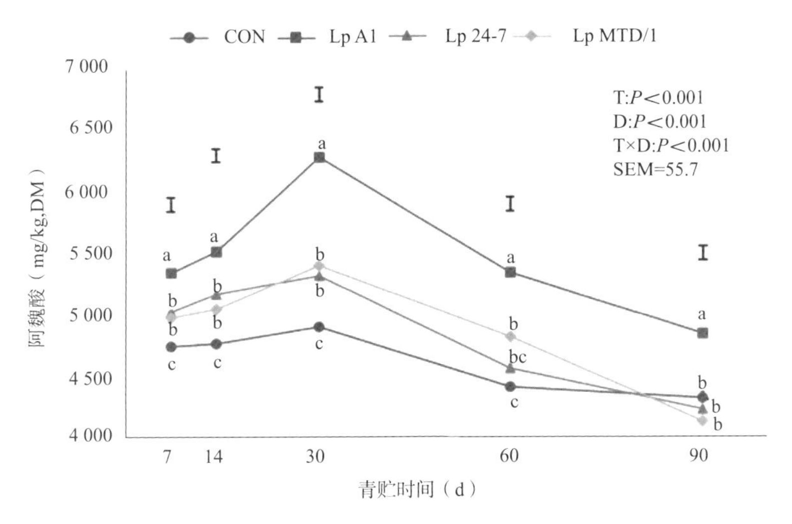


图 1-37 不同乳酸杆菌对苜蓿青贮阿魏酸浓度的影响

注：CON，对照；Lp A1，产阿魏酸酯酶植物乳杆菌 A1 处理组；Lp 24-7，抗氧化植物乳杆菌 24-7 处理组；Lp MTD/1，植物乳杆菌 MTD/1 处理组；T，处理影响；D，青贮时间的影响；T×D，处理与青贮时间的交互作用；同一列不同小写字母表示同一青贮时间内各个处理组之间差异显著（$P<0.05$）

表 1-12 家畜采食量及表观消化率

| 项目 | 处理 | | 标准误 | P 值 |
|---|---|---|---|---|
| | Lp MTD/1 | Lp A1 | | |
| 总采食量（g/d） | | | | |
| 干物质 | 1 370 | 1 381 | 4.059 | 0.213 |
| 有机物 | 1 263 | 1 271 | 3.707 | 0.285 |
| 粗蛋白 | 247 | 250 | 1.837 | 0.396 |
| 中性洗涤纤维 | 467 | 452 | 2.175 | <0.001 |
| 酸性洗涤纤维 | 310 | 298 | 1.615 | <0.001 |
| 青贮采食量（g/d） | | | | |
| 干物质 | 763 | 765 | 2.203 | 0.686 |
| 有机物 | 689 | 690 | 1.978 | 0.972 |
| 粗蛋白 | 128 | 129 | 1.442 | 0.535 |
| 中性洗涤纤维 | 346 | 329 | 2.199 | <0.001 |
| 酸性洗涤纤维 | 263 | 251 | 1.634 | <0.001 |
| 精饲料采食量（g/d） | | | | |
| 干物质 | 609 | 616 | 2.564 | 0.191 |

（续）

| 项目 | 处理 | | 标准误 | P 值 |
|---|---|---|---|---|
| | Lp MTD/1 | Lp A1 | | |
| 有机物 | 576 | 581 | 2.422 | 0.226 |
| 粗蛋白 | 119 | 121 | 0.503 | 0.100 |
| 中性洗涤纤维 | 121 | 123 | 0.513 | 0.145 |
| 酸性洗涤纤维 | 46.5 | 47.2 | 0.197 | 0.201 |
| 消化率（%） | | | | |
| 干物质 | 60.1 | 63.7 | 0.486 | <0.001 |
| 有机物 | 62.3 | 65.6 | 0.459 | <0.001 |
| 粗蛋白 | 70.3 | 72.9 | 0.56 | 0.013 |
| 中性洗涤纤维 | 37.8 | 39.0 | 1.034 | 0.582 |
| 酸性洗涤纤维 | 32.3 | 32.5 | 1.105 | 0.921 |

注：Lp MTD/1，植物乳杆菌 MTD/1 处理组；Lp A1，植物乳杆菌 A1 处理组。

（5）不同处理组青贮对家畜血清免疫球蛋白、促炎症因子的影响　如图 1-38 所示，饲喂产阿魏酸酯酶乳酸菌 Lp A1 处理的苜蓿青贮后，奶山羊血液中免疫球蛋白 A（Ig A）的含量显著高于常规商品化乳酸菌 Lp MTD/1 处理组。图 1-39 展示了奶山羊饲喂不同处理组苜蓿青贮后的血清促炎因子浓度。与 Lp MTD/1 处理组相比，青贮中接种 Lp A1 显著降低了奶山羊血清中的 α 肿瘤坏死因子（TNF-α）、白细胞介素-2（IL-2）和白细胞介素-6（IL-6）的浓度。

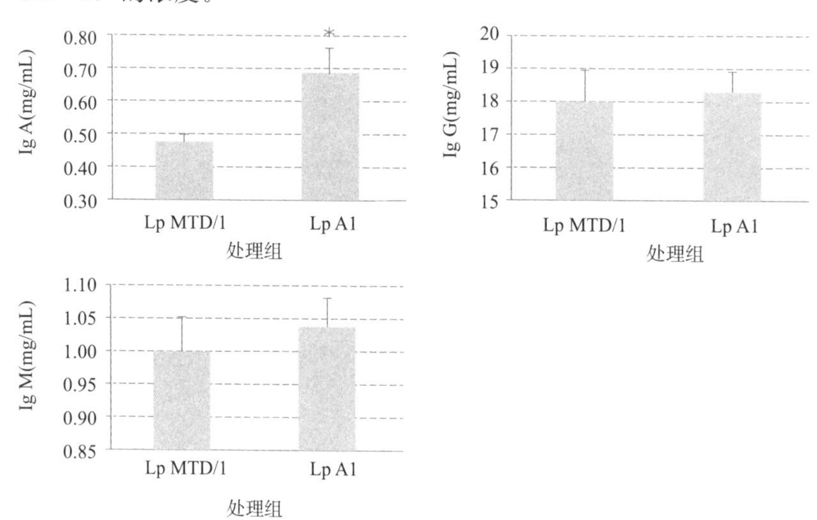


图 1-38　不同处理组青贮对奶山羊血清免疫球蛋白含量的影响

注：Lp MTD/1，植物乳杆菌 MTD/1 处理组；Lp A1，植物乳杆菌 A1 处理组；
* 表示处理组在 0.05 水平差异显著（$P<0.05$）

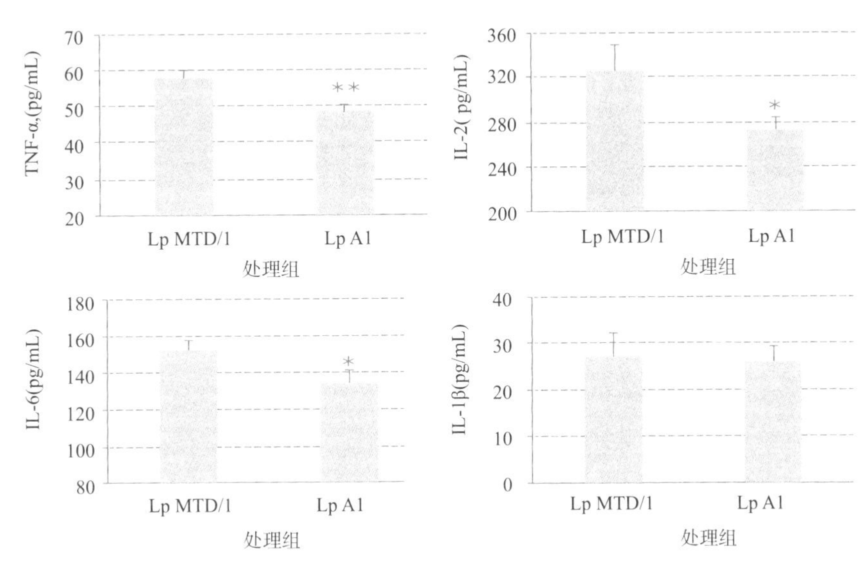


图 1-39　不同处理组青贮对奶山羊血清促炎因子的影响

注：Lp MTD/1，植物乳杆菌 MTD/1 处理组；Lp A1，植物乳杆菌 A1 处理组；

* 表示处理组在 0.05 水平差异显著（$P<0.05$）；** 表示处理组在 0.01 水平差异显著（$P<0.05$）

（6）不同处理组青贮对家畜产奶量及奶品质的影响　由表 1-13 可知，青贮中接种 Lp A1 对山羊奶的蛋白质和总固体总量以及乳成分的脂肪、蛋白质、总固体和尿素含量具有显著影响。与 Lp MTD/1 处理组相比，青贮中接种 Lp A1 能显著促进山羊奶的蛋白质和总固体量的增加，分别增加 2. 9 g/d 和 9 g/d。此外，乳成分中脂肪、蛋白质、总固体以及尿素含量 Lp A1 处理组显著高于 Lp MTD/1 处理组。

表 1-13　不同处理组青贮对奶山羊产奶量和乳成分的影响

| 项目 | 处理 | | 标准误 | *P* 值 |
|---|---|---|---|---|
| | Lp MTD/1 | Lp A1 | | |
| 产量 | | | | |
| 山羊奶（kg） | 0.74 | 0.78 | 0.030 | 0.565 |
| 脂肪（g/d） | 32.5 | 33.4 | 0.611 | 0.106 |
| 蛋白质（g/d） | 33.5 | 36.4 | 0.102 | 0.021 |
| 乳糖（g/d） | 33.4 | 35.0 | 0.398 | 0.246 |
| 总固体（g/d） | 100 | 109 | 1.495 | 0.027 |
| 组成 | | | | |
| 脂肪（%） | 4.19 | 4.35 | 0.035 | 0.041 |
| 蛋白质（%） | 4.51 | 4.67 | 0.036 | 0.046 |
| 乳糖（%） | 4.49 | 4.50 | 0.099 | 0.955 |
| 总固体（%） | 13.5 | 13.9 | 0.036 | 0.039 |
| 尿素（mg，按 100 mL 计） | 52.3 | 61.4 | 1.859 | 0.008 |
| 游离脂肪酸（mmol/L） | 0.791 | 0.793 | 0.064 | 0.599 |

注：Lp MTD/1，植物乳杆菌 MTD/1 处理组；Lp A1，植物乳杆菌 A1 处理组。

上述应用示范结果表明，使用新型产阿魏酸酯酶乳酸菌不仅能够提高苜蓿青贮发酵品质，降低青贮饲料中纤维的含量，同时具有提高青贮饲料消化率、促进家畜健康和提高畜产品品质的功效。因此，新型产阿魏酸酯酶乳酸菌相对于常规青贮乳酸菌添加具有多功能特征，应用前景广阔。

### （四）技术适用范围

本技术已经在我国甘肃、四川、河南、山东、宁夏、青海等地应用，适用于我国大部分地区。

### （五）技术使用注意事项

1. 本技术中的添加剂在苜蓿青贮时添加效果最佳，青贮时干物质含量应控制在30%～45%，乳酸菌的添加量须达到活菌数 $1\times10^5$ CFU/g（按鲜草计）。

2. 饲喂家畜时，青贮饲料须发酵 30 d 以上。

## 四、构树高效青贮加工与动物利用关键技术

### （一）技术概述

**1. 技术基本情况** 构树为多年生乔木植物，一年可以收获多茬次，夏季生物量较大。国外在日本、马来西亚、老挝、印度、泰国、缅甸、越南、韩国以及太平洋诸岛等地均有分布。在我国主要分布于华北、华东、西北、西南、中南各省区。我国将杂交构树列入“国家十大精准扶贫工程”，自 2015 年 2 月以来，构树扶贫工程规模不断扩大。目前，全国有 200 多个县参与构树工程试点。大部分试点使用饲用型速生杂交构树“科构 101”品种种植。杂交构树产业以饲用开发为主导方向，包括青贮饲料、颗粒饲料、混合饲料等，重点开发功能型饲料。杂交构树一般整株收割，一年可多次收获，收获高度在 120～150 cm，留茬高度在 10～15 cm 为宜。

构树经济价值很高，其皮、枝、秆还是造纸的好材料。构树叶的蛋白质含量特别高，是猪牛羊等家畜喜食的青饲料，用构树叶养猪牛羊在我国已经有几千年的历史了。但是畜牧发现很多养殖户都是把它切碎直接喂养牲畜，简单切碎的构树叶适口性差，容易损坏蛋白质，维生素含量大大降低，不如做青贮饲料，因为加入更多的辅料后牲畜对构树青贮饲料甘之若饴。

构树青贮饲料通过生物发酵，维生素含量得到了比较完整的保存，蛋白质含量也得到提高，口感醇香，非常适合猪牛羊的口味。

**2. 技术示范推广情况** 本技术研究团队与广西然泉农业科技有限公司、山西中科宏发农业开发股份有限公司、贵州黔昌盛禾现代农业有限公司、贵州众智恒生态科技有限公司、贵州务川科华生物科技有限公司、荣城构羊现代农业（重庆）有限公司、四川新西南构树产业发展有限公司、四川科海生物科技开发有限公司、四川益膳轩农业开发有限责任公司、兰考中科华构生物科技有限公司、中储牧草科技有限公司、临西县华楮生物科技有限公司、保定牧天畜禽饲养有限公司、中植构树（菏泽）生态农牧有限公司、

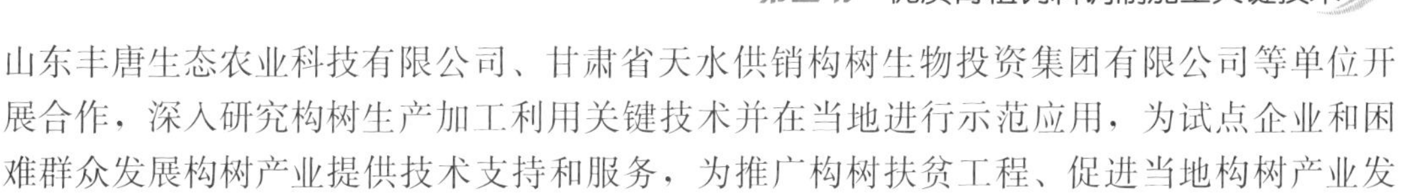

山东丰唐生态农业科技有限公司、甘肃省天水供销构树生物投资集团有限公司等单位开展合作，深入研究构树生产加工利用关键技术并在当地进行示范应用，为试点企业和困难群众发展构树产业提供技术支持和服务，为推广构树扶贫工程、促进当地构树产业发展提供理论依据和技术指导。

### （二）技术要点

**1. 收获**　宜在株高 80～120 cm 时收获，采用带有压扁、揉丝功能的机械进行，留茬高度 10～15 cm 为宜。禁止混入泥土和杂物。

**2. 切碎**　收获的原料应及时切碎，从原料收获、切碎到入窖或裹包不超过 6 h。原料切碎长度以 1～2 cm 为宜（图 1 - 40）。

图 1 - 40　构树原料粉碎现场

**3. 窖贮**　装填前应及时监测原料水分，以 60%～75%含水率为宜，青贮窖建设应符合《青贮设施建设技术规范　青贮窖》（NY/T 2698—2015）的要求。原料装填应迅速、均一，与压实作业交替进行，宜 15～30 cm 压实一次，宜在装填过程中均匀使用青贮添加剂，密度应达到 550～600 kg/m³ 以上，装填和压实过程应禁止混入异物。装填结束后迅速密封，密封膜外铺设镇压物，保证镇压物的密度，使密封膜与构树间无空隙；密封后，定期检查青贮窖的密封情况，防止窖顶积水，防除鼠害，及时修复密封膜的破损等。

**4. 拉伸膜裹包青贮**　进行拉伸膜裹包前应及时监测原料水分，以 60%～75%含水率为宜。切碎后应立即打捆，在打捆过程中宜使用青贮添加剂，草捆密度应达到 600 kg/m³ 以上，打捆过程中应避免混入泥土和杂物。打捆后立即裹包，裹包层数应达到 4 层以上，堆垛层数不宜超过 3 层，经常检查草捆的密封情况和堆垛情况，底层草捆出现变形时，应及时调整堆垛层数；防止鼠、鸟等造成的拉伸膜破损，出现破损及时修补。

### （三）技术效果

**1. 已实施的工作**

（1）乳酸菌与糖蜜添加剂在构树青贮中的应用　将乳酸菌、糖蜜及乳酸菌与糖蜜混合制剂均匀喷洒至构树青贮中，充分混匀，室温贮藏 60 d 后测定混合青贮样品中的发酵品质及营养品质，评价和验证自主研发乳酸菌添加技术应用效果。

（2）构树青贮对奶牛泌乳性能、瘤胃发酵及血液代谢的影响　通过添加11%构树青贮替代苜蓿干草饲喂中低产荷斯坦泌乳奶牛，饲喂8周后，记录奶牛干物质采食量、产奶量和乳脂率、乳蛋白率、尿素氮、体细胞数，采集血清和瘤胃液，测定血清中生化、抗氧化及免疫指标，分析构树青贮在对奶牛泌乳性能、瘤胃发酵及血液代谢的影响。

（3）构树粉在北京油鸡日粮中添加的应用　选取600只55日龄脱温北京油鸡，分别在全价日粮的基础上添加0、3%、6%、9%的全株构树粉（BPP），饲养期60 d，后测定北京油鸡的生产性能，免疫性能及屠宰性能肉品质指标，探究构树粉在北京油鸡日粮中的适宜替代比例。

2. 取得的成效

（1）经适时收获和合理加工、保存的构树饲料，其消化率与苜蓿、燕麦等优质牧草相近。在苜蓿干草、燕麦草、构树叶、构树枝和全株构树的对比中，构树叶在奶牛瘤胃中的干物质、酸性洗涤纤维和中性洗涤纤维降解率均为最高。利用全自动体外模拟瘤胃发酵设备开展了48 h体外发酵试验，发现构树的总产气量、干物质降解率和挥发性脂肪酸浓度均高于甘蔗尾、紫色象草、桂闽引象草和玉米秸秆。

（2）杂交构树叶片的干物质瘤胃有效降解率为65.8%，显著高于构树枝条，且构树叶片的干物质、酸性洗涤纤维和中性洗涤纤维瘤胃有效降解率均超过了苜蓿草（中苜1号）。在牧场中，用构树青贮分别替代黄淮白山羊饲粮中15%、30%、45%的玉米青贮，结果显示添加构树可以提高试验羊的日增重和采食量，显著提高饲粮粗蛋白质消化率和氮沉积，提高饲料转化率。图1-41为构树饲喂肉羊现场。

图1-41　以构树青贮为日粮主要粗饲料来源的肉羊饲喂试验

（3）构树全株青贮过程中，通过添加乳酸菌和糖蜜，能够显著降低pH（降至4.5左右），显著降低蛋白质损失。在奶牛场饲喂试验中发现，添加构树青贮能显著降低了奶牛体内谷草转氨酶的含量和牛奶体细胞数，显著降低了奶牛血清中总胆固醇含量，显著提高血清中抗氧化酶SOD和过氧化氢酶（CAT）的活性，并且可以提高免疫球蛋白G（IgG）和肿瘤坏死因子TNF-α浓度，即饲喂构树青贮可以提高奶牛抗氧化能力和免疫性能，可促进奶牛机体健康。此外，在日粮中添加3%、6%、9%的全株构树粉（BPP）能改善放养北京油鸡肌肉中肌苷酸、氨基酸含量，显著提高北京油鸡单侧胸腺指数，降低腿肌和胸肌中粗脂肪含量，在不影响采食量和平均日增重的同时，改善北京油鸡胸肌

和腿肌肌肉品质、口感风味、生产性能以及免疫器官指数。

### （四）技术适用范围

本技术适用于构树青贮饲料生产，主要包括我国华北和南方等构树种植区域。

### （五）技术使用注意事项

1. 饲喂单胃动物和反刍动物对构树青贮加工方式的要求有差异，单胃动物对构树饲料粉碎程度的要求更高。

2. 不同茬次构树青贮饲料营养品质略有差异，应适时检测构树青贮营养成分，科学配比使用。

3. 经常检查青贮饲料密封情况和堆垛情况，底层出现变形时，应及时调整堆垛层数；防止鼠、鸟等造成的拉伸膜破损，出现破损及时修补。

## 五、柠条揉切捆贮关键技术

### （一）技术概况

**1. 技术基本情况** 柠条萌生能力很强，在定植后第 4 年，如果不及时进行平茬复壮，就会出现植株衰老、生长缓慢等现象，因而需要对柠条进行平茬复壮。平茬的柠条枝叶，需要及时收集运离柠条林地，否则柠条枝叶干枯，造成火灾隐患。在地势平缓之地，利用刈剪能力强的机具，将柠条枝叶采割后初步切碎，碎枝条收集、运至贮存场地，进行二次揉切，打破柠条的茎秆，使其呈丝状。揉切后的柠条原料，利用液压设备，压缩成方形草捆，装入袋内，密封袋口，制作为柠条青贮饲料，供草食动物利用。为了改善柠条青贮饲料的发酵品质、提升营养价值，可以选用青贮添加剂。

**2. 技术示范推广情况** 山西农业大学饲草生产与利用的教学科研工作者，研发集成柠条揉切捆贮技术，在山西省予以推广和示范，提升了柠条饲草的质量，保障了草食动物产业对饲草的需求，助力生态草牧业的发展。

### （二）技术路径

**1. 柠条平茬** 柠条一般种植在风沙较大区域，归林业和草原局部门管辖。参考《柠条锦鸡儿平茬技术规程》（LY/T 2458—2015）的规定，在年降水量 200～400 mm 的干旱、半干旱地区，柠条林 4～6 年时可首次平茬。在年降水量 400 mm 以上的地区，柠条林达到 6～7 年时可首次平茬。在风沙危害或坡度较大的地段，适宜带状平茬。平茬带宽度不超过 30 m，保留宽度 30～60 m，留带方向与风向垂直或与等高线平行，每 2～3 年为 1 割轮茬期。半固定沙地以及复沙硬地，适宜块状平茬，单个块面积不宜超过 10 $hm^2$，平茬区和保留区交错排列，每 2～3 年为 1 割轮茬期。平茬时间在开花期，一般在 5—6 月。平茬时，留茬高度不超过 5 cm。

**2. 枝叶揉切** 可以在平茬时直接初切碎，也可以将平茬后的枝条运抵加工作业处进行揉切作业。选用作业功率适配、揉丝效果适宜的作业机具，揉切作业可以重复进行，以达到打破柠条粗硬茎秆的效果。

**3. 草捆压制** 平茬柠条木质素含量高，揉切后原料蓬松，不易压实。采用液压机组作业，可以实现青贮发酵压实密度达到 700 $kg/m^3$ 的目标，故而选用液压机组，对经揉切的柠条原料进行草捆压制。压制后的草捆，直接套袋作业，保证及时进入发酵状态，创造良好的密封环境。

**4. 添加剂** 柠条属于豆科植物，水溶性碳水化合物的含量较低，缓冲能值较高。单纯柠条发酵，往往品质不能保证。选用豆科型青贮添加剂，可以助力乳酸菌发酵。

**5. 发酵管理** 装入袋内的柠条捆状青贮饲料，静置发酵，待乳酸菌充分增殖，形成乳酸等可抑制腐败微生物增殖的有机酸、醇类，木质纤维素得以分解，再行利用。

### （三）技术效果

**1. 已实施的工作**

（1）柠条收割切碎 利用刈割、切碎的机械，实现柠条原料直接平茬采集，避免落地沾土（图 1-42）。

图 1-42 平茬后的柠条

图 1-43 柠条原料揉切

（2）柠条原料揉切 将柠条揉切为丝状，丝状比例达到 99%以上，肉眼不可见短杆状柠条茎段（图 1-43 和图 1-44）。

图 1-44 柠条揉切效果

图 1-45 柠条压捆

（3）柠条草捆青贮　揉切良好的原料，经添加适宜的发酵促进剂，直接高压制备为草捆（图 1-45）。草捆密度达到 700 $kg/m^3$ 以上。草捆外套厚度在 12 丝以上的塑料袋，系紧袋口，发酵 6 周以上（图 1-46）。经取样测定，开封后的青贮饲料无不良气味，质地良好。pH 为 4.87，乳酸含量为 2.16%，乙酸含量为 0.95%，无丁酸沉积。干物质、粗蛋白、中性洗涤纤维、酸性洗涤纤维、粗灰分含量分别为 53.72%，13.01%、72.15%、56.76%和 6.79%。

2. 取得的成效

（1）增加了饲草供应　柠条为豆科锦鸡儿属落叶灌木饲用植物，根系极为发达，具有抗旱、抗寒及耐贫瘠等特性。在我国"三北"防护林建设第一期工程内，柠条造林保存面积达 223 万 $hm^2$。柠条的枝、叶、花、果实和种子均富有营养物质，是良好的饲草料。长期以来，柠条被广泛用于防风固沙和水土保持上，作为饲用多数是在粗放的放牧状态，因此造成资源的极大浪费。从柠条青贮的角度进行研究，对其进行营养技术调控，提高柠条饲料的营养价值和利用率，提升饲草保障供应能力，为草食畜牧业提供丰富的饲草资源，具有重要的意义。经柠条揉切捆贮技术示范，将枯老柠条平茬，每亩可收获柠条饲草 1 t 以上，制作为柠条草捆青贮，既可以为当地提供饲草，也可以成为易于装卸运输的柠条青贮饲料产品，在适宜的距离内商品化、产业化。

图 1-46　柠条捆状青贮

（2）揉切处理柠条青贮品质得到改善　柠条属于豆科植物，豆科植物具有水溶性碳水化合物含量低、缓冲能值高等不利于青贮的物料特性（表 1-14）。

表 1-14　柠条原料的特性

| 项目 | 含量 |
|---|---|
| 干物质（%） | 48.64±0.29 |
| 粗蛋白（%，DM） | 12.58±0.34 |
| 中性洗涤纤维（%，DM） | 58.60±1.03 |
| 酸性洗涤纤维（%，DM） | 48.31±0.48 |
| 粗灰分（%，DM） | 5.44±0.25 |
| 粗脂肪（%，DM） | 3.32±0.22 |
| 可溶性碳水化合物（%，DM） | 4.52±0.74 |
| 缓冲能值（mE/kg，DM） | 356.12±11.27 |
| 硝酸盐（mg/kg，DM） | 940.68±28.19 |
| 亚硝酸盐（mg/kg，DM） | 0.46±0.17 |

通过揉切处理，对粗硬的柠条茎秆进行打破，减轻了粗硬茎秆对裹包或拉伸膜的危害，从而有效防止了柠条青贮饲料调制时的发霉变质，提升了柠条青贮饲料的品质。

在对柠条物料揉切的基础上，添加蔗糖、甲酸、乳酸菌等发酵促进剂或者抑制剂，可以进一步提升柠条青贮饲料的发酵品质（表 1 - 15）。

表 1 - 15　添加甲酸或蔗糖对柠条青贮饲料发酵品质的影响

| 项目 | 处理 | | |
|---|---|---|---|
| | 对照 | 蔗糖 | 甲酸 |
| pH | 4.50±0.47[Aa] | 4.18±0.02[Ab] | 4.33±0.08[Aab] |
| 乳酸（%，DM） | 1.38±0.44[Bc] | 2.56±1.13[Ab] | 2.94±1.09[Aa] |
| 乙酸（%，DM） | 0.33±0.13[Ab] | 0.58±0.09[Aa] | 0.35±0.01[Ab] |
| 丙酸（%，DM） | 0 | 0 | 0 |
| 丁酸（%，DM） | 0 | 0 | 0 |
| 铵态氮（%，TN） | 1.23±0.04[Aa] | 0.89±0.22[Bb] | 0.75±0.31[Bb] |

注：同行肩标不同小写字母表示差异显著（$P<0.05$），不同大写字母表示差异极显著（$P<0.01$）。

发酵品质的改善，保障了柠条青贮饲料具有饲喂的价值，同时提升了柠条青贮饲料的营养价值（图 1 - 47 和图 1 - 48）。

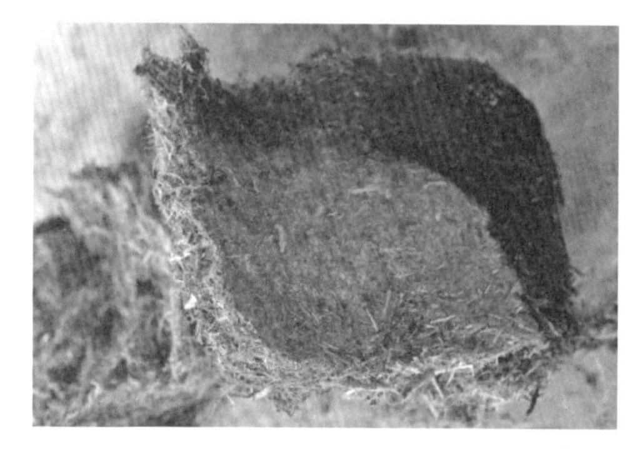

图 1 - 47　劣质柠条青贮饲料

图 1 - 48　优质柠条青贮饲料

（3）促进了林草牧融合　“林草牧一体化”将林业防风固沙的柠条，在需要平茬复壮的季节，收割调制为青贮饲料，可以提高土地的综合利用率。将柠条青贮饲料以合适的比例添加至奶牛、肉牛、羊等草食动物的日粮中（图 1 - 49），通过草牧业的实施，产生可观的经济效益，而且还能保持水土，涵养水源，一举多得。

图 1 - 49　柠条青贮饲料饲喂奶牛

### （四）技术适用范围

1. 本技术适用于柠条资源充足的区域。一般在我国的北方，柠条以防风固沙的目的大量栽培种植。

2. 柠条林已经生长一定的年限，需要进行平茬作业。

3. 以肉用反刍动物利用为主，泌乳反刍动物主要将柠条青贮饲料应用于育成、干奶阶段。

### （五）技术使用注意事项

1. 平茬作业刀具锋利，一次性切断枝条；平茬切口以水平面为好，茬口平整、光滑，避免撕裂，不可伤害分蘖点。

2. 青贮添加剂选择豆科型，适应于低可溶性碳水化合物、高缓冲能值的底物。

3. 装袋后的草捆，搬运器具光滑，避免刺破草捆密封袋，造成透气变质。

4. 贮藏场地防鼠、防鸟、防虫，杜绝鼠、鸟、虫对草捆密封袋的危害。

## 六、菌解木质纤维素苜蓿干草生产关键技术

### （一）技术概况

**1. 技术基本情况** 采用定向筛选的方法，从不同介质筛选具有木质纤维素降解功能的细菌，经降解能力测定、生长特性、降解产物等评价与复筛，最终筛选阿氏芽孢杆菌为目的降解菌株。阿氏芽孢杆菌呈长杆状，菌体长度约 2.5 μm，无明显的延迟期；在木质素磺酸钠培养基上生长良好，在碱性木质素磺酸钠液体培养基中 OD600 值最高；对碱性木质素的降解在第 1 天最快，第 3 天降解率可达 53.5%；纤维素酶活性在 72 h 发酵过程中保持较低的水平，达 2 000～4 000 U/L；木质素过氧化物酶活性低于 2 000 U/L，锰氧化物酶活性也较低，漆酶活性最高为 693 U/L；适宜的酶活温度为 40℃。由于阿氏芽孢杆菌适宜温度较高、木质纤维素降解酶活性，尤其是对碱性木质素降解率较高，所以可以作为干草菌解的目的菌株，用以降低干草的木质素含量，提升干草的可消化利用程度。

**2. 技术示范推广情况** 山西农业大学饲草生产与利用的教学科研工作者研发菌解木质纤维素苜蓿干草生产技术，在山西省予以推广和示范，添加菌剂，苜蓿的木质素（Lignin）含量减少了 3 个百分点，降低幅度达到 25%，添加鞘氨醇杆菌、类动胶杜擀氏菌、约氏不动杆菌、鲁菲不动杆菌、阿氏芽孢杆菌后，苜蓿干草的总可消化养分（TDN）、相对饲喂价值（RFV）、相对饲草品质（RFQ）和奶吨指数（Milkpton）均明显提升，RFV 从 123 提高至 240，提升幅度达 1.95 倍，RFQ 从 164 提高至 310，提升幅度达 1.89 倍，奶吨指数从 1 641 提高到 2 084，提升幅度达 1.27 倍（表 1-16）。

表 1-16 添加菌剂后苜蓿干草饲用价值评估

| 指标 | CK | BA | AL | AJ | DZ | SY | MY |
|---|---|---|---|---|---|---|---|
| TDN | 67.69 | 72.18 | 77.29 | 75.74 | 71.39 | 72.39 | 64.68 |
| RFV | 123 | 186 | 240 | 219 | 167 | 182 | 129 |
| RFQ | 164 | 234 | 310 | 281 | 217 | 234 | 153 |
| Milkpton | 1 641 | 1 873 | 2 084 | 2 019 | 1 834 | 1 877 | 1 569 |

注：CK，对照；BA，阿氏芽孢杆菌；AL，鲁菲不动杆菌；AJ，约氏不动杆菌；DZ，类动胶杜擀氏菌；SY，鞘氨醇杆菌；MY，云南微球菌。下同。

## （二）技术路径

**1. 菌株初筛** 从土壤分、秸秆堆肥、青贮饲料中取样。配制碱性木质素固体培养基和羧甲基纤维素钠固体培养基，选取菌落长势良好的培养基，挑取单菌落划线，接种纯化培养，初代菌种石蜡保藏。

**2. 复筛** 配制木质素苯胺蓝琼脂培养基和木质素亮蓝培养基，筛选出 6 株产生水解圈的菌株。

**3. 菌株鉴定** 将复筛菌株在 LB 琼脂培养基斜面培养，进行 DNA 序列分析鉴定为阿氏芽孢杆菌、约氏不动杆菌、鲁菲不动杆菌、云南微球菌、类动胶杜擀氏菌、鞘氨醇杆菌。

**4. 菌株降解能力评价** 对 6 株复筛菌株进行木质素降解率以及纤维素降解酶、过氧化物酶、漆酶、木质素过氧化物酶和锰氧化物酶活性的测定，最终确定将阿氏芽孢杆菌作为目的菌株，进行苜蓿干草的木质纤维素降解。

**5. 菌液制备** 菌株液体培养，选取好目的菌株阿氏芽孢杆菌，以糖类培养基微主体，无消毒液清水制备，制作成液体添加剂的制剂，避免混入杂菌，菌液活菌每升达到 $10^9$ CFU 以上。

**6. 菌液制剂添加** 将制作好的液体添加剂制剂利用喷洒装置，均匀喷洒至晾晒好的干草上，按照每吨干草 15～150 L 比例喷洒，最好全面覆盖，更利于干草营养的贮藏，以及干草中木质纤维素的降解。目的菌株在干草中的添加量，每克原料草要达到 $10^4$ CFU 以上。

## （三）技术效果

### 1. 已实施的工作

**（1）菌株筛选** 验筛选鉴定了具备木质素降解能力的 6 株细菌，分别为阿氏芽孢杆菌（*Bacillus aryabhattai*）、约氏不动杆菌（*Acinetobacter johnsonii*）、鲁菲不动杆菌（*Acinetobacter lwoffii*）、云南微球菌（*Micrococcus yunnanensis*）、类动胶杜擀氏菌（*Duganella zoogloeoides*）和鞘氨醇杆菌（*Sphingobium yanoikuyae*）（图 1-50）。

**（2）菌株功能评价** 第 1 天阿氏芽孢杆菌发酵液 OD280 值为 0.406，鲁菲不动杆菌为 0.437，约氏不动杆菌为 0.425，类动胶杜擀氏菌为 0.429，鞘氨醇杆菌为 0.479，云南微球菌为 0.488。6 株菌对碱性木质素的降解在第 1 天最快，第 2 天和第 3 天降解反应难

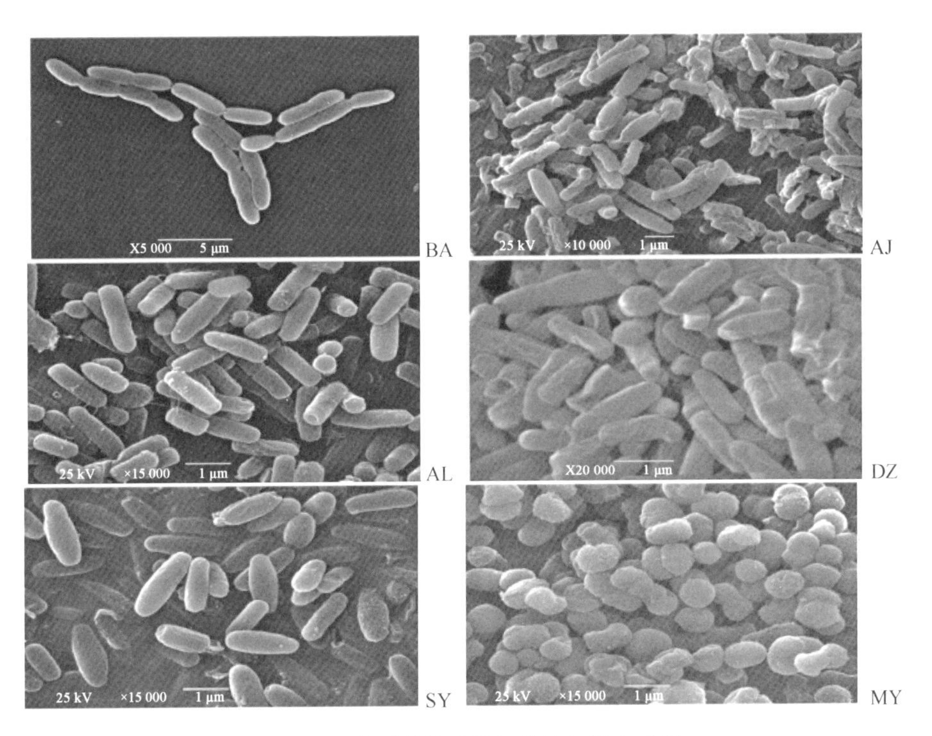


图 1-50 木质纤维素降解菌株扫描电镜图

注：BA，阿氏芽孢杆菌；AJ，约氏不动杆菌；AL，鲁菲不动杆菌；DZ，类动胶杜擀氏菌；SY，鞘氨醇杆菌；MY，云南微球菌

以进行，故第 3 天阿氏芽孢杆菌降解率最高可达 53.5%，约氏不动杆菌液体发酵碱性木质素降解率最低，为 38.8%。6 株菌发酵 3 d 酶活变化不大，除了阿氏芽孢杆菌发酵 24 h 后酶活性低于 2 000 U/L，其余菌株酶活性均超过 4 000 U/L。阿氏芽孢杆菌在 48 h 和 72 h 酶活性差异不大，过氧化物酶活性比其他菌低。

（3）木质素降解菌在干草中的应用 利用阿氏芽孢杆菌等对干草进行处理，相比使用添加化学制剂，使用成本低，且处理后干草产品品质更好。

如表 1-17 所示，处理组 DM 含量均高于 CK 组，BA 和 SY 的 DM 最高。Ash 含量在接种菌剂后均有升高。CK 和 AL 组的 EE 含量显著高于其他组。AL 和 AJ 两组 CP 含量最高。AL 和 AJ 的 Lignin 含量最低。同时 AL 组的 ADF 含量和 aNDF 含量均最低。

表 1-17 添加菌剂后苜蓿干草营养成分情况

| 指标 | CK | BA | AL | AJ | DZ | SY | MY | SEM | SIG |
|---|---|---|---|---|---|---|---|---|---|
| DM | 85.43$^{d}$ | 88.57$^{a}$ | 88.07$^{b}$ | 87.80$^{c}$ | 87.88$^{bc}$ | 88.18$^{ab}$ | 87.02$^{c}$ | 0.24 | * |
| Ash | 4.98$^{d}$ | 5.37$^{b}$ | 5.16$^{c}$ | 5.14$^{c}$ | 5.35$^{b}$ | 5.46$^{a}$ | 5.44$^{a}$ | 0.02 | * |
| EE | 3.86$^{a}$ | 3.23$^{d}$ | 3.73$^{ab}$ | 3.68$^{b}$ | 3.33$^{c}$ | 3.40$^{c}$ | 3.06$^{e}$ | 0.01 | * |
| CP | 17.55$^{c}$ | 18.64$^{b}$ | 21.05$^{a}$ | 20.52$^{a}$ | 16.90$^{c}$ | 17.99$^{bc}$ | 17.57$^{c}$ | 0.11 | * |
| Lignin | 12.10$^{a}$ | 9.81$^{c}$ | 8.97$^{d}$ | 9.53$^{cd}$ | 10.54$^{b}$ | 10.05$^{b}$ | 11.09$^{ab}$ | 0.13 | * |

（续）

| 指标 | CK | BA | AL | AJ | DZ | SY | MY | SEM | SIG |
|---|---|---|---|---|---|---|---|---|---|
| ADF | 31.17^A^ | 25.35^C^ | 19.31^E^ | 21.02^D^ | 27.89^B^ | 25.87^C^ | 31.29^A^ | 0.21 | ** |
| aNDF | 48.74^A^ | 34.64^C^ | 28.62^E^ | 30.80^D^ | 37.36^B^ | 35.05^C^ | 46.47^A^ | 0.26 | ** |

注：SEM，标准误；SIG，显著性；*，$P<0.05$，[a,b,c,d,e]表示不同组间的差异性；**，$P<0.01$，[A,B,C,D,E]表示不同组间的差异性。

2. 取得的成效

（1）安全　高湿菌解苜蓿干草是一种利用生物降解功能提高干草利用率的产品。苜蓿干草属于较高木质素含量的饲草，在干草调制时，经添加阿氏芽孢杆菌等菌株，可以显著的降低木质素和酸性洗涤纤维含量，提高总可消化养分、相对饲喂价值、相对饲草品质和奶吨指数。且阿氏芽孢杆菌等菌株对于人体、家畜无危害。

（2）苜蓿营养成分的改善　本产品经添加阿氏芽孢杆菌等菌株后，苜蓿干草中的酸性洗涤纤维、木质素分别从31.17%、12.10%下降至25.35%、9.81%，总可消化养分、相对饲喂价值、相对饲草品质和奶吨指数分别从67.69%、123、164、1 641提高至72.18%、186、234、1 873，高湿苜蓿干草的品质显著提升。

（3）产品成本低效果好　如图1-51所示，利用阿氏芽孢杆菌等菌株对干草进行处理，相比使用添加化学制剂，使用成本低，且处理后干草产品品质更好。

（4）环保　阿氏芽孢杆菌等菌株不仅可以降解植物木质素，还可以当作生物类除污剂使用，对环境污染效果较小。

图1-51　经阿氏芽孢杆菌处理的干草产品

### （四）技术适用范围

1. 阿氏芽孢杆菌等菌株适用于木质纤维素含量较高的饲草原料，由于苜蓿干草的木质纤维素含量较高，故本技术适用于苜蓿干草，以及其他木质纤维素含量高的饲草原料。

2. 阿氏芽孢杆菌增殖所需介质的水分含量要达到20%以上。

### （五）技术使用注意事项

1. 苜蓿干草田间晾晒水分含量应该达到20%以下。
2. 菌液制剂制作过程中避免杂菌污染，要做到纯菌液制作。
3. 菌液喷洒尽量均匀。

## 七、高水分牧草青贮关键技术

### （一）技术概述

1. 技术基本情况　多花黑麦草、狼尾草属牧草是南方广泛种植的优良牧草，再生能力强、产量高，鲜草除直接饲喂外，常常有大量盈余，加工调制尤为重要。南方地区降雨丰富、空气相对湿度高达70%～80%，而利用青贮技术保存饲草受气候环境的影响较小，是南方草食畜牧业持续健康发展的根本保障。在牧草生长旺季进行青贮，不仅有利于季节性均衡供应，还可提高牧草的利用效率。

技术研究团队针对多花黑麦草、狼尾草属牧草收获时水分含量高，高温高湿的气候条件下青贮难度较大且青贮品质不稳定的问题，研究形成了本技术体系。通过该技术，可实现高水分牧草的安全优质青贮，改善青贮饲料的品质，提高饲草保存率；实现农作物秸秆的饲料化利用，提高秸秆消化率。同时，本技术实现了西南高温高湿地区高水分牧草贮藏品质的提升及生产生态的协调发展。

**2. 技术示范推广情况** 自2019年以来，本技术在四川、云南、贵州等地多地区进行推广示范，获得良好效果。重庆市丰都牧业及四川省江安县、宣汉县、洪雅县对研发的高水分牧草青贮技术进行示范，青贮饲料优良率达80%以上。其中达州市宣汉县示范推广狼尾草属牧草66.67 $hm^2$，宜宾市江安县年收储10 000 t，青贮品质良好，企业增加年纯利润50万元。四川农业大学不断改进研发高水分牧草优质青贮技术，为我国高湿地区饲草安全贮藏提供了强有力的技术支撑。

### （二）技术要点

**1. 收获时期**

（1）多花黑麦草一年可收获3～4茬，第1茬在50 cm左右刈割，主要用作青饲；第2～3茬株高1 m左右时刈割，此时含水量在85%以上；最后一茬在抽穗至开花期刈割，含水量在75%左右。

（2）杂交狼尾草生长至2 m左右进行刈割收获，含水量约75%左右；留茬20～30 cm，刈割后的鲜草利用揉丝机将狼尾草属牧草茎叶揉成丝状，以利于排除料间空气和可溶性碳水化合物释放，提高青贮饲料的质量。

**2. 添加剂选择**

（1）当含水量达到80%以上时，应喷洒4%的丙酸盐、山梨酸钾、苯甲酸钠或5%的食盐，抑制丁酸菌发酵，提高青贮饲料质量。

（2）当含水量在70%～80%时，每吨鲜草应添加$10^{11}$ CFU/g的耐高温乳酸菌，以促进发酵；亦可同时添加纤维素酶来促进木质素降解，增加乳酸菌发酵底物提升青贮饲料质量，提高消化率。

（3）根据每吨添加溶液总量小于3 L设定配置时的加水量，即配即用，当日用完。

**3. 切碎** 多花黑麦草切碎的长度范围为3～5 cm（有利于压实和汁液流出）；狼尾草属牧草和作物秸秆切碎长度为1～2 cm。

**4. 装填** 单贮时根据含水量添加适宜添加剂进行裹包或窖贮；混贮时将高水分牧草与作物秸秆以鲜重比8∶2或7∶3的比例混合装填或加入10%的玉米面混合青贮。

**5. 压实与密封**

（1）裹包青贮当含水量低于75%时，可用9YY－55型打捆包膜一体机进行打包青贮（图1－52）。

图 1-52　打捆包膜一体机进行打包青贮

（2）窖贮　将经上述处理的青贮饲料逐层装窖，且侧壁稍高，有利于靠近窖壁的饲料压实；因为上部不易压实，装窖不能超过青贮窖窖顶。青贮窖的坡度至少为 3°，以方便多余汁液流出；装窖时每装 15～20 cm 青贮饲料压实 1 次，有利于空气排出，压实机械至少为 18 t 的履带式拖拉机，压实密度应大于 750 kg/m$^3$（图 1-53）；装窖至一半时，将塑料薄膜搭在侧壁 2 m 处，装窖完成后，将事先放置的塑料膜覆盖在顶部，外面再盖一层塑料膜；密封完后需要用旧轮胎等重物进行加重处理；经常检查鼠害、漏水等，保证青贮料的密封状态，防止通气漏水。发酵 60 d 左右，可直接取用饲喂，每天取料深度不低于 30 cm。

图 1-53　窖贮压实

## （三）技术效果

### 1. 已实施的工作

（1）刈割茬次对多花黑麦草青贮品质的影响　将按上述推荐的刈割高度或时期收获第 1、2、3 茬的多花黑麦草，切碎至 2～3 cm，晾晒至含水量为 75%和 65%时分别进行裹包青贮。青贮 60 d 取样分析，将各重复青贮饲料混匀，取样分析发酵品质和营养成分，充分评价刈割茬次对多花黑麦草青贮品质的影响。

（2）多花黑麦草与农作物秸秆混合青贮示范　将按上述推荐的刈割高度或时期收获的新鲜多花黑麦草切短至3～5 cm，水稻秸秆均切短至2～3 cm，将多花黑麦草与水稻秸秆按照10∶0（CK）、9∶1（R1）、8∶2（R2）、7∶3（R3）、6∶4（R4）的比例充分混匀后打包。青贮60 d后对裹包青贮进行取样和分析，测定多花黑麦草裹包青贮的发酵特性及营养品质，充分评价多花黑麦草与水稻秸秆混合青贮的技术应用效果。

（3）类添加剂、乳酸菌制剂在黑麦草中的应用　将按上述推荐的刈割高度或时期收获的新鲜多花黑麦草切短至3～5 cm，晾晒至水分含量为75%和65%时，添加剂设甲酸、植物乳杆菌、布氏乳杆菌3个水平，甲酸按4 mL/kg（鲜物质基础）、乳酸菌添加剂（植物乳杆菌、布氏乳杆菌）按$10^6$ CFU/g（鲜物质基础）喷洒，混匀后裹包青贮，另设置等量蒸馏水喷施为对照（CK）。进行后裹包青贮，发酵60 d后取样分析，充分评价不同添加剂及原料含水量对青贮饲料营养成分、青贮品质及有氧稳定性的影响。

（4）生物添加剂在杂交狼尾草中的应用　将收获株高为1.5～2 m的杂交狼尾草切碎至2～3 cm，晾晒至含水量为70%和55%时进行裹包青贮，添加剂为3个，分别为纤维素酶（AC，用量为0.03%鲜重）、植物乳杆菌（LP，接种量为$5\times10^{11}$ CFU/t，按鲜重计）、纤维素酶和植物乳杆菌（AC+LP），另设置对照（CK），于恒温环境中裹包发酵，60 d后取样并分析，评价不同含水量条件下添加纤维素酶及乳酸菌制剂对狼尾草属青贮饲料营养成分和青贮品质的影响。

**2. 取得的成效**

（1）75%和65%两个含水量条件下，与第1茬多花黑麦草青贮相比，第2、3茬多花黑麦草青贮饲料的pH、氨态氮/总氮及丁酸含量较低，乳酸含量较高；且65%含水量条件下多花黑麦草青贮品质明显优于75%含水量（表1-18）。从营养成分来看，第2茬和第3茬的干物质含量和中酸性洗涤性纤维均高于第1茬，其他营养成分无显著差异。综上所述，第2茬和第3茬多花黑麦草更适宜调制青贮饲料，且较低含水量的有助于提高多花黑麦草保存率，青贮品质整体效果最佳（表1-19）。因此，在高湿地区多花黑麦草青贮时，降低含水量和适宜的刈割茬次是确保青贮饲料品质的关键。

表1-18　不同茬次多花黑麦草青贮饲料的发酵品质

| 含水量 | 茬次 | pH | 乳酸（g/kg，DM） | 乙酸（g/kg，DM） | 丁酸（g/kg，DM） | 氨态氮/总氮（%） |
|---|---|---|---|---|---|---|
| 75% | 1 | 5.55 | 41.80 | 8.81 | 8.6 | 10.67 |
| | 2 | 4.13 | 56.12 | 8.93 | 5.8 | 9.01 |
| | 3 | 4.20 | 53.33 | 6.92 | 6.7 | 8.78 |
| 65% | 1 | 4.53 | 50.42 | 5.93 | 1.0 | 7.92 |
| | 2 | 4.06 | 62.01 | 6.54 | 0.8 | 7.25 |
| | 3 | 4.02 | 57.50 | 4.80 | 1.5 | 7.58 |

表 1－19　不同茬次多花黑麦草青贮饲料的营养成分

| 含水量 | 茬次 | 干物质（%） | 粗蛋白（%，DM） | 可溶性碳水化合物（%，DM） | 酸性洗涤纤维（%，DM） | 中性洗涤纤维（%，DM） |
|---|---|---|---|---|---|---|
| 75% | 1 | 15.26 | 15.73 | 1.24 | 31.80 | 52.13 |
| | 2 | 18.02 | 17.19 | 1.21 | 35.61 | 52.48 |
| | 3 | 19.41 | 14.37 | 0.85 | 35.46 | 53.51 |
| 65% | 1 | 25.54 | 16.55 | 1.31 | 30.59 | 53.66 |
| | 2 | 27.26 | 17.70 | 1.18 | 33.24 | 56.28 |
| | 3 | 28.97 | 15.27 | 0.86 | 36.14 | 55.28 |

（2）如表 1－20 和 1－21 所示，与水稻秸秆混贮显著提高了多花黑麦草青贮饲料中的干物质含量，随水稻秸秆混贮比例增加，青贮饲料 pH 呈先下降后上升，乳酸含量呈先上升后下降，且 7∶3 和 8∶2 处理的 pH 均低于 4.2，乳酸含量均高于其他处理；混合青贮组各处理的氨态氮/总氮均低于对照组，其中 8∶2 处理组最低，为 7.31%；与水稻秸秆混贮显著降低了乙酸、丙酸和丁酸含量，其中 7∶3 处理的丁酸含量均最低。可见，高水分牧草与农作物秸秆混合青贮可有效提高青贮品质，其中二者混合比例为（7∶3）～（8∶2）最为适宜。因此，在实际生产中，可通过将农作物秸秆与高水分牧草进行适当比例的混贮，降低牧草含水量，实现高水分牧草优质青贮的同时，有效解决农作物秸秆浪费及燃烧造成的环境污染问题。

表 1－20　多花黑麦草与水稻秸秆不同比例混贮的发酵品质

| 处理 | pH | 氨态氮/总氮（%） | 乳酸（%，DM） | 乙酸（%，DM） | 丙酸（%，DM） | 丁酸（%，DM） |
|---|---|---|---|---|---|---|
| CK | 4.35 | 13.06 | 3.37 | 3.89 | 0.45 | 2.19 |
| 9∶1 | 4.20 | 8.84 | 3.91 | 2.12 | 0.05 | 1.02 |
| 8∶2 | 4.15 | 7.31 | 4.39 | 1.68 | 0.04 | 0.71 |
| 7∶3 | 4.00 | 9.07 | 4.55 | 1.22 | 0.04 | 0.46 |
| 6∶4 | 4.50 | 10.88 | 2.82 | 1.50 | 0.01 | 0.49 |

表 1－21　多花黑麦草与水稻秸秆不同比例混贮的营养成分

| 处理 | 干物质（%） | 粗蛋白（%，DM） | 可溶性碳水化合物（%，DM） | 酸性洗涤纤维（%，DM） | 中性洗涤纤维（%，DM） |
|---|---|---|---|---|---|
| CK | 10.18 | 14.61 | 1.69 | 27.66 | 46.37 |
| 9∶1 | 14.31 | 11.75 | 1.16 | 34.09 | 53.54 |
| 8∶2 | 20.53 | 8.66 | 1.07 | 35.93 | 58.09 |
| 7∶3 | 27.40 | 7.75 | 1.02 | 37.15 | 59.96 |
| 6∶4 | 35.45 | 6.53 | 0.99 | 38.43 | 61.11 |

（3）如表 1－22 所示，植物乳杆菌处理组青贮饲料的 pH 最低，乳酸含量最高，青贮效果较优；甲酸处理组的氨态氮/总氮均显著低于其他处理组，而可溶性碳水化合物含量

则显著高于其他处理组。如图 1－54 所示，就多花黑麦草青贮有氧稳定性而言，布氏乳杆菌>甲酸>对照>植物乳杆菌。综合我国南方地区气候条件以及结合实际生产，为保证多花黑麦草的青贮品质及有氧稳定性，青贮时应同时添加植物乳杆菌和布氏乳杆菌；若高含水量的多花黑麦草直接青贮，添加适量甲酸（4 mL/kg），可有效提高多花黑麦草青贮饲料的有氧稳定性及发酵品质。可见，添加剂有提高高湿地区高水分牧草青贮品质的潜力。

表 1－22 不同添加剂对多花黑麦草青贮饲料发酵品质的影响

| 水分 | 添加剂 | pH | 乳酸（%，DM） | 乙酸（%，DM） | 氨态氮/总氮（%） |
|---|---|---|---|---|---|
| 75% | CK | 4.2 | 1.96 | 0.66 | 7.60 |
| | A | 4.14 | 0.68 | 0.54 | 4.12 |
| | LP | 3.71 | 5.11 | 0.81 | 5.14 |
| | LB | 4.24 | 1.51 | 1.22 | 8.13 |
| 65% | CK | 4.24 | 0.96 | 0.34 | 6.05 |
| | A | 4.04 | 0.36 | 0 | 4.24 |
| | LP | 3.95 | 5.07 | 0.48 | 6.95 |
| | LB | 4.36 | 1.99 | 1.63 | 7.56 |

注：CK，对照无菌水；A，甲酸；LP，植物乳杆菌；LB，布氏乳杆菌。

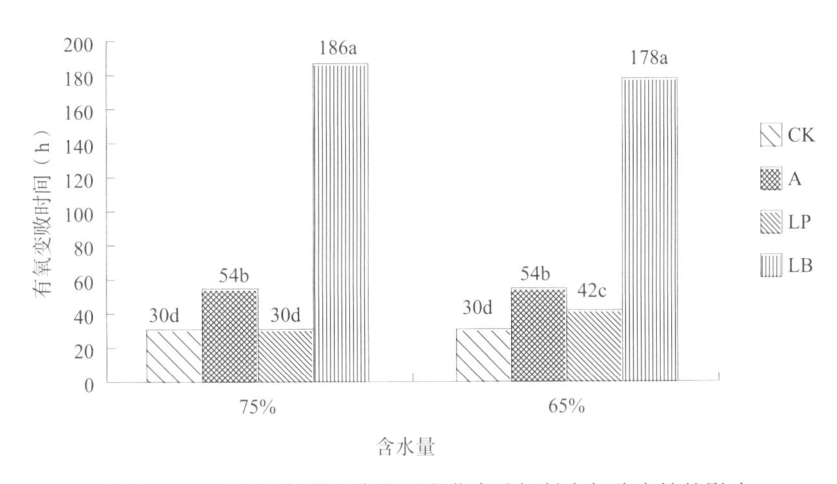


图 1－54 不同添加剂对多花黑麦草青贮饲料有氧稳定性的影响

（4）如表 1－23 所示，与 55%含水量处理相比，70%含水量下所有处理的狼尾草青贮饲料 pH 较低，均低于 4.0，且乳酸浓度更高（100.86 g/kg 升高至 45.50 g/kg）；另外，纤维素酶处理组的青贮饲料中乳酸含量（81.46 g/kg）高于其他处理（64.90 g/kg）。可见，70%含水量的狼尾草更有利于调制优质青贮饲料，单独或与植物乳杆菌复合添加纤维素酶能够有效提高狼尾草的发酵品质，说明生物添加剂植物乳杆菌和纤维素酶添加是一种可行的高水分高木质素牧草青贮方式。

表1-23 不同含水量的狼尾草青贮发酵特性

| 添加剂 | 含水量（%） | pH | 乳酸（g/kg，DM） | 乙酸（g/kg，DM） | 丙酸（g/kg，DM） | 氨态氮/总氮（g/kg，DM） |
| --- | --- | --- | --- | --- | --- | --- |
| CK | 70 | 3.96 | 93.14 | 15.60 | 5.97 | 70.81 |
| | 55 | 4.91 | 31.65 | 16.62 | 0.00 | 127.10 |
| AC | 70 | 3.8 | 106.03 | 17.62 | 5.47 | 43.30 |
| | 55 | 4.37 | 54.66 | 18.19 | 0.00 | 85.86 |
| LP | 70 | 3.94 | 97.82 | 15.38 | 4.62 | 40.64 |
| | 55 | 4.79 | 36.99 | 12.59 | 0.00 | 103.16 |
| AC+LP | 70 | 3.79 | 106.45 | 16.06 | 4.94 | 46.99 |
| | 55 | 4.38 | 58.72 | 13.54 | 0.00 | 94.41 |

注：CK，对照无菌水；AC，纤维素酶；LP，植物乳杆菌；AC+LP，纤维素酶+植物乳杆菌。

### （四）技术适用范围

本技术广泛适用于多花黑麦草、狼尾草属等高水分牧草种植区域。

### （五）技术使用注意事项

1. 多花黑麦草第1茬因含水量太高，不适合调制青贮饲料，应鲜饲使用。

2. 应根据牧草含水量选择适宜的添加剂。当含水量高于80%以上时，需要添加酸类添加剂才能获得较好的发酵品质；当含水量低于80%时，添加乳酸菌制剂和纤维素酶有较好的发酵品质。

3. 混合青贮所使用的农作物秸秆应配合地方实际生产条件，就地取材，降低生产成本。

## 八、玉米-大豆带状复合种植与混合青贮关键技术

### （一）技术概况

**1. 技术基本情况** 农牧结合、种养循环是实现现代农业的必由之路。“粮改饲”既是种植结构调整的重要途径，也是提升草食畜牧业发展的迫切需要，重点是调整玉米种植结构，大规模发展适应于肉牛、肉羊、奶牛等草食畜牧业需求的青贮玉米。玉米生物产量大、饲料能值高，是畜禽饲料的能量之王；大豆蛋白质含量高、氨基酸平衡、适口性好，是畜禽饲料中不可替代的蛋白之王；两者搭配是典型的黄金搭档。针对饲草季节性不平衡和优质饲草缺乏，严重制约现代草食畜牧业的发展等问题，研究形成本技术体系。通过本技术，实现了玉米和大豆间作后一次性同时收获、同时青贮，省时省工，省去了常规混合青贮按比例称重混料环节，操作简单；通过本技术，实现了青贮玉米生物产量与净作相当，每亩多收青贮大豆700～850 kg，大大提高了土地当量比；通过本技术，实现了单一玉米青贮料蛋白质缺乏的短板，肉牛肉羊日增重显著。

**2. 技术示范推广情况** 玉米-大豆间作新农艺是2020年中央1号文件要求加大力度

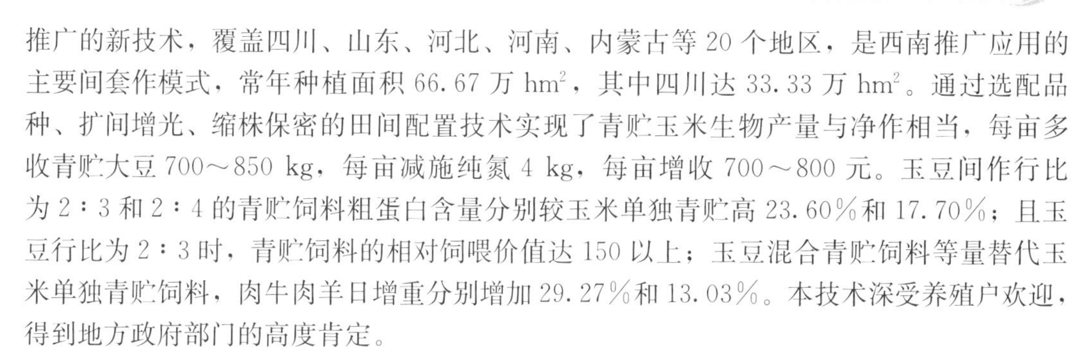

推广的新技术，覆盖四川、山东、河北、河南、内蒙古等 20 个地区，是西南推广应用的主要间套作模式，常年种植面积 66.67 万 $hm^2$，其中四川达 33.33 万 $hm^2$。通过选配品种、扩间增光、缩株保密的田间配置技术实现了青贮玉米生物产量与净作相当，每亩多收青贮大豆 700～850 kg，每亩减施纯氮 4 kg，每亩增收 700～800 元。玉豆间作行比为 2∶3 和 2∶4 的青贮饲料粗蛋白含量分别较玉米单独青贮高 23.60%和 17.70%；且玉豆行比为 2∶3 时，青贮饲料的相对饲喂价值达 150 以上；玉豆混合青贮饲料等量替代玉米单独青贮饲料，肉牛肉羊日增重分别增加 29.27%和 13.03%。本技术深受养殖户欢迎，得到地方政府部门的高度肯定。

### （二）技术要点

#### 1. 带状复合种植技术

（1）选配品种　玉米选用株型紧凑、适宜密植和机械化收割的高产籽粒品种、粮饲兼用品种或青贮品种高产品种，如西南地区选用仲玉 3 号、正红 6 号、雅玉青贮 8 号等，黄淮海地区选用农大 372、豫单 9953、纪元 128、盈丰 938、登海 939 等，西北地区选用迪卡 159、丰垦 139 等；大豆选用耐荫、耐密、抗倒、宜机收的早中熟夏大豆品种，四川选用南豆 25、贡秋豆 5，甘肃、宁夏、内蒙古选用中黄 30，河北选用石豆 936，山东选用齐黄 34，河南、安徽选用中黄 39 等。

（2）扩间增光　2 行玉米带与 3～4 行大豆带复合种植（图 1－55）。玉米宽窄行种植，西南和西北地区玉米宽行 1.8 m，窄行≤0.4 m；宽行内种 3～4 行大豆，大豆行距 0.3 m；玉米带与大豆带间距 0.6 m。黄淮海地区玉米宽行 2.2～2.3 m，窄行≤0.4 m；宽行内种 4～6 行大豆，行距 0.3 m；玉米带与大豆带间距 0.65～0.7 m。

图 1－55　玉米-大豆带状间作示意

（3）缩株保密　根据土壤肥力适当缩小玉米、大豆株距，达到净作的种植密度，1 块地当成 2 块地种植。单粒穴播，玉米株距 10～14 cm，密度与当地净作相当；大豆株距 8～12 cm，密度为当地净作的 70%～100%。

（4）调肥控旺　按当地净作玉米施肥标准施肥，或施用等氮量的玉米专用复合肥或控释肥（折合纯氮 21～27 g/g/m²），保证单株玉米施氮量与净作玉米单株相同。大豆不施氮肥或施低氮量专用复合肥，折合纯氮 3.00～3.75 g/m²，播种前利用种衣剂进行包衣；并在分枝期与初花期根据长势用 5%的烯效唑可湿性粉剂 0.037～0.075 g/m²，兑水 40～50 kg 喷施茎叶实施控旺。

（5）机播匀苗　带状套作选择 2BYFSF－3 型玉米、大豆施肥播种机，带状间作选择 2BYFSF－5（6）或 2BMFJ－PBJZ6 型玉米-大豆带状复合种植施肥播种机，或利用当地的2～3 行净作播种机一前一后组合播种。播种深度：玉米 3～5 cm，大豆 2～3 cm。播种时间：西南地区玉米每年 3 月下旬至 4 月上旬，大豆为 6 月上中旬；黄淮海地区为 6 月中下旬，西北地区为 5 月上旬。

（6）机械收获　采用自走式青贮饲料收获机同时收获，青贮玉米适收期为籽粒乳线下移到籽粒 1/2～2/3 时段（大豆为鼓粒末期），青贮玉米和青贮大豆的留茬高度以 15 cm 为宜。

2. 混合青贮与饲喂技术

（1）适时刈割　玉米在 1/2～2/3 乳线期（DM≥30%），大豆在鼓粒期（R6）同时收获（图 1－56），其刈割高度为 20 cm，整株青贮。

图 1－56　玉米-大豆带状间作同时收获青贮

（2）切碎或揉丝　玉米、大豆切碎的理论长度范围为 0.95～1.9 cm。干物质小于 28%时，切碎长度为 1.8～2.2 cm 即可；干物质为 28%～35%时，切碎长度为 1.5～2.0 cm；干物质大于 30%时，则一定要使用籽粒破碎设备。

（3）青贮方式

①裹包青贮　采用青贮打捆包膜一体机或其他打捆包膜设备对玉米大豆混合料高密度压实、缠网、打捆，打捆形式为圆柱体，密度达到 650～850 kg/m³。露天竖式两层堆放贮藏，发酵时间 4～6 周。经常检查裹包的完好度与密封度，防止薄膜破损、漏气及雨水进入。注意防止虫、鼠和鸟类等危害。

②窖室青贮　青贮窖应不透气和不透水，密封性与保温性好；墙壁平滑墙角圆滑利于原料下沉和压实。青贮窖应打扫干净并用石灰水内外消毒，窖四周挖排水沟，排水沟

与窖壁底端距离 0.8～1.5 m，窖底部铺 10～15 cm 厚植物纤维，窖壁四周铺设分隔膜。将剪碎青贮玉米与青贮大豆以 7∶3 的比例混合均匀装填与窖中，每 1 m 高压实 1 次，压实密度应大于 750 kg/m$^3$。对青贮料露出部分用分隔膜覆盖，再盖上 2 层以上的防水膜和遮光膜，最后均匀放置大于 25 kg 的配重块。发酵时间不少于 45 d。经常检查鼠害、漏水等，保证青贮料的密封状态，防止通气漏水。

（4）饲喂技术　饲喂过程中应由少到多逐步增加，适应后再定量饲喂，喂时剔除霉变部分（图 1－57）；取料应用多少取多少，以当日用完为好。

图 1－57　玉米-大豆混合青贮饲料饲喂肉羊

## （三）技术效果

### 1. 已实施的工作

（1）玉米-大豆混合青贮的高产、优质的田间配置示范　为了提高青贮玉米的蛋白质含量和充分利用西南地区现在广泛应用的玉米-大豆带状间作，形成全新的玉米-大豆混合青贮模式。然而，已有的研究均集中在粮食生产上，作为混合青贮用的最佳田间配置比例还不清晰。因此，研究团队在已有的研究基础上，自 2019 年开始，从青贮玉米-大豆高产、优质的田间配置进行了理论基础和应用研究，将生育期匹配的适宜当地的玉米和大豆品种分别按种植密度 75 000 株/hm$^2$ 和 150 000 株/hm$^2$ 进行田间带状种植，玉米和大豆行比为 2∶2，2∶3，2∶4，以玉米和大豆单作作为对照，玉米 1/2 乳线期时进行刈割测产，测定生物产量和品质，筛选青贮玉米-大豆带状间作最佳的田间配置。

（2）青贮玉米-大豆混合青贮饲料的调制与饲喂示范　将上述各田间配置处理的青贮玉米和大豆进行单独或混合均匀后发酵，发酵 60 d 后进行取样和分析，评价不同田间配置对发酵品质和营养品质的影响。以青贮玉米为对照，选取产量和发酵品质最佳的处理进行肉牛和肉羊饲喂试验，饲喂时间为 90 d，计算日增重。

### 2. 取得的成效

（1）在山东、四川等试验示范表明，青贮玉米-大豆带状复合种植生物产量高，每亩产青贮饲料 4～5 t；其中以玉米大豆行比为 2∶3 的种植模式效果最好（表 1－24），亩产 4.49 t 鲜料，干重为 1.632 t，土地当量比高达 1.80。如表 1－25 所示，青贮原料的粗蛋白含量较青贮玉米原料高 2 个百分点，干物质含量、相对饲喂价值均有所提高，其中以玉米大豆行比 2∶3 效果最佳。玉米-大豆带状复合种植不仅利于高产，还利于营养品质的提升。

**表 1－24 不同田间种植模式下玉米与大豆的产量**

| 玉米大豆行比 | 玉米鲜重 (t/hm$^2$) | 大豆鲜重 (t/hm$^2$) | 总鲜重 (t/hm$^2$) | 玉米干重 (t/hm$^2$) | 大豆干重 (t/hm$^2$) | 总干重 (t/hm$^2$) | 土地当量比 |
|---|---|---|---|---|---|---|---|
| 2∶2 | 65.26$^{a}$ | 10.34$^{c}$ | 75.60$^{a}$ | 23.36$^{a}$ | 3.41$^{c}$ | 26.76$^{ab}$ | 1.74$^{b}$ |
| 2∶3 | 63.05$^{b}$ | 11.84$^{bc}$ | 74.90$^{a}$ | 23.23$^{a}$ | 3.98$^{bc}$ | 27.20$^{a}$ | 1.80$^{a}$ |
| 2：4 | 59.39$^{bc}$ | 12.58$^{b}$ | 71.98$^{b}$ | 21.58$^{b}$ | 4.17$^{b}$ | 25.75$^{bc}$ | 1.79$^{a}$ |
| 玉米单作 | 62.49$^{b}$ | 0 | 62.49$^{c}$ | 21.49$^{b}$ | 0 | 21.49$^{c}$ | — |
| 大豆单作 | 0 | 14.94$^{a}$ | 14.94$^{c}$ | 0 | 4.73$^{a}$ | 4.73$^{d}$ | — |

注：同列肩标不同小写字母表示差异显著（$P<0.05$）。

**表 1－25 玉米与大豆不同行比鲜样的营养成分**

| 玉米大豆行比 | 干物质 (%) | 可溶性糖 (%，DM) | 粗蛋白 (%，DM) | 中性洗涤纤维 (%，DM) | 酸性洗涤纤维 (%，DM) | 相对饲用价值 |
|---|---|---|---|---|---|---|
| 2∶2 | 35.40$^{bc}$ | 15.51$^{b}$ | 8.10$^{c}$ | 42.78$^{b}$ | 22.39$^{b}$ | 155.38$^{b}$ |
| 2∶3 | 36.32$^{a}$ | 13.67$^{bc}$ | 8.69$^{bc}$ | 41.72$^{c}$ | 21.89$^{c}$ | 160.20$^{a}$ |
| 2∶4 | 35.77$^{b}$ | 13.69$^{bc}$ | 8.85$^{b}$ | 42.10$^{b}$ | 22.09$^{b}$ | 158.41$^{ab}$ |
| 玉米单贮 | 34.38$^{c}$ | 17.63$^{a}$ | 6.85$^{d}$ | 42.94$^{b}$ | 21.03$^{c}$ | 157.10$^{ab}$ |
| 大豆单贮 | 31.67$^{d}$ | 7.81$^{d}$ | 14.79$^{a}$ | 47.94$^{a}$ | 31.39$^{a}$ | 125.05$^{c}$ |

注：同列肩标不同小写字母表示差异显著（$P<0.05$）。

（2）青贮后，相较于大豆单贮，其优点主要在于玉米-大豆混合青贮的乳酸含量更高（1%～3%），氨态氮含量更低（2%～8%）；而较玉米单贮，则是粗蛋白含量更高（1%～1.5%），氨态氮含量更低（1%～2%）（表 1－26 和表 1－27）。与玉米单贮相比，肉牛日增重提高了 29.27%，肉羊日增重提高了 13.61%（表 1－28）。可见，玉米大豆混合青贮饲料不仅营养丰富，且有利于牛羊的生长发育。

**表 1－26 玉米与大豆不同行比青贮饲料营养成分**

| 玉米大豆行比 | 干物质 (%) | 可溶性糖 (%，DM) | 粗蛋白 (%，DM) | 中性洗涤纤维 (%，DM) | 酸性洗涤纤维 (%，DM) | 相对饲用价值 |
|---|---|---|---|---|---|---|
| 2∶2 | 34.92$^{c}$ | 4.98$^{a}$ | 7.81$^{cd}$ | 43.79$^{d}$ | 25.08$^{c}$ | 147.35$^{b}$ |
| 2∶3 | 35.15$^{c}$ | 3.64$^{bc}$ | 7.96$^{c}$ | 43.61$^{d}$ | 24.27$^{d}$ | 149.30$^{a}$ |
| 2∶4 | 34.38$^{cd}$ | 2.3$^{de}$ | 7.46$^{e}$ | 47.08$^{a}$ | 25.21$^{c}$ | 136.85$^{c}$ |
| 玉米单贮 | 33.82$^{d}$ | 2.98$^{cd}$ | 6.44$^{f}$ | 44.28$^{c}$ | 24.63$^{d}$ | 146.45$^{b}$ |
| 大豆单贮 | 31.27$^{e}$ | 1.37$^{e}$ | 13.07$^{b}$ | 46.47$^{b}$ | 28.41$^{b}$ | 133.66$^{c}$ |

注：同列肩标不同小写字母表示差异显著（$P<0.05$）。

表 1-27　玉米与大豆不同行比青贮饲料发酵品质

| 玉米大豆行比 | pH | $NH_3$-N（%，TN） | 乳酸（mg/g） | 乙酸（mg/g） | 丙酸（mg/g） | 丁酸（mg/g） | V-Score 评分 |
|---|---|---|---|---|---|---|---|
| 2∶2 | $3.91^{cd}$ | $9.54^{bc}$ | $20.02^{e}$ | $2.18^{f}$ | $0.94^{c}$ | ND | $90.92^{bc}$ |
| 2∶3 | $3.81^{d}$ | $7.03^{c}$ | $30.95^{c}$ | $4.19^{e}$ | $1.95^{b}$ | ND | $95.93^{a}$ |
| 2∶4 | $4.11^{bc}$ | $10.51^{bc}$ | $24.19^{de}$ | $5.11^{de}$ | $1.14^{c}$ | ND | $87.95^{c}$ |
| 玉米单贮 | $3.90^{cd}$ | $9.27^{bc}$ | $45.77^{a}$ | $5.33^{de}$ | $2.25^{ab}$ | ND | $91.45^{b}$ |
| 大豆单贮 | $4.43^{a}$ | $15.52^{a}$ | $6.41^{f}$ | $20.70^{a}$ | ND | ND | $65.84^{d}$ |

注：同列肩标不同小写字母表示差异显著（$P<0.05$）；ND 表示没有检测到。

表 1-28　玉豆混贮饲料饲喂肉牛、肉羊增重效果

| 项目 | 肉羊 | | 肉牛 | |
|---|---|---|---|---|
| | 玉米单贮 | 玉豆混贮 | 玉米单贮 | 玉豆混贮 |
| 初始体重（kg） | 31.76 | 30.60 | 425.00 | 368.00 |
| 终末体重（kg） | 44.50 | 45.00 | 486.50 | 447.50 |
| 平均日增重（g） | 169 | 192 | 820 | 1 060 |

### （四）技术适用范围

玉米、大豆混合青贮时，可用大型青贮收获机同时一次性收获。本技术适用于东北、黄淮海、西北和西南地区，有利于“粮改饲”的推动，发展草食畜养殖。

### （五）技术使用注意事项

1. 品种选择时注意与共生作物间的协调性，共生玉米品种不宜株型分散和高大。
2. 播种前须调试播种机的开沟深度、用种量、用肥量和培训农机手，确保一播全苗。
3. 杂草防除。播后芽前用96%精异丙甲草胺乳油 0.15 mL/m$^2$，如阔叶草较多可混加草胺磷（0.12～0.18 g/m$^2$）进行封闭除草；苗后用玉米、大豆专用除草剂，采用GY3WP-600 分带高架喷杆喷雾机茎叶定向除草。如果封闭除草效果不佳，应及时采取茎叶处理。
4. 注意防控根腐病、黑潜蝇等病虫害。理化诱抗技术与化学防治相结合，安装智能LED集成波段太阳能杀虫灯＋性诱剂诱芯装置诱杀斜纹夜蛾、桃柱螟、金龟科害虫等；玉米大喇叭口或大豆花荚期病虫害发生较集中时，根据暴发性害虫利用高效低毒农药与增效剂，并配合植保无人机统一飞防。
5. 须选用适宜的收割机，确保玉米和大豆能同时收获。

## 九、热区高禾草种质资源挖掘与利用关键技术

### （一）技术概述

**1. 技术基本情况**　热区具有良好的水热条件，四季常绿。国家十分重视南方草山草坡及一般性耕地的开发，畜牧业尤其是肉牛养殖业发展迅猛，目前的饲草主要来源于农

副产品，如甘蔗叶、甘蔗梢、香蕉茎叶、干稻草等，在营养品质和数量上都不能满足现代肉牛业发展的需求，对优质饲草的需求十分迫切。象草、美洲狼尾草以及两者之间的杂交种，是我国人工栽培利用狼尾草属牧草的主要品种。通过国家审定登记的狼尾属牧草新品种有 18 个，其中引进品种 6 个，地方品种 2 个，育成品种 8 个，野生栽培品种 2 个。狼尾草属高大禾草多属 $C_4$ 植物，具有生长快、生物量大的优势，耐刈割、再生性强，全年可获得丰富优质的饲草。而且普遍具有较强的抗逆性，成苗后对杂草的防控能力强，一次种植多年利用，利用可达年限 8～10 年。通过无性繁殖、适时刈割青饲、青贮利用等环节，有效提升了热区高大禾草资源的高效利用，为热区肉牛养殖提供了优良饲草。

针对狼尾草属牧草种质资源的开发与利用，南方各省相关单位依托自身优势对狼尾草属牧草种质资源与开发利用进行了深入研究。形成了各自的主推品种，广西——桂牧 1 号象草，湖南——矮象草，广东——华南象草，云南、贵州、四川、海南——王草，江苏——苏牧 2 号杂交象草、福建——南牧 1 号杂交象草。此外，一些以商品名命名的如巨菌草、皇竹草、金牧粮草等草种也得以广泛种植。

**2. 技术示范推广情况**　狼尾草属高大禾草主要推广应用在秦岭、淮河以南的广大地区。包括云南、贵州、四川、湖南、重庆、福建、湖北等地区。受地势海拔、热量条件的影响，适宜种植海拔不宜大于 1 500～2 000 m，冬季极端最低温度－5℃以下，温度过低严重影响其越冬。目前，我国南方狼尾草属高大禾草种植累计推广面积超过 253 万 $hm^2$，占我国南方保留种草面积的 28.4%、新增种草面积的 22.3%（《中国草业统计年鉴》，2001—2010 年）。

### （二）技术要点

**1. 栽培技术**　以无性繁殖为主要种植方式，利用 2～3 m 粗壮的茎秆以 2～3 个节间分割为小段制成种茎；利用犁或旋耕机整地，耕深 30～35 cm，耙碎土垡，施入 1.50～2.25 $kg/m^2$ 有机肥；开沟条播或塘播；平铺或斜插种植，种植深度 20～30 cm，镇压，浇足定根水或在降雨来临前种植。出苗后及时清除杂草；苗高 15～20 cm，进入分蘖期时施用尿素追肥 22.5～30.0 $g/m^2$。

**2. 青饲利用技术**　刈割留茬高度 10～20 cm（图 1－58）。青饲刈割高度 1.0～1.5 m，铡短长度 2～3 cm，每头牛日粮补饲玉米面 1～1.5 kg。

图 1－58　王草栽培种植

### 3. 高水分青贮加工技术

（1）鲜草铡短　王草刈割后用铡草机切成1～2 cm的草段。

（2）自然凋萎　通过自然晾晒，将青贮料的含水量调节到65%～70%含水量。

（3）添加谷糠、玉米面或二者混合添加　根据能量守恒定律，谷糠的添加量按照以下公式计算谷糠、玉米面或二者的混合添加量。

$$加糠量（kg）=\frac{a\times(d-k)}{r-d} \quad （公式一）$$

$$混合添加加糠量（kg）=\frac{a\times(d-k)+b\times(d-c)}{r-d} \quad （公式二）$$

$$设定干物质百分比（\%）=1-设定含水量（\%） \quad （公式三）$$

$$玉米面添加量（kg）=王草鲜草质量\times 4\% \quad （公式四）$$

式中，$a$表示王草鲜草质量，$b$表示玉米面添加量，$c$表示玉米面干物质百分比，$d$表示设定干物质百分比，$k$王草干物质百分比，$r$表示谷糠干物质百分比。

（4）窖贮或裹包青贮　将谷糠和铡短的王草草段混合均匀，分层填装，压紧压实、密封（图1-59）。裹包青贮一般5～6层薄膜。

图1-59　地面青贮

## （三）技术效果

### 1. 已实施的工作

（1）热区高禾草的刈割利用技术　以王草为例：在滇中地区，王草刈割留茬15～20 cm，45 d再生草高度115 cm；60 d再生草高度150 cm，分蘖数30～35枝。随着刈割高度的增加，鲜草产量、茎叶比干鲜比产量均随着刈割高度的增加而不断增加。刈割高度为1 m、1.5 m的鲜草产量分别为50.48 t/hm$^2$、57.35 t/hm$^2$，茎叶比分别是0.84、0.93，干鲜比分别是11.8、12.20。刈割高度为2.5 m时鲜草产量可达180.53 t/hm$^2$，茎叶比1.24，干鲜比14.73。鲜草在刈割高度为1 m、1.5 m、2 m和2.5 m时，其粗蛋白含量分别为16.14%、14.80%、13.42%和10.72%。粗纤维含量分别为29.05%、31.02%、32.12%

和33.31%；干物质中的中性洗涤纤维（NDF）的含量分别是55.70%、55.82%、56.89%和61.24%，酸性洗涤纤维（ADF）含量分别为28.65%、30.36%、31.40%和35.89%。

（2）添加谷糠、玉米面或混合添加技术 为保障青贮效果，提升青贮质量，可采取晾晒或添加水分吸附物的办法进行水分调控，常用的水分吸附物有玉米粉、稻壳、干稻草等。

王草通过加糠技术、谷糠和玉米面混合添加技术调节原料含水量至65%～70%进行青贮，能获得良好的青贮品质（表1-29和表1-30）。

表1-29 不同含水量调控技术对王草青贮养分的影响

| 处理 | 干物质（%） | 粗蛋白（%） | 可溶性碳水化合物（%） | 酸性洗涤纤维（%） | 中性洗涤纤维（%） | pH |
|---|---|---|---|---|---|---|
| 加糠技术 | | | | | | |
| CK | 13.56±0.03$^{d}$ | 11.72±0.05$^{a}$ | 0.43±0.003$^{a}$ | 45.94±0.06$^{c}$ | 51.97±0.32$^{d}$ | 3.96±0.04$^{ab}$ |
| 80% | 20.21±0.06$^{c}$ | 8.47±0.09$^{b}$ | 0.35±0.003$^{b}$ | 46.72±0.30$^{c}$ | 60.04±0.37$^{c}$ | 3.99±0.03$^{a}$ |
| 70% | 27.58±0.06$^{b}$ | 6.36±0.05$^{c}$ | 0.26±0.006$^{c}$ | 50.72±0.15$^{b}$ | 63.36±0.35$^{b}$ | 3.86±0.03$^{bc}$ |
| 60% | 38.37±0.04$^{a}$ | 4.81±0.08$^{d}$ | 0.26±0.009$^{c}$ | 56.74±0.61$^{a}$ | 68.23±0.49$^{a}$ | 3.83±0.03$^{c}$ |
| 自然凋萎技术 | | | | | | |
| CK | 13.56±0.03$^{d}$ | 11.72±0.05$^{a}$ | 0.43±0.003$^{b}$ | 45.94±0.06$^{a}$ | 51.97±0.32$^{b}$ | 3.96±0.04$^{d}$ |
| 80% | 20.47±0.04$^{c}$ | 10.91±0.07$^{b}$ | 0.37±0.007$^{c}$ | 35.98±0.12$^{c}$ | 51.38±0.10$^{b}$ | 4.27±0.04$^{b}$ |
| 70% | 32.65±0.02$^{b}$ | 11.53±0.09$^{a}$ | 0.25±0.003$^{d}$ | 35.24±0.22$^{d}$ | 50.13±0.26$^{c}$ | 4.59±0.05$^{a}$ |
| 60% | 41.80±0.08$^{a}$ | 9.50±0.07$^{c}$ | 0.53±0.003$^{a}$ | 39.32±0.23$^{b}$ | 58.71±0.32$^{a}$ | 4.12±0.03$^{c}$ |
| 谷糠和玉米面混合添加技术 | | | | | | |
| CK | 13.56±0.03$^{d}$ | 11.72±0.05$^{a}$ | 0.43±0.003$^{b}$ | 45.94±0.06$^{c}$ | 51.97±0.32$^{a}$ | 3.96±0.04$^{a}$ |
| 80% | 20.89±0.03$^{c}$ | 8.22±0.08$^{b}$ | 0.29±0.006$^{c}$ | 47.77±0.23$^{c}$ | 33.17±0.06$^{c}$ | 3.72±0.03$^{b}$ |
| 70% | 32.27±0.02$^{b}$ | 6.29±0.10$^{c}$ | 0.29±0.009$^{c}$ | 57.29±0.50$^{b}$ | 43.91±0.54$^{b}$ | 3.79±0.04$^{b}$ |
| 60% | 37.55±0.03$^{a}$ | 5.33±0.02$^{d}$ | 0.48±0.003$^{a}$ | 63.58±0.17$^{a}$ | 51.55±0.15$^{a}$ | 3.82±0.05$^{b}$ |

注：肩标不同小写字母表示同一王草不同处理下对应的养分差异显著（$P<0.05$）。

表1-30 不同含水量调控技术对王草青贮有机酸和氨态氮的影响

| 处理 | 氨态氮/总氮（%） | 乳酸（mg/mL） | 乙酸（mg/mL） | 丁酸（mg/mL） | 丙酸（mg/mL） | 乳酸所占比重（%） |
|---|---|---|---|---|---|---|
| 加糠技术 | | | | | | |
| CK | 28.2±0.05$^{a}$ | 1.77±0.02$^{b}$ | 0.70±0.006$^{a}$ | 0.89±0.003$^{b}$ | 0.39±0.006$^{b}$ | 47.21±0.34$^{c}$ |
| 80% | 25.6±0.16$^{b}$ | 1.80±0.01$^{b}$ | 0.62±0.003$^{b}$ | 0.96±0.009$^{a}$ | 0.34±0.003$^{c}$ | 48.39±0.21$^{c}$ |
| 70% | 15.8±0.11$^{d}$ | 1.89±0.02$^{a}$ | 0.57±0.006$^{c}$ | 0.43±0.009$^{d}$ | 0.45±0.006$^{a}$ | 58.58±0.33$^{a}$ |
| 60% | 19.1±0.07$^{c}$ | 1.88±0.02$^{a}$ | 0.52±0.007$^{d}$ | 0.87±0.006$^{c}$ | 0.35±0.006$^{c}$ | 51.93±0.09$^{b}$ |
| 自然凋萎技术 | | | | | | |
| CK | 28.2±0.05$^{b}$ | 1.77±0.02$^{d}$ | 0.70±0.006$^{c}$ | 0.89±0.003$^{d}$ | 0.39±0.006$^{c}$ | 47.21±0.34$^{c}$ |

（续）

| 处理 | 氨态氮/总氮（%） | 乳酸（mg/mL） | 乙酸（mg/mL） | 丁酸（mg/mL） | 丙酸（mg/mL） | 乳酸所占比重（%） |
|---|---|---|---|---|---|---|
| 80% | 31.0±0.28[a] | 1.89±0.02[c] | 0.75±0.007[b] | 1.47±0.010[b] | 1.20±0.010[a] | 35.60±0.22[d] |
| 70% | 28.4±0.13[b] | 3.65±0.03[a] | 1.15±0.009[a] | 0.99±0.006[d] | 0.69±0.003[b] | 56.33±0.25[a] |
| 60% | 14.0±0.06[c] | 2.79±0.02[b] | 0.58±0.003[d] | 1.75±0.023[a] | 0.30±0.003[d] | 51.47±0.16[b] |
| 谷糠和玉米面混合添加技术 | | | | | | |
| CK | 28.2±0.05[a] | 1.77±0.02[c] | 0.70±0.006[a] | 0.89±0.003[b] | 0.39±0.006[c] | 47.21±0.34[b] |
| 80% | 24.5±0.07[b] | 2.08±0.02[a] | 0.46±0.003[b] | 1.42±0.009[a] | 0.43±0.006[a] | 47.38±0.22[b] |
| 70% | 12.7±0.13[c] | 1.93±0.02[b] | 0.43±0.003[c] | 0.12±0.007[d] | 0.41±0.007[a] | 66.78±0.26[a] |
| 60% | 11.9±0.06[c] | 1.40±0.02[d] | 0.44±0.003[c] | 0.75±0.006[c] | 0.27±0.003[c] | 48.95±0.17[b] |

注：肩标不同小写字母表示同一王草不同处理下对应的养分差异显著（$P<0.05$）。

**2. 取得的成效** 我国南方高产优质牧草品种少，高大禾草耐瘠薄性强、管理成本低的优势，在解决南方粗饲料供给中发挥了重要作用。规模化的养殖合作社通过一般性耕地或山地种植，散养农户则充分利用房前屋后等边际土地种植，提高了土地的利用指数，降低了饲养成本。一年刈割 5 茬以上，鲜草产量 30～45 kg/m$^2$。既可鲜饲，也可青贮利用。根据农区小农户的土地资源和饲养方式，设计构建了基于小农户背景的饲草生产与利用模式和饲草推广体系。

利用狼尾草属牧草饲养奶牛、肉牛、山羊、猪、鱼、鹅（图 1－60），平均产量分别提高 7.5%（奶）、10%、7.5%～10%、5%～7%、22%～30%、38%，饲养成本分别降低 30.42%（奶）、15%～20%、12%、50%、25%、18%～45%。狼尾草新品种已成为南方农区集约化种草养畜不可替代的当家草种，市场占有率 70%以上，对南方肉牛业发展有着极高的贡献率。促进了南方农区草牧业的发展。

图 1－60 牧草鲜饲水牛

### （四）技术适用范围

本技术适宜我国南方热带、亚热带气候温暖湿润、半湿润的地区推广种植，刈割利用。主要用于饲养水牛（奶水牛）、肉牛、肉羊等草食家畜和养鱼。

### （五）技术使用注意事项

1. 优选适宜的种植区域，狼尾草属高大禾草不耐低温，在昆明小哨村，极端最低温－4.0℃，越冬率平均为99.5%；而在曲靖市马龙区马鸣乡，极端最低温－5.7℃，王草的越冬率只有62.5%。
2. 扦插种植要浇足定根水，施足基肥，及时除杂，做好苗期管理，刈割后及时追肥。
3. 适时利用，青饲高度不宜超过1.5 m，青贮利用高度控制在2.0～2.5 m。

## 十、辣木高效青贮关键技术

### （一）技术概述

**1. 技术基本情况** 目前我国优质蛋白饲料资源匮乏，严重制约了我国畜牧业的发展。辣木（*Moringa oleifera*），是一种起源于印度北部的热带、亚热带植物，具有生长速度快、产量高、适应能力强的特点。最重要的是辣木营养丰富均衡，含多种氨基酸、维生素A、维生素C、维生素E、B族维生素和钙、钾、铁等矿物质，蛋白质含量尤其丰富。因此，辣木饲料的开发与利用能有效缓解蛋白质饲料资源紧缺的现状，提高畜禽动物产品的产量和品质。近年来，辣木作为传统蛋白质饲料替代物已大面积种植，且广泛应用于反刍动物、单胃动物饲料中并取得了良好的效果，不仅提高了畜禽的生长速度，饲喂成本显著降低，还明显改善了肉、蛋、奶的产量和品质，提高畜禽机体的代谢能力，增强免疫力和抗病能力。但辣木在加工贮藏方面的研究相对薄弱，利用方式较为单一。到目前为止，辣木的主要饲用方式是加工成辣木干粉，添加到畜禽日粮中。这严重制约了辣木饲料的推广和应用。而且辣木干粉生产过程中需要投入较多的劳动力，机械和时间，营养损失也很大。更重要的是，辣木晾晒过程中很容易遭受雨淋而引起营养损失，尤其是在我国南方地区。

辣木青贮不仅能解决辣木晾晒加工及雨淋造成的损失，有效地保存饲料中的营养物质，还有效杀灭原料携带的很多寄生虫及有害菌群。青贮饲料青绿多汁、气味酸甜芳香、适口性好，能提高采食量和消化率。而且制作工艺简单，投入劳力少，成本低。因此，辣木青贮调制技术对充分保存和利用辣木这种优质蛋白质饲料资源具有重要的意义。此外，辣木叶不仅营养物质丰富，饲用价值高，还富含多酚、多糖、黄酮等多种生物活性成分，具有很强的抗菌抑菌作用。研究表明，辣木中活性物质对青贮饲料中常见的不良微生物（包括真菌*Candida*、*Aspergillus*、*Penicillium*、*Fusarium*、*Cryptococcus*和细菌*Enterobacter*、*Staphylococcus*、*Bacillus*、*Escherichia*、*Klebsiella*、*Salmonella*和*Pseudomonas*）均有有较强的抑制性。因此，还可以将辣木与其他牧草进行混合后青贮，不仅有利于改善牧草营养价值，还有助于提高牧草青贮发酵品质。

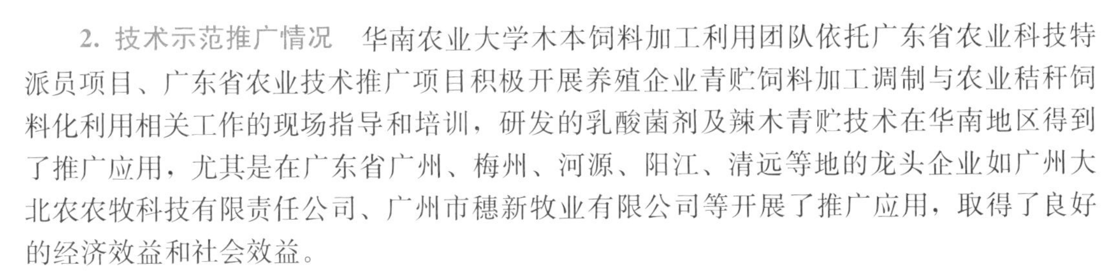

**2. 技术示范推广情况**　华南农业大学木本饲料加工利用团队依托广东省农业科技特派员项目、广东省农业技术推广项目积极开展养殖企业青贮饲料加工调制与农业秸秆饲料化利用相关工作的现场指导和培训，研发的乳酸菌剂及辣木青贮技术在华南地区得到了推广应用，尤其是在广东省广州、梅州、河源、阳江、清远等地的龙头企业如广州大北农农牧科技有限责任公司、广州市穗新牧业有限公司等开展了推广应用，取得了良好的经济效益和社会效益。

### （二）技术要点

**1. 适时收获**　豆科牧草宜在现蕾期至初花期收获，禾本科牧草宜在孕穗期至抽穗期刈割，辣木宜在株高 80～120 cm 时收获，收获过早水分含量高，产量低，收获过晚蛋白质含量低，纤维成分高，且辣木植株过高刈割不便。牧草留茬高度 5～10 cm 为宜，辣木留茬高度 10～15 cm 为宜，留茬过低会导致蛋白质含量降低，纤维含量升高，同时影响次茬产量，留茬过高降低辣木产量且影响次茬刈割。

**2. 适当晾晒**　牧草收获后如果直接青贮，水分过高，不仅造成营养物质损失，还有可能导致梭菌等有害微生物大量繁殖；也不能过度晾晒，干物质含量超过 50%不利于发酵过程，压实困难，且增加了田间损失及雨淋风险，优质辣木青贮适宜的含水量在 55%～65%。

**3. 捡拾切碎**　禁止混入泥土和杂物，混入泥土和杂物不仅影响牧草青贮品质，还容易导致发酵过程中不良微生物滋生并占据主导地位，最终导致青贮品质变差，甚至腐烂变质。宜采用带有压扁、揉丝功能的机械进行，切碎长度为 1～2 cm，易于压紧压实，确保厌氧环境的形成。

**4. 混合均匀**　选择同质型乳酸菌能促进乳酸发酵，使用时加水活化 20～30 min，混匀后喷洒到青贮原料上，促进乳酸发酵，一般添加量为 $1\times10^{6}$ CFU/g 鲜草。辣木和其他牧草混合青贮时，将切碎后的辣木按 10%～50%的比例与切碎后的牧草均匀混合，或将辣木晒干粉碎，过 1 mm 筛，将获得的辣木干粉按 5%～10%的比例与切碎后的牧草均匀混合。

**5. 压实密封**　将混合均匀后的青贮原料转入青贮容器，原料装填应迅速、均一，与压实作业交替进行，宜 15～30 cm 压实 1 次青贮料。压实密度应达到 400 $kg/m^{3}$ 以上，压得越实越好，从填装到密封，时间越短越好。装填和压实过程应禁止混入异物，装填压实完成后迅速密封，密封膜外铺设镇压物。

**6. 贮藏温度**　青贮饲料贮藏温度不宜太高，温度太高会导致蛋白降解，青贮饲料品质变差，一般 15～30℃为宜，建议放在室内或阴凉处。

**7. 贮藏时间**　青贮饲料一般在发酵 30 d 后达到稳定状态，可以长期保存，30 d 后随时取用。

**8. 贮后管理**　青贮容器出现孔洞等应及时进行修补，以防漏水漏气。此外要防牲畜践踏、防鼠、防水。

**9. 开封取饲**　青贮饲料有氧稳定性较差，开封后应尽快取饲，从开封到取饲不要超过 48 h。

## （三）技术效果

### 1. 已实施的工作

（1）辣木乳酸菌添加剂青贮　由广东省木本饲料工程中心研发的香肠乳杆菌（*Lactobacillus farciminis*），乳酸乳球菌（*Lactococcus lactis*）按规定添加量添加至辣木中，充分混匀后打包，青贮 30 d 后对辣木青贮进行取样和分析，测定辣木青贮的营养损失情况、发酵特性、微生物数量、蛋白质降解情况，充分评价和验证乳酸菌添加技术应用效果。

（2）辣木与其他牧草混合青贮　将切碎后的辣木按技术规定比例与切碎后的紫花苜蓿、柱花草、水稻秸秆等均匀混合，开展混合青贮；将辣木晒干粉碎，过 1 mm 筛，将获得的辣木干粉按技术规定比例与切碎后的紫花苜蓿、柱花草均匀混合，青贮发酵 30 d 后取样分析青贮饲料的发酵特性、微生物数量，重点检测丁酸积累和蛋白质降解情况，充分评价和验证辣木混合青贮技术应用效果。

### 2. 取得的成效

（1）如图 1－61 和彩图 8 所示，应用乳酸菌添加剂青贮技术将使辣木青贮饲料的 pH 降低，干物质损失降低 50%以上，氨态氮/总氮降低 81.8%，乳酸含量增加 139%，不良微生物数量和相对丰度显著降低，乳酸菌相对丰度大幅度提高。乳酸菌的使用使得辣木青贮饲料蛋白质降解程度明显降低，发酵质量大大提高。

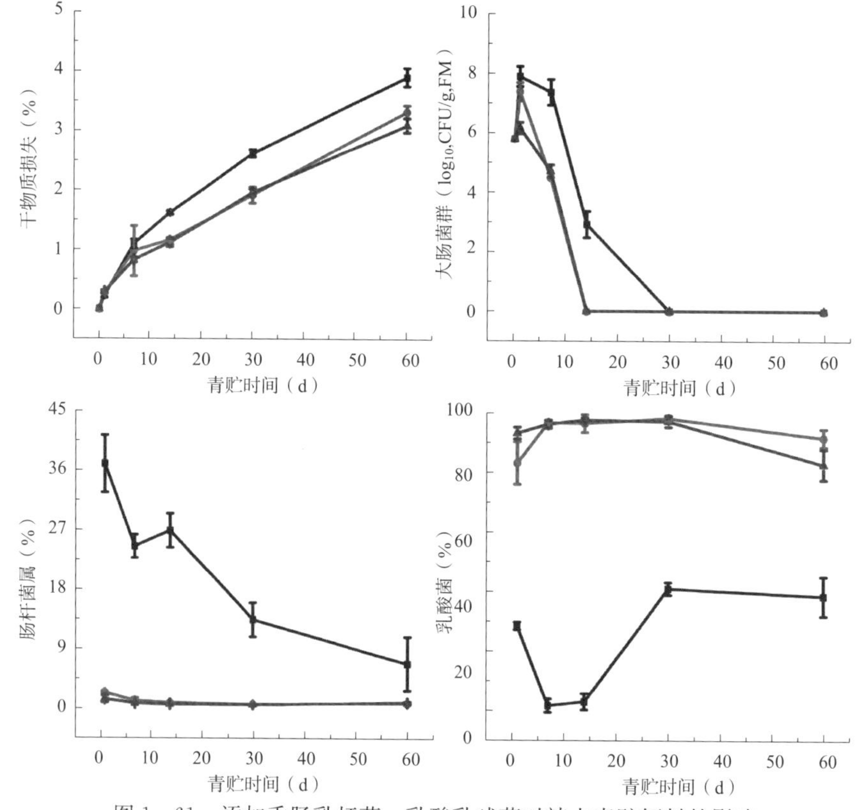


图 1－61　添加香肠乳杆菌、乳酸乳球菌对辣木青贮饲料的影响

注：黑线，对照组；红线，LF；蓝线，LL

（2）通过辣木与牧草混合青贮技术将使紫花苜蓿、柱花草及秸秆等青贮饲料的粗蛋白含量提高15.6%～55.2%，氨态氮/总氮降低39.4%～42.0%，说明混合辣木具有减少优质蛋白质降解，提高饲草营养价值从而降低养殖成本的潜力（表1-31）。混合辣木使饲草pH降低，乳酸含量大幅度增加，丁酸含量降低58.3%～95.9%，不良微生物数量和相对丰度显著降低，乳酸菌相对丰度大幅度提高，青贮饲料质量明显提高，表明混合辣木是一种可行的改善牧草青贮发酵品质的方式。

表1-31 添加25%、50%的辣木（M）对稻秸青贮品质的影响

| 项目 | 对照组 | 25%M | 50%M | 标准误 | *P*值 |
|---|---|---|---|---|---|
| pH | 4.69 | 4.20 | 3.85 | 0.122 | <0.01 |
| 乳酸（g/kg，DM） | 9.95 | 18.1 | 24.0 | 2.06 | <0.01 |
| 丁酸（g/kg，DM） | 17.4 | 10.0 | 未检出 | 2.56 | <0.01 |
| 粗蛋白（g/kg，DM） | 88.4 | 107 | 125 | 13.1 | <0.01 |
| 真蛋白（g/kg，DM） | 42.7 | 46.0 | 53.8 | 1.81 | <0.01 |
| 氨态氮（g/kg，DM） | 3.36 | 2.17 | 2.17 | 0.238 | <0.01 |

### （四）技术适用范围

1. 本技术适用于我国南方规模养殖户或企业、辣木产区，以节约购买优质饲草的成本。

2. 使用本技术的反刍家畜养殖区域及临近辣木种植产区，以降低辣木鲜叶和辣木干粉运输过程中的损失和成本。

### （五）技术使用注意事项

1. 牧草和辣木要根据产量和品质适时收获，收获太晚会导致青贮品质低下。

2. 注意菌剂一般冷藏保存，加水活化后应尽快使用，不能过夜保存。

3. 辣木或者辣木干粉要与牧草充分混合，避免因混合不均匀导致不同部位青贮品质产生差异。

4. 捡拾切碎过程中一定要进行揉丝切碎，避免青贮饲料中存在粗硬的辣木茎干，影响家畜采食消化。

5. 全混合日粮中辣木青贮饲料占5%～10%（干物质基础）。

## 十一、以玉米秸秆为基础颗粒化全混合日粮生产利用关键技术

### （一）技术概述

**1. 技术基本情况** 据农业农村部最新公布数据，中国秸秆理论资源量约为10.4亿t，可收集资源量约为9.0亿t，加上可饲用的荚壳、藤蔓等粗饲料总产量估计约12.0亿t以上，但秸秆饲料化利用率仅占秸秆综合利用比例的18.8%，目前这一可再生资源用作饲料的比例较低，大量的秸秆仍被焚烧或直接还田，不仅造成了资源的浪费，而且造成环境的污染。

玉米秸秆作为广大农区草畜粗饲料原料主要来源之一，虽然有较高潜在利用价值，但其本身蛋白质含量不足，木质化程度高，适口性较差，并且其作为粗饲料利用的程度和方式都比较单一。为此，如何提高玉米秸秆的饲用价值成为秸秆饲料化技术的主要问题。

本技术是在前人研究成果的基础之上，通过运用不同饲草原料、农副产品之间的组合效应和工业化饲料加工技术，将饲料原料加工调制成颗粒化全混合日粮（TMR），为饲料生产企业、大型养殖场和农牧民提供较好的颗粒饲料加工工艺，提高现有饲草资源、粮食及其他农副产品的利用率和转化率。

**2. 技术示范推广情况** 中国农业大学草产品生产加工团队在河北省部分肉羊养殖区域进行示范推广（图 1-62）。该粒化全混合日粮生产技术在河北省承德市隆化县、河北省承德市围场县等区域进行规模化试验示范，目前共有以玉米秸秆为基础颗粒化全混合日粮育肥肉羊试验示范基地 5 个。

图 1-62　颗粒化全混合日粮试验示范

颗粒化全混合日粮试验示范示范推广，为多家秸秆生产龙头企业提供了强力的技术支撑。中国农业大学饲草加工团队在国内率先开始以玉米秸秆为基础颗粒化全混合日粮研究，同时在全国范围内针对不同品种、不同生长阶段的肉羊设计、改良和推广了多项优质配方，为我国中小型养殖场的科学饲养提供了强力的技术支撑（图 1-63）。

图 1-63　以玉米秸秆为基础的颗粒化全混合日粮

## （二）技术要点

1. 颗粒化全混合日粮产品对于成型性要求较高，且颗粒硬度合适，才可以更好地育肥肉羊。而日粮组成原料的粉碎粒径对成型性影响较为重要，一般要求玉米秸秆等原料的粉碎粒径为6mm。本日粮原料粉碎技术是由中国农业大学草业科学与技术学院提供的专利技术（专利申请号：202022744676.5；专利名称：一种秸秆粉碎机）。

2. 各类饲料原辅料混合均匀，才可以保证日粮的营养价值均衡。本日粮原辅料混合技术采用中国农业大学草业科学与技术学院提供的专利技术（专利申请号：202022744693.9；专利名称：一种全混合秸秆粮搅拌机）。

3. 针对不同生长阶段进行畜禽育肥，颗粒机设备则应对应不同的生产模具，通常绵羊、犊牛的颗粒化全混合日粮（TMR）直径要求为6～8 mm较为合适，成年肉牛为10～15 mm为宜，而小型家禽则对日粮直径要求较小，一般1～3 mm即可。本日粮造粒技术采用中国农业大学草业科学与技术学院提供的专利技术（专利申请号：202022755278.8；专利名称：一种牧草饲料颗粒机）。

4. 本技术工艺参数：从饲料生产成本、经济效益、营养成分、反刍动物适口性及日粮的品质考虑，原料的制粒水分控制在12%、玉米秸秆添加量为30%、糖蜜添加量为2%、玉米秸秆粉碎粒径为4 mm，可作为颗粒化全混合日粮生产加工的最优条件。

## （三）技术效果

### 1. 已实施的工作

（1）以玉米秸秆为基础的颗粒化全混合日粮的营养价值研究　按照中国农业大学草产品生产与加工团队研制的配方及生产加工工艺，对日粮进行取样和分析，测定以玉米秸秆为基础的颗粒化全混合日粮的干物质、消化能（DE）、粗蛋白、粗脂肪、粗纤维、NDF、ADF、钙、磷等营养指标，充分评价颗粒化全混合日粮的营养价值（表1-32）。

表1-32　全混合日粮配方设计及营养水平

| 项目 | TMRs | | | |
|---|---|---|---|---|
| | TMR− | TMR+ | TMR−1 | TMR−2 |
| 饲料成分 | | | | |
| 玉米秸秆（%） | 40.00 | 40.00 | 20.00 | 10.00 |
| 苜蓿干草（%） | 0.00 | 0.00 | 20.00 | 30.00 |
| 玉米（%） | 25.80 | 25.80 | 30.00 | 35.00 |
| 大豆粕（%） | 8.00 | 8.00 | 3.00 | 2.00 |
| 小麦麸（%） | 3.00 | 3.00 | 10.00 | 10.00 |
| 棉籽粕（%） | 5.70 | 5.70 | 4.50 | 5.00 |
| 菜籽粕（%） | 2.30 | 2.30 | 2.50 | 3.00 |
| 玉米胚芽粕（%） | 1.70 | 1.70 | 0.00 | 0.00 |

（续）

| 项目 | TMRs | | | |
|---|---|---|---|---|
| | TMR− | TMR+ | TMR−1 | TMR−2 |
| 酒糟（%） | 8.50 | 8.50 | 5.00 | 0.00 |
| 预混料（%） | 5.00 | 5.00 | 5.00 | 6.00 |
| 营养水平 | | | | |
| 干物质（%） | 89.60 | 90.06 | 90.03 | 90.71 |
| DE（MJ/kg） | 11.09 | 11.09 | 11.48 | 11.63 |
| 粗蛋白（%） | 14.60 | 14.68 | 14.75 | 15.01 |
| 粗脂肪（%） | 2.40 | 2.40 | 2.30 | 2.10 |
| 粗纤维（%） | 15.20 | 14.80 | 13.90 | 13.60 |
| NDF（%） | 61.58 | 60.37 | 58.43 | 54.35 |
| ADF（%） | 31.45 | 29.82 | 23.46 | 23.17 |
| 灰分（%） | 5.30 | 5.40 | 5.70 | 6.70 |
| Ca（%） | 0.68 | 0.67 | 0.64 | 0.61 |
| P（%） | 0.32 | 0.35 | 0.35 | 0.36 |

（2）以玉米秸秆为基础的颗粒化全混合日粮体外消化试验　采用 Menke 和 Steingass 体外产气法，测定以玉米秸秆为基础的颗粒化全混合日粮体外模拟瘤胃培养的产气量，然后进行估算各日粮的有机物消化率和代谢能，评价颗粒化全混合日粮对瘤胃的影响。

（3）以玉米秸秆为基础的颗粒化全混合日粮的肉羊饲喂示范　选取 45 只 4 月龄左右的雄性小尾寒羊，初始体重（31.33±0.92）kg，按体重分为 4 个处理组，每组 15 只。每个处理组被饲养在 4 个不同的圈舍中，每个圈舍随机饲喂 TMR−、TMR+、TMR−1 和 TMR−2。所有的羊都可以自由饮水，每天在 8：30、12：30 和 16：30 喂 3 次。在预饲期结束时和育肥试验结束时，连续 2 d 在晨饲前使用地磅对试验羊进行称重，称量结果的平均值为该羊的代表性体重，根据试验前后肉牛体重的差计算肉羊平均日增重（ADG），按照每种饲料的进厂价格，计算出试验饲料的成本。

此外，在试验结束时对所有羊血液的采集，测定羊血清的生理生化指标，以评估肉羊的健康状况。

2. 取得的成效

（1）通过不同全混合日粮体外产气试验，研究发现，粉剂全混合日粮经过颗粒化加工后对于提升体外产气率、有机物消化率、代谢能都是有改善和提升作用；另外，由于苜蓿干草的加入，TMR−1 和 TMR−2 组要比 TMR+组有更好的积极促进作用。

（2）对玉米秸秆与粮食及农副产品经过造粒加工后，形成颗粒化全混合日粮均能提高肉羊的干物质采食量、平均日增重、饲料转化率、体高、体长、胸围、腿围和管围，且将玉米秸秆、苜蓿干草和精饲料混合制粒，生产的颗粒化全混合日粮要优于玉米秸秆和精饲料混合制粒的饲料产品。

（3）育肥经济效益增加　育肥期结束后进行肉羊养殖的经济效益分析，TMR+、TMR－1 和 TMR－2 组由于生产加工成本的增加等导致其总成本要高于 TMR－组。另外，成本费用还包括人工费、管理费、水费、电费以及其他费用，几组费用都是相同。4 组试验羊的市场收购价格保持一致时，TMR+组每只羊每月比 TMR－组增收 2.29 元；TMR－1 组每只羊每月比 TMR+组增收 1.20 元；TMR－2 组每只羊每月比 TMR－1 组增收 1.44 元（表 1－33）。

表 1－33　肉羊育肥经济效益

| 项目 | TMR－ | TMR+ | TMR－1 | TMR－2 |
| --- | --- | --- | --- | --- |
| 饲料价格（元/kg） | 2.10 | 2.25 | 2.55 | 2.90 |
| 毛羊售价（元/kg） | 14.00 | | | |
| 出栏平均体重（kg） | 36.67 | 39.70 | 41.53 | 40.83 |
| 平均日增重（g） | 205.56 | 258.67 | 346.67 | 303.33 |
| 料重比 | 5.83 | 5.47 | 4.95 | 4.23 |
| 造肉成本（元/只） | 12.24 | 12.31 | 12.62 | 12.27 |
| 养殖利润（元/只） | 1.76 | 1.69 | 1.38 | 1.73 |
| 每只羊每月效益（元） | 10.84 | 13.13 | 14.33 | 15.77 |
| 每只羊每年养殖效益（元） | 130.02 | 157.61 | 171.91 | 189.24 |

注：毛羊收购价格和饲料价格是随着市场而变化的，非固定值。

（4）提高秸秆饲料化利用率，发展节粮型畜牧业　从商业开发的角度，以玉米秸秆为基础颗粒化全混合日粮更有利于产品的运输和大规模的工业化生产。颗粒化全混合日粮一旦得到广泛的推广和运用，将极大地缓解我国饲料资源短缺的状况，为草食家畜的快速发展提供基本保证，并创造广泛的经济效益、社会效益和生态效益。

### （四）技术适用范围

1. 本技术原料适用范围：玉米秸秆、大豆秸秆、水稻秸秆、苜蓿干草、食品加工废弃物和农副产品加工废弃物等较为丰富的地区。
2. 本技术较为适合针对肉羊舍饲育肥使用。
3. 本技术可依据养殖场的养殖量大小针对性地设计日粮加工配方及生产工艺。

### （五）技术使用注意事项

1. 初次使用本技术生产的颗粒化全混合日粮产品，需要 7～14 d 的饲喂过渡期，用料 7 d 后，“过料”现象明显减少，14 d 后几乎没有。

2. 日粮饲喂需要按照肉羊不同生长阶段的推荐配方使用。

3. 羊用颗粒化全混合日粮产品在育肥期内，可以作为全部日粮使用，无须添加其他饲料进行补充。

4. 加强日粮日常管理工作，注意给予肉羊充分清洁的饮水。

## 十二、天然优质牧草青贮关键技术

### （一）技术概述

**1. 技术基本情况** 我国是世界第二大草地资源大国，可利用的草地面积约为3.1亿$hm^2$，可用于饲喂家畜的植物就多达246科6 700多种，其中蕴藏着巨大的生产潜力。天然牧草青贮饲料可以很好地保存天然牧草中的营养物质，且具有气味芳香、适口性好和消化率高等优点，可以高质高效地开发利用天然优质牧草资源。针对我国草原牧区天然优质牧草青贮饲料短缺、农牧民缺乏切实可行的天然牧草青贮技术等问题，研究形成了以天然牧草青贮专用添加剂和加工调制工艺为核心的整套青贮方案，即天然优质牧草青贮技术。

通过添加中国农业大学草产品生产加工团队研制的新型复合化学添加剂并辅之以配套的加工调制工艺，可以调制出优质的天然牧草青贮。本技术解决了天然牧草青贮饲料不易发酵成功的难题，缓解了草原牧区冬春季节青绿饲料不足的矛盾，提高了天然牧草的有效利用率，可以有效促进草原牧区草牧业的发展。

**2. 技术示范推广情况** 中国农业大学草产品生产加工团队所推出的天然优质牧草青贮技术已在内蒙古的呼伦贝尔、赤峰、锡林郭勒等地开展了大范围的示范推广，为当地众多农牧民及多家畜牧企业提供了整套的天然牧草青贮技术与服务。同时在全国范围内针对不同草原类型的天然牧草开发了高效的青贮添加剂以及发展了相配套的调制工艺，为我国草原牧区数量众多的个体养殖户及中小型养殖企业提供了科学高效的技术保障。

### （二）技术要点

**1. 天然牧草的收获与切碎** 于7月下旬刈割天然牧草，刈割后混匀切碎，建议切碎长度为1～2 cm。如遇特殊情况，须整株青贮时，必须要使用添加剂。

**2. 添加剂的使用** 复合添加剂（陈皮＋富马酸单甲酯）是中国农业大学草产品生产加工团队自主研发的新型抗真菌添加剂，该型添加剂将中草药添加剂与化学添加剂进行组合使用，效果比单独使用中草药或化学添加剂更好。该型复合添加剂可以有效地改善天然牧草青贮的发酵品质，可以高效地保存天然牧草青贮的营养品质。该型复合添加剂的添加量为富马酸单甲酯0.5 g/kg＋陈皮粉3 g/kg。

**3. 贮藏设施** 贮藏设施可选择青贮窖、青贮壕等使用广泛的青贮设施。

**4. 压实与密封** 压实和密封是最为重要的两个步骤。压实的目的是保证天然牧草青贮原料中无缝隙，避免空气流通，形成厌氧环境，防止发霉变质。将青贮原料从下至上，层层压实，每层的厚度维持在25～30 cm，在青贮窖或青贮壕面积允许的情况下，可使用链条式拖拉机大面积压实。为检查压实效果，需要每隔 30 cm 脚踏一遍，直至无空隙为止，边角部位更应注意反复踩压踏实。在压实后要立即封顶盖膜贮存，盖膜选用青贮专用黑白膜，黑白膜的宽度要大于窖的宽度。将黑白膜沿青贮窖或青贮壕边缘插到青贮内部，边缘用厚重的物品压住，可选用汽车外胎、重沙袋等。重物顺青贮窖或青贮壕上沿依次整列摆放，要随时检查封顶的坡度、盖膜有无漏洞、墙体是否牢固完整及边角有无裂缝等。

**5. 发酵时间** 发酵 40 d 之后即可使用。

### （三）技术效果

**1. 已实施的工作**

（1）天然牧草青贮与天然牧草干草的比较 将天然牧草分别制作成青贮与干草，然后进行取样分析，分别测定天然牧草青贮与天然牧草干草中的营养成分、康奈尔净碳水化合物-蛋白质体系碳水化合物组分及体外消化性能，多方位地评价天然牧草干草与青贮之间的营养组分及消化性能的差异。

（2）天然牧草青贮添加剂的筛选 由于天然牧草青贮存在糖含量较低、杂菌较多难以青贮的问题，所以本技术从抑制真菌的角度，比较了孜然精油、富马酸单甲酯、陈皮、陈皮＋富马酸单甲酯、甘草＋富马酸单甲酯 5 种抗真菌添加剂在青贮中的应用效果，以便筛选出性能最优的抗真菌添加剂。

（3）复合添加剂在天然混合牧草青贮中的应用示范 将中国农业大学草产品生产加工团队研制的新型复合添加剂（陈皮＋富马酸单甲酯）按规定添加量添加至天然混合牧草中进行青贮，青贮 40 d 后对天然牧草青贮进行取样和分析，测定天然牧草青贮中的发酵特性、营养品质及体外消化性能，充分评价和验证复合添加剂的添加技术应用效果。

**2. 取得的成效**

（1）天然牧草青贮中粗脂肪的含量是天然牧草干草的 1.21 倍，蛋白质的含量是干草的 1.01 倍，非结构性碳水化合物是干草的 1.65 倍，不可利用碳水化合物是干草的 74.75%，青贮的干物质消化率比干草的干物质消化率高出 13%。青贮不但可以较多地保存营养物质，还可以提高天然牧草的消化率，说明天然牧草青贮是更加优秀的草产品形式。

（2）在天然牧草青贮中，添加新型复合添加剂（陈皮＋富马酸单甲酯）可以抑制青贮中的真菌，使得天然牧草青贮中的粗蛋白提高了 39.62%，体外干物质消化率提高了 9.22%（表 1-34）。说明复合添加剂（陈皮＋富马酸单甲酯）的效果优于单独使用陈皮或富马酸单甲酯以及其他添加剂，且有进一步开发的潜力。

表 1-34 5 种抗真菌添加剂的筛选

| 处理 | 干物质（%） | 中性洗涤纤维（%，DM） | 酸性洗涤纤维（%，DM） | 粗蛋白（%，DM） | 体外干物质消化率（%） |
| --- | --- | --- | --- | --- | --- |
| 对照组 | $34.98\pm0.30^{bcd}$ | $58.35\pm1.76^{a}$ | $29.93\pm0.73^{c}$ | $7.37\pm0.31^{d}$ | $52.19\pm0.46^{b}$ |
| 孜然精油组 | $38.53\pm0.99^{a}$ | $58.55\pm0.43^{a}$ | $30.80\pm0.54^{bc}$ | $9.21\pm0.00^{bc}$ | $57.71\pm0.21^{a}$ |

（续）

| 处理 | 干物质（%） | 中性洗涤纤维（%，DM） | 酸性洗涤纤维（%，DM） | 粗蛋白（%，DM） | 体外干物质消化率（%） |
|---|---|---|---|---|---|
| 富马酸单甲酯组 | 33.89±0.33[cd] | 56.37±0.56[ab] | 32.24±0.58[ab] | 8.66±0.02[c] | 55.76±1.11[a] |
| 陈皮组 | 33.48±0.77[d] | 60.31±0.41[a] | 33.19±0.38[a] | 9.05±0.16[bc] | 57.75±3.14[a] |
| 陈皮＋富马酸单甲酯组 | 35.62±0.27[bc] | 52.80±1.76[b] | 29.37±0.46[c] | 10.29±0.10[a] | 57.00±0.22[a] |
| 甘草＋富马酸单甲酯组 | 36.60±0.44[b] | 58.61±0.54[a] | 32.28±0.41[ab] | 9.51±0.12[b] | 58.52±1.30[a] |

注：同列肩标不同大写字母表示差异显著（$P<0.05$），同行肩标不同小写字母表示差异显著（$P<0.05$）。

（3）而在天然混合牧草青贮中，使用中国农业大学草产品生产加工团队研制的新型复合添加剂（陈皮＋富马酸单甲酯）对天然牧草青贮的调制有十分积极的效果，可以明显改善天然牧草青贮中糖含量较低、杂菌较多难以青贮的问题。添加复合添加剂（陈皮＋富马酸单甲酯）即使在不切碎的情况下，仍然可以获得发酵成功的天然牧草青贮（pH<4.20），保存了更多的干物质，使得粗蛋白的含量得以高出24.19%（表1-35）。说明该型复合添加剂（陈皮＋富马酸单甲酯）可以在简化天然牧草青贮加工流程的同时调制出品质优良的天然牧草青贮，大大降低了天然牧草青贮的生产成本，利于农牧民增收，适合在广大的草原牧区推广应用。

**表1-35　天然牧草青贮的发酵与保存**

| 项目 | 添加剂 | 牧草切碎长度 | | |
|---|---|---|---|---|
| | | 整株 | 5～10 cm | 1～2 cm |
| pH | 对照组 | 5.04±0.04[Aa] | 4.53±0.09[Ab] | 4.45±0.04[Ab] |
| | 植物乳杆菌 | 4.25±0.02[Bab] | 4.35±0.04[Aa] | 4.18±0.03[Bb] |
| | 孜然精油＋植物乳杆菌 | 4.33±0.08[Ba] | 4.25±0.08[Aa] | 4.26±0.02[Ba] |
| | 陈皮＋富马酸单甲酯 | 4.33±0.05[Ba] | 4.32±0.06[Aa] | 4.24±0.00[Ba] |
| 乳酸（%，DM） | 对照组 | 0.53±0.03[Cc] | 1.61±0.09[Bb] | 3.10±0.10[Ba] |
| | 植物乳杆菌 | 2.21±0.10[Bb] | 3.05±0.92[ABb] | 4.68±0.10[Aa] |
| | 孜然精油＋植物乳杆菌 | 2.43±0.01[ABb] | 2.80±0.46[ABab] | 4.22±0.38[Aa] |
| | 陈皮＋富马酸单甲酯 | 2.94±0.34[Ab] | 4.23±0.20[Aa] | 4.36±0.15[Aa] |
| 中性洗涤纤维（%，DM） | 对照组 | 62.29±0.48[Aa] | 60.24±0.31[Ab] | 58.92±0.51[Bb] |
| | 植物乳杆菌 | 58.69±0.21[Ba] | 58.46±0.92[Aa] | 60.37±0.42[ABa] |
| | 孜然精油＋植物乳杆菌 | 60.00±0.16[Bb] | 62.03±0.44[Aa] | 56.55±0.44[Cc] |
| | 陈皮＋富马酸单甲酯 | 59.52±0.64[Ba] | 61.89±1.44[Aa] | 61.55±0.46[Aa] |
| 粗蛋白（%，DM） | 对照组 | 8.93±0.22[Ba] | 9.24±0.34[Ba] | 9.32±0.14[Ba] |
| | 植物乳杆菌 | 11.43±0.47[Aa] | 10.06±0.37[Ba] | 10.07±0.23[Aa] |
| | 孜然精油＋植物乳杆菌 | 9.17±0.39[Bb] | 13.55±0.30[Aa] | 9.70±0.03[ABb] |
| | 陈皮＋富马酸单甲酯 | 11.09±0.28[Aa] | 9.57±0.31[Bb] | 9.69±0.05[ABb] |

注：同列肩标不同大写字母表示差异显著（$P<0.05$），同行肩标不同小写字母表示差异显著（$P<0.05$）。

### （四）技术适用范围

1. 本技术适用于典型草原和草甸草原天然优质牧草青贮的制作，有利于提高天然牧草的利用效率，拓展本地的饲料资源。

2. 本技术适合中小型企业或养殖户使用，可在冬春枯草季节缓解青绿饲料缺乏的状况，有利于降低饲养成本。

### （五）技术使用注意事项

1. 避免雨天进行作业，规避降雨对天然牧草青贮饲料品质的影响。

2. 施用添加剂时要注意原料与添加剂充分混合均匀，确保添加剂的功效。

3. 进行青贮制作时，应尽量压实，将空气挤出，使得青贮尽快达到厌氧发酵的阶段，减少营养物质的损失。

4. 规范贮藏管理，注意防止覆膜损坏而造成漏气，使得青贮饲料腐败。注意防鼠。

## 十三、饲用甜高粱青贮饲料加工与利用关键技术

### （一）技术概述

**1. 技术基本情况**　高粱属饲料作物是干旱、半干旱和高盐碱地区畜牧业中的优质饲草来源，既可收割做青饲、也可青贮或调制干草，是许多地区越来越重要的饲料作物。在我国西北、华北、东北等17个省区分布有数千万公顷的盐碱地，可利用土地资源较少，干旱缺水及山地面积较多，且部分地区环境气候反差较大，土壤耐性较差，这些地方均不适于玉米等其他饲草的栽培，在一定程度上制约了饲料的生产。而作为普通高粱变种的甜高粱，由于其不仅具有抗旱、耐涝、耐贫瘠、耐盐碱等特性，而且其生物量高、营养物质丰富（含糖量高）、适口性较好，有希望成为干旱、半干旱地区首选的粗饲料作物。通过在土壤较为贫瘠的地区推广饲用甜高粱加工利用技术，可以替代部分玉米青贮，进一步节约水资源、提高土地资源利用率，缓解示范区当地粗饲料资源匮乏和畜多草少之间的矛盾，推动了示范区及周边地区草牧业的健康发展。

**2. 技术示范推广情况**　中国农业大学草产品生产加工团队已在河北、内蒙古、山西和宁夏等地区开展了大范围的甜高粱的种植、加工与利用技术示范推广。根据西北和华北不同地区土壤和气候情况，开展了优质饲用甜高粱品种的筛选和高产高效甜高粱种植示范；并根据甜高粱的原料特性，进行甜高粱青贮饲料的调制；结合宁夏示范区当地的饲草资源情况，对比了分别以饲用甜高粱青贮饲料和全株玉米青贮饲料为主要粗饲料来源对宁夏滩羊生长性能的影响（图1-64）。

### （二）技术要点

**1. 甜高粱的利用方式**　饲用甜高粱根据品种特性和当地的水肥情况，可以选择多茬收割利用（分蘖能力强、再生性能好），也可以选择一年收割一次利用。为了获得较高的饲用价值，一般品种的甜高粱均在营养生长期（抽穗期）收获。但根据示范试验发现，

图 1-64　饲用甜高粱绿色种植高产高效试验示范区

有一些品种，如大力士，在华北地区种植时不抽穗，类似这种品种也可以选择在拔节期收获。甜高粱在适宜收获期收获后的营养物质如表 1-36 所示。相比青饲和调制干草两种利用方式而言，甜高粱更适宜调制青贮饲料。

表 1-36　甜高粱营养含量

| 项目 | 营养含量 |
| --- | --- |
| 干物质（%） | 21.04 |
| 可溶性糖（%，DM） | 24.53 |
| 粗蛋白（%，DM） | 5.76 |
| 中性洗涤纤维（%，DM） | 60.85 |
| 酸性洗涤纤维（%，DM） | 37.13 |
| 粗脂肪（%，DM） | 1.51 |
| 淀粉（%，DM） | 3.59 |
| 灰分（%，DM） | 6.40 |

注：甜高粱品种为辽甜 1 号，种植地区河北衡水市。

**2. 甜高粱调制青贮饲料的方式**　和全株玉米青贮一样，甜高粱调制青贮饲料时也可以选择窖贮、地面堆贮和裹包青贮等方式。值得注意的是，甜高粱由于不易萎蔫，单独调制青贮饲料时通常水分含量较高，因此调制甜高粱青贮饲料时可优先选择地面堆贮。地面可设置一定的坡度，有利于青贮饲料发酵过程中的积液流出。

**3. 优质甜高粱青贮饲料的调制**　甜高粱在适宜收获期收获后，通过自走式联合收获机将其收获粉碎，即可进行青贮饲料的制作，制作过程中可以选择乳酸菌制剂和纤维素酶添加剂改善青贮饲料的品质和提高其饲用价值。由于甜高粱在适宜收获期时的水分较高，因此可以选择调制混合青贮饲料。另外，调制青贮饲料时应该保证一定的青贮密度，使其尽快形成厌氧状态，保证甜高粱的发酵环境。

**4. 甜高粱青贮饲料的保存**　调制成功后的甜高粱青贮饲料应该防止漏气，若采用窖贮和堆贮方式，应采用双层或者隔氧膜塑料，用于保证甜高粱青贮饲料的质量和提高其有氧稳定性。若采用拉伸膜裹包，应该保存至干燥地方，防止鸟兽破坏，如发现破漏之处，应及时修补。

5. 甜高粱青贮饲料的使用　甜高粱青贮饲料可用于饲喂反刍家畜（奶牛、肉牛、肉羊），也可应用于骆驼、马、鹅、兔、鱼等其他动物，进一步带动其他养殖业的发展。在甜高粱的利用过程中，尤其应注意其发生有氧腐败，如发现甜高粱青贮饲料有腐坏现象（颜色发黑，有发霉现象，气味刺鼻），应将外围腐败的饲料弃去后再进行饲喂，避免家畜采食后对其健康造成不良影响。若利用堆贮或窖贮甜高粱时，应保证取样横截面的整齐，避免甜高粱青贮饲料的堆放，以防止其发生有氧腐败。

### （三）技术效果

1. 已实施的工作

（1）示范区甜高粱高产高效种植　为了解决干旱-半干旱地区饲草短缺的现状，中国农业大学草产品生产加工团队联合示范单位在示范区开展了饲用甜高粱的高产高效种植试验，筛选了适合于河北、宁夏等地种植的适宜品种，并明确了甜高粱的利用方式（图1-65）。

图1-65　饲用甜高粱的种植和收获

（2）优质甜高粱青贮饲料的调制与保存　选择饲用甜高粱在适宜收获期收获后，将甜高粱粉碎至1～2 cm，测定其水分含量为75%左右，一部分晾晒至水分为70%以下。添加由中国农业大学草产品生产加工团队研发的植物乳杆菌和纤维素酶，分别调制青贮饲料后，测定其青贮质量（图1-66）。示范试验的开展为甜高粱青贮技术优化建立提供了数据基础，也为甜高粱加工与利用提供了参考。

图1-66　优质饲用甜高粱青贮饲料的制作

（3）甜高粱青贮饲料在肉羊的饲喂示范　选取60只体重为25 kg左右的滩羊，

按照不同饲喂的日粮平均分为三组：CS、SS、WS，进行滩羊饲喂示范试验（图 1－67 和表 1－37）。

图 1－67　甜高粱青贮饲料饲喂示范试验

**表 1－37　滩羊甜高粱饲喂试验日粮组成**（kg）

| 项目 | CS | SS | WS |
|---|---|---|---|
| 玉米 | 0.31 | 0.23 | 0.23 |
| 豆粕 | 0.18 | 0.18 | 0.18 |
| 麸皮 | 0.09 | 0.17 | 0.17 |
| 青贮玉米 | 0.89 | 0 | 0 |
| 苜蓿干草 | 0.09 | 0.04 | 0.04 |
| 玉米秸秆 | 0.08 | 0.13 | 0.13 |
| 甜高粱青贮 | 0 | 1.19 | 0 |
| 萎蔫甜高粱青贮 | 0 | 0 | 1.06 |
| 预混料添加剂 | 0.04 | 0.04 | 0.04 |
| 小苏打 | 0.01 | 0.01 | 0.01 |

注：CS，玉米青贮对照组；SS，高水分甜高粱青贮处理组；WS，萎蔫甜高粱青贮处理组；饲料配方为滩羊采食 1 kg 干物质含有量。

**2. 取得的成效**　通过推广饲用甜高粱的种植加工和利用，使一些土壤较为贫瘠、不适合种植玉米或者其他牧草的地域的企业和农民接受了这种饲料作物。近年来，随着肉牛和肉羊存栏量迅速增长，广大养殖户对优质饲草饲料的需求越来越高。这种状况在西北地区尤其严重，通过开展优质甜高粱的示范和推广，有效带动了示范地区的非常规饲草资源的开发和利用。中国农业大学草产品生产加工团队成员联合宁夏红寺堡区天源良种羊繁育养殖有限公司，开展了甜高粱青贮饲料调制与饲喂技术示范推广工作，取得了显著的经济效益、社会效益和生态效益。

通过开展饲用高粱青贮饲料加工与利用技术推广与示范，为甜高粱饲草资源的开发利用提供基础数据。根据示范试验测定数据表明，在水肥条件一致的情况下，供试饲用甜高粱与青贮玉米每亩干物质产量分别为 1.35 t 和 1.13 t。饲用甜高粱的产量约是青贮玉米产量的 1.2 倍。同时，甜高粱由于其高糖性，只要保证压实和密封，在高水分条件下也能调制优质的青贮饲料，且添加乳酸菌制剂和纤维素酶可以提高其营养物质消化率。另外，示范试验中以全株玉米青贮饲料和甜高粱青贮饲料为主要粗饲料来源的日粮育肥滩羊的日增重分别为 162.65 g 与 162.89 g，基本趋于一致。通过开展相关示范试验，使示范区及周边地区了解饲用甜高粱的优势和利用方式，使广大种植户和养殖户对饲用甜高粱的接受度增加。

### （四）技术适用范围

本技术主要适用于干旱-半干旱地区，尤其是土壤较为贫瘠、饲草资源缺乏的农牧交错带，可用于育肥肉羊。

### （五）技术使用注意事项

1. 结合当地畜禽种类、营养需求和饲草资源利用情况，制定合理的甜高粱种植规模和利用方式。

2. 甜高粱在调制高水分青贮饲料时，一定要注意切碎和压实，若发现有密封问题，应及时处理，以免造成损失。

3. 规范甜高粱利用过程，使用专用的青贮饲料取样器，防止甜高粱有氧腐败；若采用拉伸膜裹包青贮，应防止暴晒和破漏。

4. 甜高粱青贮饲料饲喂滩羊时，发酵时间不易太长，以免发生腐败。饲喂前应检测青贮饲料相关营养成分，以便制定合理的配方。

## 十四、柱花草青贮调制关键技术

### （一）技术概述

**1. 技术基本情况**　优质饲草和蛋白质饲料短缺是制约我国养殖业发展的重要因素。为满足养殖业的饲料需求，我国长期进口大量大豆、苜蓿干草等蛋白饲料。使用进口饲草料不仅提高了国内畜禽养殖的成本，也对国家的饲料安全造成了负面影响。由于我国国土疆域辽阔，南北维度跨越较广，苜蓿不适于在我国南方种植，柱花草（*Stylosanthes guianensis*）作为优质的暖季型豆科牧草，不仅含有较高的蛋白质、维生素和矿物质元素，还具有茎叶产量高、适应性强等特点。

目前，柱花草已经在我国海南、广西、广东、四川、重庆、云南、福建、贵州等地区大面积推广种植，逐渐形成“北有苜蓿，南有柱花草”的牧草产业化发展的新格局。但柱花草茎秆表面附着粗糙茸毛，适口性较差。另外，柱花草生产具有明显季节性，夏季生长高峰期若不能及时收割利用，柱花草会继续生长至老化，饲用价值降低，造成冬春季节家畜饲料供应不足。合理利用当地牧草资源、提高土地资源利用效率，是降低养殖成本和发展各地区牧草产业的有效手段。

柱花草青贮调制技术是解决这一问题的最有效方式，可以有效地保存柱花草中的营养成分，解决了柱花草不易青贮的难题，提高了南方饲草资源的利用效率，进而降低了热区的饲养成本，为我国饲草的多元化发展与利用做出积极贡献。

**2. 技术示范推广情况** 中国农业大学草产品生产加工团队所研制的乳酸菌剂及热带青贮制作技术已在海南、云南、广东、广西等地区开展了大范围的示范推广。

### （二）技术要点

**1. 柱花草的收获** 柱花草于现蕾期至初花期进行刈割，此时柱花草蛋白质含量较高，木质化程度较低，刈割时留茬高度控制在 25 cm。

**2. 柱花草的晾晒** 田间晾晒至含水量 55%～65%，可利用水分快速测定仪、微波炉等进行实时测定监控。

**3. 捡拾切碎与添加剂的添加** 使用捡拾切碎机将柱花草原料切碎至 1～2 cm，在对柱花草原料进行切碎的同时，利用捡拾切碎机自带或外附的喷施设备，将中国农业大学筛选和构建的柱花草专用乳酸菌剂根据设定量，精准、均匀地以 $10^6$ CFU/g（鲜物质基础）喷洒至柱花草原料上，使用时根据每吨添加溶液总量小于 3L 设定配置时的加水量，即配即用，当天用完。

**4. 裹包与管理** 柱花草青贮一般使用裹包的形式进行贮藏，拉伸膜裹包青贮裹包层数应达到 6 层以上。裹包完成后，使用夹包机将裹包送至无鼠害、整洁、平坦、宽广的地面，可累积至 2 层，每层裹包之间错落间隔放置。贮藏期间定期检查有无破损或鼠洞，若破损，用塑料胶布及时修补或当即使用。每个包裹开启后，尽量当天用完。

### （三）技术效果

**1. 已实施的工作** 在掌握了柱花草原料营养特性的基础上，中国农业大学草产品生产加工团队联合示范单位在示范区进行了柱花草青贮技术示范。团队人员针对性地选择了中国农业大学筛选的植物乳杆菌（LP）和构建的产纤维素酶工程乳酸菌（xg），对柱花草进行了青贮，在贮藏时间达到 45 d 时，对柱花草青贮的发酵品质和营养品质以及体外消化率进行测定，以判断和验证中国农业大学乳酸菌接种柱花草青贮技术的实际应用效果（表 1－38 和表 1－39）。

对柱花草青贮的发酵品质和营养品质进行检测发现，无添加剂的柱花草青贮 pH 高于 5.0，氨态氮含量较高，蛋白质分解严重。单独使用植物乳杆菌（LP）和产纤维素酶工程乳酸菌（xg）添加均能显著降低青贮的 pH，同时减少氨态氮含量。含有工程乳酸菌（xg）的两个处理组的纤维含量显著降低，而剩余的可溶性糖含量显著上升，说明工程乳酸菌显著分解了柱花草的纤维成分，并增加了乳酸菌的发酵底物。当植物乳杆菌（LP）和产纤维素酶工程乳酸菌（xg）同时添加时，会产生明显的协同作用。

表 1－38 添加剂对柱花草青贮发酵品质的影响

| 项目 | pH | 乳酸（%，DM） | 乙酸（%，DM） | 丙酸（%，DM） | 氨态氮/总氮（%） |
|---|---|---|---|---|---|
| 对照组 | $5.06\pm0.01^{a}$ | $3.43\pm0.04^{d}$ | $1.94\pm0.13^{a}$ | $1.99\pm0.07$ | $15.45\pm0.14^{a}$ |
| 植物乳杆菌 | $4.95\pm0.02^{b}$ | $3.89\pm0.02^{c}$ | $1.69\pm0.03^{b}$ | $1.88\pm0.03$ | $7.53\pm0.05^{c}$ |

（续）

| 项目 | pH | 乳酸（%，DM） | 乙酸（%，DM） | 丙酸（%，DM） | 氨态氮/总氮（%） |
|---|---|---|---|---|---|
| 产纤维素酶工程乳酸菌 | 4.64±0.02[c] | 4.57±0.07[b] | 1.64±0.06[b] | 1.83±0.04 | 7.46±0.04[c] |
| 植物乳杆菌+产纤维素酶工程乳酸菌 | 4.58±0.04[c] | 4.83±0.06[a] | 1.54±0.01[b] | 1.79±0.27 | 8.02±0.05[b] |

注：同列肩标不同小写字母表示差异显著（$P<0.05$）。

表 1-39 添加剂对柱花草青贮营养成分的影响

| 项目 | 干物质（%） | 粗蛋白（%，DM） | 可溶性碳水化合（%，DM） | 中性洗涤纤维（%，DM） | 酸性洗涤纤维（%，DM） |
|---|---|---|---|---|---|
| 对照组 | 43.39±0.04[a] | 16.4±0.05 | 1.31±0.01[d] | 56.77±0.11[a] | 36.65±0.24[a] |
| 植物乳杆菌 | 41.71±0.02[b] | 16.17±0.1 | 1.41±0.03[c] | 56.54±0.26[a] | 37.13±0.12[a] |
| 产纤维素酶工程乳酸菌 | 41.64±0.01[b] | 16.02±0.11 | 1.74±0.01[a] | 43.55±0.51[c] | 29.78±0.42[b] |
| 植物乳杆菌+产纤维素酶工程乳酸菌 | 42.12±0.03[b] | 16.42±0.16 | 1.67±0.01[b] | 46.02±0.28[b] | 28.89±0.4[b] |

注：同列肩标不同小写字母表示差异显著（$P<0.05$）。

此外还发现，使用 xg 菌剂的柱花草青贮的消化率显著上升，有效提高了柱花草的饲料转化率（表 1-40）。由此证明，中国农业大学草产品生产加工团队自主筛选和研发的乳酸菌剂，可以明显提高柱花草青贮饲料的品质，提高青贮的成功率，改善柱花草作为豆科牧草难以进行青贮调制的难题。本技术具有在南方地区大范围推广的潜力。

表 1-40 添加剂对柱花草青贮消化率的影响

| 项目 | 处理 | | | |
|---|---|---|---|---|
| | CK | LP | xg | LP+xg |
| 48 h 体外干物质消化率（%，DM） | 60.89±0.01[C] | 61.55±0.06[C] | 67.59±0.04[A] | 64.44±0.03[B] |
| 48 h 体外中性洗涤纤维消化率（%，DM） | 27.01±0.02[D] | 28.22±0.03[C] | 38.31±0.03[A] | 36.95±0.01[B] |

注：CK，对照组；LP，植物乳杆菌；xg，产纤维素酶工程乳酸菌；同行肩标不同大写字母表示差异显著（$P<0.05$）。

**2. 取得的成效** 近年来我国肉牛、肉羊存栏量迅速增长，广大养殖户对家畜饲料的需求越来越高，尤其是南方地区，经常面临缺乏优质豆科牧草的窘境，而充足的粗蛋白来源是保障家畜发挥良好生产性能的基本条件。本技术立足于对优质暖季型豆科牧草加工利用的实际需求，研发出了一套针对柱花草青贮的优质乳酸菌青贮技术，通过开展柱花草青贮示范试验，为南方地区饲草资源的开发利用提供基础数据和理论支撑，使示范区及周边地区充分认识到优质饲用柱花草的优势，为南方地区优质豆科牧草的加工贮藏和多元化发展打开了一条新的思路。通过海南等南方地区本土化豆科牧草的加工利用，有效解决了柱花草产地及其周围地区高蛋白牧草短缺的问题，再次证明柱花草青贮技术是一项符合国家供给侧改革的需求、有大面积推广潜力的新技术。

### （四）技术适用范围

本技术主要适用于柱花草适宜种植的南方地区，可为周边地区肉牛、肉羊的育肥提供充足的高蛋白牧草青贮饲料。

### （五）技术使用注意事项

1. 青贮调制前，须将原料进行适当的晾晒，具体晾晒时间视当地天气情况决定；还要将原料充分切断至 1～2 cm，原料太长将会大幅降低青贮饲料的品质。

2. 应在柱花草现蕾期至初花期适时刈割，确保青贮饲料的营养成分适宜。

3. 施用乳酸菌剂时要按照使用要求活化，现配现用，原料与添加剂应混合均匀，确保添加剂的功效。

4. 为确保青贮发酵进程完全，应至少发酵 30 d 再打开裹包进行使用，并且在打开裹包的当天使用完。

5. 应定期检查裹包的完好度与密封度，防止薄膜破损、漏气及雨水进入，在堆放管理过程中注意防止虫、鼠和鸟类等的危害。

## 十五、饲草青贮霉菌毒素抑制关键技术

### （一）技术概述

**1. 技术基本情况** 全株玉米、秸秆青贮等主要粗饲料极易发生霉变并且产生霉菌毒素，对畜牧业生产及人类的健康造成很大的影响。针对我国饲草青贮饲料受极端气候、病虫害、落后的田间管理和青贮加工技术影响造成的霉菌毒素污染问题，研究形成了品种选择、氮肥施用、青贮加工技术改进、专用防霉添加剂研发等相关防霉降毒技术，即饲草青贮霉菌毒素抑制技术。

本技术通过品种选择及品种和氮肥在抗胁迫方面的耦合效应，利用氮肥施用提高全株玉米青贮饲料的质量安全水平，降低霉菌毒素污染。充分利用青贮防霉复合乳酸菌添加剂及有机酸类添加剂抑制全株玉米和稻秸等饲草青贮中的霉菌和霉菌毒素，有效降低霉菌毒素对畜牧业的危害，解决饲草青贮饲料的安全饲料化利用问题。

**2. 技术示范推广情况** 自 2019 年以来，品种选择、氮肥施用及青贮加工技术等在衡水、涿州、青岛、济南、蚌埠、南京等地开展小范围试验研究及示范，在霉菌抑制及霉菌毒素脱毒相关品种选择、氮肥施用量及添加剂选择等方面取得了良好的效果。

进一步优化了防霉添加剂添加技术及高效青贮加工技术，降低了稻秸青贮饲料霉变和霉菌毒素污染，提高了稻秸青贮饲料质量。稻秸饲料化技术已在太仓、金湖、六合、武进、大丰、连云港、山东东营等地累计推广应用 50 万 t 以上，解决了 140 万亩以上稻草的资源化利用。

### （二）技术要点

**1. 饲草品种选择技术** 选择当地发育正常、种植密度、施肥灌溉条件一致的粮饲兼用及专用玉米品种，开展品种比较研究（图 1－68）。

收获时，青贮玉米品种持绿性较好、淀粉含量不低于 25%，以 30%以上为佳。同时关注不同品种在田间对于病虫害、倒伏方面的表现，在同一地块中瘤黑粉占比低于 1%、玉米螟占比低于 3%、病虫害＋穗腐占比不超过 1%、倒伏和倒折植株占比不超 5%为佳

图 1-68 青贮玉米品种选择研究

（表 1-41）。图 1-69 和彩图 9 为青贮玉米田间栽培出现的倒伏、病虫害等现象。

表 1-41 不同品种田间栽培表现

| 项目（品种） | 栽培表现发生率（%） | | | | |
|---|---|---|---|---|---|
| | 瘤黑粉 | 玉米螟 | 倒伏 | 倒折 | 病虫害+穗腐 |
| 总体平均值 | 1.45 | 3.72 | 13.20 | 4.23 | 6.06 |
| 最大值 | 7.43 | 11.84 | 54.97 | 12.42 | 35.29 |
| 最小值 | 0.00 | 0.00 | 0.00 | 0.58 | 0.00 |
| 北农青贮 208 | 0.43 | 3.95 | 13.02 | 4.49 | 0.00 |
| 先玉 335 | 4.28 | 2.32 | 37.82 | 3.56 | 23.57 |
| 京科青贮 516 | 0.85 | 5.10 | 0.75 | 4.97 | 0.00 |
| 郑单 958 | 0.66 | 2.84 | 2.27 | 3.73 | 0.05 |

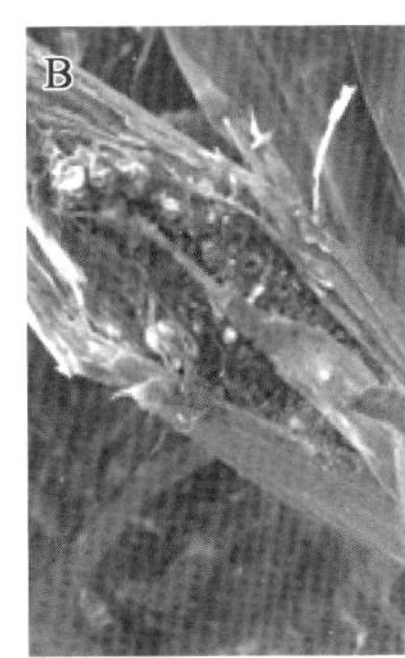

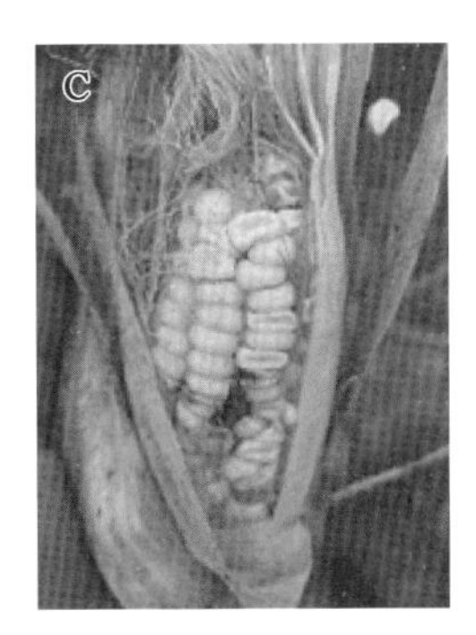

图 1-69 玉米田间栽培过程中容易污染霉菌的主要灾害现象
A. 倒伏 B. 穗腐 C. 天害 D. 瘤黑粉 E. 锈病

**2. 氮肥施用抗霉降毒技术** 测量当地土壤肥力水平，针对选取的青贮玉米品种，合理施用肥料尤其是氮肥的施用，提高青贮玉米产量，降低青贮饲料的霉菌毒素含量（图 1-70）。

氮肥施用对全株玉米青贮饲料中黄曲霉毒素的影响可以延伸到青贮饲料以及有氧暴露后，对于不同品种适合的氮肥施用量不同，一般以超过 300 kg/hm² 为佳（表 1－42）。

图 1－70 不同土壤肥力条件下氮肥与品种耦合效应评估

表 1－42 品种和氮肥耦合对全株玉米原料、青贮饲料和有氧暴露过程中黄曲霉毒素含量的影响

| 品种 | 氮肥处理（kg/hm²） | 黄曲霉毒素 B1（g/kg，DM） | | | 黄曲霉毒素 B2（g/kg，DM） | | |
|---|---|---|---|---|---|---|---|
| | | 原料 | 青贮 | 有氧 | 原料 | 青贮 | 有氧 |
| 北农 208 | 0 | 0.00 | 3.06 | 3.66 | 0.18 | 0.66 | 0.92 |
| | 150 | 0.00 | 0.98 | 2.18 | 0.00 | 0.80 | 0.62 |
| | 300 | 0.58 | 1.03 | 0.00 | 0.00 | 0.97 | 0.62 |
| | 450 | 0.00 | 0.94 | 0.92 | 0.00 | 0.46 | 0.31 |
| 先玉 335 | 0 | 0.00 | 1.01 | 1.58 | 0.00 | 0.72 | 0.54 |
| | 150 | 0.00 | 0.97 | 1.63 | 0.00 | 0.48 | 0.80 |
| | 300 | 0.00 | 1.35 | 2.25 | 0.00 | 0.74 | 0.80 |
| | 450 | 0.00 | 0.00 | 0.72 | 0.00 | 0.26 | 0.60 |

**3. 青贮专用防霉复合添加剂及其添加技术** 使用中国农业大学草产品生产加工团队及江苏省农业科学院畜牧研究所研制的乳酸菌剂，同时添加适量有机酸添加剂，抑制青贮饲料中的霉菌和霉菌毒素。

在玉米青贮饲料中单独添加植物乳杆菌不可取，在污染黄曲霉后反而黄曲霉毒素含量容易超标，而布氏乳杆菌和丙酸盐的使用则能有效抑制黄曲霉，降低黄曲霉毒素含量，复合乳酸菌制剂及与丙酸盐的复合添加剂同样能够有效降低黄曲霉毒素含量（图 1－71）。在青贮饲料尤其是玉米青贮饲料中应添加主要成分包含植物乳杆菌和布氏乳杆菌等且含有一定量有机酸盐的复合添加剂，添加量不低于 $5\times10^5$ CFU/g，其中丙酸盐含量不低于 0.3%（表 1－43）。

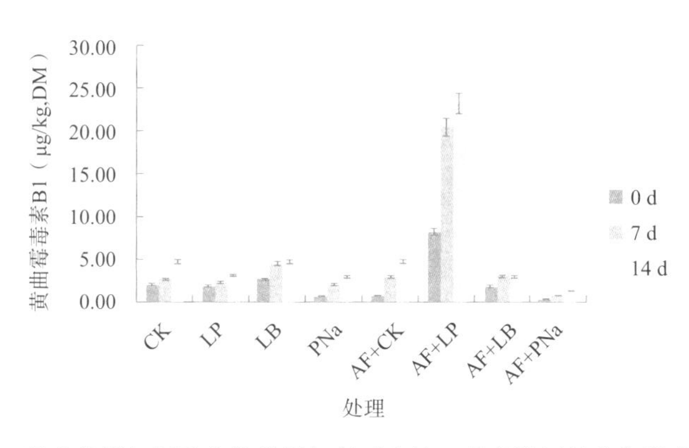


图 1－71 乳酸菌添加剂及有机酸添加剂对全株玉米青贮饲料黄曲霉毒素的影响

表 1－43 复合乳酸菌添加剂对不同青贮饲料霉菌毒素的影响

| 饲料 | 处理 | 黄曲霉毒素 B1<br>(g/kg，DM) | 玉米赤霉烯酮<br>(g/kg，DM) |
|---|---|---|---|
| 玉米 | 对照组 | 3.96 | 97.32 |
| | 乳酸菌 | 1.07 | 95.3 |
| | 丙酸盐 | 1.97 | 97.35 |
| | 乳酸菌＋丙酸盐 | 0.86 | 95.84 |
| 燕麦 | 对照组 | 0.45 | 100.51 |
| | 乳酸菌 | 0.30 | 99.99 |
| | 丙酸盐 | 0.43 | 101.34 |
| | 乳酸菌＋丙酸盐 | 0.80 | 100.26 |
| 玉米秸秆 | 对照组 | 1.80 | 97.79 |
| | 乳酸菌 | 0.82 | 99.03 |
| | 丙酸盐 | 0.36 | 99.76 |
| | 乳酸菌＋丙酸盐 | 1.00 | 97.72 |
| 稻秸 | 对照组 | 0.22 | 95.78 |
| | 乳酸菌 | 0.23 | 97.85 |
| | 丙酸盐 | 1.51 | 96.03 |
| | 乳酸菌＋丙酸盐 | 0.87 | 95.67 |

## （三）技术效果

### 1. 已实施的工作

（1）饲草品种选择技术　针对青贮玉米，选取常见的青贮专用品种和粮饲兼用品种，尤其是其中淀粉含量差异较大的品种在田间灌浆期果穗中注入黄曲霉等产毒菌。选取蜡熟期（玉米籽粒乳线 1/2，含水量 65%～72%最佳）的全株玉米分别进行粉碎，切碎长度为 1～2 cm，压实密度为 700 kg/m$^3$，所有的全株玉米青贮饲料青贮 90 d。青贮后弃去上层的青贮料，剩余青贮料混合均匀后取样进行青贮品质、微生物和黄曲霉毒素分析。

（2）氮肥施用抗霉降毒技术　针对不同的青贮玉米品种或者不同土壤肥力，对氮肥施用量进行调整。青贮玉米栽种前第1次施氮肥50%作底肥，第2次于大喇叭口期追肥50%。制作成青贮饲料后进行分析检测。适当提高氮肥施用量，降低田间霉菌数量及黄曲霉毒素含量。

（3）饲草青贮加工技术改进　如图1-72所示，从全株玉米及水稻刈割到青贮完毕，务求当天完成。裹包青贮饲料存放过程中注意拉伸膜不要破损，防止发生霉变及霉菌毒素污染。把裹包青贮运输到堆放地点进行统一堆放发酵。

图1-72　全株玉米青贮与稻秸青贮饲料加工

与饲草加工企业合作，在稻秸青贮饲料的基础上，添加专用青贮菌剂，同时针对稻草营养成分差、含糖量低难发酵的限制因子，充分发掘当地发酵农副产品和牧草资源（图1-73）。如在江苏地区添加适量的豆腐渣，在广西等亚热带地区充分利用甘蔗渣等农副产品，改善稻草青贮饲料营养成分，提高稻草青贮成功率。利用TMR饲料搅拌机进行原料混合，对于新鲜稻草或者青贮稻草捆外面如出现腐烂部分应弃去不用，调整搅拌机参数，使稻草与农产品副产物或牧草以固定比例混合均匀。

图1-73　基于稻秸青贮的混合青贮发酵技术

（4）青贮专用防霉复合添加剂及其添加技术 在全株玉米青贮饲料中主要应用中国农业大学研发的复合乳酸菌制剂及丙酸盐等有机酸添加剂，复合乳酸菌制剂中至少包含植物乳杆菌和布氏乳杆菌。稻秸青贮采用江苏省农业科学院畜牧研究所研发的专用的乳酸菌菌株，复合乳酸菌制剂在青贮饲料中添加量为 $5\times10^5$ CFU/g，有机酸盐类的添加量为 0.3%。同时稻秸青贮饲料中根据情况添加糖蜜和纤维素酶等辅料，支持乳酸菌在好氧情况下与霉菌、酵母菌等真菌及有害细菌竞争，在厌氧条件下与稻草中的梭菌竞争减少氨态氮和丁酸的含量，根据稻草营养成分适量添加。在全株玉米和水稻收获当天根据稻草原料量配置合适比例的复合添加剂，随配随用，配置的添加剂当天用完，在打捆的同时同步喷洒防霉复合添加剂，降低青贮过程中霉菌的繁殖。

目前通过与微生物高新企业合作，可以进行稻秸专用乳酸菌剂的规模化生产，供应周边饲草加工企业与养殖场，同时提供配套青贮加工技术（图 1－74）。形成了科研院所、菌剂生产企业、饲草加工企业和养殖企业的一整条合作推广链条，研发出的菌剂及配套青贮加工技术能够很快推向市场，并根据饲草生产企业的反馈不断进行改进，生产出的菌剂相比国外相似产品质量更优而价格仅是国外产品的一半。

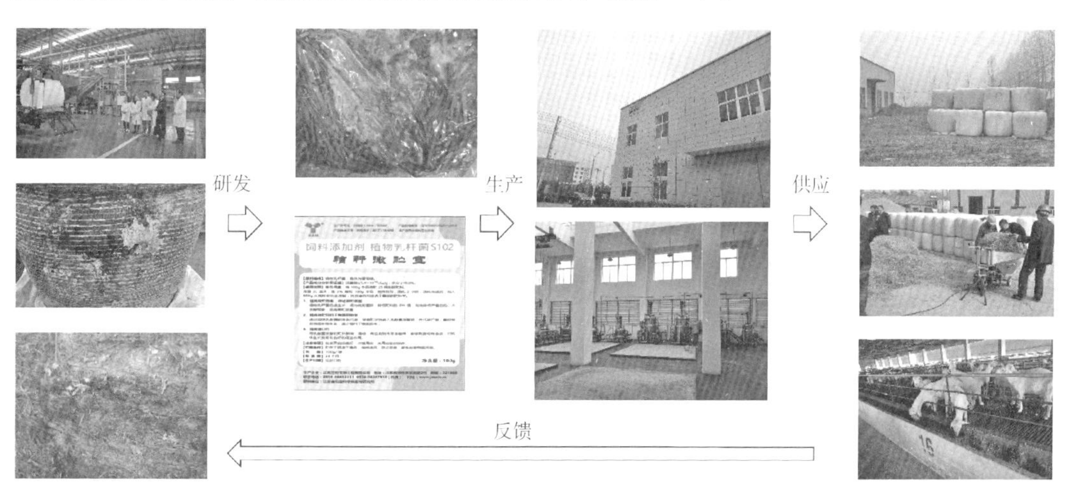


图 1－74 青贮防霉专用菌剂示范推广流程

**2. 取得的成效** 霉菌毒素的污染常常因为肉眼难辨而被养殖者忽视，一旦出现问题容易造成恶劣影响，对于整个反刍动物产业都可能造成巨大打击。粗饲料在加工、运输、储存过程霉菌毒素污染的问题是制约我国反刍动物肉、奶产业的瓶颈，产业链条长，管理不规范，青贮加工技术落后，生产人员相关理论知识匮乏，仅仅追求无肉眼可见霉变，不能够针对不同的饲料霉菌毒素污染风险进行处理，出现问题后没有解决方法，容易造成很大的经济损失。因此，专门的霉菌毒素抑制技术是十分必要的。

（1）本技术通过不同品种和氮肥之间存在的耦合效应，针对不同品种施用不同含量的氮肥，可以有效降低青贮饲料中的黄曲霉毒素含量。如要降低全株玉米青贮饲料中的黄曲霉毒素 B1，北农青贮 208 只需要 150 $kg/hm^2$ 纯氮的田间氮肥施用量，青贮饲料中的黄曲霉毒素可以降低 68%，而先玉 335 需要 450 $kg/hm^2$ 纯氮的田间氮肥施用量可以使黄曲霉毒素含量降低90%以上。通过配套使用的乳酸菌添加剂及复合添加剂能够显著提高全株玉米青贮饲料的有氧稳定性30%，降低霉菌数量35%。降低全株玉米青贮发酵过程中黄曲霉毒素含量超过50%，并且在高污染青贮饲料中能够降低黄曲霉毒素含量超过90%。

（2）通过防霉复合添加剂及配套青贮加工技术的使用，可以显著降低稻草青贮青贮饲料的pH到4.2以下，同时降低霉菌数量30%左右。干物质损失率低于10%（DM），相比于不加添加剂的对照组降低20%～25%。

### （四）技术适用范围

1. 品种选择、氮肥施用及防霉复合添加剂的添加适合青贮玉米广泛栽培和青贮饲料规模化生产地区，尤其是适合南方高温地区青贮玉米的栽培和加工过程中霉菌的抑制和黄曲霉毒素的生物脱毒。

2. 防霉复合添加剂技术在稻秸青贮饲料中的应用适宜水稻种植规模较大、牛羊等畜牧业发达的地区进行推广应用。尤其是适用于南方水稻收获季节降雨密集的地区。

### （五）技术使用注意事项

1. 在饲草青贮饲料生产过程中密切注意极端气候的影响，尽可能缩短田间收获到入窖的时间，贮藏过程中防止氧气的渗透。

2. 饲草霉菌毒素抑制技术应与草食动物饲养需紧密结合，避免饲草远距离运输，以控制家畜饲养成本。

## 十六、低水分青贮苜蓿原料外源性灰分减控关键技术

### （一）技术概述

**1. 技术基本情况** 低水分苜蓿青贮是解决雨季我国苜蓿干草调制困难、损失大、质量差等最有效的加工调制方法。但低水分苜蓿青贮原料集垄、翻晒、捡拾过程极容易带入土壤、大气沉降物等外源性灰分，导致低水分苜蓿青贮原料外源性灰分含量过高，造成梭菌等有害微生物增加和丁酸发酵，成为制约低水分苜蓿青贮质量的最关键因素之一。针对上述问题，以刈割期、收获机械、留茬高度、摊晒幅宽、搂草机与捡拾切碎机耙齿离地间隙等技术环节优化为核心，优化集成了低水分青贮苜蓿原料外源性灰分减控技术（图1-75），有效控制了低水分苜蓿青贮原料外源性灰分含量，显著提高了苜蓿青贮饲料质量。

**2. 技术示范推广情况** 低水分青贮苜蓿原料外源性灰分减控技术已在河北省沧州市、邢台市、保定市等地推广应用，近3年来累计推广应用6 667 $hm^2$。

### （二）技术要点

**1. 刈割时期** 根据研究，随着苜蓿刈割期延迟，苜蓿原料外源性灰分呈现明显增加趋势，兼顾产量、品质与外源性灰分控制，低水分苜蓿青贮原料收获以现蕾期最佳。

图 1-75 低水分苜蓿青贮原料收获技术示范

**2. 刈割机械选择** 苜蓿原料刈割压扁后，加速了苜蓿失水萎蔫速度，较不压扁提高40%以上，进而减少来自大气沉降的外源性灰分含量。因此，低水分苜蓿青贮原料收获选择带压扁功能的机械。

**3. 适宜留茬高度** 随着苜蓿刈割留茬高度增加，低水分苜蓿青贮原料外源性灰分含量呈现明显下降趋势，留茬高度达到10 cm后原料外源性灰分含量变化趋缓；苜蓿草收获产量随着留茬高度增加呈下降趋势，其中留茬大于9 cm后下降趋势更加明显。综合考虑苜蓿原料外源性灰分含量控制与减少苜蓿收获产量损失，低水分苜蓿青贮原料刈割留茬高度以7～9 cm为宜。

**4. 摊晒幅宽要求** 随着苜蓿摊晒幅宽的增加，低水分苜蓿青贮原料外源性灰分含量呈下降趋势，其中摊晒幅宽占割幅的50%～70%，苜蓿原料外源性灰分含量下降趋势明显，考虑到翻晒、集垄作业效率及机械轮胎碾压等，低水分苜蓿青贮原料摊晒幅宽以占割幅的70%～75%为宜。

**5. 耙齿离地间隙** 随着搂草机与捡拾切碎机耙齿离地间隙提高，原料外源性灰分含量呈下降趋势，但原料干物质损失明显增加。在实际作业中，要根据实际情况，综合考虑原料干物质损失及原料外源性灰分含量控制，合理调节搂草机与捡拾切碎机耙齿离地间隙，从试验研究与规模化示范来看，搂草机与捡拾切碎机耙齿离地间隙一般控制在离地15～20 mm为宜。

### （三）技术效果

**1. 已实施的工作** 该技术已在河北省沧州市、邢台市、保定市等地开展推广应用。该技术通过适宜机械选择，开展低水分青贮苜蓿原料外源性灰分减控技术（以刈割时期、留茬高度、摊晒幅宽、耙齿离地间隙等技术指标控制为核心的加工技术）与常规生产的对比试验示范，分析该技术对饲草营养指标以及外源性灰分的调控效果。

**2. 取得的成效**

（1）和常规技术相比，采用低水分青贮苜蓿原料外源性灰分减控技术进行苜蓿收获，青贮原料可消化营养物质收获产量、苜蓿青贮饲料乳酸含量、相对饲喂价值（RFV）显著高于生产对照，原料外源性灰分含量、苜蓿青贮 pH、丁酸含量则显著低于生产对照，其中苜蓿原料外源性灰分含量下降 65％以上。

（2）参考中国畜牧业协会 2017 苜蓿草质量分级标准进行评定，采用本技术方法调制出的苜蓿青贮饲料质量属于优级（RFV＞170，＜185），而生产对照则属于二级（RFV＞130，＜150），两者相差 2 级，每吨售价相差高达 200 元左右。

### （四）技术适用范围

本技术适用于黄淮海平原苜蓿种植区，同时可供西北苜蓿种植区、东北苜蓿种植区等地区参考。

### （五）技术使用注意事项

1. 低水分苜蓿青贮原料收获前要查看近期天气预报及同期近 5 年天气预报，确保原料收获期间 5～7 d 无降雨。

2. 低水分苜蓿青贮原料捡拾切碎作业尽量在上午 9 时至下午 5 时进行，尽量降低因原料湿潮而黏附更多的外源性灰分。

# 第三节 优质青粗饲料饲喂利用关键技术

## 一、肉羊用苜蓿型发酵全混合日粮配方与饲养关键技术

### （一）技术概述

**1. 技术基本情况** 我国西部北地区“封山禁牧”“退牧还草”的政策，使得肉羊生产由传统的“自由散养”放牧模式转变为“舍饲圈养”模式，导致饲养水平降低，加之这些地区饲料基本为作物秸秆，种类较为单一，不能满足肉羊生长过程中的营养物质需求。为提高肉羊的饲养水平，调制优质的全混合日粮（TMR），均衡肉羊日粮饲料的营养物质，研究形成了苜蓿型肉羊饲料配方与饲养集成技术。通过本技术可积极推进草畜结构调整和优化布局，加强畜产品质量安全体系建设，促进以草畜为主体的畜牧业蓬勃发展。同时，降低精饲料的使用，使饲养成本降低，扩大苜蓿等优质牧草在肉羊中的广泛应用。

苜蓿是重要的蛋白质饲料来源之一，但由于其营养品质较为单一，因此，将苜蓿与其他饲料混合配制成以苜蓿为主的TMR饲料。本技术通过以苜蓿为主TMR饲料的配方设计、原料和机械准备、混合搅拌、打捆密封、安全贮藏、饲喂技术为一体的加工贮藏利用技术，科学合理地进行肉羊育肥。避免由于饲料营养不足造成肉羊营养不良或营养过剩造成的饲料浪费，增加饲料的利用率，提高肉羊的采食量、消化率和生产力，实现肉羊标准化养殖，提高羊肉等相关产品的质量。同时，能有效地保护生态环境，使退化严重的草原和草地得到一定的恢复。

**2. 技术示范推广情况** 自2018年以来，本技术在西部区进行了大量生产与推广示范，累计达100万t以上，饲养数万头肉羊，取得了良好效果。其中，2018—2020年在宁夏巨峰农业进行了苜蓿为主的发酵TMR的示范应用。目前本技术已在宁夏回族自治区部分肉羊养殖场推广应用。

本技术与传统的饲喂方式相比，充分满足了肉羊的营养需求，解决了饲料资源单一导致肉羊营养不足的问题，满足了中小型养殖企业和养殖户对全价饲料的需求，提高了饲养水平，做到了标准化养殖，规范化经营，提高了养殖者和饲料生产者的经济收益，促进了草牧业的共同发展。

### （二）技术要点

**1. 配方设计** 根据各个地区的现有饲料资源设计符合肉羊不同育肥阶段营养需要的科学合理的肉羊配方，充分挖掘并利用当地饲料资源与苜蓿进行合理搭配（表1-44）；提高低成本精饲料及农副产物的配置。

表 1-44　肉羊饲用苜蓿型 TMR 饲料配方

| 成分（%，DM） | 育肥前期 | 育肥中期 | 育肥后期 |
|---|---|---|---|
| 粗饲料 | | | |
| 苜蓿 | 24 | 22 | 20 |
| 燕麦干草 | 23 | 19 | 15 |
| 玉米青贮 | 23 | 19 | 15 |
| 精饲料 | | | |
| 玉米 | 28 | 35.5 | 42.5 |
| 豆粕 | 0.5 | 3 | 6 |
| 氯化钠 | 0.8 | 0.8 | 0.8 |
| 预混料 | 0.7 | 0.7 | 0.7 |
| 合计 | 100 | 100 | 100 |
| 粗蛋白 | 12.17 | 13.01 | 14.01 |
| 总可消化养分 | 69.39 | 71.59 | 73.74 |
| 粗精比 | 70∶30 | 60∶40 | 50∶50 |

**2. 准备工作**　在制作日粮前准备搅拌机、称量器（计量）等相关机械设备并进行调试；并且提前准备充足的饲料。青贮苜蓿或玉米青贮饲料需要至少提前 1 个月贮藏，以便调制日粮时可以利用。并且提前将需要将燕麦干草等需要切碎的粗饲料进行切碎，若搅拌机具有切碎功能可省略该步，将玉米粒等需要粉碎的精饲料提前粉碎并与其他精饲饲料利用精饲料搅拌机进行充分混匀，使其可与粗饲料充分混合均匀（图 1-76）。

**3. 日粮搅拌混合**　按照设计的配方换算每种饲料的用量，按比例进行称量、搅拌，充分混匀备用。注意按照先粗后精、先干后湿的拌料原则，使各类饲料充分混合均匀（图 1-77）。

图 1-76　精饲料搅拌机

图 1-77　TMR 搅拌机械

**4. 打捆密封**　将混合均匀的发酵 TMR 饲料利用专业的打捆裹包一体机进行打捆压实，然后利用拉伸膜进行裹膜密封（图 1-78）。

**5. 安全贮藏** 选择干燥且地势较高的开阔场地进行贮藏或直接运送至相关养殖场（图1-79）。在存放或搬运的过程中注意防止硬物或尖锐物体磕碰裹包，如有发现破损应立刻进行重新裹膜或利用胶带等进行密封，防止发霉变质。

图1-78 发酵TMR制作

图1-79 发酵TMR存放

**6. 饲喂** 将裹包开封以后，如果饲料的颜色正常并具有酸香味，表明饲料保存良好，未发霉变质，即可分发给相应育肥阶段的肉羊，按照活重的2%干物质采食量进行饲喂，并根据实际情况进行适当调整，避免缺食或者饲料浪费。按照不同生长阶段育肥羊的相应采食量每天进行至少2次投喂（图1-80）。如果发现开封后的饲料颜色和味道异常应禁止使用，防止影响肉羊的身体健康，造成不必要的经济损失。

图1-80 发酵TMR饲喂肉羊

### （三）技术效果

**1. 已实施的工作**

**（1）苜蓿型发酵TMR的调制与保存示范** 将苜蓿刈割后立即（或同期刈割发酵完成的苜蓿青贮）与其他饲料燕麦干草、玉米青贮、玉米粉、豆粕、食盐、预混料和添加剂按照表 1－44 中设计的比例充分混合均匀，打捆密封，贮藏在地势较高且干燥的场地，定期进行取样和分析，评价鲜苜蓿（或青贮苜蓿）为主的发酵 TMR 的营养品质和发酵品质。

（2）青贮苜蓿型发酵 **TMR** 的肉羊饲喂示范　选取体重相似，健康状况良好的 3 月龄的盐池滩羊 60 只，按照随机区组的方法分成三个处理组：试验组，即青贮苜蓿型发酵 TMR；对照组，即青贮苜蓿型 TMR、苜蓿干草型 TMR。其中青贮苜蓿型发酵 TMR 为贮藏 4 个月的青贮苜蓿型发酵 TMR，对照组饲料每天饲喂前进行混合。试验前、预饲期结束、每月对所有试验羊称量体重，所有称重均在饲喂前（空腹）进行，准确记录肉羊体重并计算平均日增重，收集剩料用于计算采食量。按照各饲料占日粮干物质比例计算鲜重比例，调查各饲料在当地的市场价格，计算出生产每吨日粮的价格，计算经济效益。

在试验结束时，对试验羊进行瘤胃液和血液的采集，评价瘤胃发酵状况及健康状况。同时，进行屠宰测定屠宰性能。

**2. 取得的成效**

（1）检测发现，在鲜苜蓿为主的发酵 TMR 中添加糖蜜＋植物乳杆菌时发酵 TMR 的发酵品质良好，且可显著提高粗蛋白含量、可消化蛋白组分，有效抑制了蛋白质的降解。综合表明，使用鲜苜蓿作为发酵 TMR 的主要原料组成，既节省了调制苜蓿干草或青贮的时间，又能同时完成发酵 TMR 的制作，省时又省力，且能获得优质的全价饲料。

（2）分析表明，不使用添加剂的青贮苜蓿为主的发酵 TMR 蛋白质不易降解，可消化蛋白组分较高。贮藏第 1 周，发酵品质、营养品质和总可消化养分无显著变化，之后随着贮藏时间的进行，发酵品质会产生一定的变化，但营养品质和总可消化养分无显著变化。分析得出，在一定的贮藏时间内可安全保存，减少养分损失，使中小型企业和牧户等降低劳动力成本、减少投资、增加经济收益。

（3）饲喂青贮苜蓿型发酵 TMR 的肉羊均处于健康状态，并且提高了肉羊的干物质消化率、宰前活重、胴体重、屠宰率、胴体脂肪含量、羊肉的粗蛋白和粗脂肪含量，降低了背膘厚、总耗料量及饲料总成本，提高了活羊净收益（表 1－45）。因此，饲喂青贮苜蓿为主的发酵 TMR 不仅可降低肉羊的饲养成本，而且可以提高肉羊的屠宰性能、肉品质，使脂肪均匀分布，提高了羊肉风味。

**表 1－45　肉羊育肥经济效益**

| 项目 | 苜蓿青贮型发酵 TMR | 苜蓿青贮型 TMR | 苜蓿干草型 TMR |
|---|---|---|---|
| 总耗料量（kg/只） | 99.15 | 135.77 | 137.71 |
| 日粮价格（元/kg） | 1.609 | 1.46 | 1.68 |
| 饲料总成本（元/只） | 159.54 | 198.23 | 231.35 |
| 肉羊活重（kg） | 29.52 | 30.03 | 28.02 |
| 活羊毛收益（元/只） | 1 771.20 | 1 801.50 | 1 681.00 |
| 活羊净利润（元/只） | 411.66 | 403.27 | 249.65 |

### （四）技术适用范围

1. 饲料短缺或全价日粮搭配技术不成熟的中小型养殖企业。
2. 个体养殖集中区或散落的养殖户。
3. 防灾储备区等。

### （五）技术使用注意事项

1. 在日粮饲料搅拌过程中应充分混合均匀，裹膜应根据实际情况确定层数（一般在4～6层即可），防止由于裹包不密封导致漏气，使饲料发霉变质。

2. 选择干燥且地势较高的场地进行贮藏或直接运送至养殖场，长期贮藏应注意避免由于冰雹、暴雨等恶劣天气对裹包造成损害。

3. 注意老鼠、鸟类等造成裹包的破损，若发现有破损应立即进行修补并进行有效防治。在运输过程中应避免石子等硬物或尖锐物等对裹包的损伤，如有损伤应立即进行修补。

4. 青贮苜蓿型发酵TMR在开封后应尽快使用，防止在空气中暴露时间过长而发霉变质。

## 二、夏季放牧草场带犊母牛补饲和哺乳期犊牛“放牧＋补饲”高效培育关键技术

### （一）技术概述

**1. 技术基本情况**　放牧家畜的整个生长发育过程都是在天然草场进行，其采食的饲粮多为自然生长的牧草，相较于舍饲生产方式，放牧饲养可极大地降低反刍动物饲养成本。但随着人们对草原的不合理利用，导致草原退化已成为全球普遍现象，牧草的质量和产量往往无法满足家畜的生长发育需要，放牧家畜仅采食牧草可导致增重缓慢。育成期是牛机体发育最旺盛的时期，其特点是可塑性极强，该阶段的营养状况与母牛未来的繁育和生长性能紧密相关。因此，研究团队以育成期放牧西门塔尔母牛为研究对象，通过测定其牧草采食量并结合草场内的牧草营养成分，根据肉牛营养需要所划定的营养需求标准进行合理精准补饲，结果表明补饲精饲料可增强放牧饲养条件下育成牛的抗氧化能力和免疫功能，提高血清中生长相关激素含量，有效促进育成牛生长发育。该精准补饲模式为放牧条件下育成牛培育中补饲的重要性提供数据支持，为放牧条件下育成牛高效养殖提供了理论指导（图1-81）。

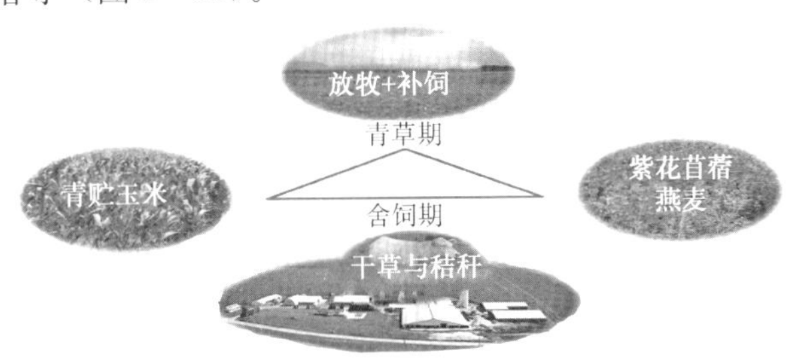


图1-81　繁殖母牛精准饲养模式

研究团队根据不同生长阶段肉牛营养调控技术的集成研究成果，结合牧区肉牛生产现状；利用饱和链烷烃技术测定不同生长阶段放牧牛干物质采食量（DMI）和干物质消化率（DMD），测定牧草各常规营养成分及微量元素含量；根据不同生长阶段放牧肉牛营养需要，结合放牧牛DMI和牧草营养成分的测定结果，利用当地农作物产品配制精饲料进行精准合理补饲。

犊牛阶段的发育状况及机体健康可直接影响育肥阶段生产性能和生产力水平。随着犊牛的生长发育，仅母乳喂养不能满足其生长所需营养物质，而放牧犊牛对牧草的采食和消化能力有限，若对其进行适当的补饲，可有效满足犊牛所需营养，保证犊牛正常生长发育，还有助于母牛体况的恢复。

**2. 技术示范推广情况** 本技术结合内蒙古自治区赤峰地区农牧交错的地理特点，以放牧犊牛为研究对象进行推广应用，通过补饲哺乳期犊牛研究发现，在相同的饲喂环境和放牧条件下，补饲可为犊牛提供较多蛋白质和能量，促进犊牛生长。补饲可促进放牧犊牛蛋白质合成和葡萄糖的吸收，可改善犊牛免疫机能。通过补饲可提高犊牛的生长速率，加强犊牛的免疫能力，使其不易患病。目前，本技术已经在内蒙古赤峰地区多个放牧牛场中进行推广应用（图1-82）。

图1-82 放牧西门塔尔牛

## （二）技术要点

本技术主要包含3个技术核心，一是空怀母牛的饲养，二是妊娠母牛的饲养，三是母牛哺乳期的饲养。

**1. 空怀母牛的饲养** 以放牧为主，根据母牛体况补少量精饲料。保证配种前母牛体况6～7分，切忌过肥达8分以上。对5分以下的瘦弱母牛在配种前2～3个月开始补饲精饲料（1.0～2.0 kg/d），日增重控制在0.5 kg以内。

**2. 妊娠母牛的饲养** 以放牧为主，精饲料为辅。根据妊娠母牛体况评分5分以下一般精饲料的补饲量为1.0～2.0 kg/d。另外，满足矿物质元素和维生素A、维生素D、维生素 E 的需要量。妊娠后期胎儿生长迅速，母牛也需要储存一定营养物质，使母牛日增重达 0.3～0.4 kg，体况评分为 6～7 分。

3. 母牛哺乳期的饲养　以放牧为主，精饲料的给予量根据粗饲料和母牛膘情（5～6 分）而定，一般精饲料的饲喂量为 1.0～2.0 kg/d。

### （三）技术效果

#### 1. 已实施的工作

（1）“放牧+补饲”犊牛生长性能的测定　在不影响犊牛正常采食和采食路线的条件下，观察犊牛采食牧草种类及采食部位，在试验期的第 0 天和第 30 天采集牧草样品。根据《饲料分析及饲料质量检测技术》中的实验方法检测新鲜牧草营养成分及含量，测定结果见表 1-46。精补料根据 NRC 肉牛营养需要及检测新鲜牧草营养组分配制，其营养组分见表 1-47。试验第 0～30 天为前段，每头放牧补饲犊牛补饲精饲料 0.5 kg/d，第 31～60 天为后段，补饲精饲料 1.0 kg/d。

表 1-46　混合新鲜牧草营养组分

| 项目 | 含量（%） |
|---|---|
| 干物质 | 41.35 |
| 粗蛋白 | 9.57 |
| 粗脂肪 | 2.93 |
| 粗灰分 | 8.67 |
| 钙 | 0.68 |
| 磷 | 0.37 |
| 中性洗涤纤维 | 45.38 |
| 酸性洗涤纤维 | 33.19 |

注：以上数据均为风干物质基础测定。

表 1-47　精饲料组成及营养水平

| 原料 | 含量（%） | 项目 | 含量（%） |
|---|---|---|---|
| 玉米 | 40 | 干物质 | 85.05 |
| 豆粕 | 24 | 粗蛋白 | 17.50 |
| 麸皮 | 20 | 粗脂肪 | 3.32 |
| 糖蜜 | 5 | 钙 | 1.52 |
| 预混料 | 5 | 磷 | 0.78 |
| 石粉 | 2 | | |
| 食盐 | 2 | | |
| 磷酸氢钙 | 2 | | |

注：1. 以上数据均为风干物质基础测定。

2. 每千克预混料中微量元素含量为维生素 A 10 000 IU，维生素 D 4 000 IU，维生素 E 30 IU，维生素 H 0.15 mg，叶酸 1.0 mg，烟酸 10 mg，铜 15 mg，铁 75 mg，锰 100 mg，锌 60 mg，钴 1.5 mg，硒 0.40 mg，碘 2.5 mg。

试验选取16头2月龄、体重体尺相近且健康的放牧哺乳犊牛，并且母牛平均胎次相同，泌乳状况良好且健康空怀。试验期间犊牛及母牛可自由采食牧草和饮水。将试验犊牛随机分为2组，放牧组犊牛随母牛全天放牧，放牧加补饲组犊牛每天18：00补饲1次精补料，其余时间与放牧组犊牛在相同牧场随母牛放牧。预饲期结束后对每组犊牛进行称重并测量体尺，试验开始后每隔30 d测量犊牛体重和体尺指标。记录犊牛体重、体尺增长数据。核算饲料成分和育肥收入，计算相应的经济效益。

（2）“放牧＋补饲”犊牛血液指标及血液游离氨基酸的测定　试验第0～30天为前段，每头放牧补饲犊牛补饲精饲料0.5 kg/d，第31～60天为后段，补饲精饲料1.0 kg/d。在试验的第0、30、60天清晨，犊牛空腹采集颈静脉血液置于5 mL真空采血管中，静置后3 500 r/min离心，取上清1.5 mL于离心管内。测定血清中氨基酸含量，对比两组间氨基酸含量差异。

**2. 取得的成效**　在我国牧区，犊牛依赖于母乳和牧草供给的营养物质促进其生长发育，其生长发育速度及健康状况可直接影响成年肉牛的生产性能。近年来，草原的退化及沙化导致天然牧草的产量及质量降低，导致犊牛生长潜力受限。若将放牧与补饲相结合，不仅可满足犊牛生长所需营养，极大地降低成本，还可缓解草原载畜压力。研究发现，在“放牧＋补饲”的饲喂模式下犊牛日增重显著提高，且对体高、体斜长和腹围的增长有促进作用。补饲可显著提高放牧哺乳犊牛日增重，促进其生长发育，提高血液内生长相关激素含量，提高酶活力，增强免疫机能，对血液氨基酸数量和配比有影响。补饲可提高犊牛瘤胃菌群相对丰度，且与大多数血液指标及氨基酸之间存在显著正相关性关系，说明瘤胃菌群与血液指标和血液氨基酸存在密切联系。

综上所述，积极推动夏季放牧草场带犊母牛补饲和哺乳期犊牛“放牧＋补饲”高效培育技术的集成与示范，可以有效促进内蒙古赤峰地区放牧牛的经济效益（表1-48），为肉牛养殖的提质增效和区域经济发展提供技术支撑，助推实现我国乡村振兴战略。

**表1-48　犊牛“放牧＋补饲”经济效益**

| 项目 | 放牧＋补饲 | |
|---|---|---|
| | 前段 | 后段 |
| 饲养时间（d） | 0～30 | 31～60 |
| 平均日增重（kg） | 0.99 | 1.09 |
| 经济效益（元） | 31.961 19 | 34.196 38 |

## （四）技术适用范围

本技术适用于内蒙古赤峰地区农牧交错带，以及放牧带犊母牛和哺乳期犊牛。

## （五）技术使用注意事项

1. 补饲精饲料水平在合理范围内，避免精饲料过高对牛瘤胃造成影响。
2. 血样采集后及时离心取上清液保存，以防出现溶血现象。
3. 为适用不同的养殖模式，养殖场（户）需要根据自身养殖特点对本技术进行调控，

形成一套行之有效的方案。

## 三、天然放牧草场不同生长阶段肉用母牛精准补饲关键技术

### （一）技术概述

**1. 技术基本情况** 根据对不同生长阶段肉牛营养调控技术的集成研究成果，结合牧区肉牛生产现状，研究团队开展了不同生长阶段放牧肉牛的精准补饲研究，以期为放牧条件下母牛高效繁育和犊牛培育提供理论依据。研究过程为：利用饱和链烷烃技术测定不同生长阶段放牧牛干物质采食量（DMI）和干物质消化率（DMD）。测定牧草各常规营养成分及微量元素含量；根据不同生长阶段放牧肉牛营养需要，结合放牧牛 DMI 和牧草营养成分的测定结果，利用当地农作物产品配制精饲料进行精准合理补饲。

研究团队通过比较研究补饲对育成期放牧肉牛生长发育、血液生化指标及肠道菌群的影响，系统分析两种饲养模式下育成牛的肠道菌群结构差异，阐明肠道微生物组的优势菌群，鉴定关键差异功能菌，并分析其与宿主表型的关系，从而探讨肠道微生物与育成牛生长发育发育的相关性。以放牧饲养条件下妊娠母牛为研究对象，探讨补饲对妊娠母牛繁殖性能及机体代谢组的影响，分析“放牧＋补饲”饲养模式下妊娠母牛机体代谢组的变化，并且分析差异代谢物和宿主表型的内在联系，以此阐明补饲引起妊娠母牛机体代谢变化的规律。通过比较研究不同体况妊娠母牛之间血液脂代谢指标、肠道菌群及其代谢产物短链脂肪酸（SCFAs）的差异，以及对妊娠母牛血液脂代谢指标、母牛奶体尺体重和牧草营养成分变化、肠道菌群结构及短链脂肪酸的分析，为提高妊娠母牛繁殖性能和生产性能提供理论依据。

**2. 技术示范推广情况** 本技术结合内蒙古赤峰地区农牧交错的地理特点，以放牧母牛为研究对象进行推广应用，通过补饲母牛研究发现，在相同的饲喂环境和放牧条件下，营养调控可以使热应激放牧妊娠牛生殖激素保持在正常水平，缓解热应激对妊娠牛的免疫能力和抗氧化功能造成的不利影响，缓解热应激对放牧妊娠牛瘤胃健康造成的不利影响，提高热应激放牧妊娠牛肠道优势菌群的丰度和多样性，对肠道消化吸收功能有积极作用。目前，本技术已经在内蒙古赤峰地区多个放牧牛场中进行推广应用（图 1－83）。

图 1－83 放牧牛饲养

### （二）技术要点

本技术主要包含3个技术核心：一是慢性热应激期营养调控对放牧妊娠牛生殖激素含量及免疫抗氧化作用的检测；二是育成期补饲对放牧牛生长性能、体尺指标及血清抗氧化、生化指标的检测；三是精粗比对空怀母牛生产性能、血液指标的检测。

### （三）技术效果

#### 1. 已实施的工作

（1）慢性热应激期营养调控对放牧妊娠牛生殖激素含量及免疫抗氧化作用的检测　试验开始前采集试验地草场的牧草样本，用概略养分分析法测定牧草养分。根据我国《肉牛饲养标准》（NY/T 815—2004），在试验地牧草营养成分以及采食量的基础上，精准调配补饲料进行营养调控。对照组全天放牧不进行补饲，试验组每天归牧后进行补充饲喂精饲料，饲喂量为每头2.5 kg/d。

试验随机选择妊娠5个月左右、健康、体重和体况相近的西门塔尔母牛18头，随机分为放牧对照组和营养调控试验组，每组9头。试验分别于试验期第1、30、60天早晨空腹进行颈静脉采血，每头牛10 mL，血样静置0.5 h后，用离心机999*g*离心15 min，收集血清于离心管中，记录相关日期及编号后液氮储存，将样品送至实验室检测。测定指标包括血清激素指标、免疫指标、抗氧化指标，并分析各项指标，找出适宜慢性热应激期饲喂放牧妊娠牛的日粮（图1-84）。

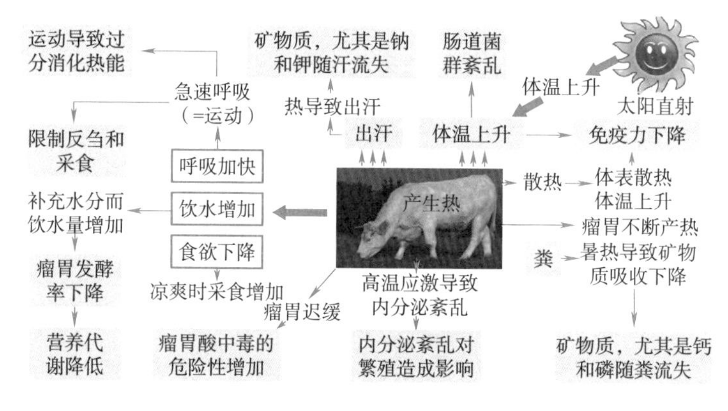


图1-84　热应激对肉牛的影响

（2）育成期补饲对放牧牛生长性能、体尺指标及血清抗氧化、生化指标的检测　试验选取体型、体重相近的健康7月龄育成期西门塔尔母牛24头，按照同质原则随机分为2组，每组12头。放牧组在天然草场自然放牧，补饲组在与放牧组同等放牧条件的基础上，进行精饲料补饲，预试期8 d，正试期分为补饲前期（正式期第1～30天）和补饲后期（正式期第31～60天）2个阶段。补饲组的精饲料补饲量在补饲前期为每头1.2kg/d，后期为每头1.6 kg/d。补饲组的精饲料配制是根据牧草营养成分和采食量的测定结果，参照NRC肉牛营养需要进行配制。试验期间各组试验牛在放牧草场自由采食、自由饮水（草场内有天然河流贯穿放牧草场和牛舍)；补饲组在每天 19：00 补饲精饲料。

在正试期的第 0 天和第 60 天使用测量尺，地秤等设备分别记录试验牛的体重、体高、体斜长、胸围等生产性能指标，并计算平均日增重。在试验初期与试验后期分别采集草场的牧草进行常规营养成分分析。本试验中，肉牛干物质采食量由内外源结合法测定，以三氧化二铬（$Cr_2O_3$）为指示剂并采用比色法测定，在不同时间段测定肉牛粪便中指示剂以及酸不溶灰分（AIA）的含量，根据相同时间段牧草中 AIA 的含量推算出肉牛的干物质采食量。

干物质采食量计算公式为：DMI（干物质采食量）$=F$（粪便干物质含量）$\times a$（粪便 AIA 含量%）$/b$（牧草 AIA 含量%）

核算饲料成分和育肥收入，计算相应的经济效益（表 1－49）。

表 1－49 肉牛饲养经济效益

| 项目 | 放牧＋补饲 | |
|---|---|---|
| | 补饲前期 | 补饲后期 |
| 饲养时间（d） | 0～30 | 31～60 |
| 平均日增重（kg） | 0.693 | |
| 经济效益（元） | 16.44 | |

（3）精粗比对空怀母牛生产性能、血液指标的检测 将 24 头安格斯肥胖空怀母牛按照体重差异不显著的原则，随机分为 2 组，每组 12 头，分别饲喂高比例粗饲料组日粮（40：60 组）和低比例粗饲料组日粮（60：40 组），参照 NRC（2001）肉牛营养需要配制精饲料（图 1－85）。试验期为 75 d，预饲期为 15 d，正试期为 60 d。

图 1－85 舍饲牛饲养

在试验最后一天清晨采集肥胖空怀母牛颈静脉血液，将血液以 3 000 r/min 离心后收集血清，放于液氮罐，带回试验室后存于－80℃冰箱保存待测。

**2. 取得的成效**

（1）通过对放牧饲养方式下育成期（7 月龄）西门塔尔母牛进行合理精准补饲，得出以下结论：补饲精饲料可显著提高育成牛的体高；补饲组和放牧组的体斜长和胸围均呈现增长趋势，但两组间无显著性差异，可能是由于育成牛机体各部位的生长速度不同所导致。补饲精饲料显著增强了放牧育成母牛血清中总抗氧化能力（T－AOC）、超氧化物歧化酶（SOD）及谷胱甘肽过氧化物酶（GSH－Px）活性，同时降低了丙二醛（MDA）含量；此外，精饲料补饲组血清中甲状腺素（T4）、生长激素（GH）、类胰岛素生长因子－1（IGF－1）及葡萄糖（GLU）含量均显著高于放牧组。综上所述，补饲精饲料可显著提高放牧育成母牛的生长性能及增加牧民收入，且对育成母牛机体代谢和抗氧化能力均有积极作用，是放牧肉牛生产系统中较为高效的一种生产模式。

（2）夏季天然草场放牧的妊娠牛长时间处于昼夜温差较大的热应激状态，在本试验条件下，通过营养补饲有效地提高了放牧条件下妊娠牛的免疫功能和抗氧化能力，缓解了热应激对肉牛健康的危害；且显著提高了妊娠牛血清繁殖激素含量，对慢性热应激状态下的妊娠母牛机体清除自由基有积极作用，减少氧化物的生成，可以增强抗氧化防御系统的能力。

（3）补饲能够促进犊牛生长发育，提高日增重，能够提高血液中生长相关指标水平。因犊牛生长代谢旺盛，所以脂代谢无明显变化。在犊牛肠道菌群方面，补饲组瘤胃菌科相对丰度增殖较放牧组快，本应能够提供更多能量，但血糖指数在试验期内均呈下降趋势，可能是因为犊牛生长代谢旺盛造成。研究结果表明，补饲可以提高肠道微生物多样性，维持肠道微生态环境和内环境稳定，增加有益菌，阻止病原微生物入侵，这为犊牛将来生长发育及后期生长生产具有积极影响。

（4）研究团队展开不同体况妊娠母牛的血液脂质代谢指标、肠道菌群及其代谢产物短链脂肪酸（SCFAs）的差异比较研究。通过对妊娠母牛血液脂代谢指标、母牛奶体尺体重和牧草营养成分变化、肠道菌群结构及短链脂肪酸的分析，为提高妊娠母牛繁殖性能和生产性能提供了理论依据，

### （四）技术适用范围

本技术适用于内蒙古东部放牧地区，以及夏季和冬季温差较大区域。

### （五）技术使用注意事项

1. 冷热应激期间做好气温的记录，维持母牛对应的体况。

2. 对于肥胖母牛，饲养期间加强饮食控制，让其多运动。

3. 即使是相同月龄的牛也可能有不同评分，评分时一般对相同月龄的同群牛单头判定后再做整体评定；不同评定人员的评分可能不同，体况评分时应取3个人评分的均值；不同品种的牛使用的评分标准也不一样，要根据具体情况，列出相应的标准。

4. 应结合其他指标如被毛光亮度、肷窝深度等来判断牛的体况是否处于正常状态来酌情加减分值，如被毛光亮、肷窝较浅，则表明牛的营养状况较好；若被毛无光泽、粗乱且肷窝较深，则表明牛的营养状况较差。

## 四、舍饲条件下围产期肉用母牛能量高效利用饲养关键技术

### （一）技术概述

**1. 技术基本情况** 内蒙古东部农牧交错带是华北地区用以育肥的杂种架子牛主要来源地。目前在这个区域已经形成了一批我国重要活牛专业批发交易市场、牛肉批发市场及肉牛培育集中区。与育肥牛相比，繁育牛投资大、见效慢、利润低。所以目前我国养牛业的现状是可繁育母牛越来越少，牛犊价格越来越高，牛肉缺口越来越大。目前国内饲料原材料价格不断上涨导致养殖效益下滑。

妊娠期最后3个月是胎儿生长发育的关键时期，充足的营养摄入是维持妊娠母牛营养状况和胎儿正常发育的前提；通常情况下产后母牛DMI的下降和能量需求的增加，极易

引起母牛机体能量摄入不足，动员体脂进而引发一系列代谢疾病。因此研究团队根据妊娠母牛的营养需求，在NRC的标准下适度提高日粮能量水平，以促进胎儿的生长发育和母牛的体况，进而改善产后母牛的机体代谢状况和体况，保证其高效生产。

通过结合内蒙古东部地区草地和青粗饲料资源丰富、谷物饲料资源比较昂贵的特点，根据舍饲条件下围产期肉用母牛营养需求的变化，以优质青粗饲料（全株玉米青贮、燕麦干草和苜蓿干草）为主要粗饲料来源，优化肉牛日粮结构和饲养方案，开展了有效的营养调控；通过营养调控技术措施缩短繁殖母牛的繁殖间隔，提高产后母牛的发情率和受胎率及犊牛的成活率，形成了繁殖母牛饲喂技术方案。

**2. 技术示范推广情况** 本研究结合内蒙古自治区锡林郭勒盟地区农牧交错的地理特点，以妊娠后期母牛为研究对象进行推广应用，通过提高母牛日粮能量水平研究发现，在相同的饲喂环境，高能量日粮有利于母牛的增重和体况改善，提高母牛对营养物质代谢能力，改善犊牛初生体况；高能量日粮可以提高母牛妊娠期间免疫与抗氧化能力。目前，本技术已经在内蒙古锡林郭勒盟地区的多个牛场中推广应用。

### （二）技术要点

本技术主要包含2个技术核心：一是对试验地饲料营养成分和肉牛血液营养代谢指标的检测；二是对当地妊娠母牛营养性流产及产后能量负平衡等生产现状进行调控。

**1. 试验地饲料营养成分和肉牛血液营养代谢指标的检测** 通过在内蒙古锡林郭勒盟多伦县各肉牛场进行现场调研，并采集饲草料原料和血液样品；随后立即在实验室开展饲料营养成分分析及肉牛血液营养代谢指标检测等工作。

**2. 对当地妊娠母牛营养性流产及产后能量负平衡等生产现状进行调控** 根据实验室对饲料原料和肉牛血液营养代谢指标的分析结果，开展实际调研，针对当地妊娠母牛营养性流产及产后能量负平衡等生产现状，结合肉牛饲养标准进行了日粮配方改良，进一步开展了以下研究：选取60头体况相近［体况评分为（5.7±0.21）分］、预产期相近（产前60 d）的妊娠后期安格斯母牛，随机分为三组。各组母牛的日粮配方均在以全株玉米青贮为主要粗饲料的基础上，根据NRC推荐妊娠8月龄肉牛营养需要，设置不同能量水平的日粮（图1-86）。测定指标包括各组母牛围产前后的采食量、消化率及体况评定；犊牛初生重及各项体尺指标。通过采集各组母牛和犊牛的血液，进一步比较研究妊娠后期日粮能量水平对妊娠母牛产后营养代谢状况及繁殖性能的影响，以及对胎儿免疫功能和抗氧化能力的影响。

图1-86 精准营养调控

A. 非营养调控组 B. 营养调控组

该技术在实际生产的利用中，应配置日粮组成以优质青粗饲料为主，精饲料为辅的日粮。根据妊娠母牛体况评分5分以下，须进行精细化分群管理，将体况差距较大的母牛分群，并及时对体况较瘦弱的母牛进行营养调控。另外，日粮应满足矿物质元素和维生素A、维生素D、维生素E的需要量。妊娠后期胎儿生长迅速，因此母牛需要储存一定营养物质，应通过调整日粮营养水平使母牛日增重达0.3～0.4 kg，体况评分为6～7分。

### （三）技术效果

**1. 已实施的工作** 在内蒙古锡林郭勒盟地区的标准化养殖场，选用相同饲养条件下的年龄、胎次相近，体质健康的安格斯空怀母牛，随机将其分为三组，即高精粗比组（60∶40）、中精粗比组（50∶50）和低精粗比组（40∶60），每组20头。

日粮参考我国《肉牛饲养标准》（NY/T 815—2004）。试验前所有妊娠前期母牛统一编号，分组饲养，试验期间每天6：00和17：00进行饲喂，自由采食、自由饮水，各组间饲养方式及环境一致。

在试验结束前采集一次血液样品，每头牛早晨空腹状态下颈静脉采血10 mL，室温下静置30 min，3 500 r/min离心15 min，取2 mL血清于离心管中，置于－20℃保存，用于检测血液指标。测定体重、体尺指标。核算饲料成分和育肥收入，计算相应的经济效益。

**2. 取得的成效** 通过适度提高围产期母牛的日粮能量水平，母牛体况得到显著改善，有效地缓解了母牛产后能量负平衡状态，使犊牛初生重提高了3.96 kg，各项体尺指标均得到了不同程度的提高，且显著改善了犊牛的免疫功能和抗氧化能力，犊牛成活率达到了97.3%；经计算，养殖收益提高了13%。

### （四）技术适用范围

本技术适用于内蒙古东部农牧交错带，以及集中舍饲区域。

### （五）技术使用注意事项

1. 提高日粮能量水平在合理范围内，避免能量过高造成母牛体况偏胖，瘤胃酸中毒。
2. 育肥前需要对牛进行驱虫、注射疫苗、健胃、建立适宜的瘤胃环境。
3. 根据牛的体重分栏，保证圈舍的环境干燥，养殖密度适宜。

## 五、杂交构树青贮及饲喂关键技术

### （一）技术概述

**1. 技术基本情况** 我国是饲料资源短缺的国家，蛋白质饲料长期依赖进口，成为制约我国饲料工业和养殖业发展的瓶颈。

构树又称楮树，桑科植物，雌雄异株的落叶乔木，有的地方称“皮树”“麻叶树”“醋桃树”。杂交育种培育出的杂交构树，具有适应性强、抗逆性强、根系发达、生物量大、耐刈割的特点。构树叶是优质的饲料资源，研究发现杂交构树叶蛋白质含量高达

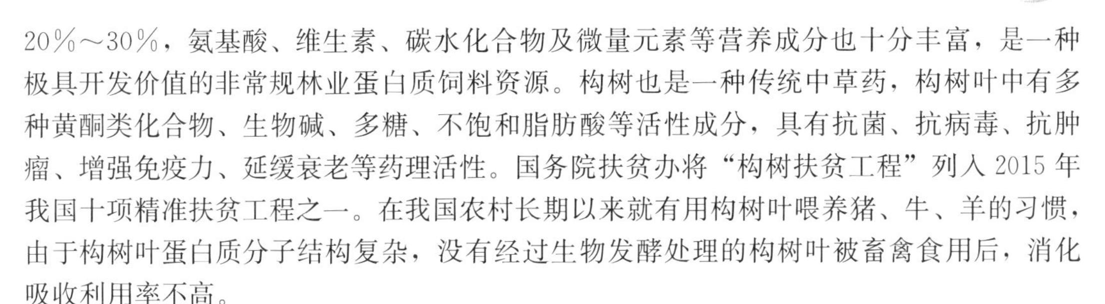

20%～30%，氨基酸、维生素、碳水化合物及微量元素等营养成分也十分丰富，是一种极具开发价值的非常规林业蛋白质饲料资源。构树也是一种传统中草药，构树叶中有多种黄酮类化合物、生物碱、多糖、不饱和脂肪酸等活性成分，具有抗菌、抗病毒、抗肿瘤、增强免疫力、延缓衰老等药理活性。国务院扶贫办将“构树扶贫工程”列入2015年我国十项精准扶贫工程之一。在我国农村长期以来就有用构树叶喂养猪、牛、羊的习惯，由于构树叶蛋白质分子结构复杂，没有经过生物发酵处理的构树叶被畜禽食用后，消化吸收利用率不高。

将杂交构树枝叶进行裹包青贮，经微生物发酵后作为反刍动物饲料，可缓解我国优质蛋白饲草紧缺和人畜争粮的矛盾，为开发新型天然绿色蛋白饲草资源提供技术支撑。

**2. 技术示范推广情况** 中国农业科学院饲料研究所反刍动物饲料创新团队开发的杂交构树青贮及饲喂技术已在河北、内蒙古、山东等地开展了大范围的示范推广，为多家企业提供了的技术支撑。同时针对不同品种、不同生长阶段的家畜设计、改良和推广了多项以构树为粗饲料来源的配方，降低了养殖成本，提高了企业的经济效益。

### （二）技术要点

**1. 杂交构树青贮的制作** 杂交构树长至株高1.2～1.5 m，机械收割，留茬20 cm左右，全株粉碎至1～2 cm，可加入青贮添加剂，制成裹包青贮备用。试验所用杂交构树青贮原料如表1-50所示。

表1-50 杂交构树原料特性

| 指标 | 杂交构树 |
|---|---|
| 干物质（%，FW） | 21.18 |
| 粗蛋白（%，DM） | 18.55 |
| 中性洗涤纤维（%，DM） | 44.41 |
| 酸性洗涤纤维（%，DM） | 22.14 |
| 灰分（%，DM） | 11.67 |
| 粗脂肪（%，DM） | 3.05 |
| 可溶性碳水化合物（%，DM） | 4.18 |
| 缓冲能（mE/kg，DM） | 502.13 |
| 乳酸菌（CFU/g，FW） | 4.51 |
| 酵母、霉菌（CFU/g，FW） | 5.20 |
| 好氧细菌（CFU/g，FW） | 6.81 |

注：FW，鲜重（fresh weight）；DM，干物质（dry matter）。

**2. 配方调制** 对试验羊或肉进行免疫、采用全混合饲粮，实行舍饲饲养。日喂2次，自由饮水。保证圈舍环境的干净、卫生。每天清理食槽，并根据每天食槽剩料情况及时调整饲喂量。日粮组成见表1-51。

表 1-51　日粮组成及营养水平（干物质基础）

| 项目 | 对照组（%，DM） | 试验组（%，DM） |
|---|---|---|
| 玉米 | 33.0 | 21.0 |
| 豆粕 | 7.7 | 4.9 |
| 麦麸 | 7.7 | 4.7 |
| 棉籽粕 | 4.2 | 2.2 |
| 磷酸氢钙 | 0.3 | 0.3 |
| 石粉 | 0.6 | 0.6 |
| 食盐 | 0.4 | 0.4 |
| 预混料 | 0.5 | 0.5 |
| 脂肪粉 | 0.6 | 0.4 |
| 玉米黄贮 | 45.0 | 20.0 |
| 杂交构树青贮 | 0 | 45.0 |
| 总计 | 100 | 100 |

为了减少日粮的改变对动物采食量的影响，杂交构树青贮在日粮中的添加量可以逐步增加，同时减少豆粕和玉米的使用量，杂交构树青贮最大添加量可以达到干物质的45%左右。发现杂交构树裹包青贮有破损和腐坏现象，应将外围腐败的饲料弃去后再进行饲喂。同时应注意将绳子及塑料薄膜摘除干净，避免家畜误食后对瘤胃造成不良影响。

**3. 饲养管理**　试验动物为散栏式饲养，每天 8：00、17：00 各饲喂 1 次试验饲粮，饲喂量是 1.1 倍实际需要量，以保证有剩料，自由采食、饮水，饲喂前清理掉前 1 d 的剩料，保证圈舍的清洁卫生。

## （三）技术效果

### 1. 已实施的工作

（1）杂交构树青贮发酵品质评价　中国农业科学院饲料研究所反刍动物饲料创新团队开展了杂交构树青贮添加剂效果的评价（图 1-87）。杂交构树长至 1.5 m 左右，利用青饲料收获机进行全株收割粉碎，留茬高度为 15～20 cm，粉碎长度 1～2 cm。使用的添加剂主要为，酶菌复合制剂：主要成分为乳酸菌、纤维素酶、木聚糖酶、β-葡聚糖酶，粉末状；防腐剂：主要成分为丙酸钠、亚硝酸钠和六亚甲基四胺，液态。

图 1-87　杂交构树青贮饲料

（2）杂交构树青贮饲料在肉牛日粮中应用　选用 22 月龄左右，体重相近、发育正常的黑安格斯肉牛 64 头，随机分为 A、B、C、D 4 个处理组，其中 A 组是对照组，饲喂牧场原有 TMR 日粮，另外 3 组是试验组；分别添加杂交构树青贮 5%、10%和 15%（干物质基础），并按照等能等氮原则，根据杂交构树青贮添加量的不同，调整其他粗饲料的用量，配制 4 种 TMR 饲粮。试验期 90 d，其中预饲期 7 d，正试期 83 d（图 1－88）。

图 1－88 杂交构树青贮饲喂黑安格斯肉牛

（3）杂交构树青贮饲料在肉羊日粮中应用 选用 3 月龄左右，体重（26±2.5）kg，体况良好的杜泊×小尾寒羊杂交肉羊 96 只，随机分为 A、B、C、D 4 个处理组，每组 24 头，公母各半，其中 A 组是对照组，不添加杂交构树青贮，另外 3 组分别添加杂交构树青贮 15%、30%和 45%（干物质基础）。试验采用全混合饲粮，4 种饲粮按照等能等氮原则配制。正式期每天记录每只试验羊的喂料量和剩料量，并于试验开始和结束时对试验羊进行空腹称重，记录数据。试验结束后，计算每只羊的平均干物质采食量、日增重和料重比。

**2. 取得的成效**

（1）杂交构树具有粗蛋白含量高和缓冲能值高的特点，属较难青贮的植物原料，但构树中含有的天然抑菌防腐成分（黄酮类化合物），使得构树青贮不易产生腐败。在杂交构树青贮中添加酶菌复合制剂及防腐剂，在发酵品质和营养价值方面均有明显的改善；酶菌复合制剂和防腐剂组具有较低的 pH，能更好地保存粗蛋白和干物质，防腐剂组效果最好（表 1－52），但酶菌复合制剂组成本更低。

**表 1－52 不同添加剂对杂交构树青贮发酵品质的影响**

| 项目 | 处理组 | | | | 标准误 | P 值 |
|---|---|---|---|---|---|---|
| | 对照 | 复合酶 | 酶菌 | 防腐剂 | | |
| pH | 5.02[a] | 4.80[b] | 4.76[b] | 4.53[c] | 0.025 | 0.000 1 |
| 乳酸（%，DM） | 8.73[b] | 10.91[a] | 10.99[a] | 10.54[a] | 0.293 | 0.008 |
| 乙酸（%，DM） | 2.09[c] | 2.91[a] | 1.85[d] | 1.89[d] | 0.110 | 0.000 1 |
| 丙酸（%，DM） | 0.11[b] | 0.12[b] | 0.07[c] | 0.24[a] | 0.016 | 0.000 1 |
| 丁酸（%，DM） | 0 | 0 | 0 | 0 | — | — |

（续）

| 项目 | 处理组 | | | | 标准误 | P 值 |
|---|---|---|---|---|---|---|
| | 对照 | 复合酶 | 酶菌 | 防腐剂 | | |
| 乳酸/总酸（%） | 79.75[c] | 78.93[c] | 85.16[a] | 83.17[b] | 0.651 | 0.000 1 |
| 乙酸/总酸（%） | 19.23[ab] | 20.22[a] | 14.33[c] | 14.93[c] | 0.664 | 0.000 1 |
| 丙酸/总酸（%） | 1.02[b] | 0.84[b] | 0.52[c] | 1.89[a] | 0.126 | 0.000 1 |
| 氨态氮/总氮（%） | 10.45[a] | 9.57[b] | 8.31[c] | 5.59[d] | 0.477 | 0.000 1 |

注：同行中肩标有不同小写字母表示差异显著（$P<0.05$），小写字母相同或无字母表示差异不显著（$P>0.05$）。

（2）在杂交构树青贮饲喂肉羊方面，构树青贮后气味清新，试验羊会优先采食，可见杂交构树青贮对肉羊具有很好的适口性。试验组肉羊日粮中构树青贮的添加量为45%，相比对照组，试验组采食量提高了26%，日增重提高37%，料重比降低8.7%，经济效益提高。同时试验组的IgA、IgG和IgM含量显著高于对照组，说明杂交构树青贮的添加对肉羊机体的免疫能力有促进作用。饲粮中添加杂交构树青贮显著提高了肉羊背最长肌中n-3 PUFA含量，改善了羊肉脂肪酸的构成（表1-53）。

**表1-53　杂交构树对肉羊生长性能的影响**

| 项目 | 处理 | | 标准误 | P 值 |
|---|---|---|---|---|
| | 对照组 | 试验组 | | |
| 初重（kg） | 326.25 | 26.22 | 0.081 | 0.933 3 |
| 末重（kg） | 36.01[b] | 39.41[a] | 0.518 | 0.043 0 |
| 干物质采食量（g/d） | 891.25[b] | 1 125.01[a] | 21.823 | <0.000 1 |
| 平均日增重（g） | 140.15[b] | 192.15[a] | 7.557 | 0.038 4 |
| 料重比 | 6.36[a] | 5.85[b] | 0.121 | 0.007 6 |

注：同行中肩标有不同小写字母表示差异显著（$P<0.05$），小写字母相同或无字母表示差异不显著（$P>0.05$）。

肉羊养殖企业用杂交构树青贮替代了部分玉米和豆粕，肉羊的干物质采食量提高了26%以上，平均日增重提高了37%以上，养殖成本由原料来的近4元/（只·d），减少到3.5元/（只·d），大幅度降低了养殖成本。

（3）在杂交构树青贮饲喂肉牛方面，在黑安格斯肉牛日粮中适当添加杂交构树青贮，可显著提高日增重，降低料重比。日粮中添加杂交构树青贮增强了肉牛机体清除新陈代谢过程中产生的有害物质和自由基的能力，提高了肉牛机体抗氧化能力；饲喂杂交构树青贮降低了牛奶中饱和脂肪酸（C12：0）的含量，提高了对人体有益的C18：2n6c（亚油酸）、C18：3n3、C20：3n6、C22：6n3以及多不饱和脂肪酸（PUFA）的含量（表1-54）。

**表1-54　杂交构树对黑安格斯肉牛生长性能的影响**

| 项目 | 处理 | | | | 标准误 | P 值 |
|---|---|---|---|---|---|---|
| | 对照组 | 5%组 | 10%组 | 15%组 | | |
| 初重（kg） | 494.25 | 494.31 | 495.38 | 494.17 | 10.70 | 1.500 0 |
| 末重（kg） | 574.58[b] | 596.31[ab] | 608.31[ab] | 615.75[a] | 6.74 | 0.045 8 |

（续）

| 项目 | 处理 | | | | 标准误 | P 值 |
|---|---|---|---|---|---|---|
| | 对照组 | 5%组 | 10%组 | 15%组 | | |
| 日增重（kg） | 0.80[b] | 1.10[a] | 1.13[a] | 1.22[a] | 0.017 | 0.002 4 |
| 干物质采食量（kg/d） | 6.91[c] | 8.79[b] | 9.26[a] | 8.55[b] | 0.110 | <0.000 1 |
| 料重比 | 8.64[a] | 7.99[b] | 8.20[b] | 7.01[c] | 0.092 | <0.000 1 |

注：同行中肩标有不同小写字母表示差异显著（$P<0.05$），小写字母相同或无字母表示差异不显著（$P>0.05$）。

养殖企业在肉牛日粮中添加15%杂交构树青贮，不但减少了豆粕用量，日粮成本相比于对照组来讲，降低了5%左右，但是15%构树处理组的肉牛平均日增重比对照组提高了40%以上，干物质采食量提高34%，经济效益显著。

### （四）技术适用范围

（1）杂交构树青贮及饲喂技术适用于肉牛、肉羊及奶牛等反刍动物，宜采用全混合日粮饲喂。

（2）在奶牛日粮中添加量不宜过多，不超过15%。

（3）构树饲料的生产地离养殖地的距离不宜过远，就地利用，降低运输成本。

### （五）技术使用注意事项

（1）杂交构树青贮的包装如果破损，发现有霉变区域，要及时清理霉变，防止饲喂动物霉变的饲料。

（2）杂交构树青贮开袋后要及时使用，长期暴露在空气中有变质的风险。

## 六、酿酒葡萄皮渣在肉牛生产中的应用关键技术

### （一）技术概述

**1. 技术基本情况** 随着近年来饲料价格高居不下，面对常规饲料资源紧张的压力，开发非常规饲料势在必行。酿酒葡萄皮渣是葡萄酒的副产物，主要由葡萄皮、葡萄梗和葡萄籽组成，占加工成葡萄酒的葡萄重量的20%～30%。2020年我国酿造了41.3万L葡萄酒，产生的酿酒葡萄皮渣为10.3万～17.7万t。由于生产工艺的大幅提高，单位酿酒葡萄皮渣的产量也许会稍有降低，但是酿酒葡萄皮渣总产量将不断增大。目前，酿酒葡萄皮渣有小部分用于回收，绝大部分扔掉，造成了资源浪费。我国大力推广葡萄酒产业，酿酒葡萄皮渣的合理运用成为我们亟待解决的问题。酿酒葡萄皮渣含有丰富的营养物质（表1-55），可作为反刍动物饲料使用。其中酿酒葡萄皮渣中含有较多酚类化合物，主要包括原花青素、花色苷、黄烷醇、黄酮醇、白藜芦醇和酚酸等，具有抗氧化及抗突变作用，如清除自由基，作为铁离子和铜离子的螯合剂，也可作为生产自由基的酶的抑制剂。

表 1-55 葡萄皮渣的营养成分

| 项目 | 水分（%） | 干物质基础（%） | | | | | | | |
| --- | --- | --- | --- | --- | --- | --- | --- | --- | --- |
| | | 粗蛋白 | 粗脂肪 | 粗纤维 | 无氮浸出物 | 中性洗涤纤维 | 酸性洗涤纤维 | 钙 | 磷 |
| 葡萄皮渣 | 52.7 | 11.54 | 10.55 | 22.40 | 38.27 | 43.28 | 40.06 | 0.55 | 0.21 |

但酿酒葡萄皮渣中由于酚类化合物和纤维特别是木质素的含量高，其营养价值低。对单宁的固有印象是影响适口性及畜禽对饲料营养物质的消化吸收，是一种抗营养因子，但对于反刍动物而言，单宁能够与蛋白质形成复合物，从而减少在瘤胃中的降解，这对于优质蛋白质可以起到保护的作用，从而促进饲料蛋白的吸收。酿酒葡萄皮渣中难消化的葡萄籽，主要成分是纤维素和果胶，其纤维量随葡萄种类的不同而不同，葡萄籽中的纤维含量可高达 40%。但由于反刍动物发达且专门的消化机制，可以更好地利用富含多酚的纤维食物。因此，探究酿酒葡萄皮渣在肉牛生产中的应用情况，既可更好地在反刍动物中使用，因地制宜的节约常规饲料资源，又可增加经济效益、减轻环保压力。

**2. 技术示范推广情况** 该技术已在宁夏地区小范围示范展示。

## （二）技术要点

**1. 酿酒葡萄皮渣的储存** 新鲜的酿酒葡萄皮渣水分含量高，可以采用厌氧发酵的方式进行长期储存（图 1-89）。将新鲜的酿酒葡萄皮渣装至窖内并压实，尽可能排出空气，用 2～3 层塑料薄膜将酿酒葡萄皮渣完全盖严，以防渗水；也可以将酿酒葡萄皮渣进行烘干或自然光晾干至水分在 14%以下，以避免在储存过程中变质。为了提高酿酒葡萄皮渣中葡萄籽的消化率，可以将烘干或晾干的酿酒葡萄皮渣进行粉碎（过 10 目筛），得到干粉碎酿酒葡萄皮渣。将干粉碎酿酒葡萄皮渣储存在阴凉干燥处，远离火源、鼠害的地方。

图 1-89 新鲜酿酒葡萄皮渣

**2. 配方调制**　为了验证酿酒葡萄皮渣对育肥期肉牛生产性能和经济效益的影响，项目组于宁夏犇旺生态农业有限公司开展了肉牛饲养试验。试验选取了体重和月龄相近的33头健康西门塔尔杂交牛作为试验动物，随机分到3个处理组：玉米青贮组、玉米青贮+12%鲜酿酒葡萄皮渣、玉米青贮+12%干粉碎酿酒葡萄皮渣（试验日粮配方及营养成本见表1-56）。采用全混合日粮饲喂，保证良好的饲养管理，自由饮水，定期清理水槽，对牛圈做到进行定期消毒，并对牛进行驱虫保健。饲喂90 d后称重，采集饲料样品、粪样、血样以及瘤胃液样品，用于测定日增重、营养物质表观消化率、血清生化指标、瘤胃发酵参数并计算经济效益。

表1-56　日粮配方及营养成分

| 项目 | 对照组 | 鲜葡萄皮渣组 | 干粉碎葡萄皮渣组 |
| --- | --- | --- | --- |
| 原料组成（%，干物质基础） | | | |
| 玉米 | 16.35 | 16.20 | 16.20 |
| 豆粕 | 5.84 | 5.78 | 5.78 |
| 棉粕 | 3.12 | 3.08 | 3.08 |
| 5%预混料 | 3.12 | 3.08 | 3.08 |
| 麸皮 | 3.89 | 3.86 | 3.86 |
| 小苏打 | 0.70 | 0.70 | 0.70 |
| 食盐 | 0.31 | 0.31 | 0.31 |
| DDGS | 3.12 | 3.08 | 3.08 |
| 胡麻饼 | 2.14 | 2.12 | 2.12 |
| 酵母培养物 | 4.87 | 4.82 | 4.82 |
| 脱霉剂 | 0.04 | 0.04 | 0.04 |
| 氧化镁 | 0.31 | 0.31 | 0.31 |
| 麦草 | 3.89 | | |
| 玉米青贮 | 32.83 | 19.50 | 19.50 |
| 稻草 | 13.63 | 10.60 | 10.60 |
| 压片玉米 | 5.84 | 14.46 | 14.46 |
| 鲜葡萄皮渣 | | 12.05 | |
| 干粉碎葡萄皮渣 | | | 12.05 |
| 化学成分（%，干物质基础） | | | |
| 粗蛋白 | 8.75 | 10.67 | 9.12 |
| 粗脂肪 | 6.37 | 5.54 | 7.61 |
| 中性洗涤纤维 | 28.22 | 30.41 | 30.12 |
| 酸性洗涤纤维 | 16.29 | 17.87 | 17.70 |
| 钙 | 0.84 | 0.91 | 0.91 |
| 磷 | 0.40 | 0.40 | 0.40 |

每千克5%预混料组成成分：维生素A 120 000～200 000 IU，维生素E≥550 IU，D-生物素≥0.3 mg，铜0.16～0.5 g，锰0.6～2.4 g，硒1.6～10 mg，钙10.0%～20.0%，维生素$D_3$ 15 000～60 000 IU，烟酰胺≥350 mg，铁0.8～8.4 g，锌1.5～3.0 g，碘4～20 mg，氯化钠10.0%～20.0%，总磷≥2.0%。

### （三）技术效果

#### 1. 已实施的工作

（1）酿酒葡萄皮渣的储存　通过厌氧发酵和自然晾晒两种方式实现了酿酒葡萄皮渣的长期储存。项目组对两种储藏方式的酿酒葡萄皮质进行了取样和分析，测定其常规营养成分。

（2）酿酒葡萄皮渣饲喂肉牛试验和示范　项目组在示范基地开展肉牛饲喂试验（图1-90），研究了酿酒葡萄皮渣对肉牛生长性能、瘤胃发酵参数和血液生化指标的影响，为酿酒葡萄皮渣资源的合理利用提供了理论依据。

图1-90　酒葡萄皮渣饲喂肉牛试验

#### 2. 取得的成效

（1）酿酒葡萄皮渣具有果香、适口性好的特点，适当添加可提高采食量。酿酒葡萄皮渣饲喂肉牛试验研究表明，日增重无显著差异，说明酿酒葡萄皮渣替代部分青贮玉米对肉牛生长性能无负面影响；血清生化指标来看，酿酒葡萄皮渣不会加剧对肝脏、心脏等组织器官的负担，其中脂质代谢标志物显著提高，说明酿酒葡萄皮渣对机体内有害毒素的消除起着积极的作用，有利于肉牛的健康（表1-57）。酿酒葡萄皮渣可以改变瘤胃微生物中挥发性脂肪酸的含量，部分原因可能是酿酒葡萄皮渣中的单宁可以改变产生挥发性脂肪酸的微生物区系。

表1-57　酿酒葡萄皮渣对肉牛生长性能的影响

| 项目 | 对照组 | 鲜葡萄皮渣组 | 干粉碎葡萄皮渣组 | 标准误 | $P$值 |
|---|---|---|---|---|---|
| 初重（kg） | 369.30 | 373.90 | 371.90 | 1.90 | 0.960 |
| 末重（kg） | 469.50 | 472.40 | 474.60 | 1.37 | 0.984 |
| 平均日增重（kg） | 1.10 | 1.08 | 1.13 | 0.02 | 0.906 |
| 干物质采食量（kg/d） | 8.83 | 8.85 | 8.85 | | |
| 料重比 | 8.03 | 8.19 | 7.83 | 0.20 | 0.916 |

（2）宁夏地区新鲜酿酒葡萄皮渣的价格为500元/t（50%干物质），试验场内青贮的价格为660元/t（30%干物质），如果按干物质基础计算：酿酒葡萄皮渣和玉米青贮的价格分别为1 000元/t和2 200元/t。因此，酿酒葡萄皮渣的价格远低于玉米青贮，在肉牛配方中使用酿酒葡萄皮渣替代部分玉米青贮，可以节约饲养成本，提高经济效益。

（3）葡萄酒在酿造过程中产生的大量皮渣废弃物，很多直接回填土地或堆积在酒庄周围，造成环境污染和资源的极大浪费。通过本技术的实施，可以将酿酒葡萄皮渣作为肉牛的优质饲料资源，从而减少环境污染和资源浪费。

### （四）技术适用范围

我国大力发展葡萄酒产业的地区及其周围地区均可以使用，如宁夏、新疆、甘肃、山东等地。

### （五）技术使用注意事项

（1）添加水平（干物质基础）不应超过日粮的15%。酿酒葡萄皮渣中含有单宁，添加过多会降低采食量。

（2）合理存放酿酒葡萄皮渣，以防发霉变质。

（3）科学饲养牛群，保证良好的饲养环境。

## 七、中部地区组合型优质青粗饲料高端牛肉生产关键技术

### （一）技术概述

**1. 技术基本情况**　该技术的关键环节是以中部地区优质青粗饲料最佳组合来实现高端肉牛养殖效益提升和肉品质改善的目标，重点开发利用中部地区特色的优质青粗饲料与农副产品组合，在降低饲养成本、提升经济效益方面效果显著。将中部农区资源丰富的苜蓿干草、花生秧和青贮玉米进行科学配比与组合，可显著改善肉牛的育肥效果，改善畜体健康状态，提升肉品质，实现肉牛养殖的经济效益最大化。

**2. 技术示范推广情况**　核心技术“中部地区组合型优质青粗饲料高端牛肉生产技术”在河南恒都食品有限公司、河南恒都夏南牛开发有限公司养殖基地等进行示范、推广，采用该技术每头牛的增重达到112.8 kg，在不计算人工等成本情况下，按照活牛价格30 kg、饲料单价1.2元/kg计算，每头牛毛利润达到1 513元，显著提高经济效益。目前该技术

正在大中型肉牛养殖企业和小型养殖户推广应用，效果显著。

### （二）技术要点

**1. 养殖场前期准备** 育肥牛养殖场应选择水源充足、饲草资源丰富和地势较高的向阳坡地。为了方便牛及饲料运输，所选养殖场周围应交通便利，可降低运输成本。牛舍围栏、四壁和地面等处均应加强清扫，用1%～2%火碱或双季铵盐类进行消毒。做好养牛所需物品储备和设施检查，及时进行牛舍的检修。架子牛进入育肥场后的1个月内，入栏前根据免疫程序对牛群做好免疫注射、驱虫、健胃等工作。

**2. 科学管理** 育肥季节一般选择气候适宜的春、秋季，但是部分养殖场的防寒、避暑设施比较完善，四季育肥均可。育肥期的长短可根据牛的性别、年龄、入栏体重和品种确定。肉牛自由采食和饮水，每天饲喂两次（8：00和16：00）。定期对牛舍、牛栏、食槽以及水池进行消毒；在育肥过程中粪便及时处理。加强育肥牛疾病的预防控制是提高经济效益的关键。故而在育肥牛养殖时，需要加强疾病防控措施，提前做好疫苗接种工作。一旦发现疫病应立即做好隔离措施，积极给予治疗。

**3. 合理分群** 根据育肥牛的月龄、体重、体况、育肥目标、生长（产）阶段等合理分群。

**4. 组合型优质青粗饲料配制** 为了保证肉牛瘤胃健康、消化能力良好，要保证日粮中粗饲料占足够的比例。充分发挥中部地区具有丰富优质青粗饲料的优势，开发利用苜蓿干草或花生秧与全株玉米青贮配制的组合型优质青绿饲料（推荐饲料配方见表1-58）。例如，27.55%的全株玉米青贮与24.15%的苜蓿干草或花生秧制成组合型优质青粗饲料，在保证肉牛健康的前提下，提高牛肉品质，实现经济效益的最大化。

表1-58 西门塔尔杂交牛生产高端牛肉日粮组成

| 日粮配方 | 组成比例 |
|---|---|
| 全株玉米青贮 | 27.55% |
| 苜蓿干草<br>（或花生秧） | 24.15% |
| 玉米 | 38.64% |
| 浓缩料 | 9.66% |
| 营养水平 | |
| 综合净能 | 6.76MJ/kg |
| 粗蛋白 | 11.98% |
| 中性洗涤纤维 | 30.40% |
| 酸性洗涤纤维 | 18.61% |
| 钙 | 1.05% |
| 磷 | 0.59% |

**5. 精准饲养** 个体增重低于目标日增重（育肥前期牛的体重一般在500 kg以下，目标日增重1.2～1.6 kg；育肥后期体重一般在500～650 kg，目标日增重1.0～1.3 kg）时

要调整牛群：将增重低的个体调出牛群；对患病的牛要及时隔离饲养，对症治疗，适当补饲。配合料的饲喂量随育肥牛月龄逐渐增加，一般为体重的1%～1.5%。日常管理中要注意观察牛粪的形状，当发现牛粪成软便时要停止加料。

**6. 适宜时间出栏** 育肥期6个月以上达到满膘，具体外观标准为：尾根下平坦无沟、背平宽，尾根两侧及下肷部有明显而突出的脂肪沉积，手触摸臀部、上腹部、背腰部、胸垂部、肩部有较厚的脂肪层；体重600 kg以上，体重指数（体重/体高×100）达到450%。

### （三）技术效果

**1. 已实施的工作**

**（1）中部地区优质青粗饲料营养成分评定** 将三种不同粗饲料苜蓿干草、花生秧和麦秸主要营养成分进行比较评定，比较不同粗饲料间的主要差异，充分评估不同来源的纤维对高端牛肉生产产生的影响，为中部地区组合型优质青粗饲料高端牛肉生产技术提供数据支持（表1-59）。

表1-59 三种不同粗饲料营养成分比较

| 项目 | 麦秸 | 花生秧 | 苜蓿干草 |
|---|---|---|---|
| 干物质（%） | 89.60 | 91.30 | 92.40 |
| 综合净能（MJ/kg） | 2.18 | 3.32 | 3.48 |
| 粗蛋白（%） | 5.60 | 12.20 | 16.80 |
| 粗脂肪（%） | 1.60 | 2.60 | 1.30 |
| 中性洗涤纤维（%） | 80.00 | 49.17 | 39.69 |
| 酸性洗涤纤维（%） | 62.00 | 40.80 | 31.99 |
| 钙（%） | 0.05 | 1.25 | 1.95 |
| 磷（%） | 0.06 | 0.34 | 0.28 |

**（2）中部地区组合型优质青粗饲料日粮配方配制技术示范** 使用青贮玉米（27.55%）和玉米（38.64%）作为混合精料，并和9.66%的浓缩料分别与麦秸（24.15%）、花生秧（24.15%）、苜蓿干草（24.15%）配制肉牛饲喂TMR日粮。肉牛营养水平参考中华人民共和国农业行业标准——肉牛饲养标准（NY/T 815—2004）。各组饲粮组成及营养水平见表1-60，各组饲料原料均按照配方准确称取。

表1-60 高端牛肉饲喂饲料配比与营养水平

| 项目 | 麦秸组 | 花生秧组 | 苜蓿干草组 |
|---|---|---|---|
| 日粮组成 | | | |
| 麦秸（%） | 24.15 | 0.00 | 0.00 |
| 花生秧（%） | 0.00 | 24.15 | 0.00 |
| 苜蓿青干草（%） | 0.00 | 0.00 | 24.15 |
| 青贮玉米（%） | 27.55 | 27.55 | 27.55 |
| 玉米（%） | 38.64 | 38.64 | 38.64 |

（续）

| 项目 | 麦秸组 | 花生秧组 | 苜蓿干草组 |
|---|---|---|---|
| 浓缩料（%） | 9.66 | 9.66 | 9.66 |
| 营养水平 | | | |
| 综合净能（MJ/kg） | 6.48 | 6.73 | 6.76 |
| 粗蛋白（%） | 9.12 | 10.24 | 11.98 |
| 中性洗涤纤维（%） | 40.46 | 32.86 | 30.40 |
| 酸性洗涤纤维（%） | 26.13 | 20.88 | 18.61 |
| 钙（%） | 1.06 | 1.09 | 1.05 |
| 磷（%） | 0.58 | 0.57 | 0.59 |

（3）中部地区组合型优质青粗饲料肉牛饲喂示范　选取75头身体健康状况良好、食欲正常、12～14月龄、体重在395～405 kg的西门塔尔杂交牛，按体重相近的原则，随机分为3组（麦秸组、花生秧组和苜蓿干草组），每组5个重复，每个重复5头牛。3组TMR中精料、全株青贮玉米、粗饲料添加比例相同（图1-91）。预试期为7 d，正试期为90 d。在试验前和试验后对肉牛进行称重，并计算肉牛试验前后平均日增重（ADG），在不计算人工费等情况下，根据饲料的价格和采食量计算每头牛的饲料成本。

图1-91　肉牛饲喂示范

此外，在试验结束时对所有牛进行肌肉、瘤胃液和血液的采集，测定肌肉品质指标、瘤胃发酵类型以及牛血清的生理生化指标，以评估肉牛的生长性能。

**2. 取得的成效**

（1）组合型优质青粗饲料促进肉牛的生产性能　与麦秸相比，组合型优质青粗饲料在肉牛末重和平均料重比（F/G）方面效果最好。苜蓿干草组合型优质青粗饲料在降低平均日采食量（ADFI）的同时明显提高肉牛的平均料重比（F/G）。因此，苜蓿干草组合型优质青粗饲料在促进肉牛的生产性能方面效果最明显（表1-61）。

表 1-61 组合型青粗饲料对西门塔尔杂交牛生产性能的影响

| 项目 | 麦秸组 | 花生秧组 | 苜蓿干草组 |
|---|---|---|---|
| 初重（kg） | 404.40±18.73 | 400.80±4.15 | 399.60±19.46 |
| 末重（kg） | 480.24±16.12[b] | 495.12±12.42[ab] | 512.40±24.01[a] |
| 平均采食量（kg/d） | 9.58±0.12[b] | 10.17±0.09[a] | 9.72±0.3[b] |
| 平均日增重（kg） | 0.84±0.06[c] | 1.05±0.17[b] | 1.25±0.12[a] |
| 平均料重比 | 11.41±0.88[a] | 9.92±1.68[a] | 7.80±0.74[b] |

注：同行中肩标有不同小写字母表示差异显著（$P<0.05$），小写字母相同或无字母表示差异不显著（$P>0.05$）。

（2）组合型优质青粗饲料改善肉牛的血清生化指标 组合型优质青粗饲料明显降低肉牛血清谷丙转氨酶（ALT）活性和尿素氮（UREA），并有升高血清总蛋白（TP）的趋势，明显提高高密度脂蛋白胆固醇（HDLD）含量，同时明显降低肉牛血清低密度脂蛋白胆固醇（LDLD）含量。苜蓿干草组合型优质青粗饲料在促进肉牛肝脏功能方面效果更好（表 1-62）。

表 1-62 不同粗饲料对西门塔尔杂交牛血清生化的影响

| 项目 | 麦秸组 | 花生秧组 | 苜蓿干草组 |
|---|---|---|---|
| 谷丙转氨酶（U/L） | 36.68±1.02[a] | 35.06±0.96[b] | 33.40±1.33[c] |
| 谷草转氨酶（U/L） | 75.56±2.91 | 74.86±2.26 | 73.12±1.67 |
| 转氨酶比 | 2.06±0.13 | 2.14±0.11 | 2.19±0.08 |
| 总蛋白（g/L） | 31±8.62 | 33.37±10.04 | 38.38±7.67 |
| 甘油三酯（mmol/L） | 0.18±0.059 | 0.16±0.021 | 0.14±0.036 |
| 总胆固醇（mmol/L） | 2.81±0.12 | 2.81±0.07 | 2.73±0.05 |
| 高密度脂蛋白胆固醇（mmol/L） | 1.17±0.12[b] | 1.18±0.08[ab] | 1.36±0.05[a] |
| 低密度脂蛋白胆固醇（mmol/L） | 0.54±0.019[a] | 0.46±0.036[b] | 0.36±0.035[c] |
| 尿素氮（mmol/L） | 2.69±1.33[a] | 1.87±0.83[ab] | 1.28±0.44[b] |

注：同行中肩标有不同小写字母表示差异显著（$P<0.05$），小写字母相同或无字母表示差异不显著（$P>0.05$）。

（3）组合型优质青粗饲料明显提高肉牛的抗氧化能力 与麦秸相比，组合型优质青粗饲料明显提高肉牛血清和肝脏总抗氧化能力（T-AOC）。另外，苜蓿干草组合型优质青粗饲料在降低血清丙二醛（MDA）和提高肝脏超氧化物歧化酶（SOD）活性方面效果更好（表 1-63），明显提高肉牛的抗氧化能力。

表 1-63 不同粗饲料对西门塔尔杂交牛血清及组织抗氧化的影响

| 项目 | | 麦秸组 | 花生秧组 | 苜蓿干草组 |
|---|---|---|---|---|
| 血清 | 总抗氧化能力（U/mL） | 4.32±1.19[b] | 6.91±4.42[ab] | 9.87±0.39[a] |
| | 谷胱甘肽过氧化物酶（U/mL） | 114.96±2.23 | 114.11±8.94 | 115.25±7.66 |
| | 超氧化物歧化酶（U/mg） | 251.80±117.49 | 249.84±107.77 | 269.51±87.94 |
| | 丙二醛（nmol/mg） | 4.97±0.51[ab] | 5.77±1.49[a] | 3.97±0.23[b] |

（续）

| 项目 | | 麦秸组 | 花生秧组 | 苜蓿干草组 |
|---|---|---|---|---|
| 肝脏 | 总抗氧化能力（U/mL） | 0.78±0.24[b] | 1.04±0.14[ab] | 1.24±0.27[a] |
| | 谷胱甘肽过氧化物酶（U/mg） | 107.46±5.9 | 100.70±6.7 | 110.30±9.97 |
| | 超氧化物歧化酶（U/mg） | 56.13±3.96[b] | 63.56±6.89[b] | 77.43±17.27[a] |
| | 丙二醛（nmol/mg） | 4.91±1.27 | 5.39±0.87 | 3.74±0.36 |
| 脾脏 | 总抗氧化能力（U/mL） | 1.05±0.28 | 1.12±0.21 | 1.37±0.27 |
| | 谷胱甘肽过氧化物酶（U/mg） | 38.16±8.2[b] | 43.90±25.93[ab] | 63.66±5.08[a] |
| | 超氧化物歧化酶（U/mg） | 82.03±11.54[a] | 59.07±0.31[b] | 84.94±5.34[a] |
| | 丙二醛（nmol/mg） | 4.90±0.6 | 4.63±0.87 | 4.39±0.90 |

注：同行中肩标有不同小写字母表示差异显著（$P<0.05$），小写字母相同或无字母表示差异不显著（$P>0.05$）。

（4）组合型优质青粗饲料明显提高肉牛的经济效益　组合型优质青粗饲料明显促进肉牛的平均增重，其中苜蓿干草组合型优质青粗饲料效果最明显。不同组合型青粗饲料增重成本呈依次降低的趋势，在不考虑肉质、人工成本等因素下，育肥牛出栏价格按30元/kg计，苜蓿干草组合型优质青粗饲料可获得最大的毛利润，比麦秸组合型青粗饲料提高80.35%，花生秧组合型优质青粗饲料毛利润比麦秸提高52.22%（表1-64）。因此，利用苜蓿或花生秧组合型优质青粗饲料代替肉牛饲粮中的麦秸可以明显提高经济效益，值得推广利用。

表1-64　不同粗饲料对西门塔尔杂交牛经济效益的影响

| 项目 | 麦秸组 | 花生秧组 | 苜蓿干草组 |
|---|---|---|---|
| 平均每头增重（kg） | 75.84±5.73[c] | 94.32±15.65[b] | 112.8±4.87[a] |
| 活牛价格（元/kg） | 30 | 30 | 30 |
| 饲料单价（元/kg） | 0.93 | 0.95 | 1.2 |
| 总采食量（kg） | 861.93±11.35[b] | 915.53±8.48[a] | 874.86±27.88[b] |
| 饲料增重成本（元/kg） | 10.64±0.83 | 9.41±1.60 | 9.34±0.90 |
| 毛利润（元） | 838.9±169.6[b] | 1 277.0±459.2[ab] | 1 513.0±322.8[a] |

注：同行中肩标有不同小写字母表示差异显著（$P<0.05$），小写字母相同或无字母表示差异不显著（$P>0.05$）。

（5）组合型优质青粗饲料改善肉牛瘤胃发酵参数　组合型青粗饲料饲喂的肉牛瘤胃液pH均在正常范围。苜蓿干草组合型优质青粗饲料明显提高瘤胃菌体蛋白（MP），为肉牛的肌肉沉积提供大量优质蛋白源，保证牛肉的品质。组合型优质青粗饲料提高瘤胃挥发性脂肪酸（VFA）丙酸的含量，并降低乙酸产量和乙酸/丙酸，改善瘤胃发酵参数，促进瘤胃发酵，充分利用组合型优质青粗饲料（表1-65）。

表1-65　不同粗饲料对西门塔尔杂交牛瘤胃发酵参数的影响

| 项目 | 麦秸组 | 花生秧组 | 苜蓿干草组 |
|---|---|---|---|
| pH | 6.74±0.32 | 6.45±0.23 | 6.63±0.16 |
| 氨态氮（mg/dL） | 4.59±0.31[c] | 6.29±0.62[b] | 8.01±0.46[a] |
| 菌体蛋白（μg/mL） | 102.10±8.59[b] | 118.64±23.64[b] | 261.96±42.43[a] |

（续）

| 项目 | | 麦秸组 | 花生秧组 | 苜蓿干草组 |
|---|---|---|---|---|
| 挥发性脂肪酸（mg/mL） | 乙酸 | 68.35±5.06[a] | 67.65±4.88[ab] | 59.19±2.14[b] |
| | 丙酸 | 10.35±0.86[b] | 16.39±1.76[a] | 16.09±1.01[a] |
| | 丁酸 | 9.93±1.18 | 10.87±1.19 | 11.18±1.59 |
| 乙酸/丙酸 | | 6.61±0.44[a] | 4.14±0.22[b] | 3.69±0.31[b] |

注：同行中肩标有不同小写字母表示差异显著（$P<0.05$），小写字母相同或无字母表示差异不显著（$P>0.05$）。

（6）组合型优质青粗饲料提高肉牛屠宰性状　组合型优质青粗饲料提高肉牛屠宰净肉重，其中肉骨比净肉率等方面苜蓿干草组合型优质青粗饲料的效果最好（表1-66）。

表1-66　不同粗饲料对西门塔尔杂交牛屠宰性状的影响

| 项目 | 麦秸组 | 花生秧组 | 苜蓿干草组 |
|---|---|---|---|
| 屠宰率（%） | 53.35±2.75 | 52.69±3.98 | 54.12±2.69 |
| 胴体重（kg） | 256.1±12.26 | 261.1±24.48 | 276.9±8.91 |
| 净肉重（kg） | 215.17±11.04[b] | 217.49±10.72[ab] | 233.73±1.56[a] |
| 净肉率（%） | 44.83±2.33 | 44.13±3.54 | 45.68±2.30 |
| 胴体产肉率（%） | 84.00±0.49 | 83.73±0.86 | 84.40±0.43 |
| 肉骨比 | 5.25±0.20[ab] | 5.16±0.10[b] | 5.42±0.18[a] |
| 眼肌面积（$cm^2$） | 76.50±6.4 | 74.75±8.2 | 79.40±6.9 |

注：同行中肩标有不同小写字母表示差异显著（$P<0.05$），小写字母相同或无字母表示差异不显著（$P>0.05$）。

（7）组合型优质青粗饲料改善肉牛肌肉物理特性　如表1-67所示，苜蓿干草组合型优质青粗饲料肌肉大理石纹评分已达到了3.0，效果最明显；组合型优质青粗饲料剪切力显著降低；苜蓿干草组合型优质青粗饲料肌肉pH最低。

表1-67　不同粗饲料对西门塔尔杂交牛肌肉物理特性的影响

| 项目 | 麦秸组 | 花生秧组 | 苜蓿干草组 |
|---|---|---|---|
| 大理石花纹评分 | 2.13±0.77[b] | 2.20±0.17[b] | 3.00±0.50[a] |
| 熟肉率（%） | 63.92±5.6 | 69.98±2.4 | 67.03±2.7 |
| 剪切力（N） | 71.31±1.51[a] | 64.95±6.86[b] | 63.27±0.89[b] |
| 系水力（%） | 85.02±2[b] | 89.84±1.1[a] | 83.29±0.5[b] |
| $pH_{48}$ | 6.118±0.20[ab] | 6.338±0.32[a] | 5.906±0.29[b] |

注：同行中肩标有不同小写字母表示差异显著（$P<0.05$），小写字母相同或无字母表示差异不显著（$P>0.05$）。

（8）组合型优质青粗饲料改善肉牛肌肉常规营养成分　花生秧及苜蓿干草优质青粗饲料明显提高肌肉干物质、粗脂肪含量，改善肌肉的营养组成，组合型青绿饲料对粗灰分没有影响（表1-68）。

表1-68　不同粗饲料对西门塔尔杂交牛肌肉营养物质的影响

| 项目 | 麦秸组 | 花生秧组 | 苜蓿干草组 |
|---|---|---|---|
| 干物质（%） | 23.87±0.84[b] | 25.46±1.28[ab] | 26.00±1.67[a] |
| 粗蛋白（%） | 19.77±0.83[b] | 21.45±0.78[a] | 20.40±0.87[ab] |

（续）

| 项目 | 麦秸组 | 花生秧组 | 苜蓿干草组 |
| --- | --- | --- | --- |
| 粗脂肪（%） | $3.51\pm0.87^{c}$ | $4.37\pm0.78^{ab}$ | $4.92\pm0.64^{a}$ |
| 粗灰分（%） | $1.09\pm0.11$ | $1.13\pm0.23$ | $1.10\pm0.26$ |

注：同行中肩标有不同小写字母表示差异显著（$P<0.05$），小写字母相同或无字母表示差异不显著（$P>0.05$）。

本研究中肉牛的瘤胃发酵指标和血液生理生化指标均处于正常范围，说明饲喂中部地区组合型优质青粗饲料并不会对肉牛的健康状况造成不良影响，进一步证明了饲喂模式的可行性。综合以上结果，利用苜蓿或花生秧组合型优质青粗饲料代替肉牛饲粮中的麦秸可以明显提高肉牛养殖的经济效益和牛肉的品质。因此，苜蓿或花生秧组合型优质青粗饲料具有在适宜地区大面积推广的理论基础和巨大潜力。

从整体来看，本试验研究发现中部地区组合型优质青粗饲料显著提高肉牛平均日增重、降低料肉比、改善肉品质和提高肉牛毛利润等，在高端牛肉生产技术集成与示范中起到积极作用。进一步拓宽中部地区组合型优质青粗饲料资源开发与利用，尤其是花生秧和苜蓿，保证饲草资源的有效利用和养殖效益的进一步提升，促进种植业与养殖业互利发展，对产业链的初步形成具有重要意义。

### （四）技术适用范围

苜蓿、花生秧和玉米等优质青粗饲料产地。

### （五）技术使用注意事项

注意选择合适的肉牛品种及合适的年龄和体况，饲喂过程中注意疾病防控。

## 八、中部地区花生秧-全株玉米青贮混合日粮肉牛育肥关键技术

### （一）技术概述

**1. 技术基本情况** 针对我国肉牛产业生产技术亟须提高的发展现状，为有效解决中高档肉牛产业发展过程中的生产技术配套等问题，肉牛育肥相关的精细化饲养配套技术需要进一步推广和应用。该技术的关键环节是以中部地区花生秧和全株玉米青贮混合日粮来实现肉牛养殖效益提升和肉品质改善的目标，重点开发利用中部地区特色的花生秧和全株玉米青贮饲料资源与农副产品的最佳组合，以实现降低饲养成本、提升经济效益、改善产品品质的目标。

**2. 技术示范推广情况** 核心技术“中部地区花生秧-全株玉米青贮混合日粮肉牛育肥技术”在河南恒都食品有限公司、河南恒都夏南牛开发有限公司养殖基地等进行示范、推广，采用该技术可以显著提高肉牛生长性能，每头牛增重达到 120.67 kg，在不计算人工等成本情况下，按照活牛价格 70 元/kg、饲料单价 1.55 元/kg 计算，每头牛毛利润达到 6 974 元，明显提高经济效益。目前该技术正在大中型肉牛养殖企业和小型养殖户推广应用，效果显著。

### （二）技术要点

**1. 育肥牛品种的选择** 建议选择身强体壮、健康无病的纯种西门塔尔牛、利木赞牛或安格斯肉牛，以公牛为优选，不仅生长速度快，而且饲料利用率高、牛肉品质优，育肥经济效益较高。另外，为了在某种程度上符合市场消费者需求，有些养殖者也会选择杂交品种进行育肥。杂交品种牛的环境适应力较强，生长周期短，抗病力强。如杂交黄牛的肉质好、长势快、市场销量好，也属于育肥牛品种的首选。

**2. 科学饲养管理** 根据所选牛种的年龄、性别和育肥方式，采取不同的饲养方式。架子牛育肥尽量采取拴系饲养方式，按肉牛的大小和强弱分栏饲养，以便控制肉牛的采食量，并能减少斗殴、爬跨等现象。规模化育肥尽量采取圈养或散养的方式，按肉牛的性别、体质量和月龄进行分组。小圈饲养，供足全价日粮，保证一定的运动时间，以利于发挥每头牛的增重潜力。牛舍环境质量的优劣直接影响肉牛的生长速度，为给肉牛营造良好的生活环境，应及早对牛舍进行检修，调试好设备、器械等，并经常清洁牛舍和运动场，定期消毒、灭虫，保持牛舍安静，确保舍内采光良好、通风顺畅，适当配置温湿度调节设备，保持舍内温度在 10～21℃，湿度在 60%～75%为宜，定期清理粪便（图 1－92）。

图 1－92 肉牛饲喂

**3. 日粮配制与精准饲养** 为了使育肥牛瘤胃健康，育肥前确定好最佳饲喂量及饲喂比例。开发利用中部地区特色的花生秧和全株玉米青贮饲料资源的最佳组合，如育肥牛粗饲料以 24.26%的全株玉米青贮与 19.83%的花生秧组成（推荐育肥牛饲料配方见表 1－69）。在饲料营养全面的基础上，设计合理的饲喂量。每头牛每天的饲喂量，应根据其体况、体膘、增重设计、育肥目标以及当地的气候条件等因素综合确定。与此同时，要注重肉牛的健康饮水问题，一般处于正常生长时期的育肥牛每天的需水量为 30～40 kg。合理的饲喂顺序为：先草后料，先料后水。根据当地的饲料资源，合理选取粗料，注意粗料应切短后饲喂，而精料粉碎则不宜过细，同时确保饲料清洁卫生、适口性好。另外，适量的补充维生素和微量元素，对肉牛快速增重也有较大帮助。

表 1-69 花生秧-全株玉米青贮混合日粮配方

| 饲粮配方 | 组成比例 |
| --- | --- |
| 全株青贮玉米 | 24.26% |
| 花生秧 | 19.83% |
| 精料 | 55.91% |
| 营养水平 | |
| 综合净能 | 6.63 MJ/kg |
| 粗蛋白 | 11.59% |
| 酸性洗涤纤维 | 16.28% |
| 中性洗涤纤维 | 23.37% |
| 粗灰分 | 7.69% |
| 钙 | 0.76% |
| 磷 | 0.25% |

**4. 把握出栏时机** 育肥牛的出栏时间，应结合其品种、体重、育肥度及市场需求而定。通常公牛以 18～23 月龄、450～500 kg 出栏较为适宜；阉牛以 22～30 月龄、500～550 kg 出栏较为适宜；或者判定肉牛的采食量，当采食量下降到正常量的 1/3 或更少，则应考虑出栏；也可根据肉牛坐骨端、腹肋部、腰角部等是否有沉积的脂肪以及脂肪的厚薄，来判定其膘情，一般来讲，育肥牛的膘情达到中等或中等以上，即可考虑出栏。

## （三）技术效果

### 1. 已实施的工作

（1）中部地区花生秧营养成分评定 利用中部地区资源优势，取适量花生秧和麦秸样品，按照《饲料常规概略养分分析方案》测定样品中主要营养物质含量（表 1-70），充分评价优质花生秧资源添加技术应用效果，为进一步分析花生秧的应用价值提供依据。

表 1-70 试验粗饲料营养成分组成（干物质基础）

| 项目 | 麦秸 | 花生秧 |
| --- | --- | --- |
| 粗蛋白（%） | 5.20 | 12.00 |
| 中性洗涤纤维（%） | 74.21 | 49.17 |
| 酸性洗涤纤维（%） | 51.97 | 40.80 |
| 粗灰分（%） | 7.57 | 13.51 |
| 钙（%） | 0.28 | 1.25 |
| 磷（%） | 0.12 | 0.34 |

（2）中部地区花生秧-全株玉米青贮混合日粮配制技术示范 使用青贮玉米、精料分别与麦秸和花生秧等按照要求配制成所需肉牛 TMR 日粮，试验各组饲粮组成及营养水平见表 1-71（WG 组粗饲料中含 45%麦秸，LPG 组粗饲料中含 25%花生秧，MPG 组粗

饲料中含45%的花生秧，HPG组粗饲料中含65%的花生秧）。饲粮营养水平参考中国肉牛饲养标准，综合净能根据《肉牛饲养标准》计算。

表1-71 饲粮组成及营养成分（干物质基础）

| 项目 | 45%麦秸组（WG） | 25%花生秧组（LPG） | 45%花生秧组（MPG） | 65%花生秧组（HPG） |
|---|---|---|---|---|
| 饲粮组成 | | | | |
| 全株青贮玉米（%） | 24.26 | 33.04 | 24.26 | 15.43 |
| 麦秸（%） | 19.83 | | | |
| 花生秧（%） | | 11.05 | 19.83 | 28.66 |
| 精料①（%） | 55.91 | 55.91 | 55.91 | 55.91 |
| 合计（%） | 100.00 | 100.00 | 100.00 | 100.00 |
| 营养水平② | | | | |
| 综合净能（MJ/kg） | 6.13 | 6.60 | 6.63 | 6.66 |
| 粗蛋白（%） | 10.24 | 11.27 | 11.59 | 11.91 |
| 酸性洗涤纤维（%） | 18.50 | 14.93 | 16.28 | 17.65 |
| 中性洗涤纤维（%） | 28.34 | 22.51 | 23.37 | 24.24 |
| 粗灰分（%） | 6.51 | 6.87 | 7.69 | 8.51 |
| 钙（%） | 0.56 | 0.65 | 0.76 | 0.86 |
| 磷（%） | 0.21 | 0.23 | 0.25 | 0.28 |

注：①精料由60%玉米、10%干酒糟及其可溶物、10%豆粕、13%麸皮、1%石粉、2%小苏打、4%预混料组成。每千克预混料提供：铁1 200 mg，锌450 mg，铜150 mg，硒5 mg，碘15 mg，钴4 mg，维生素A 150 000 IU，维生素$D_3$ 50 000 IU，维生素E 500 mg。

②营养水平为计算值。

（3）中部地区花生秧-全株玉米青贮混合日粮肉牛饲喂示范　选择100头体重450 kg左右、月龄相似的西门塔尔杂交牛，随机分为4组，每个处理组有5个重复，每个重复5头牛。4个处理组分别饲喂WG组、LPG组、MPG组和HPG组日粮。预试期为7 d，正式期为90 d。试验结束后，平均每个重复选取1头牛屠宰，每个处理5头，共屠宰20头。在试验前和试验后对肉牛进行称重，并计算肉牛试验前后平均日增重（ADG），在不计算人工费等情况下，根据饲料的价格和采食量计算每头牛的饲料成本。

此外，在试验结束时对所有屠宰牛进行肌肉和血液的采集，测定肌肉品质指标以及牛血清的生理生化指标，以评估肉牛的生长性能。

**3. 取得的成效**

（1）花生秧-全株玉米青贮混合日粮显著提升肉牛的增重效果　饲喂45%花生秧混合日粮的肉牛平均日增重和料重比分别为1.37 kg和7.76，与传统麦秸混合日粮相比分别增加31.73%和降低13.30%（表1-72）。

表 1-72 花生秧和全株玉米青贮不同配比对西门塔尔杂交牛生长性能的影响

| 项目 | 45%麦秸组 (WG) | 25%花生秧组 (LPG) | 45%花生秧组 (MPG) | 65%花生秧组 (HPG) |
| --- | --- | --- | --- | --- |
| 初重 (kg) | 455.67±6.72 | 441.58±10.14 | 449.83±7.97 | 456.67±14.25 |
| 末重 (kg) | 547.00±9.18$^{b}$ | 552.25±3.14$^{ab}$ | 570.50±13.07$^{a}$ | 565.83±16.10$^{a}$ |
| 平均采食量 (kg/d) | 9.25±0.19$^{c}$ | 9.45±0.10$^{c}$ | 10.56±0.10$^{a}$ | 9.88±0.15$^{b}$ |
| 平均日增重 (kg) | 1.04±0.08$^{b}$ | 1.26±0.15$^{ab}$ | 1.37±0.14$^{a}$ | 1.24±0.14$^{a}$ |
| 平均料重比 | 8.95±0.58 | 7.60±0.97 | 7.76±0.81 | 8.04±0.91 |

注：同行中肩标有不同小写字母表示差异显著（$P<0.05$），小写字母相同或无字母表示差异不显著（$P>0.05$）。

（2）花生秧-全株玉米青贮混合日粮显著提高肉牛屠宰性状 其中胴体重达到300.88 kg、净肉重261.80 kg及眼肌面积106.02 cm$^2$，与传统麦秸混合日粮相比分别增加4.56%、5.17%和17.12%（表1-73）。

表 1-73 花生秧与全株玉米青贮不同配比对西门塔尔杂交牛屠宰性状的影响

| 项目 | 45%麦秸组 (WG) | 25%花生秧组 (LPG) | 45%花生秧组 (MPG) | 65%花生秧组 (HPG) |
| --- | --- | --- | --- | --- |
| 屠宰率 (%) | 54.40±1.35 | 53.84±5.60 | 53.99±1.27 | 49.08±2.08 |
| 胴体重 (kg) | 287.75±5.69$^{ab}$ | 285.67±17.61$^{ab}$ | 300.88±4.97$^{a}$ | 268.13±11.71$^{b}$ |
| 净肉重 (kg) | 248.94±6.50$^{ab}$ | 244.86±17.18$^{ab}$ | 261.80±2.49$^{a}$ | 230.65±14.16$^{b}$ |
| 胴体产肉率 (%) | 0.87±0.01 | 0.86±0.01 | 0.87±0.01 | 0.86±0.02 |
| 肉骨比 | 6.42±0.32 | 6.01±0.46 | 6.73±0.48 | 6.19±0.74 |
| 眼肌面积 (cm$^2$) | 90.52±6.50$^{ab}$ | 84.31±9.06$^{b}$ | 106.02±11.23$^{a}$ | 95.95±6.94$^{ab}$ |
| $pH_{45}$ | 6.74±0.14 | 6.71±0.17 | 6.60±0.14 | 6.59±0.22 |

注：同行中肩标有不同小写字母表示差异显著（$P<0.05$），小写字母相同或无字母表示差异不显著（$P>0.05$）。

（3）花生秧-全株玉米青贮混合日粮显著改善牛肉品质 其中肌肉干物质、粗蛋白、粗脂肪含量分别达到26.57%、21.10%、4.58%，与传统麦秸混合日粮相比分别增加11.08%、9.38%和40.49%（表1-74）。同时花生秧混合日粮提高肌肉亚油酸含量达到6.44%，与传统麦秸混合日粮相比增加10.65%（表1-75）。

表 1-74 花生秧与全株玉米青贮对西门塔尔杂交牛肌肉常规营养成分的影响

| 项目 | 45%麦秸组 (WG) | 25%花生秧组 (LPG) | 45%花生秧组 (MPG) | 65%花生秧组 (HPG) |
| --- | --- | --- | --- | --- |
| 干物质 (%) | 23.92±1.37$^{b}$ | 25.52±1.35$^{ab}$ | 26.57±0.66$^{a}$ | 25.93±0.62$^{ab}$ |
| 粗蛋白 (%) | 19.29±0.99$^{b}$ | 19.36±0.62$^{b}$ | 21.10±0.74$^{a}$ | 20.31±0.47$^{ab}$ |
| 粗脂肪 (%) | 3.26±0.54$^{c}$ | 4.94±0.11$^{a}$ | 4.58±0.29$^{ab}$ | 4.16±0.28$^{b}$ |
| 粗灰分 (%) | 1.22±0.06 | 1.10±0.07 | 1.25±0.11 | 1.19±0.03 |

表 1-75　花生秧与全株玉米青贮不同配比对西门塔尔杂交牛肌肉中脂肪酸的影响

| 项目 | 45%麦秸组（WG） | 25%花生秧组（LPG） | 45%花生秧组（MPG） | 65%花生秧组（HPG） |
|---|---|---|---|---|
| 肉豆蔻酸（%） | 2.35±0.64 | 1.35±0.89 | 2.01±0.95 | 1.22±0.86 |
| 棕榈酸（%） | 24.15±6.87 | 23.42±1.80 | 20.16±5.11 | 26.72±2.55 |
| 硬脂酸（%） | 11.47±1.36 | 16.73±3.38 | 14.28±2.24 | 12.99±0.20 |
| 花生酸（%） | 1.55±0.73 | 1.39±0.66 | 1.39±0.66 | 1.75±0.10 |
| 棕榈油酸（%） | 2.85±0.35 | 2.83±0.07 | 3.00±0.47 | 3.41±0.66 |
| 油酸（%） | 41.87±0.78 | 46.28±6.59 | 46.24±0.37 | 35.51±5.93 |
| 亚油酸（%） | 5.82±0.05[b] | 6.69±0.60[a] | 6.44±0.08[ab] | 6.71±0.04[a] |
| 花生四烯酸（%） | 1.39±0.23 | 1.60±0.13 | 1.75±0.18 | 1.71±0.08 |
| 饱和脂肪酸（%） | 39.52±9.59 | 42.89±4.77 | 37.85±1.26 | 42.69±3.51 |
| 单不饱和脂肪酸（%） | 44.72±0.43 | 49.11±6.52 | 49.24±0.11 | 39.42±5.97 |
| 多不饱和脂肪酸（%） | 7.21±0.18 | 8.28±0.47 | 8.19±0.26 | 7.92±0.66 |

注：同行中肩标有不同小写字母表示差异显著（$P<0.05$），小写字母相同或无字母表示差异不显著（$P>0.05$）。

（4）花生秧-全株玉米青贮混合日粮显著改善肉牛机体健康　与麦秸组相比，花生秧混合日粮显著提高肉牛血清（图 1-93 和彩图 10）、脾脏组织中超氧化物歧化酶（SOD）活性，提高机体的抗氧化能力（图 1-94 和彩图 11）。

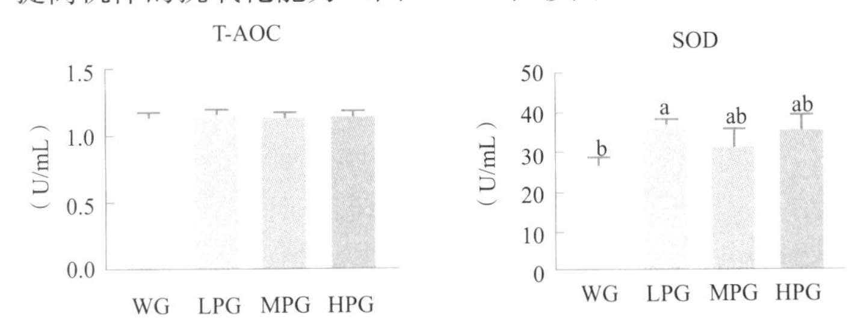


图 1-93　花生秧与全株玉米青贮不同配比对西门塔尔杂交牛血清抗氧化指标的影响

注：图中不同小写字母表示差异显著（$P<0.05$）；T-AOC，总抗氧化能力；SOD，超氧化物歧化酶；WG，45%麦秸组；LPG，25%花生秧组；MPG，45%花生秧组；HPG，65%花生秧组

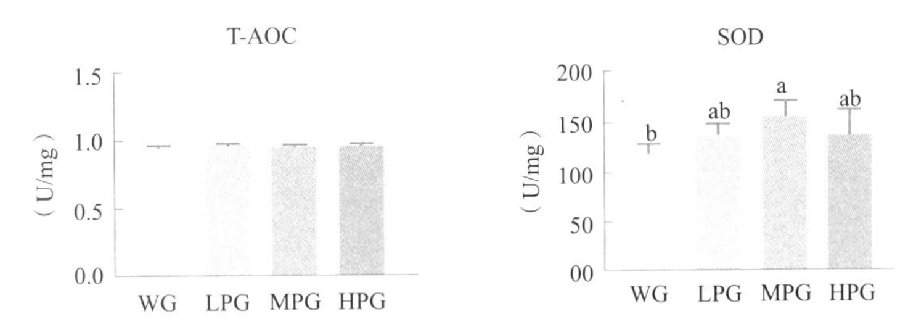


图 1-94　花生秧与全株玉米青贮不同配比对西门塔尔杂交牛脾脏抗氧化指标的影响

注：图中不同小写字母表示差异显著（$P<0.05$）；T-AOC，总抗氧化能力；SOD，超氧化物歧化酶；WG，45%麦秸组；LPG，25%花生秧组；MPG，45%花生秧组；HPG，65%花生秧组

（5）花生秧-全株玉米青贮混合日粮显著提高经济效益　在不计算人工等成本情况下，与传统麦秸混合日粮相比，每头牛毛利润增加 1 863.25 元，增收幅度达到 36.46%（表 1-76）。因此，花生秧-全株玉米青贮混合日粮具有在适宜地区大面积推广的理论基础和巨大潜力。

表 1-76 花生秧与全株玉米青贮不同配比对西门塔尔杂交牛经济效益的影响

| 项目 | 45%麦秸组（WG） | 25%花生秧组（LPG） | 45%花生秧组（MPG） | 65%花生秧组（HPG） |
| --- | --- | --- | --- | --- |
| 平均每头增重（kg） | 91.33±6.86[b] | 110.67±13.19[a] | 120.67±12.65[a] | 109.17±12.63[ab] |
| 活牛价格（元/kg） | 70.00 | 70.00 | 70.00 | 70.00 |
| 饲料单价（元/kg） | 1.54 | 1.52 | 1.55 | 1.57 |
| 总采食量（kg） | 832.86±17.44[c] | 850.84±9.30[c] | 950.12±9.55[a] | 889.42±13.86[b] |
| 毛利润（元） | 5 110.74±464.72 | 6 453.4±935.3 | 6 973.99±898.28 | 6 245.28±889.39 |

注：同行中肩标有不同小写字母表示差异显著（$P<0.05$），小写字母相同或无字母表示差异不显著（$P>0.05$）。

从上述结果来看，花生秧-全株玉米青贮混合日粮对提高肉牛平均日增重、改善血清生化指标、提高肉牛健康水平等方面起到良好作用。因此，积极推动肉牛育肥技术的集成与示范，有效促进中部地区花生秧开发利用，对我国草食畜牧业种养一体化发展具有重要意义，也是助推我国乡村振兴战略发展的有效途径，将对贯彻绿色发展理念、调整农业结构、促进地区经济发展、巩固脱贫攻坚成果等有深远影响。

### （四）技术适用范围

该技术主要适用于花生秧和玉米等优质青粗饲料产地和肉牛养殖地区。

### （五）技术使用注意事项

（1）饲喂过程中注意肉牛疾病防控，按照卫生防疫要求使用药物。

（2）及时清理牛舍粪便，保持清洁卫生。

（3）保证肉牛饲料安全，及时处理霉变饲料。

## 九、中部地区组合型优质青粗饲料肉羊育肥关键技术

### （一）技术概述

**1. 技术基本情况** 粗饲料的品质及科学组合决定着牛羊等反刍动物的畜产品产量、品质以及养殖的经济效益。开发利用地域特色的优良粗饲料并科学设计适宜的日粮配方是实现反刍动物高效生产的关键技术。苜蓿被誉为“牧草之王”，是反刍动物最优质的粗饲料之一，其蛋白质含量较一般豆科类和禾本科饲草高，具有蛋白质优良、氨基酸平衡性好及消化利用率高等诸多优点，本技术以中部地区产量丰富且品质优良的粗饲料——苜蓿为基础，设计适宜中部地区肉羊养殖的组合型优质青粗饲料配方并辅以配套的管理技术，通过评估生产性能、畜体健康状态和肉品质等多项关键指标，以期实现中部地区肉羊高效健康养殖的生产目的。

**2. 技术示范推广情况** 核心技术“中部地区组合型优质青粗饲料肉羊育肥技术”在河南中羊牧业有限公司、确山县奥森牧业发展公司和河南三木畜牧公司等中大型肉羊养殖企业和养殖户中进行推广应用，可显著提高育肥羊的日增重，降低料重比；可显著改善动物的机体健康，提高血液中免疫因子的含量，降低炎症因子的水平；提高育肥羊的

屠宰率、瘦肉率、肌肉蛋白质含量和ω-3多不饱和脂肪酸含量，降低肌肉剪切力，改善肉品质；增加出栏重，提高经济效益。采用该技术，育肥羊肥育性能得到显著改善，效益提升。以1 000只育肥肉羊为例，单只育肥羊养殖效益增加40元，共增收4万元。目前，该技术已经在一些中型养殖场和小型养殖户中得到推广应用（图1-95）。

图1-95 技术推广服务

### （二）技术要点

**1. 组合型优质青粗饲料配合技术** 组合型优质青粗饲料配合技术主要以中部地区优质的紫花苜蓿为主要粗饲料来源，配合饲料组成如下：精料组成为37.4%玉米、10%豆粕、4%麸皮、13%白酒糟、1.5%石粉、0.5%食盐、0.6%磷酸氢钙和3%的预混料，粗饲料为30%苜蓿干草。上述各饲料成分均以干物质计。将上述饲料成分按重量称量后，按照TMR饲料加工的程序进行混合加工，将加工好后的饲料运输至羊舍进行饲喂。

**2. 全混合日粮生产技术** 本技术的核心为全混合日粮（TMR）生产技术，技术要点包括以下若干内容：①确定不同阶段育肥羊（本技术中为90日龄育肥羊）的营养需要量。②根据养殖场所在区域饲草资源分布和养殖规模大小，合理设计日粮配方，选择合适的青绿饲料、粗饲料以及青贮饲料。精料主要包括玉米、小麦等谷实类籽粒、蛋白类饼粕等，另外需要食盐、预混料等。基于所选择的青粗饲料组合，制作TMR。考虑到粗饲料营养成分随季节及调制方法的不同，干物质含量及营养成分差异较大。因此，应定期或者分批次对饲料原料或者TMR进行营养成分分析。③加工方法一般采用TMR专用加工设备，将干草、青贮饲料、农副产品和精饲料，按照“先干后湿，先轻后重，先粗后精”的顺序投入到TMR混合机中。通常，适宜装载量占总容量的60%～75%，加工时通常采用边投料边搅拌的方式进行，在最后一批原料加完后再混合4～8 min完成。

**3. 全混合日粮饲喂技术** TMR投喂中要注重日常管理，需采用专用机械设备进行自动投喂，投料速度要适中，确保整个料槽投放均匀。投料要确保饲料新鲜，一般投料2次，可按照日饲最大量的50%分早晚两次投喂，也可按照早60%、晚40%的比例进行投喂。夏季高温、潮湿天气可增加1次，冬天可减少1次，在两次投料间隔内要翻料 2～3 次。每次投料前应保证 3%～5%的剩料量，防止剩料过多或者缺料。同时，应注意观察料槽中 TMR 的形态外观，确保料槽中 TMR 不分层，料底外观和组成应与采食前相近，且发霉发热的剩料应及时清出，并给予补饲。

### （三）技术效果

#### 1. 已实施的工作

（1）苜蓿干草和麦秸营养价值评定　完成中部地区苜蓿干草和麦秸的常规营养价值评定，据评定，苜蓿干草（风干基础）常规营养价值含量如下：干物质含量 92%，粗蛋白含量 19%，NDF 含量 46%，ADF 含量 36%，粗脂肪含量 2%，粗灰分含量 11%，钙含量 1.30%，磷含量 0.23%。麦秸的常规营养成分（风干基础）含量如下：干物质含量 91%，粗蛋白含量 3%，NDF 含量 81%，ADF 含量 58%，粗脂肪含量 1.8%，粗灰分含量 8%，钙含量 0.16%，磷含量 0.05%。根据上述两种粗饲料的常规营养成分含量，添加适量的玉米、豆粕、麸皮、白酒糟等精料和饲料添加剂配制成 TMR。

（2）苜蓿型全混合日粮的肉羊饲喂示范　选取健康状况良好、食欲正常、3 月龄左右、体重在 24～28 kg 的湖羊（公羊）40 只，按体重相近的原则，分为麦秸组和苜蓿干草组，分别饲喂麦秸和苜蓿为粗饲料的 TMR（图 1-96）。记录采食量，自由饮水。每天对羊舍进行清扫和消毒。测定采食量、日增重、料重比等生产性能相关指标；采集血液，分离血清，测定免疫球蛋白、白细胞介素（IL）、肿瘤坏死因子（TNF）、干扰素（INF）等相关血液免疫指标；测定肉羊的屠宰率、净肉率、肌肉剪切力、持水力等屠宰性能和肉品质相关指标；核算饲料成分和育肥收入，计算相应的经济效益。

图 1-96　肉羊饲喂

#### 2. 取得的成效

（1）组合型优质青粗饲料显著提升肉羊的育肥效果　以苜蓿干草为主的组合型优质青粗饲料较常规日粮肉羊日增重提高 13.09%，料重比降低 4%（表 1-77）。

表 1-77　苜蓿干草对湖羊育肥效果的影响

| 项目 | 麦秸组 | 苜蓿组 |
| --- | --- | --- |
| 平均日增重（g） | 179.78±5.67[b] | 203.31±7.32[a] |
| 平均采食量（kg/d） | 1.42±0.11[b] | 1.56±0.13[a] |
| 料重比 | 7.98±0.24[a] | 7.65±0.27[b] |

注：同行中肩标有不同小写字母表示差异显著（$P<0.05$），小写字母相同或无字母表示差异不显著（$P>0.05$）。

（2）组合型优质青粗饲料显著改善肉羊的机体健康　与常规日粮相比，以苜蓿干草为主的组合型优质青粗饲料显著提升了肉羊血液中 IgA 等多种免疫球蛋白的水平，降低了IL-1β等多种炎症因子的水平；提升了血液中CD4阳性免疫细胞的含量，显著改善了育肥肉羊的机体健康状况（表1-78）。

表1-78 苜蓿干草对湖羊免疫指标的影响

| 项目 | 麦秸组 | 苜蓿组 |
| --- | --- | --- |
| IgA（μg/mL） | 218.39±37.39[b] | 296.94±40.23[a] |
| IgM（μg/mL） | 1 377±246.31[b] | 2 006.91±281.69[a] |
| IgG（mg/mL） | 38.23±8.96[b] | 51.02±8.55[a] |
| TNF-α（pg/mL） | 156.77±24.39[a] | 109.2±6.87[b] |
| IL-1β（pg/mL） | 60.19±1.21[a] | 34.4±4.74[b] |
| IL-6（pg/mL） | 84.53±16.86[a] | 49.56±10.6[b] |
| IL-8（pg/mL） | 779.46±94.03[a] | 570.02±60.9[b] |
| INF-γ（pg/mL） | 515.25±73.75 | 617.1±129.55 |
| CD4（ng/mL） | 29.96±7.81[b] | 63.08±4.23[a] |
| CD8（ng/mL） | 17.6±2.66[b] | 21.61±2.14[a] |
| CD4/CD8 | 1.71±0.37[b] | 2.93±0.23[a] |

注：同行中肩标有不同小写字母表示差异显著（$P<0.05$），小写字母相同或无字母表示差异不显著（$P>0.05$）。

（3）组合型优质青粗饲料提高肉羊的屠宰性能和羊肉品质　与常规日粮相比，以苜蓿干草为主的组合型优质青粗饲料显著提升肉羊屠宰率和净肉率，提升幅度分别达6.4%和13.4%，显著降低肌肉剪切力，提升肉品质（表1-79）；组合型优质青粗饲料显著提升羊肉中干物质和粗蛋白含量（表1-80），同时ω-3多不饱和脂肪酸比例也大幅提升，改善营养价值（表1-81）。

表1-79 苜蓿干草对肉羊屠宰性能的影响

| 项目 | 麦秸组 | 苜蓿组 |
| --- | --- | --- |
| 屠宰率（%） | 47 | 50 |
| 净肉率（%） | 33.5 | 38 |
| 肌肉剪切力（N） | 81 | 64 |

表1-80 苜蓿干草对羊肉营养成分的影响

| 项目 | 麦秸组 | 苜蓿组 |
| --- | --- | --- |
| 干物质（%） | 29.89±1.68[b] | 40.1±1.97[a] |
| 粗蛋白（%） | 66.41±0.59[b] | 77.37±1.19[a] |
| 粗脂肪（%） | 3.55±0.20 | 3.61±0.56 |
| 粗灰分（%） | 3.29±0.24 | 3.58±0.26 |

注：同行中肩标有不同小写字母表示差异显著（$P<0.05$），小写字母相同或无字母表示差异不显著（$P>0.05$）。

表 1-81 苜蓿干草对肉羊羊肉品质的影响

| 项目 | 麦秸组 | 苜蓿组 |
|---|---|---|
| 肉豆蔻酸 | 2.26±0.31 | 1.74±0.16 |
| 棕榈酸 | 23.18±0.32[a] | 19.09±0.14[b] |
| 硬脂酸 | 11.83±1.07 | 13.32±0.19 |
| 花生酸 | 1.45±0.09 | 1.58±0.11 |
| α-亚麻酸 | 0.56±0.17[b] | 1.21±0.19[a] |
| 油酸 | 40.55±0.92 | 39.92±0.14 |
| 亚油酸 | 5.99±0.92 | 5.98±1.22 |
| 花生四烯酸 | 1.44±0.23 | 1.60±0.22 |
| 芥酸 | 2.87±0.55 | 3.53±0.80 |
| 饱和脂肪酸 | 38.56±1.31 | 37.43±1.64 |
| 单不饱和脂肪酸 | 43.62±1.44 | 44.51±1.03 |
| 多不饱和脂肪酸 | 8.03±1.27 | 8.67±1.73 |
| ω-6 | 7.52±1.03 | 7.61±1.36 |
| ω-3 | 0.56±0.07[b] | 1.21±0.19[a] |
| ω-6/ω-3 | 12.53±0.86[a] | 6.31±0.71[b] |

注：同行中肩标有不同小写字母表示差异显著（$P<0.05$），小写字母相同或无字母表示差异不显著（$P>0.05$）。

（4）组合型优质青粗饲料增加养殖效益 组合型优质青粗饲料较常规日粮肉羊增重1.44 kg，按照采食量、饲料成本和羊肉市价核算，单只育肥羊增收38.29元，增收幅度达18.78%（表1-82）。

表 1-82 苜蓿干草对湖羊养殖经济效益的影响

| 项目 | 麦秸组 | 苜蓿组 |
|---|---|---|
| 平均每头总增重（kg） | 10.46±1.13 | 11.90±0.93 |
| 活羊价格（元/kg） | 30 | 30 |
| 饲料单价（元/kg） | 1.74 | 1.76 |
| 平均每头总采食量（kg） | 62.42±4.7[b] | 71.41±5.69[a] |
| 利润（元/只） | 203.89±6.96[b] | 242.18±6.84[a] |

注：同行中肩标有不同小写字母表示差异显著（$P<0.05$），小写字母相同或无字母表示差异不显著（$P>0.05$）。

综上，苜蓿干草组合型优质青粗饲料饲喂肉羊可显著提高肉羊的育肥效果，改善机体健康状态，提高肉品质和屠宰率等。同时，肉羊养殖经济效益也得到大幅提升。该技术的集成与示范对于合理利用中部农区优质青粗饲料、保证优质饲草资源的高效利用与优质畜产品的生产、实现肉羊养殖规模化高效益具有重要意义。

### （四）技术适用范围

本技术适用于中部地区及我国其他地区肉羊养殖以舍饲为主的模式，主要针对以高投入、高产出及高经济效益的“三高”特点为主的肉羊育肥产业。该技术不仅适用于饲草料主要依赖采购的规模化羊场，亦可用于以饲草料自给为特色的小规模或者农户养殖，均可实现经济效益的最大化。

### （五）技术使用注意事项

（1）苜蓿干草质量须符合要求，即粗蛋白、粗纤维等主要营养指标含量达到标准，且在贮藏过程中无变质、发霉等现象发生，如有发生，需立即更换饲料，以免造成损失。

（2）饲喂过程中应保持饲料组成及结构的一致性，避免饲喂过程中更换饲料，保障羊的瘤胃及机体健康。

（3）应用时应密切关注市场鲜羊肉及饲草料的价格波动，科学计算出合理的投入产出比。同时，应尽量避免羊肉价格下调以及优质饲草价格上涨所带来的波动，及时调整饲喂方案，以确保育肥羊出栏时，经济效益最佳。

## 十、苜蓿青贮型肉牛饲料配方与饲养关键技术

### （一）技术概述

**1. 技术基本情况**　肉牛产业是我国民族经济中的优势特色产业，也是我国农民脱贫致富的支柱产业和经济增长点。苜蓿中蛋白质含量高，是我国规模化饲草生产的首推草种。针对我国肉牛优质蛋白饲料短缺，中小型农户缺乏科学的饲喂方法等问题，研究形成了专用乳酸菌剂-优质苜蓿青贮-科学配方-发酵日粮的技术链条，即苜蓿青贮型肉牛饲料配方与饲养技术。

通过添加中国农业大学研制的乳酸菌剂，可以调制出优质的苜蓿青贮，使用发酵良好的苜蓿青贮调制全混合日粮（TMR，total mixed ration）后，再对其进行裹包和发酵，可以延长日粮的保存时间并增强其运输价值，为中小型农户节约劳动力，并提供营养均衡的 TMR 饲料。同时，该技术还能推动当地苜蓿青贮的利用和消费，促进当地草畜企业的协同发展。

**2. 技术示范推广情况**　中国农业大学草产品生产加工团队所研制的乳酸菌剂及青贮制作技术已在河北、天津、内蒙古、辽宁、山东、山西、甘肃、安徽、宁夏等地开展了大范围的示范推广，为多家苜蓿生产龙头企业提供了强力的技术支撑，并制定了多项行业、地方和团体标准。中国农业大学率先在国内开始发酵 TMR 研究，同时在全国范围内针对不同品种、不同生长阶段的肉牛设计、改良和推广了多项优质配方，为我国中小型牧场的科学饲养提供了强力的技术支撑。

### （二）技术要点

**1. 优质苜蓿裹包青贮的制作**　使用中国农业大学草产品生产与加工团队研制的乳酸

菌剂，按照说明书活化后，以 $10^5$ CFU/g（鲜物质基础）的接种量添加至拣拾切碎后的苜蓿原料中，根据每吨添加溶液总量小于 3 L 设定配制时的加水量，即配即用，当日用完。使用青贮专用拉伸膜对苜蓿草捆包裹 4～6 层，发酵 45 d 后即可取用（图 1－97）。

图 1－97 优质苜蓿裹包青贮的调制

**2. 配方调制** 分别使用调制好的苜蓿青贮取代 0%、25%和 50%的玉米青贮，进行 TMR 调制（表 1－83）。

表 1－83 苜蓿替代玉米青贮日粮配方

| 配方 | AS0 | AS10 | AS20 |
|---|---|---|---|
| 苜蓿青贮（%，DM） | 0.00 | 10.00 | 20.00 |
| 玉米青贮（%，DM） | 40.00 | 30.00 | 20.00 |
| 稻草（%，DM） | 10.00 | 12.70 | 15.40 |
| 玉米粉（%，DM） | 27.00 | 29.86 | 32.72 |
| 豆粕（%，DM） | 5.50 | 4.02 | 2.53 |
| 麸皮（%，DM） | 9.00 | 6.57 | 4.14 |
| 棉粕（%，DM） | 5.50 | 4.02 | 2.53 |
| 食盐（%，DM） | 0.50 | 0.47 | 0.45 |
| 预混料（%，DM） | 2.50 | 2.37 | 2.23 |
| 总可消化氧分（%，DM） | 67.36 | 67.36 | 67.35 |
| 粗蛋白（%，DM） | 12.75 | 12.75 | 12.74 |

注：AS0，0%苜蓿青贮配方；AS10，10%苜蓿青贮配方；AS20，20%苜蓿青贮配方。

**3. TMR 裹包的制作** 按照上述配方调制 TMR 饲料，使用 TMR 搅拌车装料至 80%，将饲料水分调节至 50%～55%后充分混匀，使用打捆裹包一体机，对 TMR 覆膜 5～7 层（图 1－98）。

**4. TMR 裹包的保存** 将裹包放置于平稳开阔的场地贮藏，经常对裹包进行检查，如有破损，及时用塑料薄膜和胶带对裹包进行修补，保障裹包内的厌氧环境（图 1－99）。

**5. TMR 裹包的使用** 可将制作好的裹包配送至中小型农户家，或作为牛场的防灾储备用粮进行贮藏。裹包 TMR 随开随用，发酵良好的 TMR 应该具有酸香味，呈现饲料本身的颜色。如发现TMR裹包外周有腐坏现象（颜色发黑、有发霉现象、气味刺鼻），应将外围腐败的饲料弃去后再进行饲喂（图1-100）。同时应注意将绳子及塑料薄膜摘除干净，避免家畜误食后对瘤胃造成不良影响。

图1-98　发酵TMR裹包的制作

图1-99　发酵TMR裹包的贮藏

图1-100　TMR裹包的使用

## （三）技术效果

### 1. 已实施的工作

（1）乳酸菌添加剂在优质苜蓿裹包青贮中的应用　将中国农业大学草产品生产与加工团队研制的乳酸菌剂按规定添加量添加至拣拾切碎的苜蓿中，充分混匀后打包，青贮55 d后对苜蓿裹包青贮进行取样和分析，测定苜蓿裹包青贮的发酵特性、营养品质、体外消化率及蛋白组分，充分评价和验证自产乳酸菌添加技术应用效果。

（2）苜蓿型发酵TMR饲料的调制与保存示范　使用苜蓿青贮、玉米青贮、稻草、玉米粉、豆粕、麸皮、棉粕、食盐和预混料按照技术要点中所提配方混合调制3种发酵TMR裹包，在保存30 d、60 d、90 d和360 d时，每种配方随机打开3个裹包，混合均匀后对发酵TMR进行取样和分析，评价苜蓿含量及贮藏时间对发酵TMR发酵品质和营养品质的影响。

（3）苜蓿型发酵 TMR 饲料的肉牛饲喂示范　选取 48 头西门塔尔公牛，按照饲喂的日粮平均分为 4 组：AS0 组、AS10 组、AS20 组和牛场对照组。其中，AS0 组饲喂含有 0%的苜蓿青贮的发酵 TMR，AS10 组饲喂含有 10%的苜蓿青贮的发酵 TMR，AS20 组饲喂含有 20%的苜蓿青贮的发酵 TMR，牛场对照组继续饲喂牛场中期育肥饲料。在预饲期结束时和育肥试验结束时，根据试验前后肉牛体重的差计算肉牛日增重（ADG），按照每种饲料的进厂价格，计算出每千克（干重）试验饲料的成本，加上包膜成本后，进一步计算每头牛每日的饲料成本。

此外，在试验结束时对所有牛进行瘤胃液和血液的采集，测定瘤胃液的发酵指标以及牛血清的生理生化指标，以评估肉牛的健康状况。

**2. 取得的成效**

（1）相较不使用添加剂的苜蓿青贮（pH 为 4.56），使用中国农业大学乳酸菌接种后的苜蓿青贮的 pH 显著更低（4.19），乳酸含量显著升高（6.17% vs 4.25%，DM），半纤维素含量显著下降（11.0% vs 12.7%，DM），体外中性洗涤纤维消化率显著上升（29.2% vs 19.5%，DM）。同时，使用了乳酸菌的苜蓿青贮保留了更多的真蛋白（2.96% vs 2.42%，CP），而非蛋白氮含量显著下降（6.61% vs 7.15%，CP）。乳酸菌的使用显著提高了苜蓿青贮的发酵品质和消化率，并明显改善了苜蓿青贮的蛋白质含量。

（2）检测发现，发酵 TMR 裹包经过贮藏，整体而言其蛋白含量会逐渐上升，而纤维含量变化不显著。工作初步确认了发酵 TMR 裹包的合理贮藏时间，当贮藏时间在 90 d 内时，苜蓿青贮比例的增高有助于 FTMR 进行同型发酵，但是当发酵时间长达一年时，含有较高苜蓿青贮（20%比例）的 FTMR 反而会进行乙酸发酵，可能会造成一定的营养损失并影响家畜的采食量，随苜蓿青贮比例的下降，这种趋势会逐渐减弱。在贮藏的 90 d 内开封，3 种发酵 TMR 裹包均有明显的酸香气味，内部无腐败现象发生，说明拉伸膜裹包是一种合理的对 TMR 的加工和贮藏方式。

（3）苜蓿型发酵 TMR 饲料和牛场常规饲料成本相接近（2.02～2.14 元/kg，DM），饲喂含有 10%苜蓿青贮的发酵 TMR 有提高肉牛干物质采食量（11.61kg/d vs 11.06 kg/d）、日增重（1.60 kg vs 1.22 kg）及饲料转化效率（0.141 vs 0.113）的趋势。结合各饲料配方的价格发现，苜蓿青贮型发酵 TMR 饲喂技术有大幅降低肉牛育肥成本的潜力，其中含有 10%苜蓿青贮的发酵 TMR 的育肥成本最低，为 16.07 元/kg（表 1－84）。

表 1－84　苜蓿型发酵 TMR 饲料成本计算

| 项目 | AS0 | AS10 | AS20 | 对照 |
|---|---|---|---|---|
| 干物质采食量（kg/d） | 11.36 | 11.61 | 11.02 | 11.06 |
| 干物质采食量/肉牛重 | 2.38 | 2.42 | 2.30 | 2.32 |
| 日增重（kg） | 1.47 | 1.60 | 1.47 | 1.22 |
| 饲料转化率 | 0.131 | 0.141 | 0.135 | 0.113 |
| 饲粮成本（元/kg，DM） | 2.04 | 2.07 | 2.10 | 2.02 |
| 包膜成本（元/kg，FM） | 0.04 | 0.04 | 0.04 | 0.00 |
| 每增重 1 kg 的饲料成本（元） | 16.57 | 16.07 | 16.43 | 19.19 |

采食发酵TMR的肉牛瘤胃pH会轻微下降，苜蓿青贮对禾本科牧草和豆粕的替代可能有助于增加瘤胃中可溶和可降解的蛋白质含量，从而增加瘤胃中氨态氮的浓度和支链挥发性脂肪酸的摩尔比例。发酵TMR可以通过发酵过程减少新鲜原料中的有害微生物，对肉牛的机体健康具有潜在的保护作用，本研究中，肉牛的瘤胃发酵指标和血液生理生化指标也均处于正常范围，说明采食发酵TMR的肉牛健康状况良好，进一步证明了饲喂发酵TMR的可行性。因此，苜蓿青贮型发酵TMR具有在适宜地区大面积推广的理论基础和巨大潜力。

### （四）技术适用范围

（1）本技术适用于中小规模养殖户或企业，包括南方草山草坡地区不具有TMR调制条件的肉牛养殖户，以节约其劳动力及机器购入成本。

（2）使用本技术的肉牛养殖区域应邻近苜蓿产区，以降低无苜蓿产出的养殖场的运输成本。

### （五）技术使用注意事项

（1）发酵TMR调制所使用的粗饲料应配合地方实际生产条件，就地取材，降低生产成本。

（2）配方的设计应遵循家畜营养需要，应定期对粗饲料原料及发酵TMR成品的养分数据进行动态分析，在此基础上进一步科学地调整配方。

（3）精细混合、打捆和裹包流程，打捆和裹包时注意及时将散落的精料投入裹包机内，防止因打包造成的营养成分差异或损失。

（4）规范贮藏管理，注意提防老鼠对裹包进行破坏，造成整包饲料的腐败。

## 十一、中部地区花生秧混合日粮肉羊育肥关键技术

### （一）技术概述

**1. 技术基本情况** 反刍动物（牛、羊等）较单胃动物（猪、鸡等）的显著优势是能够通过瘤胃高效利用含粗纤维（纤维素、半纤维素）及植物细胞壁结构性碳水化合物（果胶等）较高的青粗饲料，将其转化为乙酸、丙酸、丁酸等短链脂肪酸被宿主吸收利用，以合成机体脂肪及供应宿主能量消耗需求。同时，瘤胃微生物可以合成宿主所需的蛋白质、维生素（如维生素K、维生素$B_{12}$）等以满足宿主机体的相应需求。瘤胃微生物群体构成复杂，包含细菌、真菌、原虫、古细菌等类群，经过微生物间的协同作用，饲料营养物质被分解及重新合成。瘤胃微生物群落处于动态的平衡当中，一般而言，根据发酵的底物类型将微生物分为纤维分解菌（瘤胃球菌等）、淀粉分解菌（牛链球菌等）、半纤维素分解菌（多毛毛螺菌）和蛋白分解菌（嗜淀粉瘤胃杆菌）等多种种类。瘤胃菌群的组成同瘤胃的稳态密不可分，不仅要求瘤胃菌群具有较高的分解青粗饲料中粗纤维和结构性碳水化合物的能力，而且要求其发酵产物能够维持瘤胃的稳态。瘤胃的pH一般

为5.5～7.0，若低于5.5，反刍动物会发生酸中毒现象，造成机体代谢紊乱及家畜死亡的现象。因此，优质的青粗饲料和精料的组成及配比决定着反刍动物的生产性能以及养殖的经济效益。

河南是中部省份，其花生的种植面积和产量长期稳居我国前列。花生秧可作为反刍动物的青粗饲料被充分利用。花生秧粗蛋白含量较高，饲喂反刍动物的适口性和消化率均优于一般的粗饲料如麦秸等，是优质的青粗饲料之一。结合河南目前花生种植面积大的区位优势，合理设计日粮配方，利用花生秧作为主要的青粗饲料来源是促进中部地区肉羊养殖产业发展的关键技术。因此，本技术是从河南当地的饲料资源现状出发，通过设计花生秧型混合日粮来饲喂肉羊并基于生产性能、羊肉品质、瘤胃发酵参数、瘤胃菌群结构变化等多方面分析，开发花生秧型混合日粮饲喂育肥羊的新技术。

**2. 技术示范推广情况** 核心技术“中部地区花生秧混合日粮肉羊育肥技术”在兰考县青青草原牧业有限公司、确山县奥森牧业发展公司和河南三木畜牧公司等中大型肉羊养殖企业和养殖户中进行推广应用，充分利用河南当地丰富的花生秧资源作为优质粗饲料，可显著提高育肥羊的采食量和日增重，降低料重比；可显著改善动物的机体健康，提高血液中免疫因子的含量，降低炎症因子的水平；提高育肥羊的屠宰率、瘦肉率和肌肉蛋白质含量，降低肌肉剪切力，改善肉品质；增加出栏重，提高经济效益。采用该技术，育肥羊肥育性能得到显著改善，效益提升。通过饲料成本及羊肉市价核算，单只育肥羊增收至少达40元。目前，该技术已经在河南省多个肉羊养殖场和养殖户中进行推广应用（图1-101）。

图1-101 技术推广服务

### （二）技术要点

**1. 花生秧混合日粮配合技术** 花生秧混合日粮配合技术主要以河南省优质的花生秧为主要粗饲料来源，配合饲料组成如下：精料组成为36.4%玉米、15%豆粕、5%麸皮、8%白酒糟，粗饲料为30%花生秧，另包括1.5%石粉、0.5%食盐、0.6%磷酸氢钙和3%的预混料。上述各饲料成分均以干物质计。待准确称量好各饲料组分后，采用TMR技术进行混合和饲喂。

**2. 育肥羊饲养管理技术**　育肥羊的饲养管理对经济效益至关重要，要遵循以下管理原则：第一，要选择膘情中等、身体健康、牙齿好的羊育肥，淘汰膘情极差的羊。此外，为防止羊因个体差异大，造成强弱争食的情况，应将羊按体重和体质进行分群。一般把相近情况的羊放在同群饲养。第二，要进行适当的防疫管理。入圈前注射羊快疫、羔羊痢疾、肠毒血症三联四防灭活疫苗和药物驱虫。同时在圈内设置足够的水槽、料槽，并对羊舍及运动场进行清洁与消毒。另外，设计日粮配方后严格按比例称量配制日粮。为提高育肥效益，应充分利用天然牧草、秸秆、树叶、农副产品及各种下脚料，扩大饲料来源。成年羊日粮的日饲喂量依配方不同略有差异，一般为2.5～2.7 kg。每天投料2次，日饲喂量的分配与调整以饲槽内基本不剩为标准。

### （三）技术效果

#### 1. 已实施的工作

（1）花生秧和麦秸营养价值评定　完成河南地区花生秧和麦秸的常规营养价值评定，据评定，花生秧（风干基础）常规营养价值含量如下：干物质含量92%，粗蛋白含量8.95%，NDF含量39.34%，ADF含量31.96%，粗脂肪含量2.17%，粗灰分含量11.03%，钙含量1.27%，磷含量0.14%。麦秸的常规营养成分（风干基础）含量如下：干物质含量91%，粗蛋白含量3%，NDF含量81%，ADF含量58%，粗脂肪含量1.8%，粗灰分含量8%，钙含量0.16%，磷含量0.05%。根据上述两种粗饲料的常规营养成分含量，添加适量的玉米、豆粕、麸皮、白酒糟等精料和添加剂配制成TMR。

（2）花生秧型混合日粮的肉羊饲喂示范　选取健康状况良好、食欲正常、3月龄左右、体重在24～28 kg的湖羊（公羊）40只，按体重相近的原则，分为麦秸组和花生秧组，分别饲喂麦秸和花生秧为粗饲料的TMR（图1-102）。记录采食量，自由饮水。每天对羊舍进行清扫和消毒。测定采食量、日增重、料重比等生产性能相关指标；采集血液，分离血清，测定免疫球蛋白、白细胞介素（IL）、肿瘤坏死因子（TNF）、干扰素（INF）等相关血液免疫指标；测定肉羊的屠宰率、净肉率、肌肉剪切力、持水力等屠宰性能和肉品质相关指标；核算饲料成分和育肥收入，计算相应的经济效益。

图1-102　肉羊分组试验

2. 取得的成效

（1）花生秧混合日粮显著提升肉羊的育肥效果　花生秧混合日粮组肉羊日增重提高19.49%，采食量提高0.20 kg，料重比降低6%（表1-85）。

表1-85　花生秧对湖羊育肥效果的影响

| 项目 | 麦秸组 | 花生秧组 |
|---|---|---|
| 平均日增重（g） | $179.78 \pm 5.67^{b}$ | $214.82 \pm 4.99^{a}$ |
| 平均采食量（kg/d） | $1.42 \pm 0.11^{b}$ | $1.62 \pm 0.04^{a}$ |
| 料重比 | $7.98 \pm 0.24^{a}$ | $7.49 \pm 0.18^{b}$ |

注：同行中肩标有不同小写字母表示差异显著（$P<0.05$），小写字母相同或无字母表示差异不显著（$P>0.05$）。

（2）花生秧混合日粮显著改善肉羊的机体健康　花生秧混合日粮饲喂显著提升了肉羊血液中IgA等多种免疫球蛋白的含量，降低了IL-1β等多种炎症因子的水平；提升了血液中CD4阳性免疫细胞的含量，显著改善了育肥肉羊的机体健康状况（表1-86）。

表1-86　花生秧对湖羊免疫指标的影响

| 项目 | 麦秸组 | 花生秧组 |
|---|---|---|
| IgA（μg/mL） | $218.39 \pm 37.39^{b}$ | $239.35 \pm 26.7^{a}$ |
| IgM（μg/mL） | 1 377±246.31 | 1 672.97±231 |
| IgG（mg/mL） | 38.23±8.96 | 37.75±2.87 |
| TNF-α（pg/mL） | $156.77 \pm 24.39^{a}$ | $112.68 \pm 25.38^{b}$ |
| IL-1β（pg/mL） | $60.19 \pm 1.21^{a}$ | $40.68 \pm 6.72^{b}$ |
| IL-6（pg/mL） | $84.53 \pm 16.86^{a}$ | $66.05 \pm 7.32^{b}$ |
| IL-8（pg/mL） | 779.46±94.03 | 684.22±57.23 |
| INF-γ（pg/mL） | 515.25±73.75 | 543.66±157.84 |
| CD4（ng/mL） | $29.96 \pm 7.81^{b}$ | $43.85 \pm 7.47^{a}$ |
| CD8（ng/mL） | 17.6±2.66 | 16.82±1.32 |
| CD4/CD8 | $1.71 \pm 0.37^{b}$ | $2.6 \pm 0.37^{a}$ |

注：同行中肩标有不同小写字母表示差异显著（$P<0.05$），小写字母相同或无字母表示差异不显著（$P>0.05$）。

（3）花生秧混合日粮提高肉羊的屠宰性能和羊肉品质　花生秧混合日粮饲喂显著提升肉羊屠宰率和净肉率，分别达6%和14%；显著降低肌肉剪切力，提升肉品质（表1-87）；肌肉干物质含量提升37%，肌肉中粗蛋白含量增加14%，营养价值大幅改善（表1-88）。

表1-87　花生秧对肉羊屠宰性能的影响

| 项目 | 麦秸组 | 花生秧组 |
|---|---|---|
| 屠宰率（%） | 47% | 50% |
| 净肉率（%） | 33.5% | 38.3% |
| 肌肉剪切力（N） | 81 | 64 |

表 1-88　花生秧对肉羊肌肉营养成分的影响

| 项目 | 麦秸组 | 花生秧组 |
| --- | --- | --- |
| 干物质（%） | 29.89±1.68[b] | 40.99±2.23[a] |
| 粗蛋白（%） | 66.41±0.59[b] | 75.47±2.02[a] |
| 粗脂肪（%） | 3.55±0.20 | 3.74±0.27 |
| 粗灰分（%） | 3.29±0.24 | 3.64±0.22 |

注：同行中肩标有不同小写字母表示差异显著（$P<0.05$），小写字母相同或无字母表示差异不显著（$P>0.05$）。

（4）花生秧混合日粮提高肉羊养殖的经济效益　花生秧混合日粮饲喂较对照组增重3.9 kg，按照采食量、饲料成本和羊肉市价核算，单只育肥羊增收45.44元，增收幅度达26.97%（表1-89）。

表 1-89　花生秧对湖羊养殖经济效益的影响

| 项目 | 麦秸组 | 花生秧组 |
| --- | --- | --- |
| 平均每头总增重（kg） | 10.46±1.13[b] | 14.36±1.52[a] |
| 活羊价格（元/kg） | 30 | 30 |
| 饲料单价（元/kg） | 1.85 | 1.81 |
| 平均每头总采食量（kg） | 62.42±4.7[b] | 69.41±1.53[a] |
| 利润（元/只） | 168.51±6.96[b] | 213.95±8.87[a] |

注：同行中肩标有不同小写字母表示差异显著（$P<0.05$），小写字母相同或无字母表示差异不显著（$P>0.05$）。

综上，以花生秧为主的组合型优质青粗饲料饲喂肉羊时育肥效果显著提升，肉羊机体健康状态得到明显改善，肉品质和屠宰率等关键屠宰性能指标也得到明显提高。同时，肉羊养殖经济效益也得到大幅提升。积极推动花生秧混合日粮肉羊育肥技术的推广与示范，可以有效促进中部地区丰富特色资源花生秧的开发利用，为肉羊养殖的提质增效和区域经济发展提供技术支撑，助推我国乡村振兴战略发展。

### （四）技术适用范围

本技术适用于中部农区及其他具有稳定且品质优良花生秧供应的农区及半农半牧区，上述区域内肉羊养殖的模式主要以舍饲或者半舍饲半放牧为主，肉羊养殖的特点是高投入、高产出及高经济效益。本技术的特点在于选择优质的粗饲料——花生秧作为肉羊育肥的主要粗饲料，较一般常规的以麦秸为主的粗饲料养殖模式相比，可显著地提高育肥羊的生长速度、降低料肉比及提高羊肉的品质。从综合经济效益来看，采用花生秧混合日粮可显著提高育肥羊的养殖效益。

### （五）技术使用注意事项

（1）花生秧质量须符合要求，即粗蛋白、粗纤维等主要营养指标含量达到标准，且在贮藏过程中无变质、发霉等现象发生，如有发生，需立即更换饲料，以免造成损失。

（2）饲喂过程中应保持饲料组成及结构的一致性，避免饲喂过程中更换饲料，保障羊的瘤胃及机体健康。

## 十二、舍饲与人工草场放牧肉羊高品质育肥关键技术

### （一）技术概述

**1. 技术基本情况** 随着草地科学和放牧管理技术研究的不断深入，豆禾牧草混播技术在人工草地建植上得到广泛应用。由于紫花苜蓿草地具有抗旱能力强、牧草产量高以及家畜增重快的特点，苜蓿型混播草地逐渐替代白三叶和多年生黑麦草为主的混播草地，使得人工草地放牧利用的生产性能得到显著提升。苜蓿/禾本科牧草混播草地可直接放牧利用，在适宜混播组合下可显著提高牧草的产量和品质。同时，苜蓿型混播草地进行放牧利用时，家畜的排泄物等有机物可以直接还田，进一步促进了土壤有机质的提升和土壤质量的改善。此外，通过苜蓿型人工混播草地羔羊育肥技术，家畜采食鲜嫩牧草可以提高畜产品中ω-3型多不饱和脂肪酸含量，生产出优质功能性羊肉，有益于人体健康。

近年来，羊肉在肉类消费市场中所占的比重稳步增加，羊肉产量也因此逐年攀升。然而，为了满足市场需要，肉羊养殖产业向规模化、集约化趋势快速发展；饲养模式的改变导致过度的脂肪沉积，出现了肥膘肉、黄膘肉等问题日益严峻，不仅影响肉品质（有益肌肉脂肪酸组成和氨基酸组成），而且也威胁食品质量安全。基于以上问题，该技术通过在舍饲羊饲料中补充适宜的抗氧化剂或者活性物质，如番茄红素、苜蓿皂苷、不同类型油脂、甘草提取物等等可增加IMF沉积，改善脂肪酸组成，减少滴水损失，改善肉色，从而提高羊肉品质和羊肉生产经济效益。舍饲肉羊羊肉品质营养调控技术，主要包括6个核心技术：①番茄红素降低羊肉滴水损失技术；②苜蓿皂苷改善肉色技术；③叶酸提高羔羊肉品质技术；④日粮油脂改善羊肉脂肪酸组成技术；⑤番茄红素改善羊肉品质技术；⑥甘草提取物降低羊肉滴水损失的应用技术。利用该技术可以实现羊肉品质的快速提升，实现高端羊肉的生产，提升羊肉品牌价值。

另外，由于我国蛋白质饲料资源短缺，饲料行业过度依赖于进口等问题。蛋白质饲草在肉羊饲料中的地位至关重要，而构树属于木本类非常规饲料，蛋白含量高，富含黄酮类化合物等生物活性物质，蕴藏着很高的营养价值，用来弥补我国饲料原料不足，可以增加肉羊日增重，提高产肉性能，具有广阔的发展潜力。所用构树为“科构101”杂交构树。构树约1.2 m时采伐，留茬高度约为0.2 m，茎叶全株采伐，粉碎长度小于2 cm（无揉丝），制成青贮备用。青贮方式分为小型裹包青贮和大型袋式灌装青贮两种。小型裹包青贮利用全自动青贮打捆包膜一体机进行，包体直径70 cm，高度70 cm，单包重量85 kg左右，每台机器每小时可裹包青贮4 t左右。大型袋式灌装青贮利用袋式青贮灌装机进行，PE袋口径3.65 m左右，长度80～110 m，每米可灌装青贮6～8 t，每台机器每小时可青贮30 t左右。制作青贮时可添加1.5%EM菌剂，或适量其他类型青贮发酵菌剂。青贮发酵30 d后进入稳定状态可以作为饲料开封使用。开包可见茎叶颜

色呈黄绿色，酸味浓郁，略带清香。取样检测含水量75%左右，鲜叶重量占比55%以上；粗蛋白含量19%～22%，ADF含量31%～38%，NDF含量52%～58%（干物质基础）。

2. 技术示范推广情况　人工草场放牧补饲技术、植物活性物质以及构树青贮等高品质育肥肉羊技术在全国各地区进行示范、推广，获得良好效果，改善了舍饲羊羊肉品质。目前该技术正在河南、河北、山东、江苏、宁夏等肉羊养殖大省（自治区）的规模化肉羊养殖场推广应用，获得良好效果，实现了肉羊养殖效益的提升。

### （二）技术要点

肉羊肉质改良技术：饲喂开始前，采用就地取材、因地制宜的原则确定当地优质饲草资源，如构树青贮、苜蓿等饲料原料，并选择合适的植物活性物质进行额外添加。在我国部分适合人工草场放牧的地方，进行"人工草场放牧＋补饲"的技术。基于NRC（2007）标准，获得不同用途、体重、日增重的肉羊的营养需要量，设计并确定青贮饲料和植物活性物质的使用比例，结合经济效益，获得饲料配方。以实现肉羊生长性能与肉质的协同提高。

### （三）技术效果

1. 已实施的工作

（1）植物活性物质育肥肉羊技术　人工草场种植紫花苜蓿、草地雀麦和草地早熟禾比例分别为15%、50%和35%，亩播量4.5 kg。4个放牧小区，面积均为516 $m^2$，每个小区11只羊。夏季放牧，冬季舍饲。放牧补饲：每天7：00—11：00进行放牧，保证放牧时有充足饮水，归牧后进行补饲，补饲颗粒料加苜蓿干草、玉米秸秆补饲（颗粒料∶玉米秸秆∶苜蓿干草比例为15∶3∶2），保证饲喂后剩料量为总量的5%～15%。纯放牧：每天7：00—19：00进行放牧，保证放牧时有充足饮水，归牧后不进行补饲。

（2）植物活性物质育肥肉羊技术　番茄红素降低羊肉滴水损失技术：基础日粮中添加200 mg/kg和400 mg/kg的番茄红素，育肥3个月。苜蓿皂苷改善肉色技术：日粮添加0 mg/kg、500 mg/kg、1 000 mg/kg、2 000 mg/kg及4 000 mg/kg剂量的苜蓿皂苷提取物。叶酸提高羔羊肉品质技术：妊娠期日粮中分别添加16（F16）mg/kg或32（F32）mg/kg过瘤胃保护叶酸，直到分娩产羔。子代每千克干物质日粮中分别添加0 mg和4.0 mg叶酸，直至屠宰。日粮油脂改善羊肉脂肪酸组成技术：在基础日粮中分别添加2.4%的鱼油（FO）或葵花油（SFO），或0.6%鱼油＋1.8%葵花油（FOSFO），育肥4个月。番茄红素改善羊肉品质技术：在基础日粮中分别添加0（LP0）mg/kg、50（LP50）mg/kg、100（LP100）mg/kg和200（LP200）mg/kg的番茄红素。甘草提取物降低羊肉滴水损失的应用技术：饲喂基础日粮中分别添加0（LE0）mg/kg、1 000(LE1000)mg/kg、2 000(LE2000)mg/kg、3 000(LE3000)mg/kg、4 000(LE4000)mg/kg甘草提取物。

（3）构树青贮育肥肉羊技术　健康状况良好、年龄相近，体重差异不显著羔羊随机分为4组，每组15只。T0组（对照组）饲喂全株玉米青贮和花生秧，T10、T20、T30

组分别使用10%、20%、30%的杂交构树青贮（干物质基础），4组饲粮等能等氮，基于NRC（2007）标准配制，满足该阶段肉羊营养需求。按确定的饲料配方取各原料，采用机械或人工方法混匀。羊自由饮水。每次饲喂前清槽，于每日9：00和15：00饲喂混合后的全价饲料。饲喂量根据试验羊每日的采食情况及时调整，保证每日有剩料。试验羊舍定期杀菌消毒，按时清扫，保证羊舍和路面的清洁和卫生。

**2. 取得的成效**

（1）人工草场放牧补饲在肉羊育肥中的应用　放牧补饲组羊肉粗蛋白含量高于放牧组；放牧补饲组粗脂肪含量高于放牧组。5种呈味氨基酸（天冬氨酸、谷氨酸、苯丙氨酸、甘氨酸、丙氨酸）在人工草场放牧组的含量均显著高。人工草场放牧补饲组特有的风味物质为庚酸、3，6-二甲基辛-2-酮、2-乙基丁酸烯丙酯、3-甲硫基丙醛；放牧组特有的风味物质包括戊醇、庚醇、异戊酸香叶酯、顺-4-癸烯醛。人工草场的放牧补饲模式显著提高了肉羊生产性能和屠宰性能（图1-103、图1-104）。因此，人工草场放牧补饲模式对于实现肉羊产量和质量的协同提高具有重要意义，也为肉羊养殖模式创新提供了新思路。该模式为实现绿色生态可持续肉羊畜牧业发展提供了技术支持，为进一步改善肉羊产业的绿色高效发展助力。

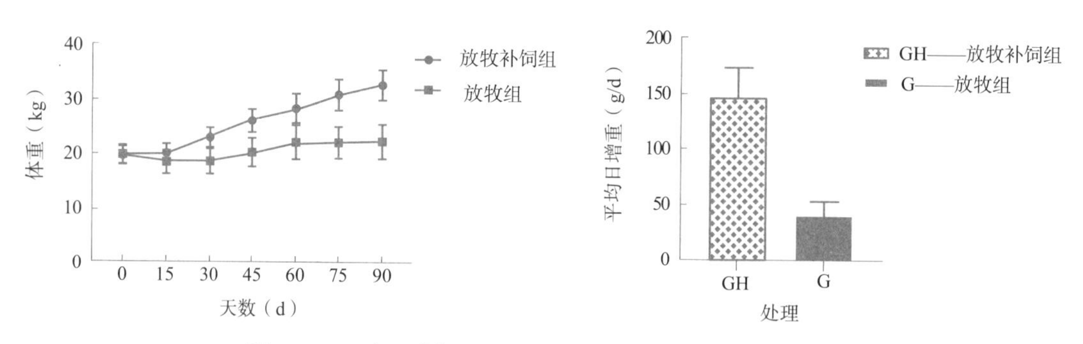


图1-103　人工草场不同饲养模式对羔羊生产性能的影响

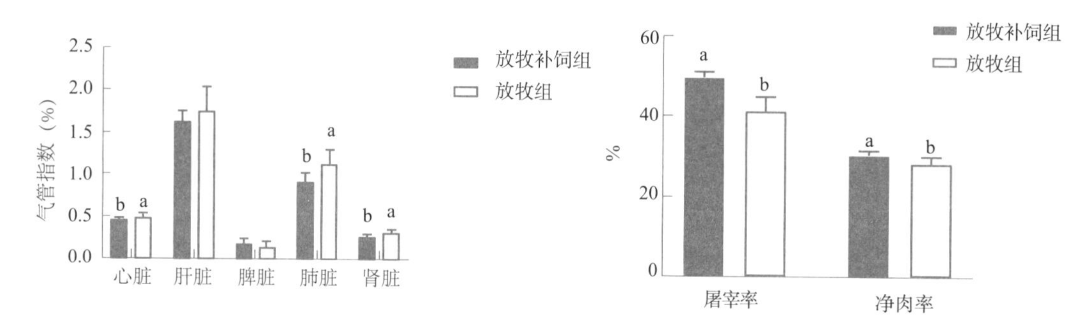


图1-104　人工草场不同饲养模式对羔羊屠宰性能的影响

（2）植物活性物质育肥肉羊效果　番茄红素可以降低羊肉滴水损失，增加羊肉的红度值和不饱和脂肪酸的含量（图1-105和彩图12）。甘草提取物可以提高羊肉品质，降低羊肉滴水损失。苜蓿皂苷可以提高羔羊营养物质消化率，改善肉品质，尤其是对肌肉色泽和色泽稳定性的改善在于苜蓿皂苷上调了 *CAT* 基因的表达，从而改善肉色（图 1－106 和彩图 13)。因此，在使用优质青粗饲料的同时，为了进一步提升和改善羊肉品质可以适当添加使用适量植物活性物质。植物活性物质对改善肉质方面具有重要的作用，因此，该方面技术也为大力推广示范优质青粗饲料奠定了基础，大部分植物活性物质都来源于优质的青粗饲草。因此，植物活性物质和优质青粗饲料的协同使用可以实现优质羊肉生产，并为高端羊肉的生产奠定基础。本技术的推广示范可以助力肉羊产业的全产业链发展和肉羊养殖的转型升级。

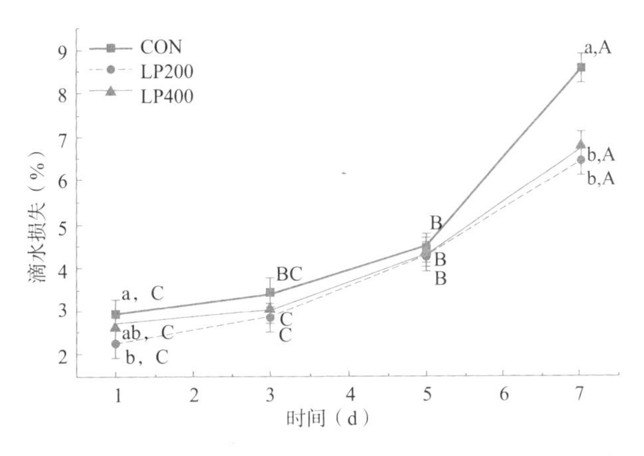


图 1－105　添加番茄红素对储藏期羊肉滴水损失的影响

注：图中不同小写字母表示处理组间差异显著（$P<0.05$）；不同大写字母表示处理组内差异显著（$P<0.05$）；CON，空白对照；LP200，基础日粮中添加 200 mg/kg 番茄红素；LP400，基础日粮中添加 400 mg/kg 番茄红素

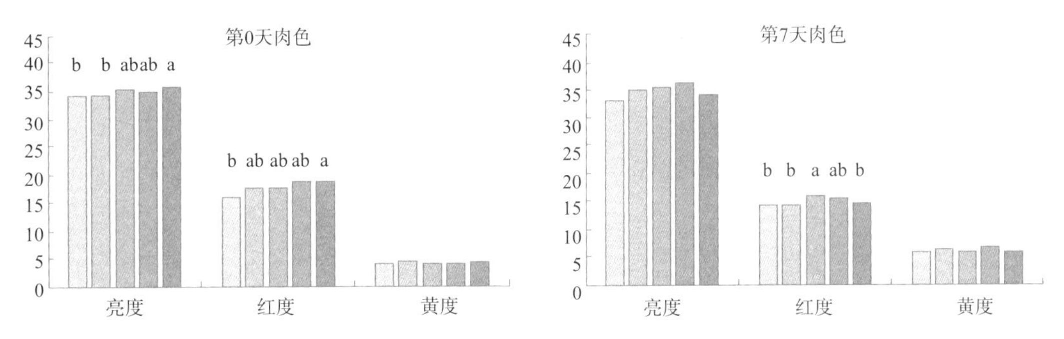


图 1－106　苜蓿皂苷对肌肉肉色的影响

注：图中不同小写字母表示差异显著（$P<0.05$）

（3）构树青贮育肥肉羊效果　基于肉羊育肥阶段营养需求标准，设计 0、10%、20%、30%的构树青贮处理组，选择 60 只湖羊公羔，进行 90 d 育肥。结果发现干物质采食量、终末体重、日增重随着构树青贮的比例升高显著线性增加。

在屠宰性能方面，宰前活重和胴体重显著线性增加，屠宰率、GR 值和眼肌面积均无显著差异。肾脏重量显著线性增加，其他器官重量及指数无显著差异。

在经济效益方面，从利用 0、10%、20%、30%构树青贮来计算，按 2020 年均价计算分别为356.91元、377.76元、476.61元、462.09元，构树使用比例为20%时能获得最大的经济效益。

因而杂交构树青贮能够提高羔羊生长性能和屠宰性能，以30%的使用比例效果最佳，但20%的杂交构树青贮使用比例能够获得最佳的经济效益。因此，在肉羊育肥阶段20%构树青贮为推荐比例。

### （四）技术适用范围

适用于全国各地中型或大型羊场的育肥期肉羊，生产高品质羊肉，创造品牌效应。

### （五）技术使用注意事项

（1）人工草场放牧育肥注意事项　苜蓿与禾本科牧草混播。紫花苜蓿混播草地生产性能高，可以有效避免家畜采食苜蓿过多导致瘤胃臌胀。苜蓿草地刈割后的茬子地也可以进行放牧，但要避免在雨天和露水较多时放牧。进行全天放牧时，在7：00—19：00进行12 h放牧，归牧后给羔羊提供足够饮水，且视情况放置舔砖。可在水中补充适量黄芪多糖，减少环境因素造成的应激反应。放牧季节控制在7—9月为宜，此时牧草生长较为旺盛。合理控制草地载畜量，根据草产量确定草场的实际载畜量。放牧时注意驱赶野狗等动物，避免追赶羊只，并时刻关注羔羊的采食情况。

（2）构树青贮育肥肉羊注意事项　构树原料的粉碎长度低于2 cm。青贮原料的水分含量是决定青贮饲料质量的关键环节。原料水分含量在65%～75%时青贮最为理想。制作环节，如需添加菌剂，应保障菌剂喷洒均匀。制作构树青贮时，要防止漏气进水。

（3）植物活性物质育肥肉羊技术注意事项　饲喂过程中要将这些添加物质与青粗饲料进行合理的搭配。及时关注羊的健康状况，及时医治病羊、淘汰死羊，调整添加剂的使用方式和饲喂量。

## 十三、优质蛋白源青贮饲料在滩羊养殖中利用关键技术

### （一）技术概述

1. 技术基本情况　紫花苜蓿是目前世界上重要的豆科牧草，有“饲草之王”的称誉，是饲喂畜禽的优质牧草。桑叶也是含有较高的蛋白，也可以作为一种新型的优质蛋白饲草。然而，蛋白含量高的饲草较为难青贮，主要是由于其易发酵碳水化合物含量较低，缓冲能值较高。对于蛋白源饲草青贮育肥羊技术，主要技术分为两个环节，即青贮的制作和青贮饲喂肉羊环节。

桑叶青贮制作技术为桑叶采摘、加工处理和乳酸菌厌氧发酵三个环节，对于桑叶的蛋白含量高、缓冲能值高、可溶性糖较低等特点，一般采用额外添加乳酸菌、糖源或与其他农作物副产物或饲草混合青贮技术，以确保苜蓿青贮的发酵质量。由于桑叶青贮一般采用窖贮和袋贮等技术，因此，在制作桑叶青贮环节，要特别注意压实和接种菌的使用，从而确保桑叶青贮制作成功，不含异味，确保适口性。而在肉羊饲喂环节的技术，由于桑叶本身的特点，其中含有较多的桑叶黄酮等生物活性物质，因此，在使用量上要

注意，针对不同生理阶段的肉羊，要选取合适的添加量。目前多个研究发现，桑叶青贮在育肥肉羊上的使用比例10%左右最优，可以提高日增重，降低料重比，改善肉品质并提高动物机体的免疫性能和抗氧化能力。在夏季使用时要做到随取随用，防止二次发酵，冬季使用时要防止桑叶青贮的冻结，建议与干草搭配使用。

苜蓿目前普遍采用拉伸膜青贮技术，本技术是指将收割好的新鲜苜蓿或萎蔫后的苜蓿经捆包机高密度打捆，然后采用专业的拉伸膜进行缠绕裹包，从而创造一个厌氧环境，最终完成乳酸发酵过程，形成优质青贮饲料，有益于保持饲草的营养成分并长期保存。裹包苜蓿青贮不受青贮地点的限制，损失浪费小。这种青贮方式同一般青贮的本质区别就在于其能够进行商品化生产，且能使家畜日粮类型更丰富多样化，从而为日粮合理、高效地配制提供方便，这对于青贮料的应用前景起决定性作用。但是，裹包青贮要求专业配套的加工器械，需要投入的成本较高，一般国产小型拉伸膜青贮裹包机在3万元左右，进口的价格更高。因此，滩羊育肥阶段裹包苜蓿青贮的使用技术主要有针对裹包苜蓿青贮配套的日粮配制技术（配方原料搭配的选择及裹包苜蓿青贮的使用量），拉伸膜废弃与再利用（防止拉伸膜的随意丢弃产生的污染）以及夏季防止二次发酵和冬季防止冻结的技术。该技术实现了我国肉羊养殖的种养循环以及青贮苜蓿的商品化流通。

**2. 技术示范推广情况** 核心技术“苜蓿和桑叶青贮滩羊育肥技术”自2019年以来单独或作为其他技术的核心内容，作为宁夏地区滩羊养殖的主推技术，在我国大部分地区都有使用和示范推广，获得良好效果。特别对于小型养殖场（户）来说，该技术是获取优质苜蓿青贮的直接方法。目前该技术在中国农业大学宁夏吴忠红寺堡滩羊试验基地使用，采用该技术提高了滩羊养殖效率，提升了滩羊肉品质。目前该技术正在全国各地肉羊养殖区应用。

### （二）技术要点

**1. 技术路径** 苜蓿和桑树种植→收割→晾晒→捡拾→切碎→打捆→拉伸膜裹包→存放发酵→饲喂羊。

**2. 拉伸膜裹包青贮的制作技术流程** 应用拉伸膜裹包技术，须有充足的发酵糖分。为了达到最高含糖量水平，获得最高营养物质收获量，应在最佳收获期（已建植的苜蓿田头茬刈割的最佳收获期是孕蕾中期到开花早期，最后1次刈割的最佳收获期为孕蕾后期到开花早期。新种植的苜蓿田刈割的最佳收获期是开花初期）刈割苜蓿，并通过晾晒或萎蔫将其含水量控制在50%～65%范围之内，通过机械切割粉碎至2～3 cm的长度。也可以与米糠、秸秆、麸皮以及玉米粉等混合青贮，可以降低水分含量，并能提供乳酸菌发酵的糖源底物。进而用专用捆包机高密度拣拾压捆，用塑料网或麻线固定草捆形状，然后利用青贮裹包机用塑料薄膜多层（一般6层）裹包密封。草捆密度一般为160～230 kg/m$^3$。草捆直径1.0～1.2 m、高度1.2～1.5 m。重量一般不超过600 kg/捆。商品化苜蓿青贮饲料主要以拉伸膜裹包青贮为主。裹包青贮可以随用随开，减少浪费和发霉变质等问题，并且便于长距离运输。但是其缺点是制作成本和运输成本较高，并且废弃拉伸膜如果处置不当易导致环境污染。

**3. 桑叶青贮制作技术** 利用人工或专用收割设备对桑叶进行收割，通过机械揉搓和粉碎至 2～3 cm 的长度，选择合适的青贮添加剂（一般常用 $1\times10^6$ CFU/mL 的乳酸菌）来制作桑叶青贮。由于桑叶水分含量大，也可与米糠、玉米粉、饼粕类进行混合青贮，降低水分含量。采用裹包青贮、袋贮或窖贮方式，发酵时间一般为 60 d，即可开封饲喂动物。

**4. 日粮配方** 苜蓿青贮和桑叶青贮日粮配方按照肉羊营养需求标准，设计了以下配方（表 1－90）。苜蓿青贮和桑叶青贮的比例都为日粮干物质 20%。

表 1－90 日粮配方

| 干物质基础 | 日粮 | |
|---|---|---|
| | 苜蓿青贮 | 桑叶青贮 |
| 原料 | | |
| 玉米（%） | 38.7 | 38.7 |
| 小麦麸皮（%） | 11.8 | 11.8 |
| 豆粕（%） | 10.2 | 10.2 |
| 苜蓿干草（%） | 10.0 | 10.0 |
| 苜蓿青贮（%） | 20.0 | 0.0 |
| 玉米秸秆（%） | 5.0 | 5.0 |
| 桑叶青贮（%） | 0.0 | 20.0 |
| $NaHCO_3$（%） | 0.6 | 0.6 |
| 预混料（%） | 3.7 | 3.7 |
| 营养成分，干物质基础 | | |
| 粗蛋白（%） | 14.6 | 14.7 |
| 中性洗涤纤维（%） | 31.1 | 32.4 |
| 酸性洗涤纤维（%） | 17.8 | 18.2 |
| 非纤维性碳水化合物（%） | 43.4 | 41.8 |
| 脂肪（%） | 4.70 | 4.94 |
| 粗灰分（%） | 6.20 | 6.15 |
| Ca（%） | 0.84 | 0.98 |
| P（%） | 0.44 | 0.43 |
| 代谢能（MJ/kg） | 10.0 | 10.1 |

**5. 羊育肥流程** 基于苜蓿和桑叶青贮的营养成分含量以及其他饲料原料，配制出满足育肥期滩羊营养需要量的日粮配方。日喂定时 2 次（不同季节适当调整饲喂时间），饲喂时采用搅拌均匀的 TMR，并供给充足的清洁用水（冬季保证水温不冻结），自由饮水。专人饲喂和清扫，保证羊的运动场面积，每天清理圈舍和运动场以保持清洁和干燥，同时观察试验羊的健康状况、适口性、采食量等（图 1-107）。基于每个阶段的肉羊情况和实际饲喂情况，适当调整日粮配方，增加或减少苜蓿青贮在日粮中的使用量。在育肥前中后期，苜蓿青贮的使用量有所不同，育肥前期苜蓿青贮的使用比例可以在适度的基础

上增加添加量（20%～30%，干物质基础），而后期可以减少饲喂量（10%～20%，干物质基础）。在夏季炎热季节可以适度多饲喂苜蓿青贮（15%～25%，干物质基础），在冬季寒冷季节可以适度减少苜蓿的使用量（5%～15%，干物质基础）。考虑到苜蓿成本的问题，建议苜蓿青贮和秸秆、羊草或花生秧等干草配合使用。桑叶也同样适合健康的肉羊品种（滩羊、湖羊等），适用于2～8月龄快速育肥；根据肉羊体重设计日粮营养含量，选择5%～20%的青贮桑叶（干物质含量），替代全株玉米青贮和部分蛋白源精料，作为主要粗饲料来源。目前，育肥期肉羊的推荐饲喂比例为10%左右。

图1-107 试验示范羊场

### （三）技术效果

**1. 已实施的工作** 苜蓿和桑叶型蛋白源青贮饲草资源育肥肉羊效果测定：选择3～4月龄滩羊去势公羊，体重为20 kg左右，80只，分为4组，每组4个重复，每个重复5只羊。试验期：预饲期10 d，正试期60 d。日粮：青贮苜蓿组、青贮桑叶组。TMR及饲料原料每10 d取样并记录。分析测定试验日粮DM、灰分、CP、ADF、NDF。每天记录日粮供给量和剩余量，并确保5%～10%的采食剩余量。试验开始时及随后每20 d记录体重，共记录4次。在采样期的第56天早晨饲喂后3 h进行颈静脉采血（每个重复选1头），利用10 mL真空促凝采血管采集。3 000g离心15 min制备血清，利用全自动血液生化分析仪-7020测定相关血液代谢指标，各个指标利用相应的生化试剂盒。饲喂试验结束后，进行屠宰试验，每组试验羊6只，总共屠宰24只试验羊。所有试验羊取肌肉、肝脏、脂肪组织、消化道及内脏器官组织保存带回实验室分析。

**2. 取得的成效** 由于苜蓿青贮中蛋白含量高，适宜发酵后不仅能够保存苜蓿的营养价值，还能提升苜蓿的适口性，适量的饲喂可以提高肉羊的采食量，提高滩羊生长性能，并提高滩羊肉中风味物质和不饱和脂肪酸的沉积，改善滩羊羊肉品质。由于桑叶青贮中功能性物质含量较高，如桑叶黄酮，因此，其饲喂量具有限制性。另外，桑叶蛋白含量高，作为一种优质的蛋白源粗饲料，在滩羊育肥期使用，可以提高动物的健康水平和抗氧化性能（表1-91），并对生长性能无负面影响。另外，可以提高滩羊肉中风味物质和不饱和脂肪酸的沉积，改善滩羊羊肉品质（特别提高羊肉中不饱和脂肪酸的含量）。另外，通过研究瘤胃微生物变化，发现了与血液免疫相关的关键瘤胃微生物，为利用桑叶青贮在提高肉羊健康奠定了理论基础。

表 1-91 桑叶青贮和苜蓿青贮日粮对滩羊血液营养代谢、抗氧化和免疫性能的影响

| 项目 | 日粮 | | 标准误 | P 值 |
|---|---|---|---|---|
| | 苜蓿青贮 | 桑叶青贮 | | |
| CAT（U/mL） | 12.2 | 12.7 | 0.09 | 0.02 |
| GSH-PX（U/mL） | 952.4 | 979.4 | 6.79 | 0.04 |
| MDA（nmol/mL） | 4.96 | 4.54 | 0.098 | 0.03 |
| SOD（U/mL） | 94.1 | 97.4 | 0.82 | 0.03 |
| T-AOC（U/mL） | 9.99 | 10.57 | 0.141 | 0.03 |
| TNF-α（pg/mL） | 44.9 | 45.9 | 0.70 | 0.34 |
| IFN-γ（pg/mL） | 154.5 | 157.7 | 0.67 | 0.02 |
| IL-1β（pg/mL） | 18.3 | 16.5 | 0.53 | 0.04 |
| IL-2（pg/mL） | 157.2 | 163.0 | 2.41 | 0.12 |
| IL-6（pg/mL） | 44.6 | 37.4 | 1.90 | 0.02 |

### （四）技术适用范围

本技术不适用于所有肉羊品种的饲喂。在不同的肉羊育肥阶段都可以使用，并且以其使用量基于成本效率最优原则和不抑制动物采食量为前提。高密度草捆的生产是拉伸膜裹包苜蓿青贮技术发展的一个主要方向。草捆密度越大，残留空气越少，越有利于生产出高质量的青贮。此外，草捆密度越大，草捆个数便越少，在产量相同的条件下，有利于减少运输及贮存费用；而桑叶青贮功能性活性物质含量较高，特别是桑叶黄酮类物质，因此，在饲喂不同生理阶段滩羊时要特别注意其采食量方面的影响，目前在育肥期饲喂桑叶青贮时可以达到20%干物质比例的添加量，推荐添加量为10%（干物质基础）。

### （五）技术使用注意事项

（1）利用过的拉伸膜容易造成环境污染，如何处理和利用废弃拉伸膜仍是急待解决的问题。

（2）制作桑叶青贮时，建议取青绿桑枝叶，避免发黄及腐败枝叶的掺入。建议利用专用机械设备记性揉搓粉碎，将桑枝叶切割至2～3 cm。

（3）存放裹包苜蓿和桑叶青贮时夏季严防二次发酵，冬季防止冻结。

（4）每个圈舍配备一定面积的运动场（基于养殖密度），确保舍饲羔羊的运动，减少疾病发生。每周对圈舍消毒1次，加强圈舍内卫生的管理和监测。每月对羔羊进行驱虫。确保夏季圈舍的通风换气，冬季保暖。

（5）定期采集饲料原料样进行检测，确保日粮配方的稳定性。每两周左右取饲料原料样进行常规营养成分的检测与分析，分析测定试验日粮 DM、灰分、CP、ADF、NDF。每天观测剩料量，并确保 5%～10%的采食剩余量。根据剩料量及时调整供给量和饲料配方。

（6）确保羔羊定时定量饲喂，TMR 日粮一定要搅拌均匀，防止动物挑食（短时间内采食过多精料）。在配制日粮 TMR 时，要先粗后精的顺序，最后加入适量的水，来调制日粮的水分含量，使精料和粗饲料充分混匀。

（7）确保动物饮用干净卫生的水源，在冬季一定要确保动物饮用到温度适中的水，避免冬季羔羊饮水过低的问题出现。定期消毒防疫，确保羔羊机体健康，预防季节性、传染性疾病的发生。

## 十四、华北地区小尾寒羊全株小麦青贮和燕麦草混合日粮育肥关键技术

### （一）技术概述

**1. 技术基本情况** 中国是小麦的世界第一大生产国，而华北地区是我国小麦三大产区之一。2020 年全国小麦产量 13 425 万 t（国家统计局，2020），播种面积 0.227 亿 $hm^2$，作为冬小麦主产区，华北地区同年机收小麦超过 0.173 亿 $hm^2$。高效利用逐年增加的小麦产量以进一步促进麦类在饲料行业的推广应用已成为华北养殖业的热点话题。2020 年我国华北地区肉羊存栏量 8 124 万只，相应较大的饲草需求也意味着与之俱增的优质饲草缺口。由于国产燕麦草价格持续走高，采用小麦青贮部分替代的饲喂技术有望帮助当地养殖企业实现降本增效。华北地区的冀鲁豫交界地区是小尾寒羊的主要分布区域。作为全国绵羊优良品种之一，小尾寒羊具有发育快、早熟、繁殖力强、性能遗传稳定、适应性强等优点。综合以上，针对华北地区肉羊养殖业的优势特色及市场需求，中国农业大学反刍动物营养团队设计并开发了全株小麦青贮饲料和燕麦干草混合日粮育肥技术。

本项目示范的饲喂技术配方是将秋冬季节小尾寒羊育肥期划分为两个阶段（前期精粗比为 75∶25，后期精粗比为 80∶20），并分配粗饲料中全株小麦青贮和燕麦草的比例为 64∶36。全期饲喂结果显示，在 15 kg 进栏情况下，小尾寒羊日采食量可达到 1.11 kg，日增重可达到 290.87 g，料重比达到 5.98。因此，通过本项技术可以利用华北地区丰富的小麦资源，调制出育肥高效且经济乐观的小尾寒羊育肥日粮。该技术可以开拓农户脱贫致富奔小康的思路和途径，帮助当地政府利用肉羊资源进一步推进扶贫工作。

**2. 技术示范推广情况** 核心技术“华北地区小尾寒羊全株小麦青贮和燕麦草混合日粮育肥技术”于 2020 年在河北黄骅作为育肥技术的核心内容进行示范、推广，获得良好的育肥效果。小尾寒羊干物质采食量达到 1.11kg/d，日增重达到 290.87 g，饲料转化率 5.98；相比纯燕麦干草粗饲料饲喂，采食量提高 18.17%，增重 0.8%，料重比降低 18.42，极大地提高了养殖户的收益。目前在黄骅地区小范围内示范展示，获得了一批当地养殖户的青睐。

## （二）技术要点

**1. 全株小麦青贮和燕麦草混合日粮饲喂方式** 按照中国农业大学反刍动物营养团队的饲喂方式，将肉羊育肥期划分育肥前期（精粗比 75：25）和育肥后期（精粗比 80：20）两个阶段，粗饲料中的全株小麦青贮和燕麦草按 64：36 的比例添加（图 1－108）。

图 1－108 全株小麦青贮及燕麦干草

**2. 全株小麦裹包青贮使用和保存要点** 应用全株小麦青贮和燕麦草配方时，需要考虑全株小麦青贮饲料的良好适口性和营养特点，设置合理的梯度逐日增加饲喂量，帮助肉羊科学地适应青贮日粮，同时也防止酸中毒的发生。裹包青贮应贮藏于平稳开阔的场地，避免暴晒和淋雨。使用时每日先弃去氧化变质或失水干燥的表面一层青贮，之后刨取当日所需青贮量，取出后用多层塑料薄膜及时密封，以防青贮饲料暴露在空气中造成变质。经常检查裹包有无破损，及时用塑料薄膜和胶带对裹包破损处进行修补，保障厌氧环境，防止变质和浪费（图 1－109）。

**3. 全株小麦青贮和燕麦草配方营养标准** 参照最新版 NRC《肉羊营养需要量》，按照目标日增重 300g 的代谢能、粗蛋白、钙、磷营养需要量设计日粮配方（表 1－92）。

表 1－92 全株小麦青贮和燕麦草对小尾寒羊育肥日粮设计表

| 项目 | 育肥前期（精：粗＝75：25） | 育肥后期（精：粗＝80：20） |
|---|---|---|
| 全株小麦青贮（%） | 16 | 12.8 |
| 燕麦草（%） | 9 | 7.2 |
| 玉米（%） | 38 | 50 |
| 豆粕（%） | 15 | 15 |

（续）

| 项目 | 育肥前期<br>（精：粗=75：25） | 育肥后期<br>（精：粗=80：20） |
|---|---|---|
| DDGS（%） | 18 | 11 |
| 预混料（%） | 4 | 4 |

注：每千克预混料中含：维生素 A 7.5 万～35 万 IU，维生素 $D_3$ 1.25 万～14.25 万 IU，维生素 E≥500 mg，铜 100～500 mg，铁 750～17 500 mg，锰 750～5 000 mg，锌 1 250～4 250 mg，碘 3.75～350 mg，硒 2.5～17.87 mg，钙≥12%。

### （三）技术效果

**1. 已实施的工作** 建设高床漏缝地板羊圈，每个羊圈大小为 2 m（长）×2 m（宽），每圈栏饲养 4 只羊，相邻羊圈隔栏处设置一个饮水槽，确保单栏饲喂，自由采食和饮水（图 1－110）。规划育肥前期（精粗比 75：25）和育肥后期（精粗比 80：20）两个阶段。在全封闭和配有自由饮水槽的圈舍里采用全混合日粮（TMR）方式，每日 8：00 和 16：00 进行饲喂。饮水槽每天清理 1 次，保证试验育肥羊清洁饮水。整个饲养试验期 120 d，每日记录采食量，每隔 15 d 对羊进行称重，在育肥过程中粪便及时处理；预饲期对羊圈进行消毒，每天观察食槽、水槽的卫生状况，定期对羊舍、羊栏、食槽以及水池进行消毒。预饲期对试验羊进行统一驱虫（伊维菌素 0.2 mg/kg），灌服健胃散，每天饲喂 2 次（8：00 和 16：00）。免疫程序按照羊场常规程序进行。

图 1－109 全株小麦裹包青贮的保存

图 1－110 羊圈的设计规划及硬件设施

**2. 取得的成效** 饲喂结果显示，在冬季河北省黄骅地区对初始体重 15 kg 的小尾寒羊公羔，采用粗饲料中全株小麦青贮：燕麦草＝64：36 的配方进行育肥，可使干物质采食量达到 312g/d，饲料转化率 3.6；相比纯燕麦干草粗饲料饲喂，采食量提高 15.1%（表 1－93）。本技术经科学的饲养试验证明，可显著提高小尾寒羊采食量和日增重，收获比纯燕麦干草更为理想的育肥效果，节约燕麦干草资源。

表 1-93　示范配方相对纯燕麦草配方生产性能及经济效益对比

| 项目 | 纯燕麦干草 | 全麦青贮：燕麦干草＝64：36 |
| --- | --- | --- |
| 日增重（g） | 1 327 | 1 155 |
| 采食量（g/d） | 271 | 312 |
| 料重比 | 4.64 | 3.60 |

在整个试验周期中，所有小尾寒羊的瘤胃发酵指标、血液和尿液生理生化指标据检测均处于正常范围，行为状态活泼健康、生理发育时期合理，说明饲喂全株小麦青贮和燕麦草不会对肉羊的健康状况造成不良影响，进一步证明了本技术的现实可行性。

全株小麦青贮和草的推广除了能提高中国特色饲草利用率，减少浪费，也能在一定程度上缓解反刍动物养殖中粗饲料短缺的问题，不再一味依赖以花生秧、玉米秸秆为主的饲粮，为扩大肉羊产业规模提供可能性。

### （四）技术适用范围

本肉羊育肥技术配方适用于华北地区，该地是我国小麦主产区，同时也是小尾寒羊主要分布区域，因此，肉羊养殖企业密度高、粗饲料饲草需求量大；本肉羊育肥技术配方推荐饲喂华北地区的特色肉羊品种——小尾寒羊，以便适合羊场的繁殖育种及长期发展；本技术示范在实际操作时要求养殖场具备规模化以及标准化条件，具备青贮制作以及储存条件，同时具备成熟完善的饲养管理机制，方便推进技术实施。

### （五）技术使用注意事项

**1. 合理分群分栏饲养，制定相应的饲养管理规范**　根据生产的目的、要求和年龄结构对羊群进行合理分群分栏饲养。由于种羊、妊娠母羊或羔羊的生产目的不同，对饲草料质量和饲养管理条件有着不同的要求，混养影响整体的利用率。

**2. 适时免疫驱虫，做好羊只综合保健**　羊舍内外定期消毒。春秋两季对羊只进行体内体外驱虫。需要注意的是，对肝吸虫，要单独用药预防。有的复方兽药已经含有预防肝吸虫的药成分。如果兽药里面不含有预防肝吸虫的成分，可以单独购买使用，如氯氰碘柳胺钠等。对出现疾病的羊要视情况及时隔离、诊治、照料。

**3. 建设标准化羊舍，做好粪便和污水处理**　羊舍建设要因地制宜，既节省成本，又有利于夏季通风。粪便和污水要采用堆积发酵等无害化处理，确保不会污染环境。因为强度育肥模式养殖密度大，夏季炎热的时候可以考虑安装遮阳网，饮水中增加维生素和电解质来解暑和预防感冒。如果是在北方寒冷的冬季，最好要有可以敞开又可以封闭的圈舍，这样可以降低能量的损耗，提高饲料报酬。

**4. 科学制作青贮窖，合理取用管理**　一是分层取料：取青贮饲料时，要从窖的一头开始，按一定的厚度，从表面开始一层一层地往下取，使青贮饲料始终保持一个地方挖洞掏取。二是数量适中：每次取料数量以够一天饲喂为宜，每天吃多少就取多少，不要一次取料长期饲喂，以防引起饲料腐烂变质。三是及时封口：青贮饲料取出后，应及时密封窖口，以防青贮饲料暴露在空气中造成变质。四是由少到多：小麦青贮饲料气味酸香、适口性较好，为防止肉羊乍食过多，应建立过渡期，从少到多逐渐增加。

## 十五、全株小麦青贮苜蓿干草组合肉羊饲喂关键技术

### （一）技术概述

**1. 技术基本情况** 华北地区是我国主要的冬小麦产区，近年来，随着草食畜牧业的快速发展，牧草短缺问题日益严重，发展小麦饲草料是解决饲草短缺问题的新途径。中国农区具有丰富的农闲田资源，特别是中国南方亚热带地区的“三季不足，两季有余”的冬闲稻田。其中，广东冬闲田面积在 130 万 $hm^2$ 以上。这些冬闲田在水稻收获后一般闲置 4～6 个月，使全年光照的 35%～45%、积温的 25%～35%、降水的 30%～60%得不到有效利用，造成大量资源和能量的损失，中国南方冬闲田，冬春季光、热、水资源比较丰富，足以生产一季优质牧草，全株小麦青贮是一个非常合适的选择。

河北黄骅是我国苜蓿的主要产地之一，现有苜蓿种植面积 1.13 万 $hm^2$、年产苜蓿干草 15 万 t、苜蓿收购企业 140 余家，被称为“河北苜蓿之乡”，是全国平原地区苜蓿生产第一大市。

针对我国肉羊育肥粗饲料资源短缺、供应不平衡，且粗饲料较单一，长期依赖花生秧和苜蓿等高价牧草的问题，研究开发了全株小麦青贮部分替代苜蓿高效育肥肉羊饲养技术。

**2. 技术示范推广情况** “全株小麦青贮部分替代苜蓿干草高效育肥肉羊技术”自 2020 年以来作为肉羊育肥技术的核心内容，在河北省多地进行示范、推广，为多家肉羊育肥场的日粮配制提供了科学的技术指导，取得了良好的饲喂效果。该技术的广泛推广扩大了肉羊育肥的粗饲料来源及选择，充分发挥了粗饲料之间的正组合效应，显著降低了肉羊的育肥成本，提高了肉羊育肥户的经济效益，促进了当地肉羊育肥产业的快速健康发展，为我国中小型牧场的科学饲养提供了强力的技术支撑。

### （二）技术要点

**1. 优质全株小麦青贮的制作** 在小麦进入乳熟期到蜡熟初期，干物质含量在 30%～35%时收获制作青贮最佳。小麦成熟速度较快，收割要及时快速。切割长度以 2～3 cm 为宜，由于小麦秸秆是中空的，所以在制作小麦青贮时，压实密度是关键，要保证压实密度≥干物质 200 $kg/m^3$。

**2. 配方配制** 分别使用全株小麦青贮替代 0%、36%、64%和 100%的苜蓿干草，精粗比 25∶75，配制成 TMR（表 1-94）。

表 1-94 日粮配方

| | AS0 | AS36 | AS64 | AS100 |
|---|---|---|---|---|
| 全株小麦青贮（%，DM） | 25 | 16 | 9 | 0 |
| 苜蓿干草（%，DM） | 0 | 9 | 16 | 25 |
| 玉米（%，DM） | 38 | 38 | 38 | 38 |

（续）

| | AS0 | AS36 | AS64 | AS100 |
|---|---|---|---|---|
| 豆粕（%，DM） | 15 | 15 | 15 | 15 |
| DDGS（%，DM） | 18 | 18 | 18 | 18 |
| 预混料（%，DM） | 4 | 4 | 4 | 4 |
| CP（%，DM） | 17.49 | 17.33 | 17.08 | 16.77 |
| ME（MJ/kg，DM） | 14.72 | 14.33 | 14.09 | 13.94 |

注：AS0，0%苜蓿干草配方；AS36，36%苜蓿干草配方；AS64，64%苜蓿干草配方；AS100，100%苜蓿干草配方。

**3. 饲喂管理** 选择初始体重 15 kg 左右的小尾寒羊健康公羔 64 只，按照初始体重随机分为 4 个处理组，分别饲喂 4 种日粮，试验所配日粮精粗比为 75∶25。每组设 4 个重复，每个重复即每栏（2 m×2 m）饲喂 4 只羊，自由采食和饮水（图 1-111）。预饲期对羊圈进行消毒，并对试验羊进行统一驱虫（伊维菌素 0.2 mg/kg 皮下注射，阿苯达唑伊维菌素粉每天每只 6 g 拌料，连续饲喂 3 d），灌服健胃散，每天饲喂 2 次（7：30 和 16：00），晨饲前收集剩料记录采食量，每月称重一次。每天清理水槽更换清洁饮水，定期对羊舍、羊栏、食槽以及水槽进行消毒。免疫程序按照羊场常规程序进行。

图 1-111 试验羊舍

## （三）技术效果

**1. 已实施的工作** 已完成为期 16 周的羔羊育肥试验，已获得全部的采食量数据，并在预饲期结束时和育肥试验结束时，连续 2 d 在晨饲前使用电子秤对试验羊进行称重，称量结果的平均值为该羊的代表性体重，根据试验前后肉羊体重的差计算肉羊日增重（ADG），按照每种饲料的进厂价格，计算出每千克（干重）试验饲料的成本，加上已取得的采食量数据，进一步计算每只羊每日的饲料成本。此外，在试验结束时每组挑选 9 只羊进行瘤胃液和血液的采集，测定瘤胃液的发酵指标以及羊血清的生理生化指标，以评估肉羊的健康状况。

**2. 取得的成效** 结果显示，全株小麦青贮36%+苜蓿干草64%的组，日增重达到306.01 g，饲料转化率达到了4.31，效果显著好于其他组，相比苜蓿干草作为唯一粗饲料饲喂肉羊日增重提高9.8%，耗料增重比降低2.71%，每头羊每天增收0.75元，饲养效益提高了11.54%（表1-95）。

表1-95 经济效益分析

| 项目 | AS0 | AS36 | AS64 | AS100 |
|---|---|---|---|---|
| 干物质采食量（kg/d） | 1.09 | 1.17 | 1.32 | 1.23 |
| 日增重（g） | 251.14 | 258.14 | 306.01 | 278.64 |
| 料重比 | 4.33 | 4.54 | 4.31 | 4.43 |
| 日粮成本（元/只） | 2.81 | 3.05 | 3.46 | 3.25 |
| 每只羊每日净收益（元） | 5.98 | 5.98 | 7.25 | 6.5 |

注：AS0，0%苜蓿干草配方；AS36，36%苜蓿干草配方；AS64，64%苜蓿干草配方；AS100，100%苜蓿干草配方。

饲养实践表明，在肉羊的育肥过程中，合理搭配粗饲料，能发挥饲料间的正组合效应。用全株小麦青贮部分替代苜蓿干草可以提高育肥羊的日增重，替代比例以36%为最佳。

### （四）技术适用范围

由于苜蓿是干草，价值高，流通便利，易得到，因此本技术广泛适用于北方小麦主产区，但重点应该在南方可以利用冬闲田种植小麦的区域进行推广。南方粗饲料资源相对短缺，但是有大片闲置的冬闲田资源，可以补种一茬冬小麦，并提前收割制作成全株小麦青贮，极大地扩大了粗饲料来源，解决了冬闲田闲置问题，又不影响水稻的种植。

### （五）技术使用注意事项

**1. 严格把控全株小麦青贮品质** 制作全株小麦青贮时要注意收割时期，因为全株小麦青贮的营养价值及发酵品质与生育期密切相关，不同生育期小麦青贮的养分消化率及可利用率不同，收获过早，干物质含量低，青贮发酵过程中易产生丁酸发酵，造成可消化养分的大量流失。收获过晚，过高的干物质含量则可能会影响青贮过程中的压实程度和发酵，易导致青贮物变质和养分流失。从小麦青贮的干物质含量和发酵品质考虑，小麦用来制作全株青贮饲料的最佳收获时间为抽穗期后的40～45 d。

**2. 注重品种选育** 目前制作全株小麦青贮的小麦品种多为普通的以收获粮食为目的品种，生物产量低，纤维含量高，在今后的生产实践中应注意选用适宜青贮的小麦品种，特别是高产量、高品质、适应性广、饲粮兼用性的品种。

**3. 防止酸中毒** 在使用全株小麦青贮饲喂肉羊时，应注意青贮饲料淀粉含量高、酸度较高，大量使用易引起羊瘤胃酸中毒，影响肉羊的健康及生产性能。因此在配制日粮时应注意添加足量的小苏打作为缓冲剂。

4. 合理配比　以全株小麦青贮为主要粗饲料饲喂肉羊时，要注意添加量，以干物质占比30%～50%为宜，同时应搭配适量的优质干草或农作物秸秆，合理搭配才能充分发挥肉羊的生产性能。

## 十六、"张杂谷"谷草青贮和谷草干草育肥关键技术

### （一）技术概述

1. 技术基本情况　在我国北方，超过50%的耕地都处在干旱、半干旱地区，而且更有许多地方气温较低无霜期较短，常规农作物小麦、大豆等不易生长，我国"张杂谷"谷草经过长期选育具有抗旱、抗寒、抗倒伏、耐贫瘠的特点，尤其是在环境恶劣的山区也有不俗的产量，因此可以充分发挥"张杂谷"谷草在北方旱作农业中的作用。河北省谷子常年种植面积超过16.67万$hm^2$，约占全国播种面积的1/5，谷子种植面积也居全国第二位，产量约占全国的1/4。针对我国肉羊优质饲草料短缺、中小型农户缺乏科学的饲喂方法等问题，研究形成了专用优质谷草青贮/谷草干草-科学配方的技术链条，即优质谷草型肉羊饲料配方与饲养技术。

通过使用谷草青贮/谷草干草调制全混合日粮，再运用中国农业大学配制的育肥配方，可以增强肉羊育肥效率，缩短育肥时间，从整体上提高养殖户的效益。同时，本技术还能推动中国特色饲草——谷草的利用和消费，促进当地草畜企业的协同发展，摆脱国外优质饲草的垄断。

2. 技术示范推广情况　中国农业大学团队所开发的谷草育肥运用模式已在河北和山西等省区开展了大范围的示范推广，为多家谷草生产龙头企业和当地的养殖企业提供了强力的技术支撑，并制定了多项行业、地方和团体标准。自2019年起，中国农业大学团队在河北省张家口市的谷草育肥试验获得了优秀的成绩，当地政府对此赞不绝口；同时在全国范围内针对不同品种、不同生长阶段的肉羊设计、改良和推广了多项优质配方，为我国中小型养殖场的科学饲养提供了强力的技术支撑。

### （二）技术要点

1. 优质谷草青贮/谷草干草的饲喂方式　按照中国农业大学反刍动物团队的饲喂方式，按照谷草青贮/谷草干草以部分添加的方式进行饲喂，搭配其他的粗饲料效果最佳，如花生秧和玉米秸秆等。

2. 育肥配方调制　按照部分添加的方式调制，如表1-96、表1-97所示。

表1-96　谷草青贮日粮配方

| 项目 | FS0 | FS5 | FS15 |
|---|---|---|---|
| 谷草青贮（%，DM） | 0.00 | 5.00 | 15.00 |
| 花生秧（%，DM） | 25.00 | 20.00 | 10.00 |

（续）

| 项目 | FS0 | FS5 | FS15 |
|---|---|---|---|
| 玉米（%，DM） | 38.00 | 38.00 | 38.00 |
| 豆粕（%，DM） | 15.00 | 15.00 | 15.00 |
| DDGS（%，DM） | 18.00 | 18.00 | 18.00 |
| 预混料（%，DM） | 4.00 | 4.00 | 4.00 |

注：FS0，0%谷草青贮配方；FS5，5%谷草青贮配方；FS15，15%谷草青贮配方。

表 1-97 谷草干草日粮配方

| 项目 | FM0 | FM10 | FM20 |
|---|---|---|---|
| 谷草干草（%，DM） | 0.00 | 10.00 | 20.00 |
| 玉米青贮（%，DM） | 40.00 | 30.00 | 20.00 |
| 玉米（%，DM） | 38.00 | 38.00 | 38.00 |
| 豆粕（%，DM） | 15.00 | 15.00 | 15.00 |
| DDGS（%，DM） | 18.00 | 18.00 | 18.00 |
| 预混料（%，DM） | 4.00 | 4.00 | 4.00 |

注：FM0，0%谷草干草配方；FM10，10%谷草干草配方；FM20，20%谷草干草配方。

**3. 谷草青贮的保存** 将裹包放置于平稳开阔的场地贮藏，经常对裹包进行检查，如有破损，及时用塑料薄膜和胶带对裹包进行修补，保障裹包内的厌氧环境（图 1-112）。

图 1-112 谷草青贮的保存

## （三）技术效果

### 1. 已实施的工作

**（1）谷草青贮 TMR 饲料的肉羊饲喂示范** 选取 60 只杜湖杂交羊，按照饲喂的日粮平均分为 3 组：FS0 组、FS5 组、FS15 组。其中，FS0 组饲喂含有 0%的谷草青贮的 TMR，FS5 组饲喂含有 5%的谷草青贮的 TMR，FS15 组饲喂含有 15%的谷草青贮的 TMR（图 1-113）。所有日粮按 TMR 形式饲喂，日喂 2 次（7：00 和 17：30），自由饮水。每天定时清扫羊舍，定期消毒，保证环境干净、卫生，预防疾病。投料时以一个圈（3 只羊）为单位进行投料，为保证羊只的自由采食，每天的投料量要满足日剩料所占比例为 5%～10%。在羊只进入羊圈前 3 d，对饮水槽进行清洁与消毒；正式试验开始后，每隔 4～5 h 换一次饮用水，每隔 2 d 对饮水槽进行清洗，保证饮水的健康与清洁。

图 1-113　育肥羊的饲喂

（2）谷草干草 **TMR** 饲料的肉羊饲喂示范　选取 60 只杜湖杂交羊，按照饲喂的日粮平均分为 3 组：FM0 组、FM10 组、FM20 组。其中，FM0 组饲喂含有 0%的谷草干草的 TMR，FM10 组饲喂含有 10%的谷草干草的 TMR，FM20 组饲喂含有 20%的谷草干草的 TMR。所有日粮按 TMR 形式饲喂，日喂 2 次（7：00 和 17：30），自由饮水。每天定时清扫羊舍，定期消毒，保证环境干净、卫生，预防疾病。投料时以一个圈（3 只羊）为单位进行投料，为保证羊只的自由采食，每天的投料量要满足日剩料所占比例为 5%～10%。在羊只进入羊圈前 3 d，对饮水槽进行清洁与消毒；正式试验开始后，每隔 4～5 h 换一次饮用水，每隔 2 d 对饮水槽进行清洗，保证饮水的健康与清洁。

此外，在试验结束时对所有牛进行瘤胃液和血液的采集，测定瘤胃液的发酵指标以及羊血清的生理生化指标，以评估肉羊的健康状况。

**2. 取得的成效**

（1）饲喂结果显示，饲喂日粮 15%的谷草青贮可以使杜湖杂交羊日增重达到 348 g，远远超过了肉羊育肥的平均值（250 g），干物质采食量达到了 1.68 kg/只，饲料转化率达到 5.39，以屠宰出售为例，饲喂 15%的谷草青贮可以最大程度提高收益，达到了每只羊 926 元的净收益，饲料报酬达到 289%，极大地提高了养殖户的收益（表 1-98）。在肉羊的育肥过程中，添加部分谷草青贮可以提高肉羊的增重，从而提高养殖户的收益，添加比例为 15%最佳。

表 1-98 谷草青贮经济效益分析

| 项目 | FS0 | FS5 | FS15 |
| --- | --- | --- | --- |
| 日增重（g） | 292 | 321 | 348 |
| 干物质摄入量（kg/只） | 1.2 | 1.36 | 1.68 |
| 饲料转化率 | 4.82 | 5.13 | 5.39 |
| 日粮成本（元/只） | 288 | 302 | 320 |
| 净收益（元） | 782 | 853 | 926 |
| 饲料报酬（%） | 271 | 282 | 289 |

（2）饲喂结果显示，饲喂日粮 10%的谷草干草可以使杜湖杂交羊日增重达到 336 g，远远超过了肉羊育肥的平均值（250 g），干物质采食量达到了 1.72 kg/只，饲料转化率达到 4.69，以屠宰出售为例，饲喂 10%的谷草干草可以最大程度提高收益，达到了每只羊 862 元的净收益，极大地提高了养殖户的收益（表 1-99）。在肉羊的育肥过程中，添加部分谷草干草可以提高肉羊的增重，从而提高养殖户的收益，添加比例为 10%最佳。

表 1-99 谷草干草经济效益分析

| 项目 | FM0 | FM10 | FM20 |
| --- | --- | --- | --- |
| 日增重（g） | 302 | 336 | 325 |
| 干物质摄入量（kg/只） | 1.2 | 1.72 | 1.48 |
| 饲料转化率 | 3.98 | 4.69 | 4.21 |
| 日粮成本（元/只） | 289 | 326 | 346 |
| 净收益（元） | 783 | 862 | 812 |
| 饲料报酬（%） | 271 | 264 | 235 |

本研究中肉羊的瘤胃发酵指标和血液生理生化指标均处于正常范围，说明饲喂添加谷草青贮/谷草干草的 TMR 并不会对肉羊的健康状况造成不良影响，进一步证明了饲喂谷草青贮/谷草干草 TMR 的可行性。

综合来看，谷草具有较高的营养价值，可以作为青贮可以制作为干草来替代玉米、小麦秸秆等作为反刍动物的优质饲草资源进行利用。同时也响应了国家“粮改饲”的号召，聚焦“镰刀弯”地区玉米主产区和张家口坝上草原谷草主产区，紧扣农业供给侧结构性改革工作主线，以推进农业结构调整为主攻方向，充分发挥财政资金引导作用，调动市场使用当地优质饲草料的积极性。

### （四）技术适用范围

本肉羊育肥技术适用于华北地区，当地适合种植谷草类的优质牧草，并且具备干草储存条件；羊只品种选择杜湖杂交羊更加有利于育肥；养殖场应具备规模化和标准化条件，便于管理。

### （五）技术使用注意事项

(1) 羊舍的选址。羊舍的地点应选在便于通风、采光、避风、向阳和接近牧地及饲料仓库的地方，羊舍地面干燥，通风良好，羊的歇卧面积，羔羊为 0.8～1 $m^2$，大羊为 1.1～1.5 $m^2$。

(2) 合理分群分栏饲养，制定相应的饲养管理规范。根据生产的目的、要求和年龄结构对羊群进行合理分群分栏饲养。由于种羊、妊娠母羊或羔羊的生产目的不同，对饲草料质量和饲养管理条件有着不同的要求，混养影响整体的利用率。

(3) 建设标准化羊舍，做好粪便和污水处理。羊舍建设要因地制宜，既节省成本，又有利于夏季通风。粪便和污水要采用堆积发酵等无害化处理，确保不会污染环境。因为强度育肥模式养殖密度大，夏季炎热的时候可以考虑安装遮阳网，饮水中增加维生素 C 来解暑和预防感冒。如果是在北方寒冷的冬季，最好要有可以敞开又可以封闭的圈舍，这样可以降低能量的损耗，提高饲料报酬。

(4) 适时免疫驱虫，做好羊只综合保健。羊舍内外要经常打扫，定期消毒。春秋两季分别使用灭虫丁、左旋咪唑等广谱驱虫药对羊进行体内体外驱虫。需要注意的是，对肝吸虫，要单独用药预防。有的复方兽药已经含有预防肝吸虫的药成分。如果兽药里面不含有预防肝吸虫的成分，可以单独购买使用，如氯氰碘柳胺钠等。

## 十七、全株玉米青贮饲喂育成驴关键技术

### （一）技术概述

**1. 技术基本情况** 近年来，饲草短缺成为了限制畜牧业发展的影响因素，全株玉米青贮因其柔软多汁、适口性好、营养丰富等特点，被作为饲料来源受到广泛关注。

我国是世界上驴养殖数量最多和品种资源最丰富的国家之一，据 2020 国家畜牧统计年鉴显示，全国驴存栏量 260.1 万头。养驴业在新疆畜牧业结构中占有较大比重，存栏数多年位居全国第三。随着新疆畜牧业的快速发展，粗饲料供给不足的问题愈加凸显。提高农作物秸秆饲用化利用率是缓解饲草资源短缺的重要措施，玉米秸秆作为家畜重要的粗饲料来源，尤其是在饲草料比较缺乏的地区，秸秆基础饲粮已成为草食家畜生产的常规饲粮。但成熟玉米秸秆纤维含量高，木质化严重，消化率低，营养价值较低。国家开始实施“粮改饲”政策以来，每年青贮玉米的产量可达 8 759 万 t。目前全株玉米青贮饲料已在反刍动物生产中广泛应用。此外，驴作为单胃耐粗饲的草食家畜，在 2018 年试验开展以来，对驴的全株玉米青贮饲喂技术进行了示范与推广，研究结果表明全株玉米青贮饲料在驴上的饲喂效果显著，可进行广泛应用，以丰富驴的饲料来源、提高养殖生产效益。

**2. 技术示范推广情况** 新疆畜牧科学院畜牧研究所团队自 2019 年以来在新疆南疆多地进行全株玉米青贮示范、推广，并通过中国畜牧业协会驴业分会、驴产业技术创新战略联盟、中国马学网、新疆畜牧科学院官网等公众平台和自治区区畜牧（兽医）专业高、中、初级专业技术人员继续教育网上进行广泛宣传。

## （二）技术要点

### 1. 饲料配方

（1）育成母驴饲粮配方 参照 NRC（2015）马的营养需要设计，其组成及营养水平见表 1 - 100。精饲料和粗饲料均为新疆南疆地区当年所产。

表 1 - 100 母驴饲粮组成及营养水平（干物质基础）

| 项目 | 粗饲料中全株玉米青贮占 40% |
| --- | --- |
| 原料 | |
| 全株玉米青贮（%） | 32.79 |
| 玉米（%） | 2.13 |
| 麦麸（%） | 9.59 |
| 豆粕（%） | 3.32 |
| 苜蓿（%） | 23.42 |
| 玉米秸秆（%） | 25.75 |
| 预混料①（%） | 3.00 |
| 合计（%） | 100.00 |
| 营养水平② | |
| 总能（MJ/kg） | 17.51 |
| 粗蛋白质（%） | 9.75 |
| 粗脂肪（%） | 2.50 |
| 中性洗涤纤维（%） | 34.60 |
| 酸性洗涤纤维（%） | 24.40 |
| 钙（%） | 0.68 |
| 总磷（%） | 0.26 |
| 酸不溶性灰分（%） | 2.90 |
| 粗灰分（%） | 9.20 |
| 非纤维性碳水化合物（%） | 56.05 |

注：①预混料为每千克饲粮提供：维生素 A 6 000 IU，维生素 $D_3$ 1 500 IU，维生素 E 80 mg，维生素 $B_1$ 4 mg，维生素 $B_2$ 4 mg，同时提供了适量的钙、磷、氯化钠、赖氨酸、蛋氨酸、苏氨酸和缬氨酸等。

②总能、粗蛋白质、粗脂肪、中性洗涤纤维、酸性洗涤纤维、钙、总磷、酸不溶性灰分和粗灰分为实测值，非纤维性碳水化合物为计算值。

（2）育成公驴饲粮配方 参照 NRC（2015）马的营养需要设计，其组成及营养水平见表 1 - 101。精饲料和粗饲料均为新疆南疆地区当年所产。

表 1-101 公驴饲粮组成及营养水平（干物质基础）

| 项目 | 粗饲料中全株玉米青贮占 60% |
|---|---|
| 原料 | |
| 全株玉米青贮（%） | 11.25 |
| 玉米（%） | 35.48 |
| 麦麸（%） | 9.96 |
| 豆粕（%） | 12.66 |
| 玉米秸秆（%） | 26.25 |
| 碳酸氢钠（%） | 0.42 |
| 预混料①（%） | 3.98 |
| 合计（%） | 100.00 |
| 营养水平② | |
| 总能（MJ/kg） | 17.91 |
| 粗蛋白质（%） | 13.59 |
| 粗脂肪（%） | 3.00 |
| 中性洗涤纤维（%） | 35.30 |
| 酸性洗涤纤维（%） | 18.00 |
| 淀粉（%） | 37.60 |
| 酸性不溶性灰分（%） | 1.40 |
| 粗灰分（%） | 7.90 |

注：①预混料为每千克日粮提供：维生素 A 6 000 IU；维生素 $D_3$ 1 500 IU；维生素 E 80 mg；维生素 $B_1$ 4 mg；维生素 $B_2$ 4 mg；②营养水平为实测值。

**2. 日常管理**

（1）混合饲喂、日饲喂 3 次，时间平均分配为宜。

（2）圈舍管理　要做到勤打扫、勤垫圈，夏天每日至少清除粪便 2 次，并及时垫上干土，保持过道和厩床干燥。要保证圈内空气新鲜、无异味。每次饲喂后，要清扫饲槽，除去残留饲料。淘草缸、饮水缸都要及时刷洗，保持饮水新鲜清洁。驴的耐寒性较差，冬季圈内温度应保持在 8～12℃。夏季圈内要随时保持通风，若天气闷热，应将驴拴于露天凉棚下饲喂。

（3）刷拭驴体　每天 2 次用扫帚或铁刷刷拭。刷拭应按由上到下、由前往后的顺序进行。

（4）蹄的护理　保持蹄的清洁和适当的温度。每 1.5～2 个月可修蹄一次。若役用还需要钉掌。通过蹄的护理可发现蹄病。

（5）定期健康检查　每年至少应对驴进行 2 次健康检查。

### （三）技术效果

**1. 已实施的工作**

（1）全株玉米青贮混合日粮饲喂青年母驴试验示范　选择体重（144.82±0.65）kg 接近、体况良好的 2 岁育成母驴 30 头，在对全株玉米青贮饲料营养价值评定的基础上，设计 0（对照组）、10%、20%、30%和 40%的 5 种不同青贮饲料饲喂水平的日粮，通过饲喂试验，研究对育成母驴生长性能、血清生化、营养物质消化代谢的影响，评估全株玉米青贮饲料在育成母驴养殖中应用的可行性，获得全株玉米青贮饲料在育成驴养殖中的饲喂水平，为指导用青贮饲料科学养驴提供科学依据（图 1-114）。

图 1-114　育成母驴试验称重现场

（2）全株玉米青贮混合日粮饲喂育成公驴试验示范　选择 6～8 月龄体重接近（106.02±11.81）kg 和体况良好的疆岳驴育成公驴 40 头，随机分为 5 组，每组 8 头（2 个重复，$n=4$），分别饲喂能量和蛋白质水平接近，全株玉米青贮占粗饲料比例分别为 0、30%组、30%组+小苏打、60%组和 60%组+小苏打的 5 种日粮。通过饲喂试验，研究对育成公驴生长性能、血清生化、营养物质消化代谢的影响，评估全株玉米青贮饲料在育成公驴养殖中应用的可行性，获得全株玉米青贮饲料在育成公驴养殖中的饲喂水平（图 1-115）。

图 1-115　育成公驴试验饲喂现场

2. 取得的成效

（1）育成母驴试验中发现与对照组相比，40%组的平均日增重提高了45.88%，料重比降低了32.66%；40%组粗脂肪、总能、中性洗涤纤维、酸性洗涤纤维、钙表观消化率极显著高于对照组，40%组的全株玉米青贮添加量对育成母驴增重的饲料成本最低（16.34%）。以全株玉米青贮占粗饲料40%的比例饲喂2周岁青年母驴效果最优。

（2）育成公驴试验中发现，以全株玉米青贮占粗饲料60%的比例饲喂公驴日增重达到448.21 g，料重比达到5.64，收益提高22.59%。全株玉米青贮占粗饲料的比例为60%时，养殖的经济效益最高。说明饲粮中粗饲料用60%的全株玉米青贮是可行的；饲粮中正常的小苏打水平即可，不需因添加全株玉米青贮而额外增加小苏打。

（3）和常规技术相比，应用全株玉米青贮饲喂育成驴技术可以使每头驴平均日增重增加10%以上，每头驴日成本节约3元以上，经济收入提高10%以上。

（4）饲粮中使用全株玉米青贮能够提高育成驴的生长性能，提高饲粮的营养物质的表观消化率；全株玉米青贮提高了饲草利用率、有效缓解新疆南疆优质粗饲料的短缺问题，为建立环境友好型社会和美丽乡村奠定了基础。

（5）新疆畜牧科学院畜牧研究所团队自2019年以来在新疆南疆多地进行全株玉米青贮示范、推广，并通过中国畜牧业协会驴业分会、驴产业技术创新战略联盟、中国马学网、新疆畜牧科学院官网等公众平台和自治区区畜牧（兽医）专业高、中、初级专业技术人员继续教育网上进行广泛宣传，通过实地培训，提高了新疆乃至全国驴养殖企业和养殖户的全株玉米青贮制作、精细化科学饲喂意识和科学养殖水平，为驴产业和畜牧业增效、农民增收、产业兴旺、乡村振兴奠定了坚实的基础。

### （四）技术适用范围

该项技术主要适用于新疆乃至西北地区具有青贮制作条件的养驴企业、合作社和养殖大户。

### （五）技术使用注意事项

1. 全株玉米青贮饲喂注意事项

（1）炎热夏天　避免二次发酵；迅速按序分层取料；合理安排取料用量；保证新鲜，防止霉变。

（2）寒冷冬天　避免饲料结冰；饲料回温再饲喂；尽量白天取料；检查饲料，杜绝霉变。

2. 取料方法

（1）从较低处开窖，避免雨水倒灌。

（2）截面整齐，减少暴露面。

（3）依次取料：从上至下，从左至右（或相反）。

（4）弃用霉变饲料：窖头、窖尾和靠近吊顶上面，以及窖两侧 30 cm 的青贮饲料。

3. 饲喂事项

（1）不宜单独饲喂 要与干草或精料混合后饲喂。

（2）全混合日粮（TMR）饲喂 或先喂全株玉米青贮，然后给予干草和精料。

（3）由少到多，逐渐过渡 可采取 1/4、2/4、3/4 和 4/4 法过渡。

（4）饲喂比例过高 应在精料中加入适宜的小苏打。

# 案例篇

ANLIPIAN

# 第一节　河北省优质青粗饲料资源开发利用典型案例

## 一、河北省张家口市兰海牧业示范点“光伏＋养殖”肉羊养殖典型案例

### （一）示范企业简介

兰海牧业养殖有限公司是一家“光伏＋养殖＋有机肥生产加工”新型产业发展的养殖公司，是一家集种养选育、繁殖、肉羊育肥与光伏发电于一体的新型企业。示范企业养殖区占地 26.7 万 $m^2$，已建造羊舍近 6 万 $m^2$，全部投产后年出栏商品肉羊近 5 万只，企业巧妙地将羊舍的遮阴与光伏发电结合起来，极大地利用了土地资源。同时，示范企业被农业农村部评为“部级肉羊标准化示范场”。2019 年被省政府评为“河北省扶贫龙头企业”。2019 年承接了农业农村部“优质青粗饲料资源开发利用示范”项目。近年来，在项目专家的指导和建议下，市、区领导帮助下，企业培育壮大产业与助力脱贫攻坚有机结合，把肉羊产业作为农业主导产业和脱贫攻坚的首位产业，推广产业扶贫模式，大力发展以杜寒、杜湖杂交羊为重点的现代肉羊产业，构建了群众稳定脱贫致富的区域特色产业发展体系。

现如今存栏 2 万只杜湖杂交羊，羊舍 9 000 $m^2$，青贮池 8 万 $m^2$；饲料间、干草棚、机械库、维修间、办公区和生活区共 500 $m^2$。采用的“光伏＋养殖＋有机肥生产加工”新型产业使企业的年收益达到 300 万元。

另外一个方面，河北省张家口市对于本地特色的谷草资源十分重视。在我国北方，超过 50％的耕地都处在干旱、半干旱地区，而且更有许多地方气温较低无霜期较短，常规农作物小麦、大豆等不易生长，而我国“张杂谷”谷草经过长期选育具有抗旱、抗寒、抗倒伏、耐贫瘠的特点，尤其是在环境恶劣的山区也有不俗的产量，因此可以充分发挥“张杂谷”谷草在北方旱作农业中的作用；并且“张杂谷”谷草干草的营养价值很高，位于五谷之首，粗蛋白含量为 6.22％～8.5％，尤其是在成熟期，蛋白质含量更高，其营养价值与“饲草之王”苜蓿接近，氨基酸组成也相较于常规饲料玉米秸秆更加平衡，饲料成本也更廉价。河北省谷子常年种植面积超过 1.6 万 $km^2$，约占全国播种面积的 1/5，谷子种植面积也居全国第二位，产量约占全国的 1/4。谷草作为一种廉价优质粗饲料，相比于玉米秸秆黄贮消化吸收率、干物质和蛋白含量更高，而且青贮制作方便，青贮窖所占空间小，制作完成后可长期保存，不易变质，一年四季可均衡供应，是一种当地优质的粗饲料之一。

### （二）示范企业成功经验介绍

**1. 政府政策引导促进了企业的发展**　兰海牧业自 2014 年成立之初受到各级政府大力支持，政府发挥引导和金融撬动作用，多力合一，形成政策叠加效应，破解“难起步”问题。加上光伏项目的国家补贴，成功将企业建立并且发展起来。

**2. 利用国家政策，灵活分工** 根据张家口市的实际情况采用分离模式，模式主要运营方式是：由兰海牧业公司和国家光伏项目补贴项目出资建设羊舍、青贮窖、饲草饲料库等基础设施和光伏玻璃，光伏板和光伏一体化设备，购买铲车、TMR、粉料机等机械设备。羊群由兰海牧业进行统一管理、营养搭配、科学饲养，以养殖+光伏最终收益进行分配。同时积极帮助贫困户，张家口市宣化区35户贫困户全部参加企业编制，在兰海牧业公司就业。通过积极收纳员工，提供就业岗位带动贫困户56户，提供就业岗位包括：羊场建设与施工、玉米收割、秸秆收割粉碎打包、肉羊养殖等工作，以每人150元/d的劳动力价格结算，贫困户分别获得4 000～40 000元的劳动收益。通过政府光伏项目带动贫困户20户，每人3 600元/年，实现贫困户脱贫任务。全程参与真正做到产业扶贫，确保脱贫不返贫。同时为周边养殖户提供优质母畜，指导养殖户圈舍改造，提供羊场管理技术、青贮储存与使用技术以及精料配比方案，贯彻防大于治的思想。

**3. 加强检疫监管，提高养殖安全性** 积极做好风险防控：从外面购进母羊均由大牧场引进（不上市场及农户采购），保证羊源质量，特别是口蹄疫、布鲁氏菌病、结核病等传染病可控，减少引进羊源环节羊死亡率；羊进场后全部上全险，积极防疫，专职兽医负责，采用备案制，基础母羊不出售，有淘汰羊及时补上。

**4. 与河北当地饲草公司巡天开展饲草合作模式，降低运营成本** 在花生秧等粗饲料价格一路飙升且短缺的背景下，优质青粗饲料资源开发利用示范项目中国农业大学杨红建教授团队立足当地饲草资源禀赋、从降低饲喂成本角度出发将当地的谷草资源引入企业，直接促成了河北巡天农业科技有限公司与兰海牧业的饲草料合作，从根本上解决了兰海牧业优质饲草资源短缺的问题，并且种植与收割区域就在张家口市坝上种植基地，极大地降低饲草的运输成本，间接提高了兰海牧业的收益。

### （三）示范企业养殖过程中存在的问题分析及解决办法

#### 1. 企业在肉羊养殖选址上存在的问题分析及解决办法

（1）存在问题 母羊发情周期长，配种率不高。由于饲养、配种等管理不当，加上档案缺失等造成母羊空怀多，同时配种不集中，导致母羊分娩时间分散，给后期分群管理、营养管理带来很多问题。图2-1所示为发情母羊。

图2-1 发情母羊

羔羊成活率不高。母羊产犊季节多数在冬季，造成羔羊死亡率过高。

品种单一，养殖效益低。目前主要有两个品种：湖羊和杂交羊，由于两个品种育肥效果都不佳，影响后期售卖价格和收益率。

（2）解决办法 优质青粗饲料资源开发利用示范项目组杨红建教授团队将同期发情-定时输精技术推广至养殖场（图 2－2），不仅解决了母羊配种率不高的问题，而且对全场母羊进行 B 超检查，检查子宫是否有问题，针对性进行治疗或淘汰措施。另外，项目组团队建议对正常母羊检查妊娠状况，挑选出妊娠月份相近母羊，进行分群管理，未妊娠母羊分批量进行同期发情，控制产犊时期。

图 2－2 人工输精

尽量避开冬季产犊。提前测算产犊时期，控制配种时间，避开冬季产犊。

更新种羊群并选择性淘汰，注重羊场品种统一性，这样利于生产管理、营养调配和后期售卖。

**2. 企业在肉羊饲草料使用上存在的问题分析及解决办法**

（1）存在问题 饲料价格的波动直接影响肉羊养殖者的生产稳定性，价格的大幅上升会引起肉羊养殖成本的提高，会挤压肉羊养殖者的利润空间。2019 年以来，受国际贸易摩擦和对未来市场预期的影响，肉羊养殖的重要饲料玉米、豆粕和花生秧价格波动幅度较大，并且与历年走势不符，造成养殖者养殖成本的不确定性增大，进而影响到肉羊及羊肉市场价格和获利能力。饲料成本与养殖效益的矛盾逐渐显现。

（2）解决办法

①立足当地，大力发展本地饲料资源合理利用。因地制宜，养殖场充分利用当地农作物来降低饲料成本。中国农业大学杨红建教授团队基于农业农村部“优质青粗饲料资源开发利用示范项目”，充分发掘了当地谷草青贮的饲喂资源，将谷草青贮作为优质的饲草资源进行饲喂，大大降低了育肥羊的饲喂成本，并且在花生秧等其他饲草资源短缺的背景下，其代替价值充分体现。2020 年，兰海牧业养殖企业将养殖场存量一半的花生秧以及玉米青贮全部替换为谷草青贮，并且开始逐步推广中国农业大学杨红建教授团队为谷草青贮专门设计的育肥羊配方。中国农业大学杨红建教授团队的“育肥技术＋当地特

色谷草青贮”使兰海牧业的养殖效率提升，降低养殖成本，从而增加了收益。

②丰富饲料原料。在保证动物健康和正常生长的基础上，替换一部分价格高的饲料原料。中国农业大学杨红建教授团队在驻场开展技术推广和示范期间，发现兰海牧业养殖场统一使用豆粕作为蛋白质来源，在豆粕紧缺的背景下只能高价购入豆粕，导致养殖成本大大提高。团队建议在蛋白质饲料中引入处理后的无害菜籽粕来替换部分豆粕，不但营养成本可以保持不变，而且菜籽粕相对便宜，可以降低饲料成本。

③健全饲料生产体系，合理规划饲料原料收割、处理、加工和保存等生产流程，使其能够在最低投入的情况下运作。

**3. 企业在肉羊日常管理存在的问题分析及解决办法**

（1）存在问题　饲料原料缺乏，原材料采购和必须兽医药品管理存在漏洞，缺乏行之有效的饲养管理。

（2）解决办法

①对所购原料的管控。原材料购入数量、使用数量，做到3个月盘点一次，必须形成文字记录，供企业内部参考。参考预混料推荐配方，核算所购原料：玉米、豆粕、麸皮、小苏打、食盐、预混料和谷草、玉米秸秆、玉米青贮等与羊只数量得出日饲喂量，大致核算一次进购原料使用天数，做到心中有数，提前一周安排好下次所需订购原料，以防羊断料引起掉膘及其他营养缺乏性问题。对药品进行管控，记录场内各类药品购进数量、使用明细，做到每月盘点一次，形成文字记录，供企业内部参考。

②对羊的管控。给所有羊打上耳标并编号。有利于在养殖期间随时掌握哪只羊出现问题并及时采取措施治疗，以防造成更大损失。尤其是繁殖母羊，所产羔羊和母羊编号相对应（如成年羊1号，所产羔羊01号），可随时掌握羊场羊的数量，清楚辨别并记录哪只出现不良症状。发情母羊的配种日期、预产期要做详细记录。新生羔羊生产日期及体重也要做好记录。

③对羊场现况的全面管控。组建养殖场内部管理交流群，尤其对于规模养殖、有雇员的羊场更利于管理。一线饲养员在日常饲喂中发现哪只羊有问题，要及时拍视频，并详细叙述具体症状，由专业兽医师给予治疗方案，做到及时治疗。实行责任制，若饲养员未及时将问题羊反馈到内部群，羊的死亡与工资挂钩；应做到及时发现问题并反馈到内部群，根据相应的防治方案，配合实施。保证户主临时有事外出，也可全面掌握羊场情况。

**4. 企业在产业结构方面存在的问题分析及解决办法**

（1）存在问题　产业结构不合理，不能完全发挥其经济价值。

（2）解决办法

①调整产业结构和生产方式。把龙头企业、养殖大户等推向前台，作为结构优化的先锋，使其作为改变禽畜养殖方式的示范和样板，为更多养殖企业和个体户指出明路。

②重视科研。通过改革，大力推行科研体制建设，如与相关高校密切合作。杨红建教授团队的驻场使兰海牧业第一次真正意识到依靠先进的饲养营养知识来改善养殖场的各种问题是相当重要的，推广科研成果对于一个企业是“质”的提升，最终都能提高企业的养殖效益。

③重视信息流畅度。利用互联网、电话等手段，关注行情信息。提高对市场预测的准确度，减少销售环节的不确定性，及时与消费者、代理商取得联系，随时调整企业措施。

④要主动出击市场。中国农业大学杨红建教授团队走访发现，大部分养殖户思想极为保守，一直养殖多年不变的传统养殖动物，这使养殖的动物不具市场冲击力，缺乏对消费者的吸引力。

**5. 企业在肉羊辅助设施设备使用上存在的问题分析及解决办法**

（1）存在问题　设施设备缺乏。只有基础运动场和围栏设备，仅能实现一些简单的圈舍和运动目的。如果是做修蹄、疾病检查、去角等难度较大的工作会很困难。例如，缺乏初乳灌注设备。肉羊新生羔羊最容易忽视的一个问题就是新生羔羊吃初乳的量，初乳的蛋白质是常乳的4倍，乳脂率是常乳的2倍且含有丰富的矿物质，其中大量的镁离子可促使胎便排出。此外，初乳中还含有羔羊建立自身免疫系统的抗体，羔羊吃足初乳能提高抵抗疾病的能力。越是弱小的羔羊越要通过人工辅助的方法让其多吃初乳。图2-3为兰海牧业示范企业羊圈舍。

（2）解决办法　引进中国农业大学杨红建教授团队改良后的初乳灌服奶瓶（图2-4），并且在专业的使用说明书下正确科学地使用初乳灌服器，能够充分解决新生羔羊初乳摄入不足的问题。

图2-3　兰海牧业示范企业羊圈舍

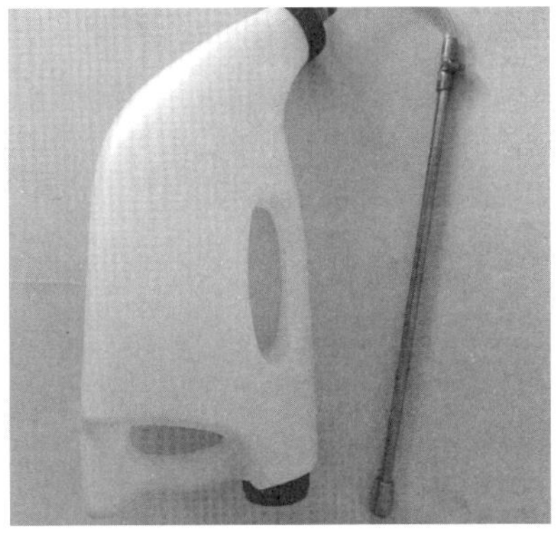

图2-4　初乳灌服奶瓶

## （四）示范企业经营模式

**1. 企业经营过程中遇到的问题及解决的思路**

（1）职工带动方式　根据兰海牧业职工的实际情况，采用绩效的模式，通过对职员工作的统计与监察，将员工的工作表现划分奖惩区间，工作额外表现优异的，在员工的工资基础上增加奖金。例如，羔羊的成活率越高，负责母羊接生以及羔羊保育的工作人员奖金越高，上不封顶。通过奖惩制度，可以充分调动员工的积极性。

（2）合理产业分工　养殖人员专门负责肉羊的养殖，解决公司企业的肉羊养殖结束问题，通过养殖绩效换取相应报酬；兽医人员负责全场的畜禽疾病管理、疫苗接种、疾病防控、不定期的疾病筛查等工作，按照工作绩效来获取报酬；技术人员专门负责人工授精，不定期检查母羊怀胎情况，对养殖人员的养殖技术指导任务等；光伏项目职员专门负责光伏的保养以及光伏大数据的统计。其余流动人员灵活分配任务，将工作计入绩效中。

（3）享受国家政府政策支持　采用“自发自用、余量上网”模式的工商业分布式（即除户用以外的分布式）光伏发电项目，全发电量补贴标准调整为每千瓦时0.10元；采用“全额上网”模式的工商业分布式光伏发电项目，按所在资源区集中式光伏电站指导价执行。能源主管部门统一实行市场竞争方式配置的工商业分布式项目，市场竞争形成的价格不得超过所在资源区指导价，且补贴标准不得超过每千瓦时0.10元。通过光伏项目补贴获得部分收益。

（4）与中国农业大学杨红建教授团队工作结合，利用高效繁殖和养殖技术

1）选择适宜的品种　肉羊品种是影响产肉量的主要因素之一。中国农业大学杨红建教授团队在驻场期间指出，近年我国引进了不少肉羊品种，如波尔山羊、无角陶赛特羊、特克塞尔羊、夏洛莱羊、萨福克羊、杜泊羊、肉用德国美利奴羊、东弗里生羊等品种，它们的共同特点是：生长发育快，产肉量高，肉用体型明显，繁殖性能优良。但本地品种也具有适应性较强、耐粗饲等特性，建议二者要相互结合，合理利用。

2）配种时间与利用年限

①配种适龄。初配母羊在1～1.5岁，公羊在1.5岁以上，且山羊较绵羊略早，3～5岁羊繁殖力最强。

②最佳配种时间。一般有固定的繁殖季节，但人工培育品种常无严格的繁殖季节性，北方地区一般在7月至翌年1月间，而以8—10月为发情旺季。奶山羊以8—10月配种为好。

③母羊发情持续时间。山羊24～48 h，在发情后12～24 h配种为好。母羊发情周期为15～21 d。

④最佳利用期。母山羊8年，公山羊6年。

3）科学饲养管理　饲料营养的合理配置与供给，力求降低成本，提高饲料转化效率。不仅要考虑羊对饲料的数量需求，还要考虑质量需求；不仅要考虑适口性，还要考虑投资成本；不仅要考虑不同年龄羊的生理特点，还要考虑当地饲料资源条件。中国农业大学杨红建教授团队指出，除羔羊外，其他羊粗饲料应占到日粮的40%～60%，其中以优质青干草为主（应占粗饲料的50%左右），自由采食；青贮饲料供给量为1.5～2.5 kg，可占粗饲料的30%左右。规模化羊场中青贮饲料的供给十分重要，不仅可补充部分青饲料，还可大大降低饲料成本。繁殖季节的种羊和冬春枯草季节舍饲或放牧羊只均需补充胡萝卜，成年羊补饲量为1～1.5 kg。另外，还要注意矿物饲料添加剂的有效补充，除在配合饲料中添加外，可将富含各种矿物元素的舔块放在饲槽旁，任其自由舔食。食盐还可通过饮水供给。舍饲条件下，羊只因抢食易发生打斗，往往是强羊更强，弱羊更弱，可在饲槽上方安置一个可上下翻动的固定杆，羊只采食时，放下固定杆，将每只羊固定在采食位置，采食结束后，再将固定杆翻起固定在饲槽上方。

4）驱除寄生虫　寄生虫不但消耗了羊的大量营养，而且还会分泌毒素，破坏羊只消

化系统功能，所以应当驱虫。用高效驱虫药左旋咪唑，按每千克体重 8 mg，兑温开水溶化，配制成5%的水溶液作肌内注射，能驱除羊体内多种线虫和圆虫；同时用硫酸二氯酚，按每千克体重 80 mg，加少许面粉，兑水 250 mL，饲喂前空腹灌服，或用丙硫咪唑，按每千克体重 15 mg 兑水灌服，能驱除肝片吸虫和绦虫，保证育肥期旺盛的生理机能。

**2. 示范企业发展情况**　在中国农业大学杨红建教授团队的“育肥技术＋优质青粗饲料项目推广”的支持下，严格按照技术的规范操作，企业不断提高养殖的效益，并且具有可重复性，在养殖过程中进行全过程的连续作业，摆脱了之前小家小户混乱的养殖方式，将养殖过程更加“傻瓜式”，有利于养殖场提高养殖效率，减少人工管理，运用现代高科技设备进行作业。在养殖场饲养的羊只达到屠宰目标体重后，会经由与企业合作的屠宰车间进行屠宰，将各种畜产品从羊只上获取后，部分肉类产品要进入排酸间排酸，然后将畜产品进行分类包装、装订礼盒，然后发往兰海牧业养殖有限公司的自创品牌“兰海奥祥”羊肉专卖店进行销售。该公司的“兰海奥祥”品牌羊肉产品已成为张家口地区高品质羊肉首选。

“光养结合”“两条腿走路”给入股的扶贫资金和分红上两道“保险”。他将羊场用工重点向周边的贫困户倾斜，到饲料储备旺季用工达900人次，年消耗周边玉米及其他秸秆类农作物1.5万t，通过收购农作物秸秆作饲料，直接使94户建档立卡贫困户增收。建立了“公司支持，农户参与，资源共享，溢价收购”模式，免费提供优质种羊给农户，配种产出羊后，公司再向农户回购，统一销售，带动周边1 000余户养殖户年收入显著提高。

2019年，农业农村部“优质青粗饲料资源开发利用示范”项目落户兰海牧业养殖有限公司，在国家项目的支持下，兰海牧业公司积极推进当地优质饲草资源——谷草的利用。由于谷草干草适口性较差，导致育肥羊的采食量较少，无法满足育肥羊对营养的需求，且谷草收割具有季节性，保存条件又是一大难题。针对兰海牧业所面临的问题，中国农业大学杨红建教授团队提出将谷草干草制作成青贮饲料，一方面增加了适口性与口感，另一方面也大大降低了饲料保存的条件，极大地改善了当地优质粗饲料的缺点。面对项目专家杨红建教授团队的建议，公司迅速成立了青贮制作小组，购买相关青贮制作的设备，规划青贮制作工坊和保存仓库，仅仅两周时间就将青贮制作的前期准备完成，开始积极进行青贮的制作。兰海牧业开发当地优质粗饲料的积极性也带动了当地的几家大型养殖场，他们也仿照兰海牧业的模式，大量采购当地的谷草资源，将其制作成青贮进行畜禽的饲喂。同时，当地的草叶公司也依靠养殖场的采购增加了公司营业额，再也不用担心优质的谷草资源囤起来“没人要”的状况。据了解，仅仅宣化区就种植3 600亩“张杂谷”高产高效示范田，同等地块比种植传统谷子、玉米增产明显，亩均增收30%多，达到了科技扶贫、增收致富的效果。兰海牧业养殖人员说：“我们公司现在用我们本地的谷草青贮饲喂我们公司的羊，效果好着呢，也不用大费周章地去别的地方购买粗饲料了”。

**3. 效益分析**

**（1）经济效益**　现在公司年出栏种羊、育肥羊3万只，产品远销北京等地市场，旗下有羊肉零售旗舰店3家，2020年公司营业额达1 800万元，拉动周边千余户农户脱贫致富。实施“光养结合”养殖模式，在羊舍房顶、羊群活动区顶棚铺设太阳能板，羊群不但可尽享荫凉，项目还能并入电网。目前，养殖场共建设了12 MW分布式光伏发电，年平均发电量1 600万kW·h，每度电费补贴后为0.95元，年电费收益1 520万元。

兰海牧业虽然整体经营时间不长，但是从羊场设计、设备使用、机械化管理等方面都有很丰富的经验。通过一年的管理经营发现育肥羊场的场区厂房设计和使用与妊娠母羊养殖有很大的区别，结合肉羊繁育习性和喂养管理经验对产房进行改进，提高羔羊成活率争取做到95%。通过以上措施，预计为养殖户每只羊增加收入200元左右。

**(2) 社会效益** 中国农业大学杨红建教授团队积极开展各种形式的培训活动，对养殖户、技术人员进行秸秆处理技术和青贮制作技术、饲草的科学种植技术等方面培训，逐步提高广大养殖户对粗饲料处理、加工和利用的水平，提高粗饲料的利用率。

**(3) 生态效益** 开展推广谷草干草和谷草青贮制作以及打包技术，并进行统一配送，提高当地优质饲草饲料化比例，减少秸秆焚烧、降低污染。

**(4) 模式归纳总结** 兰海牧业公司以育肥羊养殖为主，通过“光伏+养殖+粪污再利用”模式带动肉羊生产，将一些小作坊吸纳进大公司，全部工作都统一执行，将养殖集约化和规模化，带动了周边养殖场的合并热潮，资源统一调度，大大提高了效率，加上中国农业大学杨红建教授团队带来的“高效育肥羊养殖技术+优质谷草资源开发利用项目”，实现了效益的飞速提高。

### (五) 示范企业的发展启示

**1. 把握时代机遇** 河北张家口兰海牧业“光伏+养殖”肉羊养殖公司属于高科技农业园区，在大力推广新能源光伏发电的同时，兼顾了农业养殖的目标，充分利用了当地的优质谷草青贮资源作为育肥羊的粗饲料来源之一，利用杜寒杂交羊“张杂谷”谷草青贮混合日粮育肥技术进行精准营养饲喂，实现“养殖+光伏+有机肥生产与加工”三向收益。2020年全市同步进入小康的脱贫攻坚、国家推进生态文明建设带来的绿色发展理念与行动、供给侧结构性改革、“一带一路”建设，尤其是京津冀协同发展为承德发展提供了极其重要的战略机遇。近些年来，国家“粮改饲”项目的不断落地和推广，农业农村部“优质青粗饲料资源的开发和利用”项目的不断深入，这些都在不断推动着农业的进步。准确把握这些机遇，通过创新培育经济社会发展新动能、把资源生态优势转变为发展优势、通过精准扶贫实现农业农村农民的可持续发展，是今后一定时期发展的必然选择。

**2. 迎接市场挑战** 当前规模化肉羊养殖仍存在诸多问题，如母羊繁殖率低、良种繁育体系建设滞后、母羊养殖成本高、羔羊成活率低、肉羊经济效益低下、饲料配方不科学；同时，规模养殖场融资难、养殖场技术人员缺乏、养殖理念差等问题也对肉羊业的发展形成严重束缚，这些不利因素成为摆在中国肉羊业面前的严峻挑战，是目前亟须解决的课题。中国农业大学杨红建教授团队在兰海牧业成功的驻场经验告诉我们，面对种种挑战，专业问题必须依托专业人才进行层层剖析，提出建议，不断改进。

**3. 找准发展方向**　虽然谷草在张家口市已经开始受到养殖户的青睐，但是还存在一些问题，如科研平台不足、深加工力度不够、产品附加值低、推广力量薄弱等。面对这些仍然存在的问题，当地应该顺应国家“粮改饲”的政策，制定出产业发展策略。

（1）加大经费支持力度　建议各有关部门继续给予项目和经费的支持，给予杂交谷种子和谷草饲草专项支持，以满足杂交谷种子和谷草饲草研发、推广实际所需，让杂交谷种子和谷草饲草尽快应用于生产，让农民受益。杂交种多种植在贫困地区，农民想种植杂交种但购买能力有限，限制了杂交种的快速推广。希望今后把杂交谷种子和谷草饲草种列入国家、省或市的良种补贴范围，享受玉米、水稻、小麦的同等待遇，加快杂交种的推广。

（2）加快杂交谷种子和谷草饲草全程机械化生产步伐，减轻谷农劳动强度　加大谷子播种机、收获机等的科技研发力度，尽快批量生产谷子播种机，将谷子播种机、收获机列入政府农机补贴计划，加快谷子机械化生产进程，减轻谷农的劳动强度，提高劳动效率。

（3）树立“小作物可以做大产业”的信心　以“立足本市，面向全国，走向世界”为指导思想，市建设成为全国的杂交谷种子和谷草饲草“研究基地、制种基地和优质生产加工基地”“优质饲草加工基地”，逐步实现杂交谷种子和谷草饲草品牌化、营销网络化、生产规模化，确立张家口市在杂交谷种子和谷草饲草产业中的龙头地位，形成以为张家口市为中心，辐射全国的杂交谷种子和谷草饲草产业布局。强化质量管理，完善生产体系、质量标准体系、技术体系、推广体系，促进杂交谷种子和谷草饲草产业健康快速发展。

（4）积极培育龙头企业，创名牌产品，在深加工、增加附加值上做文章　大力引导、鼓励扶持乡镇企业搞好杂交谷种子和谷草饲草生产与加工销售，使产业由单一原料型逐步向方便、营养、保健多元化深加工产品方向发展。通过龙头企业带动基地生产优质小米，通过龙头养殖企业将谷草改进为优质粗饲料来源，改进加工、储运、包装技术，使加工达到一定水平。努力打造无公害、绿色食品、有机食品品牌，打造优质饲草品牌，让张家口市的杂交谷种子和谷草饲草产品逐步成为优质品牌和驰名商标，不断增强市场竞争力。积极参加国内外农副产品展览会、商品交易会，引起国内外客商的关注，发挥优势，吸引商家到张家口市投资建厂。

下一步，公司在我们的建议下打算推出“公司＋基地＋农户”模式：公司负责羊的繁育和销售，农户把土地流转给公司，还能在公司打工，变身收租金、挣薪金、分股金的“三金”农民。

## 二、河北康宏牧业公司黄淮海地区饲用小黑麦-青贮玉米节水省肥高效种植模式典型案例

### （一）示范企业简介

河北康宏牧业公司成立于2014年7月，距衡水市故城县县城2 km，项目总体规划为

6个板块，总投资23.3个亿，其主导产业为牧场种养一体化、乳制品加工、饲料加工厂等，着力打造成一家种、养、加、旅一条龙，产、供、销一体化，一、二、三产业高度融合的现代农业园区。公司自成立以来，引进澳大利亚荷斯坦奶牛良种6 000头，经发展壮大，已成为拥有12 000头奶牛养殖基地和1 000 $hm^2$ 牧草种植基地的河北省现代化种养龙头企业，总投资超过4.6亿元。旗下的康牧农机服务有限公司成立于2015年8月，注册资本790万元。公司主要为河北康宏牧业有限公司提供优质饲草料。

### （二）示范企业成功经验介绍

**1. 坚持种养结合，确保奶品质量** 河北康宏牧业公司自成立之初始终坚持种养结合方式发展，坚持主要饲草自己种植供应、部分短缺购买补充的原则，确保奶产品质量。饲草种植基地也由最初的400多 $hm^2$ 发展到目前的1 000余 $hm^2$，大大提高了饲草供应能力。目前康宏牧场饲草主要由自家种植的1 000余 $hm^2$ 牧场生产的饲草供应，牧草种植质量也获得河北省农业农村厅的高度认可。由于坚持饲喂优质饲草，目前河北康宏牧业公司每头奶牛单产可达13 t，产奶量国内领先，奶源稳定且优质。

**2. 坚持全程机械化，提高作业效率** 该公司加强牧草收割机、搂草机、装包机等配套机械购置，有效解决了牧草收割、青贮和保存问题，提高了生产效率，也保证了饲草品质，使该公司奶业生产实现了一次大跨越。该公司农业机械设备有96 kW以上拖拉机10台，59 kW拖拉机6台，打药机2台，大型小麦播种机1台，玉米播种机2台，旋耕机、五华犁等机耕设备10台套。小型小麦播种机2台，玉米播种机2台，小麦收获机3台，玉米收获机2台，CLAAS青贮机（收获小麦、玉米）4台，秸秆打捆机3台。

**3. 坚持科企结合，走“研发+示范”的共赢道路** 近年，在农业农村部“优质青粗饲料资源开发利用示范”项目的支持下，河北康宏牧业公司一直和河北省农业科学院旱作所牧草团队进行紧密合作，在牧草种植基地示范推广旱作所研发的牧草新品种和种植模式。其中饲用小黑麦-青贮玉米复种模式已在该公司连续示范多年，在保障该公司优质饲草供应方面发挥重要作用，特别是饲用小黑麦收获期正值饲草最缺乏的季节，有效解决了该公司优质饲草季节性短缺问题，可为黄淮海地区其他草食家畜养殖企业健康发展提供值得借鉴的经验。

### （三）示范企业养殖过程中存在的问题分析及解决办法

**（1）存在问题** 河北康宏牧业公司成立之初只有400多 $hm^2$ 饲草种植基地，尽管一直坚持种养结合方式发展，主要饲草自己种植供应不足的问题凸显，最初的奶牛饲养优质饲草料短缺，依靠收获周围农户的玉米秸秆、添加精料的方式进行饲喂，饲草料结构不合理。

**（2）解决办法** 牧草是草食家畜的优质口粮，草畜耦合可保障草食家畜拥有充足且优质的饲草料来源，也是保障草食畜产品安全的基础。牧草生产和草食家畜养殖有效结合是推进草业和养殖业共同发展的关键，是实现畜牧业绿色发展的关键，对推进农业供给侧结构性改革具有重要意义。畜牧业持续高效发展必须依靠优质饲草来支撑，已在业内外形成共识。

河北康宏牧业公司在河北省农业科学院旱作所牧草团队引导下，不断扩大饲草种植面积，由最初的400多$hm^2$发展到目前的1 000多$hm^2$，大大提高了饲草供应能力。随着农业供给侧结构改革，以及“草牧业”“粮改饲”“农作休耕制度”等政策的实施，河北康宏牧业公司提高了对苜蓿、青贮玉米等优质饲草的种植。随着基地青贮玉米的种植面积不断扩大，青贮玉米收获后，大部分土地空闲下来。为了进一步提高土地利用效率，公司通过和河北省农林科学院旱作农业研究所牧草团队合作，引入旱作所研发的饲用小黑麦-青贮玉米复种技术，可以在青贮玉米收获后的冬闲田大范围种植饲用小黑麦，以提高土地资源的综合利用率，形成饲用小黑麦-青贮玉米一年两作全年生产优质饲草的种植模式，便于集约化饲草生产管理，对推动公司优质饲草供应提供支撑。

饲用小黑麦是由小麦属和黑麦属物种经属间有性杂交和杂种染色体数加倍，以饲用性状为主要选育目标，进行定向培育而成的一种人工合成的新物种（六倍体），是一种冷季型禾本科饲草，作为冬春饲料作物，适合低温生长，能充分利用冬春的冷凉季节进行饲草生产，正好在枯草季节为奶牛提供能量和蛋白质含量高、维生素丰富的青绿饲料，是发展畜牧业不可或缺的基础饲料之一。也可作绿肥，并具有优良生态防护作物，冬春季节通过绿色生物覆盖，防治农田扬沙起尘，生态效益明显。饲用小黑麦-青贮玉米复种，饲用小黑麦一般在5月可收获干草或做青贮，收获小黑麦后直接种植青贮玉米，青贮玉米在9月一次性收获做青贮利用，是一种全年生产优质饲草的种植模式。这种全年生产优质饲草的种植模式必须要与养殖企业结合，做到草畜耦合，在目前情况下才具备发展优势。毕竟在黄淮海地区发展饲草产业受到诸多因素限制，一是黄淮海地区是我国主要的粮食供应地，发展牧草产业受到土地等资源紧张限制；二是人们认识不足，习惯利用耕地种植粮食等传统农作物，对利用耕地种植饲草认识不到位；三是种植饲草缺乏政策支持和保护，粮食销售具有保护价，但饲草销售不出去对于农户来说完全没有利用价值。因此，针对目前饲草生产现状，旱作所研发出饲用小黑麦-青贮玉米复种模式后，一直注重与养殖企业结合，先后在衡水市武强县和谐牧场、凯诺奶牛合作社、富源牧业、景县津龙养殖公司、枣强欣苑养殖公司和故城康宏牧业牧草种植示范基地进行饲用小黑麦-青贮玉米复种模式示范与推广，累计示范面积6 666.67 $hm^2$。

河北省农业科学院旱作所长期致力于饲草复种技术研究，研发形成了饲用小黑麦-青贮玉米复种模式，可替代冬小麦与夏玉米种植模式，具有节水、节肥、省药的特点，生态、经济效益俱佳。该模式为黄淮海平原饲草生产及粮改饲的最佳种植模式，符合供给侧改革及粮改饲需求。该技术也在2017年成为河北省地方标准，并在2019—2021年连续3年被河北省农业农村厅列为50项主推技术之一。对推动河北省及黄淮海地区粮改饲项目实施和草牧业健康发展提供了良好的技术支撑。图2-5至图2-10分别展示了饲用小黑麦和全株玉米收获加工的全过程。

图 2-5　饲用小黑麦示范田

图 2-6　饲用小黑麦收获干草

图 2-7　饲用小黑麦青贮收获

图 2-8　饲用小黑麦窖贮

图 2-9　青贮玉米青贮收获

图 2-10　青贮玉米窖贮

### （四）企业饲用小黑麦-青贮玉米复种技术管理模式

**1. 饲用小黑麦-青贮玉米复种技术管理**　饲用小黑麦-青贮玉米复种模式是一种全年生产优质饲草的种植模式，由饲用小黑麦和青贮玉米两种作物复种而成，栽培管理技术较简单，复种模式关键点在于合理安排两种作物茬口衔接问题，既保证两种作物能够正常生长，又能提高光热资源利用率。因此，针对不同地区推广饲用小黑麦-青贮玉米复种，河北农业科学院旱作所提出了饲用小黑麦和青贮玉米茬口衔接的关键技术，确保该复种模式能顺利实施。一方面是在一年两作积温充足地区，也是传统冬小麦夏玉米一年两作积温充足地区，用饲用小黑麦替代冬小麦，用青贮玉米替代夏玉米形成饲用小黑麦-青贮玉米复种技术。另一方面是在一年两作积温不足地区，即传统冬小麦夏玉米一年两作积温不足、青贮玉米一年一作有余地区，在保证青贮玉米正常生长条件下，增加一茬饲用小黑麦，饲用小黑麦适当早收，形成饲用小黑麦-青贮玉米一年两作复种技术。具体栽培技术要点可以归纳为以下两方面：

（1）饲用小黑麦栽培技术　主要参照河北省地方标准DB13/T 2188—2015《饲用小黑麦栽培技术规程》执行。

1）播种前准备

①种子准备。选用国家或省级审定的冬性饲用小黑麦品种，种子质量符合GB/T 6142—2008的规定。播前将种子晾晒1～2 d，每天翻动2～3次。地下虫害易发区可使用药剂拌种或种子包衣进行防治，采用甲基辛硫磷拌种防治蛴螬、蝼蛄等地下害虫。

②整地造墒。在一年两作积温充足地区整地造墒按照DB13/T 2188—2015规定实施。在一年两作积温不足地区，饲用小黑麦的造墒水提前在青贮玉米刈割前10～15 d灌溉，墒情合适后及时刈割青贮玉米，青贮玉米刈割后马上整地播种饲用小黑麦。结合整地施足基肥。肥料的使用符合NY/T 496—2010的规定。有机肥可于上茬作物收获后施入，并及时深耕；化肥应于播种前，结合地块旋耕施用。化肥施用量（氮肥）105～120 kg/hm$^2$、$P_2O_5$ 90～135 kg/hm$^2$、$K_2O$ 30～37.5 kg/hm$^2$。施用有机肥的地块增施腐熟有机肥45～60 m$^3$/hm$^2$。实施秸秆还田地块增施化肥（氮肥）30～60 kg/hm$^2$。

2）播种时间一般在10月上旬，一般采用小麦播种机播种，条播为主，行距18～20 cm，播种深度控制在3～4 cm，播后及时镇压。播种量为150 kg/hm$^2$。

3）田间管理　春季返青期至拔节期之间需灌水1次。结合灌溉进行追肥。每次灌水量450～675 m$^3$/hm$^2$。结合春季灌水追施尿素300～375 kg/hm$^2$。返青后及时防除杂草和病虫害。农药使用须符合《农药合理使用准则（一）》至《农药合理使用准则（七）》的规定。蚜虫一般在抽穗期发生危害，防治优先选用植物源农药，可使用0.3%的印楝素90～150 mL/hm$^2$；或10%的吡虫啉300～450 g/hm$^2$。在刈割前15 d内不得使用农药。

4）收获　饲用小黑麦在一年两作积温充足地区收获时期在乳熟中期，一般在5月15—20日；在一年两作积温不足地区可适当提前收获。

（2）青贮玉米栽培技术

1）播种前准备

①品种选用。选择高产、优质、抗病虫害、抗倒伏性强，适宜当地种植的国审或省

审青贮玉米品种。一年两作积温充足地区青贮玉米品种应选择生育期在105～110 d的品种；一年两作积温不足地区应选择生育期短于105 d的早熟或中熟品种。

②种子质量。种子质量应符合GB/T 6142—2008规定中一级指标的要求。

③种子处理。宜选用玉米专用种衣剂，种子包衣所使用的种衣剂应符合GB/T 15671—2009规定。

④播前整地。饲用小黑麦收获后免耕播种青贮玉米，播后依据墒情决定是否灌水。

⑤种肥施用。根据土壤肥力和品种需肥特点平衡施肥。一般情况下整个生育期每公顷施氮肥（纯氮）150～195 kg、磷肥（$P_2O_5$）75～112.5 kg、钾肥（$K_2O$）60～75 kg。其中，磷钾肥随播种一次性施入，氮肥40%作为种肥随播种施入，60%作为追肥拔节期施入。施肥时应保证种、肥分开，以免烧苗。肥料使用符合NY/T 496—2010的规定。

2）播种技术

①播种期。一年两作积温充足地区收获饲用小黑麦后直接播种青贮玉米；一年两作积温不足地区按照夏播玉米播种时间进行。

②播种方式。单粒播种，采用播种机械进行。

③播种量与种植密度。行距为60 cm，株距为20～25 cm，每亩留苗4 500～5 500株。

3）播后管理

①播后灌溉。收获饲用小黑麦后直接播种的青贮玉米，视墒情进行及时灌溉，每公顷灌水量600～750 $m^3$。

②杂草防除。播种同时喷施苗前除草剂防治杂草，或在青贮玉米3～5叶期，及时喷施苗后除草剂。药剂使用方法和剂量按照药剂使用说明进行。

③追肥。每公顷追施纯氮N：90～117 kg。追肥在拔节期一次进行。施肥后视墒情及时灌溉。

④抽穗期灌溉。结合当地的降雨、墒情适时灌溉，每公顷灌水量600～750 $m^3$。

⑤病虫害防治。虫害主要有蓟马、玉米螟等，病害主要有叶斑病、茎腐病、粗缩病等。药剂使用应符合《农药合理使用准则（一）》至《农药合理使用准则（七）》的规定。

4）收获技术

①刈割时期。通过观察籽粒乳线位置确定收获时间。收获期宜在籽粒乳线位置达到50%时收获。应在10月1日前收获完毕。

②刈割方式。将玉米的茎秆、果穗等地上部分全株刈割，并切碎青贮。刈割时留茬高度不得低于15 cm，避免将地面泥土带到饲草中。

5）贮藏　青贮玉米收割后及时青贮。

**2. 饲用小黑麦-青贮玉米复种模式效益**　饲用小黑麦-青贮玉米复种栽培技术模式主要在农区推广应用，与冬小麦夏玉米复种模式相比具有节水、节肥、省药的特点，生态、经济效益俱佳。可较好地替代传统的冬小麦-玉米粮食复种模式，效果显著。

（1）经济效益　饲用小黑麦与青贮玉米高效节水复种模式比冬小麦夏玉米一年两作种植模式总投入减少2 452.5元/$hm^2$，但总产出提高1 560元/$hm^2$，纯收入提高4 012.5元/$hm^2$。

（2）节水、肥、药　节水，饲用小黑麦与青贮玉米高效节水复种模式全生育期较冬小麦夏玉米一年两作种植模式节水 1～2 次，每公顷节水 750～1 500 $m^3$，节省投入 375～750 元。肥料投入与冬小麦相比，节省了 50%肥料，每公顷节省投入 1 275 元。小黑麦生长期间无需农药防治病虫害，每公顷节约投入 277.5 元。每公顷共计节省投入 1 927.5～2 302.5 元。

（3）生态效益　饲用小黑麦整个生育期间无需农药防治，又减少了化肥使用，因此，可减轻对环境的污染。作为冬春饲料作物，很适合低温生长，正好在枯草季节为奶牛提供能量和蛋白质含量高、维生素丰富的青绿饲料。由于饲用小黑麦是越冬性饲草，使整个冬季地表覆盖度处于良好状态，有效地阻止了裸地的扬尘，具有较好的生态效益。

### （五）示范企业的发展启示

我国草地面积虽是耕地的 4 倍，但生产的畜产品不足全国的 20%。随着国家实施草原生态保护和草畜平衡措施的全面推进，天然草地功能更多转向生态防护作用，草食畜牧业的发展必须由牧区向农区转移。黄淮海地区是我国畜牧业发展的重要区域，山东、河南和河北草食畜牧业均处于全国前列。以河北省为例，2020 年河北省全省草食家畜存栏量：奶牛 114 万头，肉牛 199.3 万头，肉羊 1 180 万只，年需青干草 1 000 万 t 以上，而实际优质饲草供应率为 30%左右，饲用小黑麦-青贮玉米复种作为一种全年生产优质饲草的种植模式，未来发展前景广阔。

**1. 基于粮改饲、草牧业高效发展的客观需求，优质饲草依然存在较大发展空间**　目前我国奶牛养殖过程中存在的主要问题是奶单产和奶品质均较低。导致这一问题的主要原因是作为草食动物的奶牛饲草饲料结构不合理，缺乏优质饲草的供应。不但造成粮食浪费，而且还易引起奶牛的代谢病。从国际上看发展高效畜牧业所需的饲草体系没有一个国家是靠农作物秸秆来支撑的。奶业持续高效发展必须依靠优质饲草来支撑，已在业内外形成共识，发展牧草产业成为必然。

以河北省为例，粮改饲政策以前，河北省草食动物的饲草来源为秸秆与牧草，多数养殖企业饲草以玉米秸秆为主，秋季青贮一次利用一年，占饲草总用量的 60%～70%，其余 30%～40%利用优质牧草。“十三五”河北省草牧业高效发展的客观要求，进一步做大做强饲草产业，为畜牧业发展提供有力支撑，尤其是河北省具有发展奶业的明显优势，需要大力开发优质饲草作物。河北省奶业持续高效发展必须依靠优质饲草来支撑，尽管有些年份出现波动，但发展优质牧草是必然趋势。

**2. 农业农村部“耕地轮作休耕制度试点区”项目实施及地下水超采项目相继落实，为优质饲草发展提供了发展空间**　随着国家农业供给侧结构改革，以及草牧业、粮改饲、农作休耕制度等政策的实施，首次将饲草料的发展提升到国家农业结构调整的层面上，突出了“草牧业”在农业结构调整中的重要性。海河平原区的河北衡水地区近年已成为黄淮海地区最大最深地下水漏斗，地下水开采已亮起红灯，对整个国民经济发展造成威胁。该区农业用水占到整个国民经济用水的 70%，而冬小麦用水又占到农业灌溉用水的 60%，因此，选择节水作物替代冬小麦成为重要农艺节水措施。农业农村部“耕地轮作休耕制度试点区”项目实施方案的提出，可适度减少小麦的种植面积，发展相对抗旱节水牧草，一年一作晚春播青贮玉米，或轮作，实现节水农业与草业的有效耦合，将有力缓解当地水资源紧张的局面，而且促进畜牧业发展，有利于保障国家食物安全，为草业发展提供了种植空间。

近年来在轮作休耕制度、粮改饲等政策指导下，海河平原区饲草产业发展迅速。以河北省为例，在季节性休耕政策引导下，河北省2017年实施季节性休耕8万 $hm^2$，2018年休耕10.67万 $hm^2$，2019年扩大到13.33万 $hm^2$，三年累计季节性休耕32万 $hm^2$，为牧草产业发展提供了大量空间。在粮改饲政策引导下，河北省2015—2020年累计落实全株青贮玉米种植面积47.96万 $hm^2$，农区饲草种植规模初见成效。饲用小黑麦-青贮玉米复种作为一种全年生产优质饲草的种植模式，未来可期。

**3. “优质青粗饲料资源开发利用示范”等项目实施，提高了企业发展优质饲草的积极性** “优质青粗饲料资源开发利用示范”等项目实施，注重开展草业科技研发和实用技术示范推广，加强高产优质牧草筛选、饲草高效种植模式示范等关键环节技术集成创新，提升了草牧业发展的科技实力，有力推动了企业种植优质饲草的积极性。河北省农业科学院旱作所牧草团队自承担优质青粗饲料资源开发利用示范项目以来，通过召开观摩会、技术培训会、媒体宣传等多种形式进行技术宣传、技术服务，促进技术推广。连续2年组织了饲用小黑麦与青贮玉米复种条件下的国审饲用小黑麦新品种冀饲3号观摩会及观摩周活动，以及饲用小黑麦与青贮玉米复种条件下的青贮玉米新品种“观摩周”活动，提高了饲草种植企业、草食家畜养殖企业对优质饲草种植的认识。项目实施期间，共召开饲用小黑麦与青贮玉米复种模式大型观摩周活动4次，其中小黑麦观摩周2次（图2-11），青贮玉米观摩周2次（图2-12）；小型观摩5次，技术服务11次。培训基层技术人员、农民260人次，业务咨询服务10余次，发放技术资料300余份。利用河北电视台农民频道、《河北农民报》等媒体进行技术宣传4次。

图2-11 2019—2020年饲用小黑麦复种技术下饲用小黑麦观摩周活动

图 2-12　2019—2020 年饲用小黑麦复种技术下青贮玉米观摩周活动

# 第二节　山西省优质青粗饲料资源开发利用典型案例

## 山西盛态源农牧有限公司小黑麦-青贮玉米生产模式典型案例

### （一）示范企业简介

山西盛态源农牧有限公司是2016年11月29日在山西省注册成立的有限责任公司（自然人投资或控股），注册地址位于山西省晋中市榆次区修文镇东白村。经营范围是：种植；动物饲养；食品经营（经销）：乳制品、粮油、餐饮服务；食品生产：熟肉、糕点；销售：日用百货、农副产品、瓜果蔬菜；道路货物运输。公司的前身有锦宏奶牛养殖专业合作社。2008年，晋中市王香村的5家养牛大户，组建了“锦宏奶牛养殖专业合作社”，当时注册资金300万元。榆次区锦宏奶牛养殖专业合作社，是一家集饲草料种植、加工、生产、奶牛养殖、牛奶生产及销售于一体的新型农业经营主体。

### （二）示范企业成功经验介绍

从参与农业农村部“优质青粗饲料资源开发利用示范项目”（16200157）以来，山西农业大学饲草团队针对企业饲草生产与利用的实践问题，开展了技术示范，逐步形成了小黑麦-青贮玉米的周年生产制度，提升了饲草供给能力，为奶牛养殖业提供了充分的饲草保障。

公司流转了26.67 $hm^2$ 土地，两季轮岔种植小黑麦和青贮玉米。牛粪还田，增加土地有机质，两季饲草饲料的收益可以提高土地收益和降低饲料成本。小黑麦和青贮玉米的蛋白质含量和进口苜蓿的差别不大，但是成本能从3 200元降到1 000元左右。

### （三）示范企业养殖过程中存在的问题分析及解决办法

（1）存在问题　2014年年底以来的生鲜乳价格低迷、奶牛养殖效益滑坡的状态仍在持续，局部地区有奶农正退出奶牛养殖行业。但对于一些养殖时间长、养殖规模大的养殖场、合作社而言，“退出”不易，只能坚持并寻求“突围”。

（2）解决办法

①自建奶吧，为原料奶销售觅出路。自己加工巴氏鲜奶，在社区建立奶吧，奶产品直接对接社区，这是公司从澳大利亚学来的商业模式。奶吧的出现启蒙了市民新的牛奶消费，也为社区支持农业提供了一个好载体。公司每天产原奶4 000 kg左右。市场好的时候，奶吧一天可以销售1 000 kg，每千克奶6元左右，利润高。

②循环生产“节流”，养乳肉兼用奶牛“开源”。对600头牛分群管理，将奶牛分为挤奶牛、干奶期牛、产前产后牛、育成牛等；挤奶牛按产量又分为高、中、低三档。在统

一配种、统一防疫基础上，各个饲养员专职喂养不同的奶牛，从精准喂养中要产量和质量。在一些专家的支持下，公司对奶牛品种进行了改良，发展乳肉兼用奶牛成为他们应对“奶业之殇”的第三张牌。乳肉兼用奶牛耐受性强、得病少，尽管产量低些，但是奶质好，小公牛育肥快，比较效益就增加了。据经验，一头公牛犊育肥两年收益可达到4 000元左右。

③自建饲草基地，降低奶价成本。通过配制籽粒不需要极致发育的饲用型小黑-青贮玉米生产模式，秋季播种小黑麦，经过低温春化作用，增加来年分蘖枝条数量，提升小黑麦饲草生物量。待春季小黑麦充分生长，积累可利用营养物质，抢收小黑麦调制干草或者青贮饲料。紧接着抢种青贮玉米，秋季连同玉米茎秆一起收获，调制为全株玉米青贮饲料，因此可以将饲草的茎秆充分利用，减少了秸秆处理的环节，有效缓解因秸秆焚烧引致的大气污染问题。同时青贮玉米全株收贮，降低了玉米籽粒直收的损失率，规避了玉米籽粒贮藏发霉变质的现象，提升了粮食、饲料的质量。发展小黑麦-青贮玉米周年生产，遵循了国务院办公厅关于促进畜牧业高质量发展的意见（国办发〔2020〕31号），提升了饲草自给率，促进草食动物健康可持续发展的重要保障。同时，发展小黑麦-青贮玉米周年生产，与国务院办公厅关于防止耕地“非粮化”稳定粮食生产的意见（国办发〔2020〕44号）并不矛盾，只是将以粮食生产为目的谷类籽实提前收割，调制为优质饲草，减少了籽实饲料化的收割、贮运、流通环节，也符合《饲料中玉米豆粕减量替代工作方案》的要求。

在饲草自我供给的过程中，山西农业大学饲草生产与利用团队对小黑麦栽培管理、收割适期、留茬高度、草条割幅厚度、水分控制、草捆压制、及时犁地等技术进行示范，提升了干草品质，降低了霉变风险。优质青贮玉米品种配置、栽培管理、收割贮制等技术示范，提升了青贮玉米的发酵品质，改善了青贮玉米的营养价值，降低了青贮玉米中的真菌毒素，保障了奶牛畜体健康和奶产品的安全，相对减少了饲料成本，提升了企业的效益。图2-13至图2-18分别展示了小黑麦收获加工全过程。

图2-13　小黑麦田间

图2-14　小黑麦取样

图 2-15 小黑麦收割

图 2-16 小黑麦干草打捆

图 2-17 青贮玉米取样调查

图 2-18 不同品种青贮玉米

### (四) 示范企业经营模式

一是流转土地自建饲草基地。饲草作为奶牛的重要食粮，其品质直接决定了生鲜乳的生产质量。自有草场、自然生长、自控标准、自给自足的种草“四自”模式，可以保障公司 1 000 多头牛的主要饲草消费。购置小黑麦干草调制的收割、打捆机械。每年秋季种植小黑麦，利用春季天气干燥，便于生产干草的气候条件，春季生产小黑麦干草。之后撒施有机肥，消纳牛场粪污，抢种青贮玉米，利用当地的作业服务企业，压制优质玉米青贮饲料。从根本上保障了一年四季奶牛饲草的需求。

二是企业合作签约饲草种植合同。为了促进公司的壮大，与当地的种植合作社签订饲草种植合同，主要种植青贮玉米，为饲草的生产增加保障。示范企业每年春季签订粮改饲牧草种植合同，及时将玉米籽种发放给合作社的农民，每年附近 10 余个村的农户种植 66.67 $hm^2$，可产饲草 3 000 t，每吨 380 元，农民们靠种植玉米饲草就有了稳定的收入，同时保障了饲草的供应。

### (五) 示范企业的发展启示

公司奶农和全国其他牛奶主产省的奶农一样，面临最大的不公平是市场话语权的缺失。在“洋牛奶”冲击国内市场的大背景下，一些乳企用“剪刀差”剥夺奶农利益、保护自己利益的做法，无异于涸泽而渔。然而，奶农与乳企理应是鱼水关系，于市场竞争、于奶业发展，理应给奶农合理的利润空间。这意味着，必须要尽快建立起奶企和奶农的利益平衡机制，建立价格协调机制，由乳品企业、奶农代表及相关第三方通过价格协调的方式确定生鲜乳收购最低价格、最高价格以及奶农结算价格；建立公平的质量评价机制，由第三方来制定牛奶质量标准，以此约束乳品企业。

在山西农业大学技术支持下，示范推广小黑麦-青贮玉米周年生产模式，通过流转土地，公司栽培饲草，既能够降低采购饲草的成本，在原料奶价格低迷时，适当保持一定的盈利，同时为奶牛场粪污的消纳提供了场所。

# 第三节　内蒙古自治区优质青粗饲料资源开发利用典型案例

## 一、内蒙古通辽市沃格德勒生态养殖有限公司肉牛饲养典型案例

### （一）示范企业简介

沃格德勒生态养殖有限公司成立于2020年8月。前期投资100万元。公司养殖场占地面积5 000 $m^2$，有棚舍800 $m^2$，青贮窖500 $m^3$。西门塔尔基础母牛70头，年出栏60多头牛，产值100万以上，纯利润达到30万。计划第二期投资80万元，购进优良品种基础母牛，逐步完善基础母牛品种，采取科学化、精细化、高档化发展策略。

### （二）示范企业成功经验介绍

**1. 良好的政策导向**　从国家到地方，从养殖到餐桌，国家就畜牧业发展提出了若干条积极指导意见，为畜牧企业创造了良好的政策环境。作为家庭畜牧养殖企业，受益于发展现代化家庭牧场的远景规划，以产权、资金、劳动、技术、产品为纽带，开展合作和联合经营，本企业与养殖专业合作社紧密联系，通过统一生产、统一服务、统一营销、技术共享、品牌共创等方式，形成稳定的产业联合体，并逐步完善了畜禽标准化饲养管理规程，开展畜禽养殖标准化示范创建。

**2. 制定科学合理的饲养配方**　作为家庭牧场，饲料成本是决定企业盈利的关键。东北农业大学参加农业农村部“优质青粗饲料资源开发利用示范”项目，开展肉牛饲喂技术青粗饲料推广示范，根据公司牛群不同生理阶段的营养需求制定不同的饲料配方，肉牛的肥育期可分为肥育前期和肥育后期。肉牛在肥育期的生长发育基本完成，肌肉的增长速度减慢，主要以脂肪的沉积为主，对营养的需求特点是低蛋白质、高能量，从而使肌间脂肪的量增加，形成大理石花纹，提高肉的品质。在肥育前期限制饲喂，粗饲料自由采食，精料则限饲。肥育后期则需要增加精料的饲喂量，以促进脂肪的沉积，在肥育期要注意粗饲料的质量，劣质的粗饲料会影响到肉牛的生产性能，使出栏率降低，为了保护瘤胃菌群的健康，精料量有所限制。

**3. 注重规范化管理**　养殖场具有良好的通风条件，且水源充足排水条件较好，确保牛场卫生条件，并建有运动场，尤其是应当加强妊娠阶段母牛运动，每日确保运动时间在1～2 h，并设置围栏，以免牛运动过程中出现损伤。在选择品种方面，购买肉牛品种时，充分考虑农村肉牛养殖条件，对肉牛品种合理选择，尤其是对牛的外貌特征着重观察，选择皮毛松软、高大体型且具有良好皮肤弹性的架子牛，这对肉牛育肥和生长是非常有利的。同时制定合理的卫生消毒计划，定期对牛舍以及饲喂用具等进行全面的消毒，并且每日为牛刷拭2次身体，促进牛的血液循环与健康生长。

青粗饲料项目组深入实地了解了通辽地区养殖企业在生产中的实际需求，结合最新的理论成果，指出了家庭牧场的典型问题，在与沃格德勒公司交流的过程中，发现饲料成本高、日粮配方单一、养殖管理水平有限、种群建设缺乏等问题，项目组中国农业大学、内蒙古民族大学、东北农业大学专家经过多次探访，总结了以下问题，并提出了相关解决方案。

1. 饲料成本较高

（1）存在问题　饲料成本较高的原因除市场因素外，企业在饲料加工、保存和使用过程中存在操作不当的情况，也会造成饲料成本上升。目前大多数的肉牛养殖场都自加工饲料，由于加工的机械出现问题，如机械的档次低，没有及时维修或者更换配件，导致饲料原料粉碎不充分、混合不均匀；或者是在添加饲料添加剂时没有按顺序添加，搅拌不均匀造成浪费。另外，在饲料保存的过程中，由于购买时水分过大，料库通风不及时，导致饲料发生霉变，如果在配料时忽视了饲料霉变这一问题而继续使用，会使肉牛遭受到真菌毒素的危害，造成肉牛生长缓慢，严重时还会导致肉牛患病、死亡。

（2）解决办法　优质青粗饲料资源开发利用示范项目组结合企业生产实际，对饲料加工利用等生产环节进行了培训指导。在加工饲料时要注意做好机械的保养和维修工作，定期进行检查，确保机械可以正常使用，使饲料能够得到充分的粉碎和搅拌。工作人员在称重和添加饲料添加剂时要认真负责，避免不必要的损失。在饲料的使用过程中要注意，对于粗饲料可以先将其铡短后再饲喂，这样可以提高饲料利用，但是也不可过短，否则会影响到肉牛瘤胃健康。在饲喂时要做到少量多次投料，不可以一次性饲喂过多，一方面会造成饲料的浪费，另一方面易造成挑食，在饲喂时要先粗后精，一开始喂粗饲料，使其吃较多的粗料，然后再饲喂一些优质的料草，这样不但可以使肉牛充分反刍，对瘤胃健康有利，还可以节省饲料。

2. 饲料配方的多样性

（1）存在问题　家庭养殖的肉牛可能在饲料供应方面经历显著的季节性波动。尤其是放牧模式往往不能提供足够的蛋白质和能量，使不同阶段的肉牛达不到最佳的体况，补充蛋白质和能量可以最大限度地提高动物生产力，提高饲料利用率。然而，受到监测动物采食量和动物能量消耗量的影响，准确预测补充料的添加量较为困难，尤其是补充精料时需要考虑瘤胃酸中毒的影响。首先确定特定类别肉牛的营养需求，并估计饲草中的营养可获得的生产性能，然后制订补充料的配方，只供应饲料中缺乏的营养物质，以实现有针对性的生产结果。补充蛋白饲料是肉牛养殖过程中的关键技术，主要氮源包括尿素、豆粕、油菜粕、棉籽粕、花生粕、豌豆或苜蓿颗粒等（图2-19）。

（2）解决办法　通过项目组开展饲喂试验，逐步形成了本案例中使用的N-氨基甲酰谷氨酸（NCG）作为蛋白补充剂，精氨酸是一种功能性氨基酸，作为多胺和一氧化氮的前体物，在多个生理反应、代谢调控中起着重要作用。精氨酸能够促进动物体的尿素循环，其代谢产物进入三羧酸循环，提高D-葡萄糖-6-磷酸含量，加速糖酵解的代谢过程，从而提高能量的利用效率。研究表明，当机体处于饥饿、受伤状态下，精氨酸在机体中起着关键作用。动物体内精氨酸的来源主要3个：分别是日粮：饲粮中约有40%的精氨酸是在小肠内被分解消化，其余的进入机体循环，这是动物体内精氨酸最主要的来源；机体内蛋白质的周转代谢：当动物禁食时，有高达80%的精氨酸是来自于机体蛋白质的分解再利用；其他氨基酸转化：如谷氨酸、脯氨酸。研究表明，谷氨酰胺经谷氨酰胺酶降解产生氨和谷氨酸，谷氨酸在二氢吡咯羧酸合成酶的作用下生成谷氨酸半醛，最终在还原酶的作用下形成脯氨酸，脯氨酸在脯氨酸氧化酶的作用下促进瓜氨酸合成，瓜氨酸经精氨琥珀酸合成酶和精氨琥珀酸裂解酶转化为精氨酸。在动物体内精氨酸的代谢途径与鸟氨酸循环（尿素循环）相关。根据动物的不同发展阶段及健康状况精氨酸可以分为半必需氨基酸或条件性必需氨基酸。当动物体处于应激或是特殊生长时期时，属于必需氨基酸。精氨酸在动物体内有多种代谢分解途径，其中两个主要的代谢途径分别为：在动物体内的含量不高，却发挥着重要的生物学调控作用的多胺成分是由精氨酸在精氨酸酶的作用下分解的鸟氨酸合成的，主要包括腐胺、精胺、亚精胺。精氨酸在一氧化氮合酶的作用下被分解为等分子的瓜氨酸与一氧化氮，其分解产物能够在调节血管舒张、营养代谢、繁殖能力、免疫功能、神经传导中发挥重要的生物学调控作用。

**3. 育肥牛管理水平有待提高**

（1）存在问题　育成牛饲养管理水平不高，没有充分认识到饲草饲料的重要性，有时过多投入一些精饲料，使养殖成本不断增加。不重视给育成牛饲喂营养价值较高的青干草以及青贮饲料，增加牛瘤胃积食的发生概率。

（2）解决办法　育肥牛的饲养，主要包括持续性育肥和架子牛育肥，农村肉牛养殖户需要和市场行情充分结合，持续性育肥需要投入较多的成本，应当在12～14月龄时进行持续育肥，具有非常好的经济效益。架子牛育肥应当首选1.5～2.5岁龄的牛进行育肥（图2-20），进行3～6个月的饲养便可出栏。肉牛育肥之前应当进行健胃与驱虫。架子牛购进之后，应当进行1～3 d圈舍饲养观察，并利用芬苯达唑拌料驱虫，也可应用一些中草药进行驱虫，如苦参、大蒜、槟榔、使君子等驱虫效果较好。

图2-19　肉牛补饲

图2-20　畜舍管理

**4. 品种不统一**

（1）存在问题　通辽地区虽然肉牛品种较多，但优质品种肉牛较少且改良率较低。目前，肉牛品种主要以本地牛为主，体格大、生长速度快、胴体产肉率高的引进或改良牛品种占比还较低。此外，通辽地区养牛户有传统的养牛技术和经验，但由于经济条件落后和受教育程度较低等原因，缺乏先进的管理经验和专业设备，饲养方法不科学，肉牛单产水平低，直接导致养殖户的肉牛养殖经济效益低下。

（2）解决办法　针对本地区肉牛品种匮乏，公司一方面从外省引进西门塔尔牛等优良品种，丰富肉牛品种结构，提高了肉牛生产效率。另一方面与中国农业大学和内蒙古民族大学合作，听从专家意见，基础母牛繁育的过程重选育符合当地特色的改良肉牛，既有利于公司产品的品牌化，也促进地方特色品种发展，打造内蒙古地域品牌。

**5. 基础母牛管理欠缺**

（1）存在问题　怀孕阶段的母牛，营养供给不均衡，对妊娠母牛运动没有引起足够重视，很多母牛发生难产，有的母牛生产之后，出现瘫痪和无乳的情况，更影响犊牛生长。

（2）解决办法　妊娠阶段的母牛应适当增加运动，每天保持 1～2 h；并每日对妊娠母牛进行一次身体刷拭，保证精料合理喂养，妊娠前 3 个月，由于母牛胎儿较小，此时应当补充高质量的青饲料，同时每日补充精饲料（1kg）。母牛妊娠中期阶段，由于胎儿不断发育，体格越来越大，此时应当合理增加蛋白质，投喂精饲料为主。生产前的 3 个月内，应当增加母牛体质储备，确保其生产后奶水充足，并适当对初产牛进行乳房按摩，确保母牛生产之后及时产奶。

**6. 管理人员专业素质不足**

（1）存在问题　他们的知识水平较低，对畜牧业的认识相对不足。给肉牛的营养配比不合理，使其自身免疫能力差，繁殖效果差，从而阻碍了公司的发展。

（2）解决办法　饲养员的素质将对育肥牛的养殖效率产生直接的重要影响。“优质青粗饲料资源开发利用示范项目”开展以来，项目组积极组织开展多期技术培训，旨在提升企业养殖技术人员技能水平和综合素质。对养殖场而言，饲养人员的整体素质尤为重要，应尽量挑选具有较高专业养殖技术的人员，上岗前还要进行定期的专业培训和考试，使其真正提高畜牧养殖能力和操作水平。培训方面也要有侧重点，如育肥技术和育肥牛的疾病防疫与用药。另外，对其他的个体散户也不能忽视。项目组在玉柱首席专家的统筹下开展多期肉牛肉羊常见疾病的诊断和治疗，减少不合理用药，减少重大流行病的发生，并且能在疾病突发的情况下采取科学有效的救治措施，以尽量减少牲畜的死亡，同时也会提高广大养殖户对牲畜疫病的防控能力和防控措施。

## （四）示范企业经营模式

**1. 企业经营过程中遇到的问题及解决的思路**

（1）公司加工销售模式　从整体来看，通辽地区的肉牛加工企业还停留在简单活体宰杀的初级加工阶段，有些能够开发的副产品没有充分加工利用，造成产品附加值低，产品结构单一，还没有真正做到按等级深加工和拣选分装。一些本地的育肥牛、架子牛以活体的形式出售周边省市，导致当地活牛数量有限，部分企业缺少稳定的牛源供应，造成加工企业原料供给不充分，企业加工能力得不到满足，随着牛源紧张状况的升级，这种现象也会愈发普遍。

公司力求未来延长企业产业链条，可以实现产品的充分利用和效益最大化，摒弃对牛副产品的简单加工，未来希望由粗放的肉牛养殖、屠宰分割、产品加工到主题餐饮休闲食品、冷鲜肉的全产业链开发，再到旅游观光、互联网＋智慧牛业、数字畜牧等业务的拓展，形成种、养、加、销、游、网等一、二、三产业融合发展、循环发展、绿色发展的新模式。同时，政府在融资信贷、税收和服务等方面加大扶持力度，重点培育扶持有潜力、有带动力的企业，政府可以安排科技资金和制定优惠政策，引导激励企业和社会对科技的投入。此外，公司将产业链向前延伸至饲草种植、屠宰加工等环节，建立产业生态链，在保障公司利益的前提下，针对企业所需要的牛源质量标准，与上下游企业建立“企业＋农户”“企业＋合作社＋农户”的利益联结机制，保障公司有稳定且高质量的牛源供应。

（2）规模化标准化的发展　通辽地区近年来打造中国肉牛养殖基地，公司响应政府号召，于2020年成立肉牛养殖公司，目前已发展至存栏140头，实现规模化和集约化还存在很大距离，年出栏不足50头。作为中小规模的肉牛养殖企业，受到现代化专业生产技术和设备制约，不仅阻碍生产力水平的提升，同时也影响产品质量的标准化。

目前，我国肉牛产业主要有三个类型的发展模式：一为“公司＋农户”的模式，二为集约化和标准化并行的规模养殖场模式，三为养殖小区模式。在这三种发展模式的基础上，结合自然条件和区位因素等，公司发展充分利用当地的草业资源，大力进行阶段饲养、跨地区育肥和肉牛固定场舍饲相结合的多种模式。以基础母牛和育肥牛结合的模式，保证公司资金的快速周转。同时，积极参与肉牛养殖技术推广与培训班，重点了解优良肉牛品种饲养和繁殖、先进的配套饲养技术，及重要疫病主体控制预防、饲料配合技术，执行标准化饲养模式。

（3）上下游利益分配　现阶段公司规模在200头以内，作为小型养殖场在与企业、市场对接时难以维护自身利益，产生了许多矛盾，影响养殖户的生产积极性。当地缺乏有效连接千千万万养殖户与企业、养殖户与市场的媒介，特别是屠宰加工企业对于与农户之间利益风险休戚相关的认识不足，尚未形成合理的利益联结与分配机制。企业鲜有对农户养殖产前、产中、产后的生产技术指导，农户无法提供满足企业要求的牛源，二者之间利益矛盾加剧。

近年来由于屠宰加工企业肉牛来源不足，导致肉牛产业发展出现了一系列问题，如肉牛存量下降，公母牛价格倒挂，提升了肉牛的养殖成本，最终造成养殖户收益受损、企业效益下降等问题。因此，肉牛屠宰加工企业要保证稳定的肉牛供应，加强与养殖户、农牧民等的利益关系，农户和公司通过签订合同的形式构成利益共同体，提高农牧民增收及企业获利水平，实现利益均沾、风险共担的利益分配机制。这样既可以降低肉牛屠宰企业与养殖户之间的交易成本，还可以保证企业所需的肉牛供应稳定，降低小型养殖场的养殖风险，保证养殖户收入稳定，最终实现企业和农户共同发展的目标。

2. 企业与带动农牧户之间的利益链接机制工作情况

（1）建立档案，犊牛集中售卖 合作社给全镇养殖户建立养殖档案，以及时掌握母牛配种、犊牛出生及公牛母牛出栏情况，组建繁育户和育肥户对接平台来减少应激带来的牛死亡，争取做到镇内消化，剩余集中售卖。为全镇饲草分配、统一引种、统一销售提供真实可靠的数据资料。

（2）青贮收割协议 公司与玉米青贮种植户共同制订青贮收割协议，收储有序合理就近分配原则，全面使用机械化，降低人工费用。图 2-21 展示了公司的青贮玉米示范田。

图 2-21 公司青贮种植示范田

（3）联合社组建兽医团队 组织专业兽医团队进行防疫、治疗、授精巡回服务并搭建兽药使用平台，一些常用药品直接从厂家采购，减少中间成本。

（4）建立完善的培训机制 由中国农业大学和东北农业大学组建的专家团队，现场指导了公司肉牛养殖理论基础知识和养殖场实操技术。通过培训学习了解科学饲喂管理技术，控制成本，提高犊牛成活率。

（5）精液统一配送 当地引进良种冻精，改良现有肉牛品种，加速更新过程，实施统一引进精液、统一配种并记入养殖档案。预计从人工和冻精产品上降低养殖户成本25%左右。

3. 效益分析

（1）经济效益 公司成立 1 年以来，平均每年向市场提供交易肉牛 100 头。通过肉牛育肥养殖，繁殖母牛推广，结合通辽地域优势、品种优势针对全国进行优良牛源推广贸易。现公司年存栏肉牛 130 头，育肥肉牛出栏 40 万头，每头出栏均重 700 kg，出栏价格 34 元/kg，毛利润 2 015 元/头，净利润 1 550 元/头，年利润 6.2 万元；其他牛年出栏 60 万头，每头净利润 500 元，年利润 3 万，总计年利润 9.2 万。公司凭借良好的产业基础，在自身持续发展的同时，带动周边农户发展养殖业，为社会主义新农村建设做出了突出贡献。

（2）社会效益 肉牛养殖需要上下游行业不断联动，在玉米收贮、运输、加工等方面创造了多项就业机会，同时带动周边农户共同发展肉牛养殖，积极参与并推广养殖新技术、管理新理念。

（3）生态效益 企业积极发挥龙头带动作用，推进当地玉米秸秆的收购工作，不仅为当地农户增收，同时减少80%的秸秆焚烧，降低空气污染，推动了当地的环境保护工作，使碳排放进一步降低。

（4）模式归纳总结　公司集基础母牛和育肥牛养殖相结合、青贮自种自贮，具有资金周转快、养殖成本低的特点，同时不断向规模化和标准化发展，力求实现特色化品牌。

### （五）示范企业的发展启示

**1. 时代机遇**　近年来，我国畜牧业发展迅速，为国民经济发展和人民生活水平的快速提高提供了有力的支撑。肉牛产业作为畜牧业的重要组成部分，也一直保持高速增长的势头。当前，我国在活牛存栏量和牛肉产量方面均居世界前列，我国的肉牛产业真正形成了包括育种、扩繁和繁育、育肥、加工销售等各环节相互联动、协调发展的成熟产业运作模式。伴随着居民生活水平的提高、食物消费结构和消费习惯的变化，牛肉消费量不断攀升，市场需求强劲，供应明显趋紧等因素的出现正不断助推肉牛产业的快速发展。

**2. 市场挑战**　小型牧场饲料来源具有本地化或者就近原则的特点，容易出现营养缺乏症，矿物质、维生素、蛋白质和能量可能会限制肉牛的生长速率，由于当地土壤条件和气候环境的影响，粗饲料的质量并不稳定，这取决于土壤条件、牧草类型、牧草可获得性以及草地的成熟度和结构。尤其对放牧模式的家庭牧场更容易出现矿物质缺乏症，如钙、磷、钠、钴、铜、碘、硒和锌是放牧牛最常缺乏的矿物质元素。牧草中矿物质浓度低可能导致缺乏，但矿物质浓度过高，特别是氟、钼和硒会引起动物的不适。与蛋白质一样，牧草和豆类中的维生素A和维生素E浓度随着植物成熟度的增加而下降，通常在放牧季节后期含量不足。为避免营养缺乏症的出现，家庭牧场应该随着季节变化为动物提供足够的矿物质和维生素补充剂。

**3. 发展方向**　公司立足于养好牛、产好肉的原则，紧跟时代步伐，不断适应当地市场变化和自然环境，做好产业链中的高效养殖，把好质量关，实现绿色散养模式，未来不断扩大产业链，以立体养殖模式为蓝本，进一步把控养殖成本和产品品质，建设自动化、智能化养殖场，实现信息化养殖。

## 二、内蒙古绿田园农业有限公司肉羊饲养典型案例

### （一）示范企业简介

内蒙古绿田园农业有限公司成立于1998年，注册资本4 600万元人民币，国内总资产1.2亿元。绿田园农业致力于发展牧草种植与牛羊养殖相结合的草畜一体产业化发展，是一家集牧草种植、饲料加工、牛羊养殖、牧草贸易、技术研发、培训服务、观光休闲于一体的跨国草牧业经济实体，是国家级高新技术企业和内蒙古自治区农业产业化龙头企业。公司始终以国际化视野确立发展目标，坚持产业化、持续化、稳定化的经营原则，以科技手段不断创新产业模式，整合与分享行业资源，不断实践“中国草业国际化领导者”使命。

总公司下辖11个子公司。其中，中国公司包含普瑞牧、地森、柴达木和烨烁4个牧

草种植公司、1个饲料生产公司（赤峰绿田园农场有限公司），1个肉羊养殖基地（柴达木肉羊示范场）。美国公司包含美国管理公司、Green Pasture International Inc（绿田园国际）、Escalante Ranch（艾斯克兰迪农场）、Pelican Lake Farm（佩利垦湖农场）、California Hay Processor Inc（加州牧草加工厂）等5家子公司。

内蒙古绿田园农业积极响应与扎实推进国家“乡村振兴”发展战略，结合阿鲁科尔沁旗（以下简称“阿旗”）阿旗资源优势，将打造种-养-加的“草畜一体化”生态农业体系作为公司发展目标，与政府、企业、农牧民通过合作、带动、帮扶等方式，创建集牧草生产、贸易与肉羊、肉牛、奶牛于一体的“草畜一体化”产业体系，并建立技术与互联网服务、市场营销、品牌塑造、金融、保险于一体的全产业服务体系。

公司充分发挥国内外产业优势，进行生态效益、社会效益与经济效益相结合的农牧业产业化建设，发展以苜蓿为核心的“牧草种植＋饲料加工＋牛羊养殖＋绿色食品＋生态旅游”五位一体的“草畜一体化”的草食畜牧业，打造以“生态循环”“智慧农业”“绿色健康”为特色的农牧产业知名品牌。

公司与中国农业大学、中国农业科学院、内蒙古民族大学等专业机构和专家建立长期的合作关系。2016年开始探索以优质牧草为原料的肉羊养殖，2017年建立草畜一体化产业示范园，并开始在原有产业基础上开发生态旅游。2019年公司作为示范点加入农业农村部“优质青粗饲料资源开发利用示范”项目。2019年被内蒙古自治区科学技术厅评为“高新技术企业”，同年公司建立的绿田园“优质牧草”研究开发中心被认定为“2019年度内蒙古自治区企业研究开发中心”。现有团队30多人，优质牧草种植、新型草产品研发、肉羊养殖技术和服务方面的专家配备齐全，并有外聘15人的专家团队。

### （二）示范企业成功经验介绍

**1. 产业链经营提升产品附加值，增加利润空间** 公司建立以苜蓿为核心的“牧草种植＋饲料加工＋牛羊养殖＋绿色食品＋生态旅游”五位一体的“草畜一体化”经营模式。建立从优质饲草生产、科学日粮配方研发与加工、牛羊科学健康养殖、优质畜产品生产销售、到生态旅游资源的产业链条，通过前端产业保证后端的运行，通过后端产业提升附加值，拉动前端产业的发展，进而提上利润空间。

**2. 公司＋企业（合作）＋农户，强强联合，带动帮扶，共同实现国际化苜蓿与牛羊肉生产基地建设目标，达成产业集群优势** 通过“公司示范”“公司＋企业（合作）”“公司＋合作社”“公司＋农牧户”等方式建立公司、本土企业、当地百姓的合作共同体，打造集牧草、肉羊、肉牛、奶牛于一体的草畜一体化产业体系，并建立与之相关的科研、技术、服务、托管、互联网、市场营销、品牌推广、金融、保险于一体的产业化服务体系，带动阿旗及周边旗县种植、养殖、旅游产业振兴，共建美丽乡村，打造国际化苜蓿与牛羊肉生产基地，达成产业集群优势。

**3. 政策支持情况** 公司自2016年进入肉羊养殖行业，得到了赤峰市阿鲁科尔沁旗政府与乡镇政府的大力支持与政策扶植，构建了占地面积10万$m^2$的肉羊繁殖与育肥基地，并在周边建植了533万$m^2$以上的优质牧草种植基地，同时配套支持修建种养殖基地的道路、水电、办公、人才引进等硬件与软件。

2019 年 7 月，在中阿两国领导人见证下，中国农业农村部、内蒙古自治区政府与阿联酋内阁粮食安全办公室共同签署了《中阿草畜一体化产业示范园粮食安全备忘录》，旨在加强两国农业领域的全方位合作，投资 100 亿元。

2020 年 11 月，在阿鲁科尔沁旗旗委、旗政府和农牧局的帮助扶持下，绿田园农业牵头组建了阿旗首家“草畜一体化”产业联合体。经过 5～10 年时间的培养与运营，将打造中国北疆农牧交错带从东到西 5 个草畜一体化示范基地，包括兴安盟基地（湿地）、科尔沁基地（沙地）、河套地区基地（灌区）、河西走廊基地、新疆地区基地，形成区域互补、市场覆盖广泛的跨地域产业布局。

**4. 科技引领** 公司加强与高等院校、科研院所等专业机构和专家建立合作，注重新技术、新产品的研发，以科技为先导，引领产业发展。

（1）公司与高等院校、科研院所长期合作，寻求智力支持。建立企业技术研发中心，从实际生产中发现问题，成立专项研究小组进行攻关，以科技手段解决从种植到加工到养殖过程中的系列难题。图 2－22 为公司购置的先进检测设备。

（2）定期邀请专家进行现场及线上技术培训，对公司管理人员、技术员工及养殖户进行科技武装，提高生产过程中的科技含量。

（3）加强生产工作总结，积极探讨生产中的得失，集成苜蓿种植、加工、养殖标准，联合相关专家制定草原苜蓿羊养殖标准与肉品质品鉴标准。

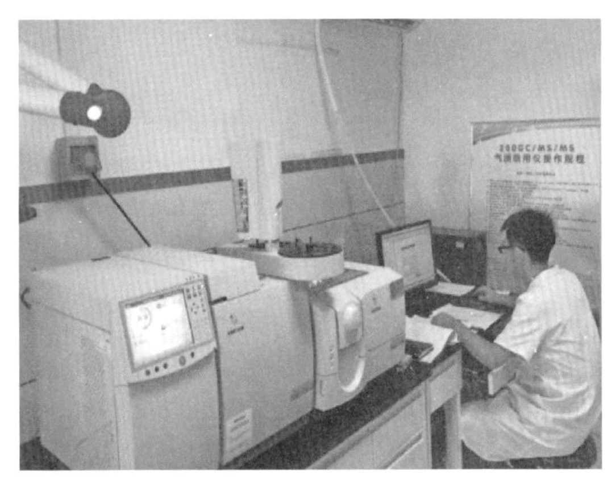

图 2－22　公司先进检测仪器

（4）新理念新技术的应用　在肉羊日粮供应上，公司与内蒙古民族大学合作，参与农业农村部“优质青粗饲料资源开发与利用”项目，结合饲草型全混合日粮理念，公司以“节粮、提质、增效”为总体目标，打破传统的“秸秆（低品质粗饲料）＋精料”的传统供应模式。充分挖掘区域性优势饲草资源优势，应用现代化动物营养供给理论，科学搭配，优化组合，合理加工调制，为肉羊提供优质、可持续日粮供应。充分考虑肉羊消化机理与营养需求，结合公司与当地饲草料生产的实际情况、饲料草品质与成本、养殖成本诸多方面因素，选择优质苜蓿草与燕麦草作为肉羊养殖的核心草饲料来源，从而达到提高肉羊繁殖能力、加快育肥速度、改善羊肉品质等生产性能目标。绿田园农业有限公司 2019 年成功申请注册“草原苜蓿羊”优质品牌。图 2－23 为公司生产草原苜蓿羊肉。

图 2-23 公司生产草原苜蓿羊肉

## （三）示范企业养殖过程中存在的问题分析及解决办法

### 1. 企业在肉羊品种筛选与培育上存在的问题分析及解决办法

（1）存在问题

①羊群品性紊乱，繁殖成活率低，生产性能差。当地母羊以黑头羊为主，每年产羔1次，且以单羔为主，繁殖性能低下。引进的种羊生产记录不清楚，预产期模糊，影响阶段化饲养管理。此外，由于系谱记录不清楚，血统混乱，无法实施选种和选配，致使羊群质量差，生产性能低下，直接影响了产出效益。

②羔羊育肥只注重增重，忽略羊肉品质。我国肉羊育肥羊按区域大致分为内蒙古育肥羊、河北育肥羊与草原羊三大类，传统育肥是采用精料育肥，羊只采食大量豆粕、玉米及其副产品类的谷实类精饲料，用养猪的方式养羊，羊只出现严重酸中毒，且大量饲喂抗生素、生长激素与抗病毒类药物，羊肉内存留大量有毒有害物质。

（2）解决办法

①引进繁殖性能高的湖羊品种。湖羊产肉性能高，耐舍饲，适应高温高湿环境。早期生长发育快，性成熟早，公母羊5～6月龄性成熟，四季发情，多胎多羔，平均产羔率为230%左右，且湖羊母性好、奶水好、羔羊成活率高，具备较好的繁殖特性，可本交，也可作为杂交母本。

②优化阶段化饲养管理流程。开展羔羊、青年羊、空怀母羊、妊娠母羊、哺乳母羊等不同阶段羊群监测，实现羊群个体全生命周期监测和特定类型羊群阶段化精准管理，并对羔羊断奶时间、青年母羊发情配种、青年后备公羊使用、产后母羊发情时间、种公羊和种母羊利用年限等技术指标制定标准，逐渐形成羔羊45 d断奶、青年母羊5～6月龄配种、产后绵羊2～3月龄配种等标准化工厂化生产流程。

③建立标准化生产技术体系。通过诱导产后母羊发情技术，促使非繁殖季节产后母羊2—3月发情配种，基本做到两年三胎；混群混养是传统养羊的特征，导致营养供给与日粮搭配不科学、系谱混乱、生产效率低下等问题，通过研究建立一套阶段化精准饲养、日粮搭配科学的饲养技术体系，从而做到空怀母羊、妊娠母羊、哺乳母羊、育成羔羊、

后备种羊、育肥羔羊等不同生理阶段不同生产阶段的羊分门别类精准饲养。通过营养供给与阶段化饲养技术做到饲草供给与营养需要一致，阶段化饲养专业化生产，通过不同日粮育肥试验建立了一套羔羊快速育肥技术，即建立了母羊高效均衡繁育、饲草精准供给与科学搭配、羔羊快速育肥为主要特征的标准化生产关键技术体系。

④实施同期发情，实现标准化生产。针对基础母羊产后发情时间不一致、年产羔率低等问题，引入母羊同期发情技术，控制产羔时期，避开冬季产羔，提高成化率，同时产羔时间相对一致，便于育肥羔羊分群与标注化育肥管理。

⑤引进、培育优质肉羊品种。

⑥进行统一优质日粮饲喂与统一管理模式，明确饲喂与饲养标准与流程。公司开发了“优质牧草型”育肥羊饲养方式，不仅供给羊只足够的草饲料，其中包含玉米秸秆、羊草、天然草等普通草饲料，同时添加苜蓿、燕麦等优质禾本科和豆科牧草，并且在饲料中添加硒、硫等生命物质，构树、黄蒿、芍药等中草药成分，小分子肽、氨基酸等高品质营养物质，不仅能够保证肉羊健康生长、速度又快，而且羊肉色泽、口感、营养等方面可达到顶级绝佳水准。在饲喂模式上我们将草饲料、能量饲料、蛋白饲料按不同阶段、不同饲喂量、不同配比饲喂，保证羊肉肥瘦相间，口感润滑香嫩，且表现出明晰精美的“雪花羊肉”。

⑦羔羊育肥按批次按重量统一入栏与出栏。

⑧做好羊肉产品分级分类管理，羊肉产品进行统一市场管理，统一营销。

**2. 企业在肉羊饲草料使用上存在的问题分析及解决办法**

（1）存在问题

①日粮价格高，养殖成本居高不下。中美贸易、新冠疫情、消费升级（消费者对羊肉的选择需求更加旺盛）、奶牛行业的兴起带动了优质饲草价格上涨，其中进口苜蓿、燕麦干草、玉米、豆粕等价格上涨，国产饲料原料价格随之上涨，给养殖业带来了成本高的压力。

②无差异化日粮供应。基础母羊的生长阶段、体况和繁殖周期，肉羊在不同的育肥阶段，对营养的需求及消化机理都有很大差异，分别要有针对性地实现精准饲养。

③营养搭配不合理，家畜亚健康风险大。市场上饲料品种多，质量参差不齐，日粮搭配不科学，饲喂不精准。养殖生产中存在精料和粗饲料搭配比例不合理、精料饲喂量过高等饲料营养问题，造成了饲料浪费，还会引起一系列营养代谢疾病，导致家畜死亡或长期处于亚健康状态，直接影响畜产品品质和养殖效益。

（2）解决办法

①结合当地农业发展现状，充分挖掘区域性优势饲草资源，使饲草原料本土化，降低运输成本。

②改变日粮供应模式，日粮中少添加或不添加精料，以优质饲草＋农副产品为主要原料，科学组配，优化组合，合理加工，建立新型日粮供应模式。

③科学管理，精量饲喂，减少人工与日粮浪费的经济支出。

④母羊精准分群。混群混养是传统养羊的特征，导致营养供给与日粮搭配不科学、生产效率低下等问题。将空怀母羊、妊娠母羊、哺乳母羊、育成羔羊、后备种羊、育肥

羔羊等不同生理阶段不同生产阶段的羊分门别类精准饲养。通过营养供给与阶段化饲养技术做到饲草供给与营养需求一致。

⑤病弱羊调理与淘汰。针对病弱羊进行单独隔离与单独优饲调理，对病弱羊与生产性能低下羊及时淘汰处理。

⑥育肥羊分阶段设计日粮配方。将育肥羊按育肥前期、育肥中期、育肥后期三个阶段，分别设计日粮供应配方限量精准饲喂。通过阶段化不同日粮饲养开展专业化生产，建立羔羊快速肥育技术。

⑦全混日粮与颗粒料饲喂。将所有饲草料按配方配比加工成颗粒，产品形态统一，产品质量统一，饲喂量精准，营养摄入量精准，真正做到标准化饲喂。

⑧公司引入饲草型全混合日粮理念，与内蒙古民族大学科研团队联合开发肉羊用饲草型全混合日粮产品（图 2-24、图 2-25）。饲草型全混合日粮以优质人工牧草、天然牧草及农副产品为主要原材料，不添加任何精饲料，日粮组成的改变与营养成分的合理组配更能满足草食家畜营养的需求，适应草食家畜的消化机理、畜体健康，产品品质显著提高；充分利用区域性饲草资源优势，降低饲养成本，提高畜产品产量，改善品质，从而提高养殖效益，为畜牧业高质量发展提供重要保障。

图 2-24　饲草型全混合日粮加工机组

图 2-25　饲草型全混合日粮

**3. 企业在肉羊日常管理存在的问题分析及解决办法**

（1）存在问题　场区消毒问题。肉羊养殖的经营与管理，养大于防，防大于治，即日粮供应之外防疫环节是又一要务。

（2）解决办法

①强化隔离制度，建立隔离区，新进场区肉羊严格遵守隔离制度。

②保证人员和车辆进出消毒。肉羊养殖场门口或生产区的出入口设有生石灰消毒卡口，进出的车辆必须通过消毒卡口，车体用 2%～3%来苏儿水溶液喷洒消毒。进入场区的人员须经消毒通道进行雾化消毒；进入生产区的人员穿消毒过的工作服、鞋套，戴消毒过的工作帽与口罩，经消毒通道进入生产区。工作人员在接触畜群、饲料等之前必须先洗手。

③注重环境消毒。对生产区和畜舍的周围环境，每天清扫 1 次，并用 2%烧碱水或 0.2%次氯酸钠溶液喷洒消毒。

④注意畜舍和畜体表消毒。畜舍和畜体表消毒应视为重点，因病畜经常向外界排出大量的病原微生物污染畜舍环境。对畜舍的地面、料槽、水槽每天应清洁消毒 2 次，水槽、料槽用 0.2%次氯酸钠溶液洗涤。

⑤妥善处理淘汰的病畜和尸体。患病家畜排出的分泌物、排泄物中的病原体污染环境，病死畜的尸体也是特殊传染媒介。禁止将患传染病的病畜及其尸体流入市场或随意抛弃。对病死畜的尸体，应由专人用严密的容器运出，投入专用的埋尸井内深埋或焚烧。

**4. 企业在肉羊畜舍设计建造方面存在的问题分析及解决办法**

（1）存在问题　企业在肉羊畜舍设计建造方面存在的问题主要是羊舍保温和通风的问题。公司养殖地区处于北纬 43°，冬季寒冷，受制于北方天气变化的影响，羊舍不仅要考虑到夏季通风需求，还要考虑到冬季保温需求。

（2）解决办法

①单面圈舍，避开西侧风口。视主要风向，选择东面设置养殖区，西面建造保温加厚墙面，可以在冬季起到挡风保护作用（图 2－26）。

②在羊舍地面铺设沙土。整个圈舍均为沙土地面，防潮不寒，圈舍干燥不湿。

③给羊饮用温水。安装专门的给水系统和锅炉装置，羊在冬季可以随时喝到温水。

④产房建设。单独建设肉羊产房，特别是冬季产羔，产房应具备封闭设施和取暖设备。

⑤附属设施建设。场区必须具备化粪池，大型圈舍应当具备通风、排氨、降温、取暖、刮粪设备，图 2－27 为羊场设备总控式。

图 2－26　标准化羊舍

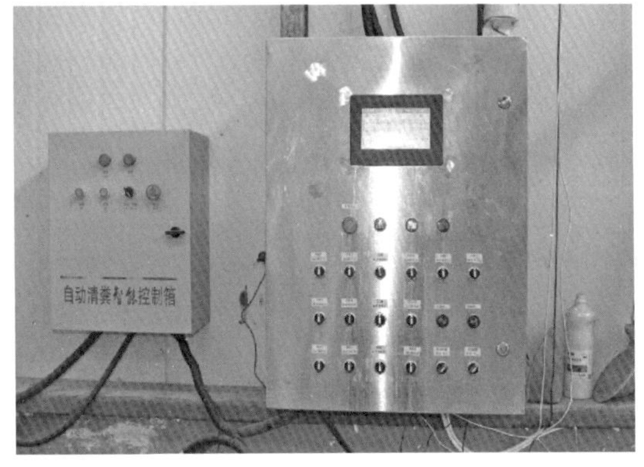

图 2－27　设备总控式

## （四）示范企业经营模式

**1. 企业经营过程中遇到的问题及解决的思路**　公司以苜蓿为核心的“牧草种植＋饲料加工＋牛羊养殖＋绿色食品＋生态旅游”五位一体的“草畜一体化”模式正处于推进实施阶段，经过近年的运营，还存在一些客观问题：

（1）模式落地尚需要多方协作才能顺利实施。依赖于政府政策实施的延续性、银行对养殖户审核程序及效率、保险承保机构服务产业的意识和作业方法、模式需要大量专业人才深耕基层而人才匮乏、各项肉羊养殖基础性技术如何有效下沉到农牧民，等等，这些方面仍需要加强政府、银行、保险、企业和养殖户的协调。

（2）需要进一步发挥地方政府的引导和推动作用，加强基础政府职能部门的现代肉羊产业发展意识，组织协调各方面工作有序开展。

（3）需要银行、保险公司调整涉农信贷和保险产品及服务方式，出台更优质的金融产品，让利农牧民。

（4）需要不断完善企业的技术服务体系建设，构建由专家和专业技术人员组成的专业技术体系，以及农牧民需要掌握的肉牛养殖的基础性技术体系。

**2. 企业带动农牧户的利益链接机制工作情况**

（1）“公司+农牧户” 帮扶机制 ①公司给予周边养殖户科技帮扶，帮助建立养殖档案，及时掌握从母羊配种、羔羊出生及公羊母羊出栏情况，以先进的养殖理念引领养殖产业发展。②给予经济支持，通过公司担保，为养殖户争取信贷，解决羔羊购买、日粮储备资金短缺的问题。③公司开展养殖户日粮供应赊销业务，缓解养殖资金短缺问题。

（2）“放母收羔” 合作机制 公司将优质基础母羊分发到养殖户，由养殖户进行饲养，并给予一定的技术指导资金支持，将其繁殖的子畜按照一定比例回收。公司通过“放母收羔”带动养殖户完成品种改良，同时借助千家万户完成公司畜群扩展。

（3）“技术推广” 对接机制 组织“肉羊养殖关键技术集成示范项目培训班”。由中国农业大学和内蒙古民族大学依托“优质青粗饲料资源开发利用示范”项目组建的专家团队，为养殖户们培训肉羊养殖理论基础知识和养殖场实操技术。通过培训让养殖户们学习了解科学饲喂管理技术，控制成本，提高羔羊成活率。推广同期发情-定时输精技术，实现批次化生产、均衡生产。

**3. 效益分析**

（1）经济效益 经公司近年来肉羊养殖技术的改进，湖羊年产活羔达到2.8只，较当地黑头羊增加1.5只，每年每只母羊可增收600～800元，每户养殖母羊50只，每户年增收3万～4万元，已建立合作社与服务农牧民养殖20 000余只，每年创造价值1 000余万元。肉羊养殖占用资金少，周转周期短，是一项适合农牧民脱贫致富的匹配项目。

公司依托“优质青粗饲料资源开发利用示范”项目，邀请相关领域专家、学者为养殖企业与农牧民提供技术指导与服务，提高了养殖人员生产素质，提高科学饲养水平，能够更好地管理，扩大该区域肉羊养殖基数；现金的日粮组配理念与科学的养殖管理技术，降低日粮成本，加工增重速度，缩短育肥周期，改善羊肉品质，提高养殖经济效益；将养殖羊只按不同饲喂模式与体重进行精准分类，将产品精细分割，按不同部位定位不同产品，以高、中、低三个等级出售羊肉，以统一品质与统一品牌提高产品的市场价值，将羊肉市场供应端和销售端规模做大、忠实客户群体扩大，提高企业羊肉产品收益。

（2）社会效益　“草畜一体化”肉羊养殖是一项结合了本地优势资源并产生较大社会效益助力乡村振兴的系统性项目。“草畜一体化”肉羊养殖项目解决了当地优质牧草资源的有效利用与就地转化问题，用简单便捷的方式解决了牧草产业产品的销路问题。同时完成了以“精料＋秸秆”到优质饲草为主肉羊日粮供应模式的转变，达到“节粮、提质、增效”的肉羊养殖目标，形成从品种选择，到饲草料供给、羊肉销售的产供销服务体系。真正做到草畜结合，草畜耦合，为肉羊产业的健康、稳定、可持续发展奠定基础。

（3）生态效益　随着草畜一体化肉羊养殖模式的持续性发展与优势释放，草畜一体化项目的生态效益会逐步显现，完成退化草原生态治理的同时，达到了防风固沙作用；苜蓿的固氮作用肥田沃土，实现深化土壤改良；肉羊粪便是很好的有机肥来源，可以进一步提高土壤的有机质，并促进苜蓿产业的基础升级，真正实现好草养好羊、好羊出好肉。

**4. 模式归纳总结**　“草畜一体化”项目是集优质牧草种植、牛羊养殖、饲料生产、绿色食品与生态旅游相结合的五位一体产业化项目，是结合阿旗当地畜牧业资源与国家扶贫脱贫、乡村振兴政策、公司发展历史与未来规划进行的系统性策划，此项目以企业示范与技术创新为核心，以“企业＋合作社”“企业＋农牧民”为服务范畴进行技术输出，以“小单元、大规模”为基准进行的产业体系化建设，从模式建立、人才梯队到技术输出与市场布局，全方位打造名优羊肉产品生产基地，以实现打造阿旗继“草都”之后的“羊肉肉都”名片为己任，完成阿旗草畜一体项目建设目标。

### （五）示范企业的发展启示

**1. 时代机遇**　随着社会的发展，人们生活水平的提高，中国人民正在从吃饱穿暖需要向优质健康需求过渡，高质量畜产品不再是生活的奢侈品，而是生活的必需品，畜牧业高质量发展成为现阶段时代主题。新冠疫情更加促进了人们对健康食材的渴求与认可，优质羊肉是生鲜食品的重要种类之一，更是中国人民家喻户晓的餐桌美味，其市场需求不言而喻。加快畜牧业转型升级，提高肉羊产业的发展水平是产业发展的需求，同样是时代赋予产业人的历史使命。

**2. 市场挑战**　肉羊行业发展基础差，行业秩序混乱，行业发展仍然处于无标准无流程的混乱；缺少模式、缺少样板、缺少人才，缺少国家层面的重视与扶持；越是在艰难与混乱的时候，越是发展的机会，“草畜一体化”的肉羊养殖模式的发展艰巨与光荣并存，机遇与挑战并存。

**3. 发展方向**　“草畜一体化”养殖模式，是一个种养加结合的模式，是一个产学研结合的模式，是一个产供销结合的模式，其中包含了生产与实践相结合的技术研发体系、畜牧业生产资料与消耗性物资优化整合体系、产品销售的品牌打造与市场推广体系，是农业产业化发展的前沿性探索，是建立农牧产品高价值体系和提高农业从业者收益的创新模式，更是未来农业产业发展的有效途径之一。

## 三、内蒙古多伦县博赫牛场肉牛健康绿色养殖典型案例

### （一）示范企业简介

内蒙古博赫牛业科技有限公司位于内蒙古锡林郭勒盟多伦县大北沟镇，现有员工12名，其中，具有高级职称的专业技术人员3名。牧场占地90 667 $m^2$、饲草料基地200余$hm^2$、牛舍4栋，围栏饲喂道长达600 m。公司为了保持在种牛繁育领域的先进性，尽快扩大种群规模，公司与国内性控技术第一、团队实力最强的赛科星集团达成合作协议，由赛科星集团为我公司提供全程的技术服务，应用他们先进的理念、丰富的经验和科研成果；专门从美国进口1 000支排名前30名的优质冷冻精液用于冷配。与多伦县内的农牧民商讨稳定的可持续的利益联结机制，探索在公司的带动下与牧户共同发展的有效机制；研究如何加强饲养管理，有效利用草场和高产饲料地，在保持好牧场生态环境的前提下，向创新管理模式要效益。

### （二）示范企业成功经验介绍

**1. 政府引导，企业唱戏，合力促进了企业的发展**　内蒙古博赫牛业科技有限公司2018年1月成立之后受到各级政府的大力支持。在此过程中，政府发挥政策引导和金融撬动作用，做到多力合一、力向一处，形成政策叠加效应，破解企业“难起步”问题，并在水电配套、用地审批等方面予以扶持，实现企业从无到有的过程。企业在发展过程中，积极响应政府号召，承担企业的社会责任，以创新、协调、绿色、开放、共享为理念，进一步凝聚社会责任共识，深化社会责任实践。

博赫公司自成立起，便着力于创新驱动、生态养殖、安全生产、质量管理等重点领域及薄弱环节，在肉牛保种育种和高效绿色养殖方面开展了大量工作。争做锡林郭勒盟肉牛养殖领域中“社会责任＋科技竞争力”发展理念的排头兵，为更多地区的发展探索更多的可推广、可复制的经验。

**2. 加强兽医监管，提高养殖安全性**

（1）积极做好风险防控　从外面购进母牛均由大牧场引进（不上市场及农户采购），保证牛源质量，特别是口蹄疫、布鲁氏菌病、结核病等传染病可控，降低引进牛源环节牛死亡率；牛进场后全部上全险，积极防疫，由专职兽医负责，采用备案制，基础母牛不出售，有淘汰牛及时补上。针对传染病发生流行过程中的传染源、传播途径和易感动物三个环节，查明和消灭传染源，采取适当措施加强防疫消毒工作，改善饲养管理，切断传播途径，提高牛对疫病的抵抗能力，增强控制疾病的主动性。

（2）积极做好牛场保健计划和保健工作　以预防为主、防治兼顾为指导原则，在生产中制定完善的保健计划和防疫制度，加强饲养管理，做好保健工作，使牛群处于健康状态。保健计划涉及饲养、管理、育种、繁殖、疾病防治等多个方面，对于出现的病牛，做到尽快查明原因，及时治疗和处理，将损失降至最低。

**3. 向其他成功牧场学习**　企业董事长积极带领员工参观学习其他优秀牧场（图2-28），对牛群的管理、饲养管理现状、牛群现状、牛群结构、各阶段饲料配方、基础母牛繁殖情况等进行详细了解。

**4. 积极与高校合作** 通过农业农村部“优质青粗饲料资源开发利用示范”项目，企业与内蒙古农业大学开展了广泛深入的合作（图2－29），并以此为契机，积极参与校企双方全方位、多领域的合作，实现校企资源的有机结合和优化配置，为了共同培养人才，提高社会生产力提供新契机。推进校企合作，本着“优势互补，互惠互利”的原则，在有发展前景又有合作意向的地方建立校外实习基地。培养学生职业素质、动手能力和创新精神，增加接触专业实践的机会。以产学研为合作模式，最终达到企业、高校和学生共赢的局面。

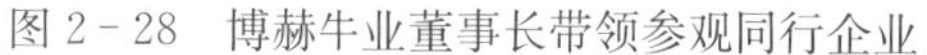

图2－28 博赫牛业董事长带领参观同行企业

图2－29 博赫牛业与高校合作

## （三）示范企业养殖过程中存在的问题分析及解决办法

### 1. 企业在肉牛选种选配上存在的问题分析及解决办法

（1）存在问题 母牛发情周期长，配种率不高。由于饲养、配种等管理不当，加上档案缺失等造成母牛空怀多，同时配种不集中，导致母牛分娩时间分散，给后期分群管理、营养管理带来很多问题，犊牛成活率不高。合作社母牛产犊季节多数在冬季，造成犊牛死亡率过高。承德地区冬季温度最冷达到－20℃，首年养殖经验不足，冬季产犊死亡率高。

（2）解决办法 内蒙古农业大学项目组租场期间，结合牛产现状和实际情况，建议全场母牛进行B超检查，检查子宫是否有问题，针对性进行治疗或淘汰措施。正常母牛检查妊娠状况，挑选出妊娠月份相近母牛，进行分群管理，未妊娠母牛分批量进行同期发情，控制产犊时期。

尽量避开冬季产犊。提前测算产犊时期，控制配种时间，避开冬季产犊。如有母牛在冬季产犊，要增加犊牛护理人员，从犊牛出生后第一口奶抓起，吃够吃足初乳；另外要保证暖房温度均衡，地面及时清理粪便保持干燥，增加垫草的厚度，保持柔软舒适，为犊牛保持体温。

犊牛对外界不良环境的抵抗力、适应性及调节体温的能力较差。因此，犊牛在初生阶段的主要任务就是预防疾病和促进机体防御机能的发育。为此，在与专家经过充分交流后，对犊牛培育护理的细节进行了深刻挖掘。首先母牛应在清洁干燥的场所、安静的环境下产犊，并要让犊牛出生在预先准备好的清洁、干燥、柔软的垫草上，然后及时清除出生犊牛口鼻耳以及身上的黏液。随后对犊牛进行断脐工作。断脐不要结扎，自然脱落为好。另外，要剥去软蹄。犊牛想要站立时，应帮助其站稳。待毛干后进行称重。犊牛出生后应在30～90 min内喂饱初乳，最迟不要超过2 h。第一次以1～1.5 kg为宜，并在24 h内哺喂3次，使哺喂量达到5.5～6.1 kg，这样血液内的抗体才能达到标准，起到提高犊牛免疫力的作用。肉牛通常自然哺乳，但一般出生7～10 d开始训练犊牛采食优质干草，在10～15 d喂给犊牛料，并在此过程中严格按照牧场免疫计划执行免疫程序。

**2. 企业在肉牛饲草料使用上存在的问题分析及解决办法**

（1）存在问题 2019年以来，受国际贸易摩擦和对未来市场预期的影响，肉牛养殖的重要饲料玉米、豆粕价格波动幅度较大，并且与历年走势不符，造成养殖者养殖成本的不确定性增大，进而影响到肉牛及牛肉市场价格和获利能力。

精料：牛场饲料选择缺乏目的性和科学性，现存品牌多且营养成分不明确，然而肉牛在各个时期的营养需要是不同的，各品牌精料配比不同，导致牛场目前缺乏科学配制。

青贮饲料：青贮饲料存放不当导致夏季雨季来临青贮饲料被雨水浇湿，导致青贮饲料部分发霉，发霉部分青贮饲料中黄曲霉素含量升高，不利于母牛的生长发育及繁殖。

饲喂肉牛的饲草料随意搭配，没有按照牛在不同生长阶段营养需要和饲养标准进行科学配制。补饲主要以粗饲料为主，精料只补饲玉米、饼类。由于日粮营养缺乏或不平衡，引发许多营养代谢病，同时还造成较大的经济损失。

（2）解决办法 为充分发挥“优质青粗饲料资源开发利用示范”项目高效技术的推广利用，科学合理地利用饲料及日粮配合，内蒙古农业大学敖日格乐教授开展技术培训，提升基层技术推广骨干的服务能力，提高基层推广机构和个人的能力素质，加强科研攻关和成果转化。特别针对肉牛营养及饲料配方缺陷问题，应了解牛常用饲料的种类和营养特性，对牛饲料进行适宜的加工调制，提高饲料的适口性，改善饲料的瘤胃发酵特性，消除饲料中的抗营养因子，提高饲料的转化率。此外，大力开发当地粗饲料资源，节本增效。如农作物的秸秆经过适当的处理，不仅可以满足牛对纤维素的需要，还可以满足牛一部分蛋白质需要等。

青贮饲料是非常重要的粗饲料，其饲喂量一般不宜超过日粮的30%～50%。从青贮窖取青贮饲料时应从一端开始取料，从上到下，直至窖底。切勿全面打开，防止暴晒、雨淋、结冰，严禁掏洞取料。为防止二次发酵，每天取出的料至少在8 cm以上，取后用塑料薄膜覆盖压紧。还应加强青贮的管理，改善青贮窖的防雨防水性能，对已经发霉的青贮饲料选择丢弃，更换质量优异的青贮饲料。一旦出现全窖二次发酵，如青贮料上升到45℃时，在启封面上喷洒丙酸，并完全密封青贮窖，防止其继续腐败。

利用全株玉米青贮和苜蓿青贮技术制作优质青贮；要坚持以畜定草、草畜结合，加大调粮种草和粮草轮作的力度；利用牛场在区域的饲料原料资源，根据肉牛不同生长阶段营养需要，制订出不同品种、不同生长阶段的日粮配方，以促进肉牛的生长发育，增加养牛的经济效益。

3. 企业在肉牛日常管理存在的问题分析及解决办法

（1）存在问题 牛群管理不当，牛信息记录不完全，牛群转群及用药记录不完善，缺少专业记录内容。日常预防治疗药品无记录。没有科学制定适合场区的免疫程序，不能按照肉牛养殖技术要求制定免疫程序，只是凭自身养殖经验选择性进行接种，缺乏基本的防疫意识。存在侥幸心理，只要饲养方面及消毒方面做到位就无大碍，这样的观念是错误的，给养殖带来极大风险。

（2）解决办法 建立牛场机构：牛场的生产管理需要通过制定详尽的规章制度作为管理的依据，与此同时，为保证牛场生产有秩序地进行，需要建立一个场长负责的指挥系统，由场长通过各生产班组长和技术人员直接管理牛群和经营工作。

给所有牛打上耳标并编号，有利于在养殖期间随时掌握哪头牛出现问题并及时采取措施治疗，以防造成更大损失。尤其是繁殖母牛，所产牛犊和母牛编号相对应（如成年牛 1 号，所产牛犊 01 号），可随时掌握牛场牛的数量，清楚辨别并记录哪头出现不良症状。发情母牛的配种日期、预产期要做详细记录。新生牛犊生产日期及体重也要做好记录。

做好免疫接种工作。根据当地农牧部门要求，结合养殖场实际，研究制定相应免疫程序。严格按照免疫程序进行免疫接种，激发动物机体产生免疫应答，从而使牛群产生特异性免疫，绝不能因疏忽大意而给养殖场造成经济损失；采用药物预防和治疗，饲养过程中可添加一些预防性药物（如电解多维）增强牛群自身抵抗力。

4. 企业在肉牛企业畜舍设计建造方面存在的问题分析及解决办法

（1）存在问题 牛舍在修建过程中，没有科学设计通风、换气、采光、保暖等；配套的排污、储污附属设施不完备，致使粪尿处理净化不彻底，造成饲养环境差；牛舍和运动场面积比例不合理。牛舍卧床湿潮，泥土粪便堆积，细菌增生。大牛趴卧时奶头沾染细菌，增加乳房炎发病概率，新生牛犊吃奶感染细菌，导致新生牛犊拉稀，咳喘。

牛舍中无颈枷，造成母牛采食过程中出现挑食，饲养管理过程中采血、打疫苗、挤奶等操作不方便。

犊牛舍环境差，无暖棚。冬季承德地区寒冷，最低气温达到－20℃以下，导致新生牛犊着凉、感冒、腹泻、肺炎病症大大增加，严重影响犊牛成活率。

（2）解决办法 肉牛场牛舍的设计与建造应做到有利通风、采光、冬季保暖和夏季降温；利于防疫，防止或减少疫病发生与传播；保持肉牛适当活动空间，便于添加草料和保持清洁卫生；因此，为解决实际遇到的问题，应尽量通过维修和变换设备改善牛舍的通风、换气、采光等条件；改造牛舍的排水设施，完善粪污处理设施；按照运动场和牛舍正常面积比例，用隔栏进行重新规划。增加牛舍颈枷，大群饲喂总会有一些体况差的牛吃不上精料，长期营养不良，导致越来越瘦小，一个解决办法是 3 个月左右分一次群，把体况差和强壮的分别分开。对于体况太差的牛，要单独补充精料，做好颈枷可以实现单独补料。同时也有利于平时做防疫打针、喂药、挤奶等。

牛舍内应干燥，冬暖夏凉，地面应保温，不透水，不打滑，且污水、粪尿易于排出舍外。舍内清洁卫生，空气新鲜。牛舍应当有一定数量和大小的窗户，以保证太阳光线充足和空气流通。

北方寒冷地区，顶棚应用导热性低和保温的材料。另外，改善产房和犊牛舍保暖，暖棚增加保温，室内安装取暖设施，冬季保持室内10℃左右，每天清理，保持干爽洁净，冬季时能显著降低牛犊着凉腹泻的发生，提高成活率。

### （四）示范企业经营模式

#### 1. 企业经营过程中遇到的问题及解决的思路

（1）养殖人员的素质有待提高

存在问题：养殖场从事规模养殖生产的从业者年龄层次普遍偏大，文化程度偏低，懂技术、懂管理的经营者还不到40%，对市场预测准确度低，抵抗风险的能力差，接受新技术速度慢，直接影响畜牧产业快速高效发展进程。

解决思路：自从接到“优质青粗饲料资源开发利用示范”项目以来，内蒙古农业大学就与企业开展了相关合作，定期有针对性地对养殖管理和技术人员进行技术培训。引导企业选择一些生产经营较好的企业去参观学习；企业作为成果转化项目的示范基地，多参与一些项目的实施，提高企业养羊技术水平。

（2）项目扶持资金较少

存在问题：由于资金困难，基地建设投入普遍不足，政府对畜牧产业投入不足，支持资金兑现力度不大，一些优惠的政策还无法完全落到实处，使新品种引进和示范新技术的推广应用受到很大限制，制约了肉牛业标准化和集约化发展。

解决思路：及时了解当地肉牛产业的现状和发展趋势，多与上级有关部门沟通了解有关政策，借助大专院校和科研院所的技术优势，积极申报课题，争取项目扶持资金，促进肉牛产业的发展。

（3）技术水平低

存在问题：牛场在生产的各个环节都需要技术支撑，受传统养殖习惯的影响，在养殖过程中还存在着许多问题：①品种方面。优良品种比例较少，引进优种牛不注意选育提高，造成生产性能降低。引进公牛利用率低，人工授精技术还没有推广。②饲养管理方面。牛补饲日粮随意搭配，造成营养不平衡。日粮配方不能按照牛营养需要配制。牛的防疫措施不到位，没有建立科学的免疫程序。一些先进的养牛技术还没有得到推广应用，制约了企业养牛业的发展。

解决思路：大力推广人工授精和胚胎移植等现代生物工程技术，结合现代选种新方法，加快我场牛的改良和繁育进展，适当提高选育强度。加强牛的配合饲料的推广和应用，在肉牛养殖中积极推进全混合日粮饲喂技术。大力支持和使用机械化生产技术，保证肉牛生产的安全性。采用计算机信息化管理系统，加强牛场环境卫生管理和牛群疫病监控及防治工作。加强生态与环境建设，处理好养牛与环境的关系，防止牛粪、污水、牛场异味对周围环境的影响。积极推行肉牛场动态管理系统、危害分析关键控制点、肉牛良种保育计划。加强选种选配，选育提高牛群质量。做好肉牛的疾病防控。制定科学的饲养管理规程。根据合作社的养殖现状，针对养殖过程中存在的技术问题，请有关专家进行现场技术指导和理论培训。通过培养合作社技术人才，提高企业的养牛技术水平。

2. 效益分析

（1）经济效益

①通过技术平台集中管理和售卖，每头犊牛节约成本500元左右。饲草料实施按需分配，饲草有序合理就近分配原则，全面使用机械化，每吨降低人工费用50元。

②联合社组建兽医团队。组织兽医团队进行防疫、治疗、输精巡回服务，搭建兽药使用平台，一些常用药品直接从厂家采购，力争降低养殖户开支25%左右。

③合作社引进良种冻精，改良现有肉牛品种，加速更新过程，实施统一进精液、统一配种并记入养殖档案。预计从人工和冻精产品上降低养殖户成本25%左右。

（2）社会效益　积极开展各种形式的培训活动，对养殖户、技术人员进行秸秆处理技术和青贮制作技术、饲草的科学种植技术等方面培训，逐步提高广大养殖户对粗饲料处理、加工和利用的水平，提高粗饲料的利用率。

## （五）示范企业的发展启示

1. 时代机遇　随着人们生活水平的提高，对优质畜产品尤其是草食畜产品的需求越来越大，目前我国人均消费的牛羊肉远低于发达国家水平，草食畜牧业的发展前景看好。国家“粮改饲”政策和内蒙古自治区“十三五”现代农业发展规划中指出要强势推进新一轮多伦县生态畜牧经济区建设，为发展草食畜提供了强有力的政策支持。多伦县属于农牧交错带，有着广阔的天然草地、丰富的农作物秸秆产量，对发展草食畜牧业有着得天独厚的自然资源优势。

2. 市场挑战　肉牛产业的发展必将面临市场的挑战。市场的供需直接影响到牛肉价格波动，市场的需求实际就是消费者的需求。由于人们对无公害牛肉的需求日益增长，这就对养殖户有了新的挑战，如何利用无公害生产技术饲养肉牛；在牛肉屠宰加工过程中严格按照国家关于无公害产品加工的标准和要求生产。消费者不喜欢肥脂牛肉，这就要求养殖场在犊牛育肥过程中，通过调整育肥时间和营养调控，生产出优质肉牛产品。市场挑战有利有弊，虽然增加了养牛业的风险，但也刺激了养牛业的进步，推动了养牛产业的发展。

3. 发展方向　根据国内外肉牛产业的养殖现状和发展趋势来看，科学技术特别是生物技术水平的不断提高，新技术的推广、普及和应用促进了养牛业的迅速发展，牛产品的科技含量也在不断增加。通过科学的饲养管理，保障肉牛的健康，提高生产效率，降低生产成本，也是21世纪养牛业发展的特点。在营养调控上，国内外都在奉行“健康瘤胃，健康养牛”的原则，广泛开展肉牛瘤胃营养代谢与调控新技术的研究开发，尤其是对瘤胃发酵代谢、微生态平衡、阴阳离子平衡等方面的营养调控新技术进行深入研究和应用推广。结合多伦县农牧交错带资源优势，公司将在合作社现有的养殖基础上，利用牧草种植加工、肉牛高效养殖、现代繁殖育种等技术，发展成为集养殖、种牛繁殖推广、种草一体化的养殖基地，通过龙头企业的示范推广作用，带动示范区肉牛养殖的快速发展。

# 第四节　山东省优质青粗饲料资源开发利用典型案例

## 山东临清润林牧业优质青粗饲料开发利用关键技术典型案例

### （一）示范企业简介

临清市位于山东省西北部，地处黄河冲积平原，卫运河畔，东与高唐、茌平为邻，西与河北省临西县隔河相望，南与东昌府区、冠县接壤，北与德州市夏津县毗邻，是齐鲁西进、晋冀东出的主要门户，全市辖12个镇、4个城区办事处，600个行政村，总面积960 km$^2$，总人口84万，土地资源丰富，自然条件优越。临清润林牧业有限公司位于临清市胡里庄东3 km处，省道257（临博路）南，交通十分方便，占地21.40万m$^2$。临清润林牧业有限公司建于2012年7月，位于山东省临清市戴湾镇温庄村，占地面积266 667 m$^2$，现有员工近200人（约20%拥有大专以上学历或中级以上技术职称），优质湖羊存栏60 000只、优质鲁西黑头羊5 000只、大尾寒羊保种400只。该公司是国内率先对湖羊进行规模化与集约化饲养，采用自繁自养、全舍饲、小群饲养、漏缝高床、程控防疫、编程消毒、全颗粒补饲、TMR饲喂、性控、人工授精、通风保暖调控等现代化方法，以及自动清粪、雨污分离分流、粪污固液分离、粪污加工有机肥料等技术进行养殖，业已形成种植、养殖、饲料加工、有机肥加工、清真食品加工为一体的产业链条格局。此外，润林牧业不仅定期对周边农户提供种羊、推广和培训养殖技术、供应绿色无公害饲料以及回收成年羊，并实行集中育种和分散养殖相结合的方式，在周边乡镇、县市组建扩繁场，成立养殖合作社，建设湖羊育肥小区，发展养殖专业户，而且还对国内新增加的湖羊种羊养殖企业无偿提供养殖场设计、青贮饲喂、繁育、防疫消毒、粪便清理发酵等技术，促进了当地经济发展，为当地的肉羊养殖业作出突出贡献。

### （二）示范企业成功经验介绍

临清润林牧业作为中国首批现代化湖羊养殖样板示范场，通过不断学习和总结行业专家和湖羊养殖前辈的经验，并积极和广大国内外科研院校保持长期合作交流，特别是通过“优质青粗饲料开发与利用”项目，与中国农业大学罗海玲教授团队展开密切合作，将优质青粗饲料（如全株青贮玉米、青贮构树、青贮小黑麦、青贮高丹草等）利用到湖羊饲粮配方中，引进国内外先进的管理经验，形成“种质资源（湖羊为主）＋优质青粗饲料＋科学配方＋先进管理”发展模式，探索出了一条湖羊养殖现代化的新路。

**1. 生产规模化**　目前在我国羊养殖业中，规模羊场相对偏少，养殖水平相对偏低，多数环节上仍以人工劳作为主，生产效率不高，普遍存在用工多、劳动强度大等问题，在一定程度上影响养殖场的经济效益和养殖积极性，因此必须加快推进规模化养殖场的建设，用现代的物质条件装备养殖业，用机械化的生产方式替代人工劳动，以推进我国养羊业生产运营规模化、标准化、现代化，从而实现能源减量化和资源的高效利用，最终达到节约饲养成本的目的，这也是我国养羊业从资源依赖型向创新驱动型和生态环保型转变的一条重要途径。作为中国首家大型规模化现代化湖羊育种养殖示范场，公司拥有标准化羊舍70栋，养殖存栏湖羊种羊6万只，年出栏优质湖羊种羊8万余只，优质肉羊10万多只。

**2. 养殖集约化** 润林牧业在集约化养殖中，以“集中、密集、约制、节约”为前提，在客观规律的条件下对养殖形式适度组合。综合运用了现代科学技术的发展成果，利用最新的技术，以工业化生产方式安排生产，充分发挥了养殖群体的潜力。以最少的或最节省的投入达到同等收入或更高的收入，以最少的投入实现优质、高产、高效。改善环境，高效利用各类农业资源，取得经济效益和环境效益，探索出了一条适合中国农村养殖实际的集约化、规模化、产业化的养殖模式。通过高科技的投入和管理，获取资源的最大节约和产出的最佳效益，其最重要的价值和意义就在于能够实现羊养殖业的科学化、标准化、精准化、高效化，有效地保护环境，实现羊养殖业的可持续发展。

**3. 品种高纯化** 湖羊是我国一级保护地方畜禽品种，原产地内蒙古，为稀有白色羔皮羊品种，具有早熟、四季发情、多胎多羔、繁殖力强、泌乳性能好，生长发育快，产肉性能好、肉质好、耐粗饲、耐高温、高湿、高寒等优良性状，是全舍饲工厂化养羊的首选品种。优良品种是羊养殖场的可持续发展的保证，优良的品种对于羊产品质量的提高起到十分重要的作用。润林牧业建场初期，从上海永辉羊业引进大批纯种湖羊种羊，为以后的生产发展和纯种繁育奠定了基础，公司采用人工授精技术，加强选种、选配和培育，使引进的湖羊种群从遗传上适应新的生态环境，加强全场湖羊种群的饲养管理和适应性锻炼，尽量创造条件，使种群逐渐适应当地的生活环境。为了充分发挥湖羊的优良生产性能，根据湖羊的生理特点与营养要求，本着营养平衡理论与营养精细化的原则、营养标准化的设计，推行饲料阶段化的饲喂模式，充分使各阶段的羊群得到更好的营养供给。润林牧业和中国农业大学、中国农业科学院、中国科学院等大专院校和科研院所的专家学者紧密合作对存栏湖羊种群进行提纯复壮，培育出更优质的纯种湖羊群体。

**4. 管理信息化** 润林牧业在管理上建立了信息化管理平台，主要有前端数据采集设备、前端短程无线网络、数据管理中心及客户端。润林牧业将融入全新的RFID物联网应用技术延伸终端数据采集，实现全面信息化、智能化管理，在羊舍内实时采集温度、湿度、氨气、硫化氢等气体浓度，根据要求设定参数，自动开启和关闭指定设备。将在全场生产母羊群体中，采用植入式电子芯片耳标，建立湖羊生长档案及溯源体系的身份编号认证制，利用数字信息管理，建立防疫消毒育种等管理数据库，建立食品源头的安全可追溯体系。在粪污清理中根据终端数据信息，设定定期自动清理羊舍，避免氨气、硫化氢等有害气体及病毒病菌产生。在羊舍供水中采用数据设定，当水温在低于一定温度会启动热循环系统，检测水质，当水质低于一定数据，净化处理系统即启动运行，对环境进行自动控制和智能化管理。

**5. 生产自动化** 在湖羊养殖生产管理中，公司已经达到了自动给水、投料、消毒、清理粪便和雨污分离——“四自动一分离”的国内领先水平，其中自动投料和自动清粪已分别获得了国家专利。润林牧业为了保证湖羊的生产环境，严格执行国家级防疫标准：

车辆进出羊场时全方位自动立体消毒、所有人员进入生产区域均通过自动消毒通道进行消毒、羊舍定时自动消毒（全场70栋羊舍20 min内可全部消毒完成）；在饲料加工中、有机肥料生产、屠宰食品加工上，均建立了信息化平台管理，实现对循环农业、综合生态信息自动检测、对环境进行自动控制和智能化管理，有效提高工作效率、降低生产成本、坚持生态循环科学管理，力争走在农牧业循环经济的最前沿。

**6. 营养标准化** 基于国内外最新营养需求标准，在罗海玲教授团队的指导下，针对不同饲养阶段羊只配制专一饲料配方，满足营养需求，特别是在育肥期羔羊的饲喂中，由传统的常规低质粗饲料为主模式转变为优质青粗饲料为粗饲料来源模式，并在饲料加工、饲喂工艺中，采用分舍、分类、分生长段，根据信息数据按羊只所需营养定制加工生产。采用TMR（全混合日粮）精准机械自动饲喂（每栋羊舍最大饲喂量900 kg，正常50 s饲喂撒料结束）。目前肉羊饲料营养不足、饲料利用不合理等因素严重影响了肉羊生产水平、羊肉质量及效益的提高。就此问题，润林牧业和草食动物专家联合研发了湖羊各生长阶段的营养套餐：①繁殖套餐：种公羊料、妊娠前后期哺乳期料。②羔羊套餐：羔羊开口料和保育料。③育肥套餐：羔羊育肥前后期料。④羊只转运抗应激饲料套餐。开拓湖羊套餐养殖新时代，引领阶段性精细化营养新理念。在饲料加工、饲喂工艺中，根据信息数据按羊只所需营养定制加工生产。湖羊采食的所有饲料中都是按湖羊日粮配方配制，将所有料、草混于一起，使用TMR搅拌设备进行充分搅拌，揉碎，混合均匀后达到精粗搭配，营养平衡完全日粮，采用TMR精准机械自动饲喂，由润林牧业自主研发的自动撒料机自动调节发料量从而进行均匀撒料。

**7. 产业生态化** 在发展生态农业中，润林牧业在循环经济产业中重要一环就是变废为宝，把湖羊养殖中每天产出的羊粪、尿，全部运送到有机肥料加工厂，达到雨污分离分流，实现了养殖生产零排放。通过微生物发酵，再进行高温杀菌、增加有益菌、浓缩造粒，做成新型润林有机肥，返回农田。在生产过程中，对生产车间的有害气体和粉尘进行自动检测和净化，对饲料加工中的粉尘也进行净化处理。对园区中的空间质量也进行实时检测和处理。据肥料专家认证和权威机构检测，润林牧业有机肥料具有明显的改良土壤结构、增强肥效吸收、提高作物品质等多种功效，深受广大农民朋友的信赖和喜欢。

**8. 食品安全化** 从牧场到餐桌，润林牧业全力打造全程产品可追溯体系的绿色食品产业链，保证了从饲养环节、加工环节到储运环节的绝对安全可靠，润林牧业的全程可追溯系统使消费环节与生产环节接轨，消费者可通过产品上的追溯码清晰地追溯到每块羊肉的生产加工记录及所对应的润林湖羊整个生长过程的健康记录，确保全程安全、可控。并对饲养区进行封闭式管理，将办公区、生活区与生产区隔离，切断所有外来病菌的侵入，从源头保证了湖羊的安全，为我国羊养殖业的健康发展，引领羊肉制品高端市场的开发做出应有的贡献。

### （三）示范企业养殖过程中存在的问题分析及解决办法

#### 1. 企业在产业链中存在的问题分析及解决办法

（1）存在问题 长期以来，润林牧业都只养殖湖羊，没有打通湖羊养殖的全产业链，阻碍屠宰加工的全产业链发展，这样在整个湖羊市场中，成本较高。因此，需要打通全产业链，降低成本，提高湖羊养殖效益。

（2）解决办法　开阔企业发展思路，延长产业链条（图 2-30）。临清润林牧业有限公司年屠宰活羊 18 万只，生产清真羊肉 5 000 多 t，拥有 5 t 排酸能力的保鲜库 2 个，5 t 冷冻能力的速冻库（－35℃）1 座，500 t 冷藏能力的成品贮藏库（－18℃）1 个（图 2-31）。公司“润林”品牌，具有清真食品、绿色食品认证，提高产品的信赖度。湖羊品种口感好，加工后膻味小，能够形成稳定的客户群。公司能从源头控制羊肉的饲喂、加工环节，有助于形成稳定的产品质量，有效保证消费者餐桌食品安全，增加了客户的信赖。

图 2-30　润林养殖屠宰加工冷链运输全产业链流程图

图 2-31　干净整洁的润林屠宰加工车间

公司生产的鲜冻羊肉分割产品，直接销往北京、上海、济南、青岛等地；成为山东地区最大的湖羊冷鲜肉产销基地。公司力争再三年投资 1.5 亿元，完成肉羊清真屠宰加工厂改造、建设冷链物流配送中心、国际贸易部，集生产专业化、布局区域化、经营产业化的贸、工、农一体化的集团化经营格局，成为全国最大的清真羊肉食品加工基地和羊肉出口基地。公司努力实现农业产业化经营跨越式发展，积极带动公司与基地、农户的利益链接机制，形成利益共享的紧密联合体，秉承公司精神，强企兴业，打造羊肉加工业航母，为努力推进标准化、规模化、科学化现代清真食品工业发展做出积极贡献。

有效利用毛原料，开发新产品。临清润林牧业有限公司每年二季对存栏湖羊剪羊毛，提供给集团公司投资的临清三和纺织集团，加工出毛单面顺毛面料产品。充分利用湖羊绒资源优势，精选优质的细支绵羊绒、羊羔绒，成品呢面膘光亮足、光泽持久，成分主要以100%毛为主，少量95%毛，常年备坯布，克重有450、500、600，颜色从原白、浅色、深色一应俱全，是男女各类服装的理想面料，保持了羊绒优良的天然性能，使面料手感更滑糯、更柔软、更富有弹性，保暖吸湿透气性更好，光泽自然柔和，天然亲肤，堪称绿色环保精品羊绒面料。集团公司拥有雄厚的技术力量，各类技术人员200多名，各有所长，相互协作，多次攻克难关，为公司设计开发的产品风格包括麦尔登、单面大衣呢、双面大衣呢、法兰绒、花呢、提花呢等十多个系列品种、上千个花色，品种繁多、花色齐全，适合于不同年龄段的男女装（图2-32）。

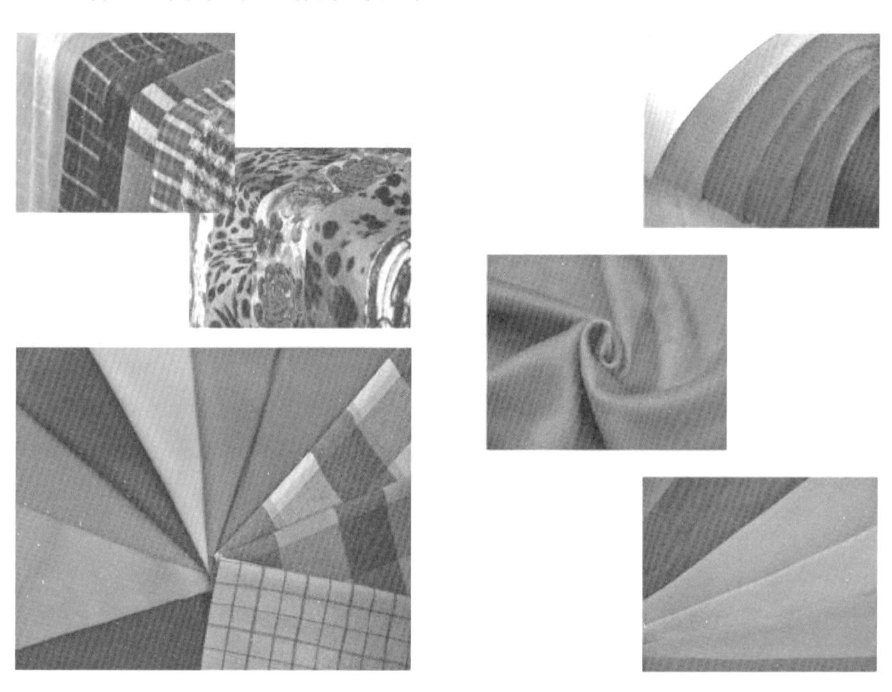

图2-32　临清三和纺织集团羊毛面料产品

**2. 企业在肉羊饲草料使用上存在的问题分析及解决办法**

（1）存在问题　由于肉羊耐粗饲的特点，加之市场上过度追求羊快速育肥，导致过度精料使用，降低了优质青粗饲料的使用比例，造成养殖成本提高，粪污中养分也随之过度排放，导致潜在环境污染，不利于生态平衡发展。

（2）解决办法　在罗海玲教授团队的指导下，充分开发和利用优质青粗饲料。结合当地秸秆资源，开发生产有机肥，保护生态平衡。于2013年临清润林牧业有限公司投资的山东润林生物科技有限公司，注册资本2 380万元，总投资5 000万元，以处理临清润林牧业等临清主要养殖场产生的粪污。现拥有生物有机颗粒肥料生产线两条、生物有机肥粉剂生产线一条和农用微生物菌剂生产线一条，建设有生产发酵车间、成品包装车间2.13万$m^2$。主要从事加工“喜旺来”“坤冠王”牌有机肥、生物肥及农用微生物菌剂的生产、研究与研发，是山东省大型的现代化生物肥料、农用微生物菌剂生产企业，采用高温快速生物菌四重发酵先进技术，增加有益菌工艺，做成新型润林有机肥，反哺农田。通过湖羊过腹消化农作物秸秆20余万t，年生产生物有机肥6万t，拥有员工20人，中高级技术人员6人。公司科研条件良好，拥有生物肥料工程技术研究室、现分设化验分析室、微生物菌种筛选室、微生物培养室、发酵中试车间、生物肥料加工发酵车间。推广实施测土配方工程，专门设计配方，提供全方位的施肥服务，针对农作物生长的特点及其现行种植的问题，已经研发出系列生物有机肥产品和农用微生物菌剂，应用于蔬菜、粮食、水果种植，田间应用效果良好，农民实现了丰产丰收。企业获益的同时，对治理改善临清周边境内养殖场粪污污染环境具有显著效果。

通过示范带动，改变农民传统意识，使其充分认识秸秆的利用价值，提高利用秸秆养畜的自觉性和积极性，减少焚烧秸秆现象。农作物秸秆利用率达到40%以上。建设的粪污堆积发酵大棚，提高项目单位粪污资源化利用水平，年可产40 000 t的有机肥产量（图2-33）。公司产品无论是机播、追施、穴施、撒施，完全可以与尿素等无机肥料掺混不融化粘连（配肥），有机肥使用安全，产品经四重生物发酵技术深度腐熟，无任何重金属残留，pH为7左右；调土肥田，适用于各种作物。特别添加纤维素酶，纤维素酶可补充植物内源酶的不足，调节植物新陈代谢，激活植物体内营养因子，消除抗阻吸收营养的不良因子，加快分解土壤中植物纤维和半纤维的速度，转化为形成土壤腐殖质有机因子，达到补酶防病抗逆增效的特殊功效，特别添加8种复合微生物菌。公司自主建设的生物培育车间，既保证了菌群的质量同时也保证了菌群的数量，从而有效保证了产品质量。每一个菌种都针对性地对土壤和作物发生的土传病害起到极好的抵抗作用，且溶解度高，分子质量小，极易被作物吸收利用，达到抗病增产、提高抗逆性的目的。

图2-33　有机肥处理车间

公司有机肥产品主要销往山东东部苹果产区和周边蔬菜基地等，并在各地建立了稳定的业务协作关系，并不断向更深层次延伸，并设有庞大的售后技术服务团队，聘请国家、山东省农业科学院土壤、植保营养专家做售后跟踪服务，真正做到服务三农，使消费者对公司产品信赖度更强。

有效可持续地改善农业生产环境和生态环境，本着“科技领先、造福三农”的先进理念；致力于打造绿色生态循环经济产业链；以优质羊粪为主要原料，经国内先进的工艺生产高品质的各种绿色生态有机肥、微生物菌肥、复合生物菌肥，深受经销商和农民朋友的好评。

**3. 企业在饲养管理方面存在的问题及解决办法**

（1）存在问题　育肥前期精料量不足，喂不到合适的量，导致羊的瘤胃消化机能没有充分发挥，影响后期消化与吸收。后期精料的投入量过大，达到 1.5 kg，甚至更高，羊在 1 h 内采食不完，因此，草料投入后，羊基本吃不动，给瘤胃增加负担，造成过料的浪费。

（2）解决办法　“青粗饲料推广性试验项目”在中国农业大学罗海玲教授团队指导下，对肉羊养殖生产过程中各种青粗饲料的日粮合理搭配后，以精料、墙柱和花生秧组成的日粮中，每只羊育肥前期 0.5 kg 精饲料能在 0.5 h 内采食完、后期 1.1 kg 精饲料能在 1 h 内采食完，同时对草料的摄取达到最佳水平，使营养均衡、生长速度快，不会出现结石或腹泻等情况，有效杜绝了肉羊中精饲料的盲目添加造成的饲料浪费，粪便中氨氮的过度排泄给环境带来的危害。青粗饲料在肉羊生产中的科学使用，尤其是农区青贮玉米秸秆、花生秧、麦草、甜高粱等农作物秸秆，有效减少了秸秆焚烧带来的环境污染。企业进一步加大优质青粗饲料的投喂量，降低精饲料在全价混合饲料中的投喂比例。在生长速度不受影响的前提下大大降低了饲喂费用，增加了生产效益，真正做到了节粮养殖、环保畜牧。

## （四）示范企业经营模式

**1. 种养结合，粮饲兼作**　结合国家粮改饲项目的展开，2016 年临清润林牧业有限公司 2019—2021 年连续 3 年参加农业农村部“优质青粗饲料开发与利用”项目，积极配合中国农业大学罗海玲教授团队开展有关青贮饲草的制作和肉羊饲喂试验及相关工作，在此过程中积累了种养结合，优质青贮饲草育肥肉羊的技术。此外，进一步抓好粮饲兼用玉米种植，紧扣农牧业供给侧结构性改革工作主线，聚焦肉草食畜生产优势区域，推进农牧业结构调整为主攻方向，充分发挥财政资金引导作用，调动市场主体收贮、使用青贮玉米、苜蓿、豆类等优质饲草料的积极性，考虑草食畜牧业发展现状和潜力，以畜定需、以养定种，合理确定粮改饲种植面积，确保生产的饲草料能用完、效益好。扩大青贮玉米等优质饲草料种植面积、增加收贮量，全面提升种、收、贮、用综合能力和社会化服务水平，推动饲草料品种专用化、生产规模化、销售商品化，以提高种植收益、草食家畜生产效率和养殖效益。除公司自己拥有 10 万 $m^2$ “粮饲兼用玉米”种植外，依靠市场机制拉动种植结构向粮改饲统筹方向转变，每年粮改饲任务面积达到 1 000 万 $m^2$ 以上，收贮优质饲草料 5 万多 t。收获加工以后青贮饲草料产品形式由肉羊畜种就地转化，引导当地羊的养殖从玉米籽粒饲喂向全株青贮饲喂适度转变。构建种养结合、粮草兼顾的新型农牧业结构，促进草食畜牧业发展和农民增产增收。

2017—2020年间，从山东省畜牧局、财政局《关于做好2017年粮改饲项目储备工作》的通知和聊城市畜牧兽医局、市财政局聊牧字〔2017〕34号文件转发《关于做好2017年粮改饲项目储备工作的通知》中的“由于我国农业主要矛盾已由总量不足转变为结构性矛盾，部分农产品阶段性供过于求，一些市场需求旺盛的农产品供给不足，迫切需要以市场需求为导向，调优产业产品结构，从整体上提高农业供给体系的质量和效率。粮改饲以草食动物饲草料需求为导向，拉动农民增加饲草料种植面积，在减轻籽粒玉米收储压力的同时，为草食畜牧业发展提供有力支撑，促进农牧结合，实现种养双赢。把粮改饲作为落实农业供给侧结构性改革要求的重要任务，调整优化畜牧业结构的有力措施，促进农民增收和养殖增效的重要抓手，构建农牧紧密结合新型种养关系的有益探索，切实增强做好粮改饲试点工作的紧迫感和责任感”临清润林牧业有限公司认识到做好粮改饲工作的重要意义（图2-34）。

图2-34　优质青粗饲料的收获与青贮制作

公司几年来收购周边农户近6 666万余 $m^2$ 饲草作物；全株青贮玉米15万多t，保证了公司的全株青贮玉米饲料收贮要求，有效增加示范点草畜食品的产出，提升养殖效益10%，实现被带动农户增收15%，有效提升了草食畜产品供给保障能力，积极促进了农民增收。为了进一步调动农牧民种植青贮玉米的积极性，加快良种更新换代步伐，扩大良种播种面积，提高单产水平，促进种植业和养殖业快速发展，按照农牧业产业化经营发展要求，坚持以市场需求为导向，突出重点作物和优势区域，切实抓好良种与良法的配套完善和示范推广，解决品种老化、退化、劣质等突出问题，并依靠科技支撑建立规模化、优质化为一体的标准化生产示范基地，真正实现了惠农、富农，为加快推广青贮专用玉米的种植、青贮与利用，为我国草食家畜提供优质饲草资源，提升家畜生产性能，改善产品质量起到了积极作用。

充分利用青贮玉米及其他青粗饲料，节约饲喂成本：山东西北是全国粮食作物和经济作物重点产区，素有“粮棉油之库，水果水产之乡”之称。小麦、玉米、地瓜、大豆、谷子、高粱、棉花、花生、烤烟、麻类产量都很大，在全国占有重要地位。临清当地农民有种植麦茬玉米的传统习惯，种植面积2万 $hm^2$ 左右，不仅能补充乳酸菌等菌群繁殖对非蛋白质氮的需要，增加青贮料的菌体蛋白和磷的含量，还能使青贮料的酸度较快地达到标准（pH为3.8～4.2），有效地保存青贮料中的营养。用这种添加非蛋白氮的发酵青贮饲料喂羊，就可以满足它们对蛋白质的需要量。

临清润林牧业有限公司羊养殖存栏6万只，在原来的饲料青贮收购基础上不断新增需求，通过国家“粮改饲”和“国家青粗饲料开发示范”项目的实施，缓解了人畜争粮矛盾。通过青贮、快速育肥等实用技术，使羊出栏率、产肉率得到提高。通过项目不断深入，指导农民走科学化、规模化、高效低耗的养殖之路，增加收入。

公司现有青贮池5个（位置在公司仓库的南面并排排列）（图2-35），青贮池60 000 $m^3$。每年预计到9月底可完成收贮任务，以达到每年的青贮储存使用消耗任务。青贮玉米秸秆比自然干燥的玉米秸秆脂肪含量增加11.9%，粗纤维降低28.6%，增加消化率20%左右。经过处理后的秸秆含有大量的营养物质，开发利用潜力巨大，发展前景十分广阔。

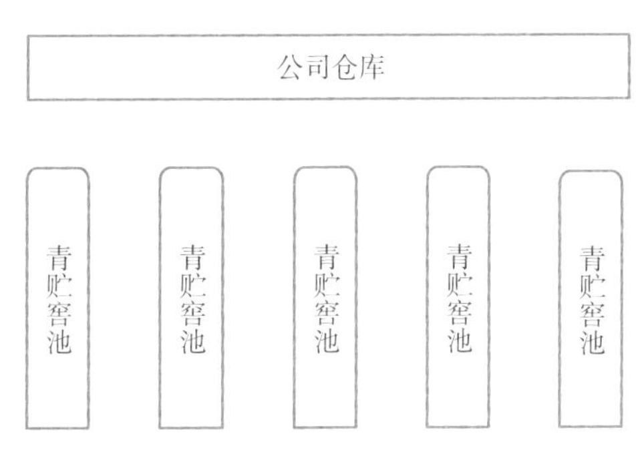


图2-35 青贮窖排布示意图

**2. 提高纯种选育和扩繁能力，提升肉羊育种自主创新能力** 公司现存栏湖羊核心种群40 000只，年可繁殖优质羔羊80 000只，生产性能测定种羊数量48 000只。通过对羊舍基础设施的改造，使育种场的育种得到明显改善，大幅度提高羔羊的产羔率、成活率，有效减少怀孕母羊的死胎率，湖羊母羊的生产能力提高7%，良种湖羊供应能力提高12.5%。

后备母羊7～8月龄进行配种，妊娠5个月，羔羊哺乳55 d左右断奶，然后母羊再进行配种。母羊7.5～8个月一个生产周期（两年下三窝），每窝按成活2羔。生产母羊使用4～5年淘汰。母羔出生后6月龄左右进行出售（2 400～2 600元），公羔育肥7月龄左右出售（45 kg左右售价1 400～1 500元）。年出栏公母羊共计60 000只左右。

种公羊饲养管理中，公羊适当运动，提升精神，增强体质，改善精液品质，提高种羊的种用价值。日粮中粗蛋白不少于100～150 g，青绿多汁料1～1.5 kg，干草自由采食。保持睾丸的清洁卫生，及时清除污垢和结痂，改善精液品质。

湖羊母羊的发情周期为15～19 d，平均为17 d，发情持续期为26～36 h，大多为30 h。

饲养管理总的原则是妊娠期的限制饲养和哺乳期的敞开供料。制定好选种选配方案，做好配种记录。

羔羊的饲养管理：使羔羊吃上初乳，提前补料可刺激消化器官和消化腺的发育，促进心肺功能完善，7～15 日龄羔羊可开始补饲优质青干草和粗蛋白为 16%的精料，一般 15～30 日龄日喂精料 50～75 g，同时自由采食优质青干草。早期训练运动可增强羔羊健康，坚持做到“三早”（早吃初乳、早补料、早断奶）、“三查”（查精神、食欲、大小便），可有效提高羔羊成活率。

将核心母羊群体核心群良种登记的 4 000 只，特级种公羊选出 23 只。采取了性能测定、系谱测定、同胞测定和后裔测定的选种方法，开展了生产性能测定、繁殖性能测定和种羊选育等工作，实施了个体选种与选配，逐步提高优质湖羊的繁殖群体，在繁殖性能和产肉性能方面，进一步甄选出种质性状优异的湖羊。

**3. 建立完善的企业经营管理制度，明确企业经营效益**

饲料成本（从出生到出栏）：

（1）母羊成本　羔羊（两月左右断奶）80～100 元＋育肥 2.4～2.6 元/d（140 d 左右）＝416～464 元

（2）公羊成本　羔羊（两月左右断奶）80～100 元＋育肥 3 d（140 d 左右）＝500～520 元

饲料成本（存栏母羊，用于生产）：单只母羊年饲料成本 900 元左右，年胎次 1.5 胎，约 3 羔，每只羔羊平均出生成本 300 元。

人工成本：人工成本一年接近 30 万元（不包含粪便加工厂）、折旧成本（基于每年 10%的折旧率）。

市场价格：母羊 6 月龄左右出售（2 400～2 600 元），公羊 7 月龄左右出售（1 400～1 500 元）。市场价格随时有波动，紧盯市场发展，记录市场价格变化。

### （五）示范企业的发展启示

企业的发展离不开专家的指导和支持，罗海玲教授持续为本企业指导，特别是“优质青粗饲料开发与利用”项目执行期间，开发花生秧、构树、高丹草、小黑麦等非常规饲料，制定配方，并派驻研究生团队常驻羊场，实施科研，开展了近 200 多头的动物饲养试验，测定了生产性能、屠宰性能、瘤胃消化与代谢、肉品质、血液代谢等指标，并及时对企业生产给予悉心的指导，为企业未来合理开发和利用青粗饲料资源提供技术支持，为企业生产降低成本提供依据，并且培训了企业人员，提高了企业科学饲养水平和科研能力，为企业后续的产业生产奠定了良好的基础。

企业发展需要依托科技支持，肉羊养殖需要科学营养饲喂技术，才能真正实现企业规模化、现代化、科技化壮大和发展。现如今，肉羊养殖企业想要优质高效发展，必须高度重视优质青粗饲料的使用，实现种养循环，发展壮大种业。不能盲目只追求产量，而要利用优质青粗饲料实现产量和质量的协同提高。

# 第五节　河南省优质青粗饲料资源开发利用典型案例

## 河南恒都食品有限公司“基地+合作社+农户”肉牛养殖典型案例

### （一）示范企业简介

河南恒都食品有限公司于2011年8月28日成立，是由农业产业化国家重点企业——重庆恒都农业集团有限公司投资10亿元成立的全资子公司，占地93 133 $m^2$，注册资金5 000万元。河南恒都食品有限公司是2014—2015年“河南省农业产业化重点企业”，河南省人民政府审批认定的“泌阳恒都肉牛产业化集群”，驻马店市科技局确认的“肉牛产品深加工工程技术研究中心”。主要建设内容为“一个龙对”“三个中心”“四个基地”，即建设年屠宰夏南牛15万头和牛肉产品深加工生产线各一条（图2-36）；建设“夏南牛研发”“优质高档夏南牛牛肉生产”和“牛肉产品冷链物流配送”三个中心；建设4个一次存栏2万头的夏南牛标准化育肥基地。项目建成后，可年屠宰肉牛15万头，生产冷鲜牛肉产品6万t，加工牛肉及牛副产品4万t；存栏育肥架子牛8万头，年出栏商品肉牛12万头，年收贮加工利用农作物秸秆12万t，利用牛粪年加工生产有机肥20万t，年产值达60亿元，实现利税12亿元，解决农村劳动力就业岗位2 000个。

图2-36　食品厂屠宰线

通过多年的不懈努力，“恒都牛肉”产品已获得ISO 9001质量管理体系、ISO 22000食品安全管理体系、有机牛肉、清真食品等认证，公司的迅速发展壮大离不开公司建立起的从养殖到餐桌的全程质量可追溯体系。通过长期不懈地研究获得国家发明专利10项，为公司带来了极高的荣誉；恒都牛肉产品已进入麦德龙、家乐福、沃尔玛等300余家大型超市，与顶新集团、肯德基等105家餐饮连锁企业深度合作，并远销香港、中东等地区，使“恒都牛肉”在市场上获得了良好口碑。

恒都公司与时俱进建成国内肉牛电子交易中心，恒都牛肉网上电子商城，开设天猫、京东网上旗舰店，完善冷链物流配送体系，实现线上、线下销售同步进行，市场占有率、美誉度不断提高，2015 年销售额达到 20 亿元。

### （二）示范企业成功经验介绍

**1. 政府扶持，企业引领，谋发展** 针对现有养殖模式成本高效率低、饲草资源利用不足、饲料青贮加工滞后等突出问题，近年来，我国积极推进农业供给侧结构性改革，加大对畜牧业企业的扶持力度，提高以牛羊为主的草食畜牧业的地位，进一步拓展青粗饲料来源，构建现代饲草产业体系，转变传统草食畜牧业生产方式，加快实现草食牲畜高效转化，已成为畜牧业结构调整的重要组成部分。为此，农业农村部畜牧兽医局于 2019 年正式启动“优质青粗饲料开发利用示范”项目。项目由中国农业大学、中国农业科学院北京畜牧兽医研究所、甘肃农业大学、河北省农林科学院旱作研究所、新疆畜牧科学院、云南草地动物研究院、河南农业大学等多家技术支撑单位，以及 14 家企业示范基地承担。该项目进一步提升草食畜牧业和饲草产业的技术及生产水平，产业布局构建更加科学合理；进一步提质增效增加养殖收益，实现产业扶贫与乡村振兴战略的深度融合。其中河南农业大学作为技术指导方，河南恒都夏南牛开发有限公司作为技术示范方负责中部地区肉牛用青贮饲料推广示范。项目的实施对于河南恒都食品有限公司构建种养结合、草畜兼顾的新型发展模式提供了有力的技术支撑。

驻马店市委、市政府高度重视农业产业化发展，着力培育龙头企业，以农加工洽谈会为契机，以培育壮大龙头企业和农业产业化集群为切入点，加快特色优势产业集群建设，实施夏南牛产业园二期建设工程，充分利用优质青粗饲料开发利用示范项目优势特点，扶持壮大恒都食品等龙头企业。河南恒都公司在项目和政府引导下发展成为集科技研发、肉牛养殖、屠宰分割、产品深加工、冷贮、有机肥生产、互联网＋销售于一体的全产业链龙头企业，建成了存栏 2 万头肉牛规模养殖场（2 个）、年产 30 万 t 的有机肥厂、夏南牛工程技术研发中心、年屠宰分割 15 万头肉牛生产线、牛血生物制剂生产线、牛肉熟食加工生产线（12 条）、5 万 t 冷库及冷链配送中心等项目。

**2. 政策倾斜助企业带动脱贫新模式** 中部地区是我国主要的粮棉油果菜和畜牧业集约化产区，饲草需求基数大，但优质饲草自我供给严重不足，饲养成本攀升。该地区属我国四大肉牛主产区之一的中原肉牛区（包括山西、河北、山东、河南、安徽等省），肉牛规模化养殖企业较多，但规模化养殖起步较晚；粗饲料以秸秆为主，缺少优质青粗饲料；养殖效益较低；高品质牛肉生产成本较高。因此，增加优质青粗饲料比例、提高肉牛养殖综合效益、同时提高牛肉品质是该区域肉牛养殖的重心。针对中部地区肉牛养殖中的关键技术瓶颈问题，在优质青粗饲料开发利用示范项目的支持下，河南农业大学饲草团队立足于本地优质青粗饲料资源和特色农副产品饲料资源，研究了优质青粗饲料在肉牛中的饲喂效果及不同青粗饲料的适宜比例，形成简便可行的技术，以示范点带动周边区域推广应用，大幅度提升企业肉牛养殖综合效益。该项目的实施有效促进了优质青粗饲料的种植和利用，对促进河南恒都食品有限公司发展具有重要促进作用。

河南恒都食品有限公司积极采纳河南农业大学饲草团队结合当地生产实际研发的两个关键核心技术：中部地区组合型优质青粗饲料高端牛肉生产技术和中部地区花生秧-全

株玉米青贮混合日粮肉牛育肥技术。核心技术重点开发利用中部地区特色型的优质青粗饲料与农副产品组合，在降低饲养成本、改善产品品质、改善畜体健康状态、提升经济效益方面效果显著。该项目核心技术已在河南恒都食品有限公司养殖基地等进行示范、推广，并获得良好的效果，图2-37为项目核心技术在肉牛养殖场试验示范。中部地区组合型优质青粗饲料高端牛肉生产技术的关键环节是以中部优质青粗饲料组合来实现高端肉牛养殖效益提升和肉品质改善的目标，将中部农区资源丰富的苜蓿干草和青贮玉米进行科学配比与组合，可显著改善肉牛的育肥效果，改善畜体健康状态，提升肉品质，实现肉牛养殖的经济效益最大化。采用该技术每头牛的增重达到112.8 kg，在不计算人工等成本情况下，按照活牛价格30元/kg、饲料单价1.2元/kg计算，每头牛毛利润达到1 513元。同时，针对我国肉牛产业生产技术亟须提高的发展现状，为有效解决中高档肉牛产业发展过程中的生产技术配套和促进农民增收等问题，肉牛育肥相关的精细化饲养配套技术需要进一步推广和应用。中部地区花生秧-全株玉米青贮混合日粮肉牛育肥技术以中部地区资源丰富的花生秧和全株玉米青贮混合日粮实现肉牛养殖效益提升和肉品质改善的目标。采用该技术可以显著提高肉牛生长性能，每头牛增重达到120.67kg，在不计算人工等成本情况下，按照活牛价格70元/kg、饲料单价1.55元/kg计算，每头牛毛利润达到6 974元。因此，河南恒都食品有限公司通过该项目进一步拓宽中部地区优质青粗饲料资源开发与利用，并获得良好的养殖效益和经济效益，为以后企业发展奠定良好的基础。

河南恒都食品有限公司与河南农业大学饲草团队深度合作，在项目的示范带动下，通过科学研判，根据肉牛养殖生产周期较长的特点，实施“企业＋基地＋合作社＋农户”肉牛养殖模式，即“公司出钱购牛、农民领养、到期还牛、犊牛归农户”的开创性举措，采取“公司代购、代养、代销”的肉牛金融扶贫模式和布点收购秸秆等农副产物“变废为宝促增收”长效机制，以扶贫扶志的方式，通过“公司＋农户”的模式，把技术传授给贫困农户，激发农户的内生动力，使其持续增收稳定脱贫。

图2-37　河南恒都食品有限公司肉牛养殖场示范

**3. 地方政府发挥企业农民双赢纽带作用**　在优质青粗饲料开发利用示范项目引领下，河南恒都食品有限公司和河南农业大学饲草团队采取生产配套技术理论培训和现场讲解指导相结合的方式，围绕肉牛饲喂管理技术、中部地区优质青粗饲料组合技术、优质青粗饲料青贮技术、青贮品质控制与提升技术等肉牛高效养殖关键技术为企业和农户点对点讲授当前优质青粗饲料开发利用的先进技术和理念，帮助企业和农户在生产一线解决难题，切实做到了培训指导有目标、服务群众零距离，通过技术示范和带动提升了肉牛养殖的经济效益。

河南恒都食品有限公司充分把握该项目为河南省驻马店市泌阳县肉牛产业的发展带

来的机遇和活力。在项目组指导下，河南恒都食品有限公司结合自身特点和优势，泌阳县建立了一系列养殖、种植基地，成效显著。在项目的带动下，泌阳县先后被评为国家现代农业示范区、国家生态示范区、全国有机食品示范县、全国秸秆养牛示范县、首批国家级粮改饲试点县、河南省食品安全示范县、国家现代农业产业园创建试点县、国家生态文明建设示范县、省级农产品质量安全县、国家千亿斤粮食生产县、国家科技工作先进县。截至目前，泌阳县已获得国家现代农业生产发展（种植类）项目、国家现代农业生产发展（畜牧类）项目、千亿斤粮食生产县项目、现代农业示范区建设项目、国家粮改饲试点县项目、省级肉牛基础母牛扩群增量项目、肉牛保险资金扶持项目等上级财政资金支持，每年国家、省级财政扶持资金达 1 亿元以上。

河南恒都食品有限公司在项目指引下结合泌阳县实际，在群众自愿的基础上，主要通过以下几种模式带领贫困群众增收脱贫：一是依托两个亚洲单体最大的夏南牛养殖场，订单收购青贮饲料增收模式。建永久性秸秆青贮池 7 万 $m^3$，干草储存棚 3.2 万 $m^2$，购置秸秆收、储、运设备 32 台套，每年订单收购 30 万 t，针对贫困户按每亩保底 800 元收购，保证 800 户贫困户户均年增收 500 元以上。二是吸纳贫困对象就业增收模式。定期聘请畜牧专家，开展技术培训，吸纳贫困劳动力到基地就业，实现天天有活干、月月有钱赚。三是实施托管代养增收模式。一方面由政府牵线，把 3 800 万元扶贫贷款资金，转化为肉牛养殖项目，由企业与贫困户签订协议，统一购买牛犊、统一养殖、统一技术、统一收购，利润部分三七分成，贫困户得三，企业得七；另一方面，企业、村委、贫困户三方联姻，贫困户把牛交给企业，由企业“统一建棚、统一管理、统一喂养、统一防疫、统一回收”，所得收益五五分成。

**4. 实施绿色种养循环，推进乡村振兴** 为示范引领生态畜牧业发展和环境保护工作，泌阳县充分利用项目政策，抓典型、搞示范，积极开展了生态示范场创建活动，以种养结合、粪污资源化利用为重点，积极开展生态畜牧业示范县创建。恒都集团通过探索种养循环，开展畜禽粪污资源化利用进行有机肥还田，就地就近消纳畜禽粪污，实现资源循环利用，推动粮、畜、菜、果等协同发展，着力构建种植业-秸秆-畜禽养殖-粪便-沼肥还田、养殖业-畜禽粪便-沼渣（沼液）-种植业等高效生态循环模式。全面推进乡村振兴战略，加快推动高效种养业转型发展，推进农业减排增效，实现农业高质量发展与“碳达峰、碳中和”的呼应。

**5. 加强兽医监管，提高养殖安全性** 为着力提高动物防疫工作科学化水平，有效防范动物疫病风险，恒都食品在项目的引导下规范母牛引进机制，从源头保障牛的质量，做到重大传染性疾病特别是口蹄疫、布鲁氏菌病、结核病等可控可查，提前做好疫苗接种工作，一旦发现疫病应立即做好隔离措施，积极给予治疗；规范活畜长途调运监管，实现跨省调运活畜检疫证明全国互联互通；提高风险意识，给牛提供保险服务；保证种牛数量，有淘汰牛及时补上。

**6. 种植、养殖新布局新模式** 泌阳县农业产业主要以粮食、畜牧、油料、食用菌四大支柱产业，其中粮食种植主要以小麦、玉米等常规作物种植为主，主要集中在县域西部及南部郭集、赊湾及马谷田、象河、付庄、王店及春水等乡镇，种植面积 11.75 万 $hm^2$。畜牧主要集中在县域北部的羊册、双庙街、古城等乡镇，全县规模以上养殖场 863 个，牛存

栏超 30 万头。

恒都食品积极配合项目专家团队带动泌阳县肉牛产业的发展。企业结合泌阳县作为河南省首批国家级“粮改饲”试点县、国家牛肉基础母牛扩群增量项目县和全国十大牲畜繁育基地县，全县农业结构呈现以粮食、畜牧、油料、食用菌为主的四大优势支柱产业，在项目专家积极引导下先后创建国家夏南牛现代农业产业园，夏南牛产业集群及花菇产业集群优势突出，进一步和政府合作，在“十四五”规划中，将绿色种养结合型循环农业作为全县农业产业结构调整率先实施项目计划到 2025 年，将进一步优化产业结构，推动种养一体化循环发展，为农业高质量发展打下基础。

### （三）示范企业养殖过程中存在的问题分析及解决办法

#### 1. 企业在肉牛选种选配上存在的问题分析及解决办法

（1）存在问题　由于早期管理不当，导致母牛体况较差造成母牛空怀多，另外母牛发情不集中导致配种分散，降低精液利用率，母牛分娩时间分散，给后期饲养管理、饲料供给、疾病防控等方面带来很多问题。

母牛产犊牛成活率低。前期养殖户养殖经验不足，冬季产犊死亡率高。

基础母牛存栏减少。由于目前消费市场对鲜的需求量大，价格上涨而造成肉牛出栏数量增加，而饲养母牛养殖周期长，效益低，农民对养母牛积极性不高，导致基础母牛存栏有所减少。

饲养牛的品种单一，养殖效益低。目前主要有两个品种：夏南牛和西门塔尔杂交牛。牛犊群体小、年龄差异大，影响后期售卖价格和收益率。

（2）解决办法　加强牛的饲喂管理。首先加强和项目专家的沟通交流，对牛场人员进行统一授课和培训，提高管理人员的整体素质和技能（图 2-38）。保证牛生活环境清洁卫生，定期清理牛舍，定期免疫等。检查饲料品质，及时处理变质饲料。

图 2-38　农户培训

为保证母牛同期发情，统一受精，采用同期发情-定时输精技术。首先保证母牛身体健康，为此牛场母牛进行 B 超检查，如果子宫有问题，针对性进行治疗或淘汰。挑选出发情或妊娠月份相近的母牛，进行分群，统一管理，未妊娠母牛分批诱导同期发情，控制产犊时间，产犊时间尽量避开寒冷月份或牛舍提供半暖设备。保证刚出生的犊牛吃够吃足第一口奶。

积极鼓励农户养殖基础母牛、繁殖犊牛在有放牧条件的地方，放牧与舍饲相结合，提倡并鼓励有经验的养殖户建立小型后备母牛场，兴办母牛繁育场，依靠草场资源优势，降低饲养成本，增加经济效益，扩大基础母牛繁育群体。

保证种牛质量，及时淘汰病弱种牛，注重牛品种统一性，便于生产管理、营养调配和后期售卖。培育特色品种，打造地方强势品牌。

保证种牛质量，及时淘汰病弱种牛，注重牛品种统一性，便于生产管理、营养调配和后期售卖。培育特色品种，打造地方强势品牌。

**2. 企业在肉牛饲草料使用上存在的问题分析及解决办法**

（1）存在问题　饲料成本占牛饲养管理成本比重较高，因此饲料价格的波动直接影响肉牛养殖成本，价格的大幅上升会引起肉牛养殖成本的提高，在活牛价格、牛肉价格涨幅不足的情况下，将会挤压肉牛养殖者的利润空间。2019 年以来，受国际贸易摩擦和非洲猪瘟疫情等对未来市场预期的影响，肉牛养殖的重要饲料玉米、豆粕价格波动幅度较大，并且与历年走势相差较大，造成养殖者养殖成本的不确定性增大，养殖农户和养殖企业面临的风险加剧，养殖业规避风险的需求强烈。

（2）解决办法　第一，加强校企合作或相关单位专家合作，进行专业技术培训和指导，提高基层技术员整体水平，促进基层畜牧技术推广体系建设，加强科研攻关和成果转化。特别针对肉牛营养及饲料配方薄弱的问题，应加大肉牛肥育技术示范推广技术培训。第二，充分利用并发挥泌阳县是“首批国家级粮改饲试点县”的优势，集合当地实际大力开发当地粗饲料资源。一方面是充分开发利用的当地农副产品和粗饲料资源。另一方面是根据肉牛品种和不同生理阶段，制定科学合理的饲料营养配方，推广肉牛精准饲养模式。

试点开展牛肉价格指数保险业务，为当地养殖户提供了规避价格风险的途径，从当地实际需求出发，从牛饲料成本角度考虑，尝试以大商所牛饲料成本指数为保险标的，为养殖户和养殖企业提供新的风险管理工具，锁定牛饲料成本支出，进一步稳定肉牛养殖利润。也为以后牛肉期货上市和推广提供基础和重要经验。政府也高度重视项目落地情况，积极协调当地各方资源和政策支持，为养殖户提供业务指导与信息服务。

**3. 企业在肉牛日常管理存在的问题分析及解决办法**

（1）对所购原料的管控　及时客观记录牛场所需支出费用，包括原材料购入数量、使用数量等，供企业内部监督和参考，进一步加强日常开销管理，做到精细化、科学化管理，减少不必要的开支。

参考肉牛不通过阶段的饲料配方和原料用量及时核算所购原料成本。

规范记录场内各类药品购进数量、使用明细供企业内部参考。

（2）对牛的管理　按照牛的标准化管理模式给牛打上耳标并编号。有利于在养殖期间随时掌握哪头牛出现问题并及时采取措施治疗，尤其是繁殖母牛，可随时掌握牛场牛的数量。新生牛犊生产日期及体重也要做好记录。

（3）对牛场现况的全面管控 提高牛场机械化水平，降低管理员的劳动强度；合理规划牛场设计，做到雨污分离、干湿分离，生产区、生活区、粪污处理区分离；加强饲料管理，提高饲料处理水平，保障饲料安全。组建养殖场内部管理交流群，尤其对于规模养殖、有雇员的牛场更利于管理。实行责任制，将饲养员与牛的效益挂钩，提高饲养员的责任意识。

4. 企业在肉牛企业畜舍设计建造方面存在的问题分析及解决办法

（1）存在问题 牛舍设计不合理，卧床与水槽或水龙头较近，导致卧床长期积水湿潮，细菌增生。牛趴卧时容易感染细菌，增加乳房炎病发概率，新生牛犊吃奶感染细菌，导致新生牛犊腹泻等疾病。

牛舍中缺少颈枷，造成母牛采食过程中出现挑食，导致饲料浪费增加，提高饲养管理过程中工作量。

犊牛舍环境差，无供暖设备。冬季寒冷，大大增加新生牛犊着凉、感冒等疾病发生率，严重影响犊牛成活率。

（2）解决办法 合理改造或建设新犊牛舍和运动场，如铺砖地面，增大水槽或增加引水管与趴卧区距离，降低新生牛犊感染杂菌的概率，提高牛舍清洁卫生，保证牛的健康生长。

安装牛舍颈枷：根据牛的体重和生长情情况合理分群，保证牛正常采食，防止牛之间的打斗等不良现象，同时也有利于平时做防疫打针、喂药、挤奶等日常管理。

改善产房和犊牛舍保暖：暖棚增加保温，室内安装取暖设施，保证冬季牛舍10℃以上，每天清理，保持干爽洁净，冬季时能显著降低牛犊着凉腹泻的发生，提高成活率。

5. 企业在肉牛辅助设施设备使用上存在的问题分析及解决办法

（1）存在问题 基础设施设备缺乏，只有基础保定架，仅能实现一些简单的配种、防疫等目的。如果是给牛做免疫防护等难度较大的工作会很困难。

缺乏初乳灌注设备，肉牛新生牛犊最容易忽视的一个问题就是新生牛犊吃初乳的量，一般在1 h内要让犊牛吃够2～4 L初乳，就能很大程度提升犊牛免疫力。但是牛场很少注重吃多少初乳，只是看吃没吃初乳。

（2）解决办法 引进设备先进的保定架，做好牛的保定，利于牛的管理和维护。购买犊牛灌服器，解决不能够自主吃奶的新生牛犊吃够2～4 L初乳的问题。

## （四）示范企业经营模式

1. 企业经营过程中遇到的问题及解决的思路

（1）组织带动方式 以2018年为例，在充分尊重贫困户意愿的基础上，带动王店、象河、贾楼等8个乡镇贫困户共计7 800多人，利用企业带贫项目资金发展夏南牛业。项目实施周期2018—2022年；前4年，人均年分红1 000元，第5年400元/人。2019年，公司又吸纳1 800万元金融扶贫资金，每年为1 317户贫困户分红72万。2019年共分红847.05万元。

公司在“授之以鱼”的同时“授之以渔”，既通过分红使其增收还通过技术培训、农业知识宣讲、标准化操作执行、招聘务工人员等方式带动有能力的农户加快脱贫致富的步伐，实现可持续增收，全身心靠劳动靠智慧过上幸福生活。

（2）贫困户定点帮扶　在泌阳县农业政策的引导下，在象河乡扶贫办及帮扶干部的帮助下，李平中于2015年开始养殖肉牛。2018年开始河南恒都食品公司企业带贫项目与象河乡政府签订帮扶协议，每年给贫困户分红，并针对种植、养殖夏南牛产业的贫困户进行技术培训和指导。贫困户乐观好学，掌握科学饲喂技术，积累了养牛经验，以每年递增一头牛的养殖数量发展养殖业。年收入从1万元、1.5万元、2.5万元至3万元递增，2018年就自动申请全家脱贫，并积极宣传养殖肉牛的好处，带动象河乡更多的贫困户、外出返乡务工人员发展养殖业。

（3）享受国家政府政策支持　对于贫困户和对新建舍饲存栏肉牛达到一定规模的养殖小区，按照相应的标准予以补助，在水、电、道路配套、用地审批等方面予以扶持。融资方式采用险资直投，通过AI牛脸识别技术，全县统一免费基础保险。

（4）与大专院校结合，利用高效繁殖和养殖技术　加强企业与高校及相关研究所的合作机制，充分发挥产学研的优势，以高校为企业提供技术支持，反过来企业为高校提供资金用于肉牛高效繁殖和养殖技术的开发和推广，实现高校和企业的双赢发展。

**2. 企业与带动农牧户之间的利益链接机制工作情况**

（1）建立档案，犊牛集中售卖　企业给全县养殖户建立牛养殖档案，健全牛生产过程中的制度化、规范化管理，促进肉牛养殖的规模化、产业化发展。

（2）签订饲草回购协议　根据“基地＋合作社＋农户”的肉牛养殖模式，企业为农户提供必要的草种及技术服务，企业通过合作社回购农户种植的饲草，一方面保证企业的饲草供应，另一方面保障农户的收益（图2－39）。

图2－39　企业回购青贮饲料

（3）联合社组建兽医团队　组织专业兽医团队进行防疫、治疗、授精巡回服务并搭建兽药使用平台，一些常用药品直接从厂家采购，减少中间成本，并为农户提供必要的技术支持，提高肉牛饲喂效果。

（4）建立完善的培训机制　组织肉牛关键技术集成示范项目肉牛养殖培训班，为养殖户们培训肉牛养殖理论基础知识和养殖实操技术。通过培训让养殖户们学习了解科学饲喂管理技术，控制成本，提高犊牛成活率。

（5） 精液统一配送 企业引进良种冻精，改良现有肉牛品种，加速更新过程，实施统一引进精液、统一配种并记入养殖档案。

3. 效益分析

（1） 经济效益

①通过技术平台集中管理和售卖，降低每头犊牛的饲养成本。饲草料实施按需分配，饲草有序合理就近分配原则，全面使用机械化，降低人工费用。

②合作社组建对应的专业兽医团队。组织兽医团队进行防疫、治疗、输精巡回服务，搭建兽药使用平台，一些常用药品直接从厂家采购，力争降低养殖户开支25%左右。

③引进良种冻精，改良现有肉牛品种，加速品种更新过程，实施统一引进精液、统一配种并记入养殖档案。预计从人工和冻精产品上降低养殖户成本25%左右。

④为养殖户提供建场或改造方案。让合作社从牛场设计、设备使用、机械化管理等方面为农户提供必要的技术支持等，通过一年的管理经营发现奶牛场的场区厂房设计和使用与肉牛养殖有很大的区别，结合肉牛繁育习性和喂养管理经验对产房进行改进，争取提高犊牛成活率到95%。通过以上措施，预计为养殖户每头牛增加收入1 000元左右。

（2） 社会效益 积极开展各种形式的培训活动，对养殖户、技术人员进行秸秆处理技术和青贮制作技术、饲草的科学种植技术等方面培训，逐步提高广大养殖户对粗饲料处理、加工和利用的水平，提高粗饲料的利用率。

（3） 生态效益 开展推广玉米秸秆打捆技术并进行统一配送，提高秸秆资料的饲料化比例，减少秸秆焚烧、降低污染。

4. 模式归纳总结 河南恒都通过“基地＋合作社＋农户”模式带动肉牛生产，合作社通过提供统一购种、统一养殖、统一防疫、统一出栏，提高母牛养殖效率。企业充分利用政府政策获得良好的发展，起到龙头模范作用。农户从企业获得收益，实现脱贫致富。

5. 示范企业的发展启示

（1） 把握机遇 河南恒都扎根于泌阳县，依托肉牛产业发展区域优势，结合地方良种夏南牛，开展品牌创建，逐渐面向全国牛肉市场，完善区域营销规划并形成品牌体系。特别是非洲猪瘟暴发以来，给肉牛业发展带来了更多机会，肉牛业迎来了春天，国内养殖肉牛热情也前所未有呈现高涨。2020年全市同步进入小康的脱贫攻坚、国家推进生态文明建设带来的绿色发展理念与行动、供给侧结构性改革、“一带一路”建设，为企业提供了极其重要的战略机遇。准确把握这些机遇，通过创新培育经济社会发展新动能、把资源生态优势转变为发展优势、通过精准扶贫实现农业农村农民的可持续发展，是今后一定时期发展的必然选择。

（2） 新的挑战 当前合作社肉牛养殖仍存在诸多问题，如母牛繁殖率低、良种繁育体系建设滞后、母牛养殖成本高、犊牛成活率低、肉牛经济效益低下、饲料配方不科学；同时，规模养殖场融资难、养殖场技术人员缺乏、养殖理念差等问题也对肉牛业的发展形成严重束缚，这些不利因素成为摆在中国肉牛业面前的严峻挑战，是目前亟须解决的课题。

（3）发展方向　本合作社主要以养殖肉牛为主，降低肉牛饲养成本、提高肉牛效益是发展肉牛产业的主要途径，未来将充分利用本地粗饲料资源，来降低肉牛的饲养成本、扩大养殖数量、提高养殖效益，通过“基地＋合作社＋农户”模式发展肉牛养殖，为我省发展肉用基础母牛、提供更多肉用犊牛增加一条途径。“基地＋合作社＋农户”肉牛养殖模式不仅带动肉牛产业的发展，而且对促进全县的经济增长做出了重要贡献。

# 第六节　四川省优质青粗饲料资源开发利用典型案例

## 四川农垦牧原天堂农牧科技有限责任公司高原藏区种养循环模式典型案例

### （一）示范企业简介

四川农垦牧原天堂农牧科技有限责任公司成立于2017年11月，位于阿坝州若尔盖县唐克镇，地处青藏高原的东北部边缘位置，是连接西藏地区和四川省的重要纽带。该公司是一家集现代草业种植、生产、加工、销售，牦牛、藏系绵羊养殖、收购、加工、销售、投资管理为一体的综合性现代牧业公司。公司现存栏牲畜660头，其中牦牛600头，藏系绵羊60头；舍棚面积4 800 $m^2$；牲畜活动场8 640 $m^2$；产房面积270 $m^2$；青贮池2 880 $m^3$；干草棚面积540 $m^2$；饲料间270 $m^2$；办公区和生活区310 $m^2$，现有180 $hm^2$牧草生产示范基地，另外每年租赁千余亩耕地用于牧草生产。

四川农垦牧原天堂农牧科技有限责任公司与科研院所密切合作，在优质青粗饲料资源开发利用示范项目的支持下，紧紧围绕种养业发展与资源环境承载力相适应，按照“以种带养、以养促种”的种养结合循环发展理念，以就地消纳、能量循环、综合利用为主线，以经济、生态和社会效益并重为导向，构建集约化、标准化等相结合的种养协调发展模式，即生态种植→饲草加工→牦牛、藏系绵羊养殖→有机肥加工→生态种植，有效减少了牲畜粪便环境污染，提高农业资源利用效率，推动了农业发展方式转变，促进农业可持续发展。

### （二）示范企业成功经验介绍

**1. 政府引导，企业主导**　区域经济的发展离不开科学合理政策的规划、帮扶与指导，在大力发展现代化生态农牧业的进程中，需要获得当地政府的支持和帮助。四川农垦牧原天堂农牧科技有限责任公司自2017年11月成立以来受到政府的大力支持，当地政府积极加强农牧业生态化发展管理，多产业结构进行了优化布局，在引导、金融支持和推广方面起到积极作用，在水电配套、用地审批、基础建设、机械设备等方面给予帮扶补贴，最终打造出标准化种植、养殖现代化种养一体化示范型基地。

**2. 企业＋高校技术支持＋地方主管部门联合参与**　在企业发展中，公司始终坚持“科学技术就是第一生产力”的方针。针对现代化生态农牧业发展中长期缺乏市场引导与技术支持的问题，公司与四川农业大学及地方主管部门联合，将四川农业大学参与的优质青粗饲料资源开发利用示范项目的最新科研技术成果，如高原藏区燕麦等优质牧草生产加工技术转化为惠民富民的经济成果，发展具有商业价值的种养技术，将现代化科学种植、科学养殖技术、种养循环技术和模式植入传统高原牧耕模式中，把科研成果转化为实际的生产力，地方主管部门在政策规划指导、资源整合以及与农户交流等方面给予支持，极大地提高了公司种养循环模式的建立与示范，推动了公司经济健康可持续发展。

**3. 企业实现自我循环，加强带动农户循环** 公司与优质青粗饲料资源开发利用示范项目组紧密结合，项目组成员利用种养循环技术指导公司核算其土地承载能力，以及自己小循环种养平衡分析，合理确定种植规模和养殖规模，推进适度规模、符合当地生态条件的标准化饲草基地工程建设，弥补养殖饲草的不足，并就近就地消纳养殖废弃物，推广有机肥发酵还田利用，促进农牧循环发展。探索出了规模养殖粪污的综合利用机制，建立了种植、养殖现代化种养一体化的基地，首先实现自我循环。通过示范推广种植新模式及牲畜粪肥还田技术，带动周围农牧民种草养牛，形成一定范围内种养小循环平衡。由于草地上施了肥，牧草生长迅速且草产量高，高产优质的牧草为牦牛育肥提供了充足的饲料保障，示范推广了种养循环模式，带动了周围农牧民经济健康可持续发展。

2020 年 1 月九曲联合家庭牧场以每头 5 000 元的价格购进架子牛 300 头，通过饲喂企业自产优质牧草养殖到 2020 年 8 月，以每头 7 000 元的价格出栏 170 头，平均每头净利润达 1 400 元；2020 年 8—10 月，又陆续购进架子牛 266 头，优质青贮饲料搭配精饲料饲喂到 2021 年 2 月，以每头 8 300 元价格出栏 120 头，平均每头牛净利润达 2 000 元，企业年底就退还了农户投入的资金和贷款利息，2021 年 3 月，牧场将剩余的牦牛全部出栏。这一年牧场出栏的绝大多数牦牛都是由牧原天堂公司从农户收购，除去养殖成本，实现纯收入 80 万元，每户平均纯收入 16 万元。2021 年牧场准备加大投入，五户牧民通过贷款加去年盈利总投入资金预计达 130 万元，用于扩大牧场规模，争取通过新一年的努力，实现盈利超 100 万元，实现企业与农牧民共同富裕。

**4. 牧草栽培加工是基础** 冬春饲草匮乏是制约高原藏区畜牧业健康可持续发展的瓶颈，而高产优质牧草栽培加工是有效解决藏区冬春季牦牛饲草匮乏问题的基础，也是种养循环模式建立的基础。2017—2020 年，四川农垦牧原天堂农牧科技有限责任公司存栏牦牛 3 000 余头，按照牛只存栏量来测算粪污的排泄量，同时来租赁相应数量的种质基地，为了更好地消纳所产的粪污，公司采用优质青粗饲料资源开发利用示范项目组研发的高原藏区“燕麦＋箭筈豌豆＋大麦＋小黑麦”混播混贮饲草生产模式，在海拔 3 450 m 四川省阿坝藏族羌族自治州若尔盖县种植 146.67 $hm^2$，在燕麦乳熟期后进行了收贮，平均亩产达到 3.4 t，结合当地市场价格每吨 450 元，折合成市场价 1 530 元，其中土地租金 300 元，种子成本 60 元，播种 150 元，收贮 120 元，其他 10 元，每亩地可收益 890 元。通过企业在高寒牧区种草，能有效降低饲草料的成本，收获优质牧草及青贮饲料，提高牦牛的饲养效率，同时也很好地解决了高寒牧区饲草供应不足的问题。

**5. 科学养殖是关键** 创新是产业发展和前进的动力。在传统牦牛养殖中，高原牦牛入冬后掉膘严重，冬天饮冰水、啃食草根不利于牦牛健康，冬雪春雪导致牦牛死亡率高。四川农垦牧原天堂农牧科技有限责任公司自成立以来，不断创新发展模式，引进先进养殖技术，将传统草地放养转变为“圈养”模式，采用优质青粗饲料资源开发利用示范项目组研发的以燕麦青贮饲料为主的 TMR 饲料，通过科学规范的管理，大大降低饲料成本，提高出栏率。目前养殖场牦牛养殖规模已达到 660 头，并育出 3 头重量达 1 t 的“牦牛王”，而传统“放养”模式，公牦牛大多不超过 600 kg。同时公司在圈舍建设、养殖方法、饲料配方、驱虫健胃、防病防疫、人员培训等方面投入大量精力，例如，牛进场后全部上全险，加大口蹄疫、布鲁氏菌病、结核病等传染病的防疫，专职兽医负责，采用备案制，对于病死的牛羊进行无害化处理，对当地的牛羊牧场的排泄物进行合理化利用，为当地的农业生产提供充足的有机肥。

6. 解决同质化竞争　现代化生态农牧业在发展的过程中，会面临着来自不同领域的影响，面临着多样化的问题。例如，对于若尔盖地区来说，区域内部的产业结构类型鲜明，并且在长期的发展中，已经形成了较为成熟且完善的产业链条。但是，在与大范围地区进行竞争的过程中，容易受到传统思想的影响和管理模式的制约。面对此种问题，四川农垦牧原天堂农牧科技有限责任公司积极转变思路，依托唐克镇牦牛肉的品牌优势，优化产业和产品的结构，大力发展种养循环示范基地、川甘青畜产品交易市场，畜产品交易电子商务平台，获得绿色有机食品与 SC 认证，将牦牛肉产品远销到广州，并得到当地市民的广泛认可，产品供不应求，为种养循环模式下农牧业产品的发展打通销路。

### （三）示范企业养殖过程中存在的问题分析及解决办法

#### 1. 企业在牧草栽培上存在的问题分析及解决办法

（1）存在问题　高原藏区人工种植牧草栽培技术不配套，生产技术水平低，生物产量及营养成分相对较低，不能满足牦牛冬春季饲料的需求，大量牧草依靠从青海及内地调运，青贮玉米收购价加运输成本高；示范企业现有设备无法满足禾豆混播种植机械要求，但购置种植机械价格昂贵，企业资金无法支持。

（2）解决办法　四川农垦牧原天堂农牧科技有限责任公司与四川农业大学联合攻关，对筛选燕麦优质品种、确定最佳播期、最适密度栽培措施等参数进行试验研究。2020 年在若尔盖白河牧场种植一千亩燕麦，每亩租地费用 350 元，种子费用 150 元，每亩产草 3.5t，较当地现有种植模式提高 20%～40%，即每吨燕麦青草种子和租地成本共为 143 元；收获窖贮成本每吨 100 元，即每吨燕麦青贮饲料成本 243 元，可见，与购买调运青贮饲料相比，在高原藏区优化栽培技术种植饲草每吨饲料至少可以节约 600 元。

企业在咨询机械技术人员后，配备专业技术团队，对现有设备进行研究，学习和探索先进栽培机械技术，通过多次对现有设备的改进，完成两种作物及肥料同时播种的技术改造，实现混播作物快速高效的规模化种植及机械化收割（图 2－40、图 2－41）。

图 2－40　混播牧草种植

图 2－41　牧草机械化收割

**2. 企业在牧草加工上存在的问题分析及解决办法**

（1）存在问题　高原藏区在牧草收割时期雨水较多，导致牧草不能适时收割，致使高原饲草营养价值较低，损失严重；高原藏区传统青贮饲料为牧草单贮，只有少部分为多牧草混合青贮，但混合青贮中牧草比例如何搭配、能量搭配是否合理等都没有标准参考；乳酸菌具有特异性，在寒冷地区，随着秋季气温的下降，凉爽的夜晚和频繁的霜冻会影响饲草的附生细菌种群，对发酵过程产生负面影响，但市场上销售的乳酸菌的主要成分均为常规条件下筛选的乳酸菌菌株。

（2）解决办法　优质青粗饲料资源开发利用示范项目组与企业联合，研究得出牧草最佳青贮收获期，燕麦最佳收获期为乳熟期、箭筈豌豆最佳收获期为结荚期、玉米最佳收获期为2/3乳线期；燕麦蛋白质含量低，但豆类作物单独青贮不易成功，因此将禾本科燕麦和豆科箭筈豌豆进行混合青贮，不仅满足了牲畜的营养需求，而且提高牧草青贮品质；牧草天然附着的LAB数量非常少，为保证青贮尽快进入乳酸菌主导的发酵阶段，通过多种添加剂的青贮效果对比，筛选出了适宜高原藏区的低温乳酸菌添加剂，有效解决了高原藏区青贮难的问题。

**3. 企业在牲畜养殖上存在的问题分析及解决办法**

（1）存在问题　公司在饲料选择上缺乏目的性和科学性，饲料现存品牌多且营养成分不明确，然而牦牛在各个时期的营养需要是不同的，各品牌精料配比不同，导致公司目前在牲畜饲料上缺乏科学配制；规模化养殖存在牦牛运动范围小，对生病牦牛发现不及时、病情掌握不到位、治疗不及时等现象；牲畜粪便清理不及时，牛舍卧床湿潮，泥土粪便堆积，细菌增生、牛舍环境差、牲畜易感病且对环境造成一定的污染。

（2）解决办法　参考预混料推荐配方，核算所购原料，如玉米、豆粕、麸皮、小苏打、食盐、预混料等与牛只数量得出日饲喂量，大致核算一次进购原料使用天数，做到心中有数，提前一周安排好下次所需订购原料，以防牛只断料引起掉膘及其他营养缺乏性问题。

对于牦牛规模养殖，配备专门的人员进行牦牛的饲喂及管理，建设牦牛活动场（图2-42、图2-43）。一线饲养员在日常饲喂中发现哪头牛有问题，要及时上报，并详细叙述具体症状，由专业兽医师给予治疗方案，做到及时治疗。实行责任制，若饲养员未及时将问题牛只反馈，牛只死亡与工资挂钩；应做到及时发现问题并反馈上报，根据相应的防治方案，配合实施。

图2-42　牦牛舍棚

图 2-43 牦牛活动场

从图 2-44 可以看出，饲养员及时对牦牛粪便进行了集约化处理，防止了牦牛大范围的发病及环境污染。

图 2-44 粪便处理

### （四）公司的经营模式

公司通过租赁土地，收购唐克镇周边牧民放养的牦牛，并在专业技术人员的指导下，实行高原藏区种养循环模式，并不断创新发展模式，引进先进的养殖技术，公司到 2025 年，实现全年出栏牦牛 1.6 万头；牧草种植示范基地 666.67 $hm^2$（366.67 $hm^2$ 披碱草、253.33 $hm^2$ 青贮燕麦、46.67 $hm^2$ 苜蓿），年生产优质牧草草种 400 t，年生产优质饲草料 13 150 t；卡布藏直营连锁鲜肉铺 50 家，年销售肉类总量可达 6 784 t；企业年产值达 7 亿元以上，带动若尔盖县域其他经济产值 10 亿元以上。高原草畜产业综合生产能力到达省内领先水平，畜产品质量安全指标达到国内平均水平，初步构建现代草畜牧业的生产体系、经营体系、产业体系。公司将在现有的 180 $hm^2$ 牧草生产示范基地扩大至 666.67 $hm^2$，拟再租赁白河牧场 486.67 $hm^2$ 耕地。在未来的发展中，四川农垦牧原天堂计划采取“公司+合作社+牧民”的发展模式，加快扩大养殖规模，推广新技术，带动周边牧民增产增收。

（五）示范企业的发展启示

在政府的引导、企业的支持下，公司将现代化科学种植、科学养殖技术、种养循环技术和模式植入传统高原牧耕模式，并且逐渐影响当地牧民转变传统畜牧生产养殖经营观念。公司要带动周边，吸引更多附近牧民来参观学习，这一新兴模式是政府、企业、牧民三方协同探索出一条“产业兴旺、牧民增收、共同发展”的新道路。在此基础上，公司将坚持规模化、标准化、品牌化、产业化同步推进，促进一、二、三产业有效融合，实现优质、安全、生态、高效发展目标。养殖深化节本增效，全混合日粮饲喂，采取“放牧＋补饲”、精细化分群饲养、标准化养殖等技术模式，构建优质牦牛生产技术体系。

# 第七节 宁夏回族自治区优质青粗饲料资源开发利用典型案例

## 宁夏红寺堡区天源良种羊繁育养殖有限公司滩羊饲养典型案例

### （一）示范企业简介

宁夏红寺堡区天源良种羊繁育养殖有限公司成立于2003年，坐落于宁夏回族自治区吴忠市红寺堡区，是一家专业从事滩羊选种选育、新品系（种）培育、生物育种等新技术、新产品研发与销售的科技型企业。为解决宁夏滩羊产业规模小、效率低、效益差等问题，该公司一直致力于实现滩羊的高品质养殖，提高农民养殖的积极性。2018年，为了帮助当地滩羊养殖户增加收入，在红寺堡龙源村建成了滩羊产业科技扶贫基地，帮助农户对滩羊养殖进行标准化管理，带动400多户建档立卡贫困户和农户实现增收。目前，该公司已成为国家滩羊核心育种场，被全国妇联、科技部、农业农村部（原农业部）授予“全国巾帼现代农业科技示范基地”称号，被自治区政府授予“宁夏现代农业示范基地”称号。目前正在积极建设百万只滩羊生态智慧园区。该公司董事长寇启芳是全国劳动模范，并荣获全国“三八红旗手”“自治区劳动模范”等称号。

公司现有员工50余人，滩羊年存栏量超1万只，拥有现代化的养殖牧场、人工授精室、基因编辑室、现代化实验室、屠宰加工车间和排酸车间等，并拥有多项高精尖分析仪器，满足基本的科研需求和技术服务。此外，该公司长期与中国农业大学、西北农林科技大学等科研院所合作，通过母羊选种、基因编辑优化饲料配方等科研创新，培育出了具有发育快、产肉量高、肉质细腻、一胎多羔等特点的滩羊新品种（系）。

在青粗饲料利用方面，由于滩羊传统养殖模式中主要以放牧为主，而滩羊放牧采食天然草原上的柠条、鸡毛菜等优质饲草也正是形成滩羊优异肉质的原因之一，因此，在滩羊转向舍饲后，精料过多投入使用不仅提升了养殖成本，另外也造成了滩羊疾病发病率升高、羊肉品质下降等问题。围绕这一关键问题，从2019—2021年，在“优质青粗饲料开发与利用”项目的支持下，中国农业大学玉柱教授和王炳老师多次到访企业进行指导，指导青粗饲料（如全株青贮玉米、甜高粱、苜蓿等）的种植和青贮加工制作，并开发非常规优质青粗饲料资源的使用，如桑叶和柠条等，开发出青贮桑叶和青贮柠条等优质非常规功能性青粗饲草。并通过科学配制，探究以上各种优质青粗饲料在滩羊育肥阶段的饲喂情况，以及其对滩羊肉品质的影响。多项初步结果已经证实，相比传统养殖中的精料＋秸秆的饲喂模式，这些优质青粗饲料的使用可以节约养殖成本，提升饲料利用效率，改善滩羊肉品质。因此，基于这几年的合作研究成果，天源良种羊繁育养殖有限公司进一步加大推行优质青粗饲料的使用，如全株玉米青贮、苜蓿青贮、柠条青贮、桑叶青贮等，并扩大优质青粗饲料原料——甜高粱的种植面积，并带动周边农户和养殖户建设青贮窖和使用青贮饲草。目前已取得了巨大成效，不仅实现滩羊养殖规模的扩大和利益提升，并带动了当地农户致富。

### （二）示范企业成功经验介绍

**1. 优质滩羊品牌引领** 经过多年自然和人工培育，“宁夏滩羊”已成为国家农产品地理标志示范样板，入选国家百强农产品区域公用品牌和全国商标富农案例，成为我国重要农业物质文化遗产和高端羊肉的代表品牌。2016年，通过层层筛选，入选为G20杭州峰会的国宴食材，登上了各个国家领导的餐桌。随后，又相继走上了金砖国家领导人厦门会晤、上合组织青岛峰会、大连“达沃斯论坛”等重大会议国宴餐桌。然而，随着草原生态环境恶化及草原禁牧等措施的出台，加上滩羊随意杂交的现象层出不穷，宁夏滩羊这一知名的品牌也面临着诸多挑战。因此，在机遇和挑战并存的关键时期，天源良种羊繁育养殖有限公司坚持以保护滩羊优质纯种为根本，在厂区内保持滩羊纯种母羊和公羊上百只。因此，该公司已成功入选国家肉羊核心育种场。

**2. 科学健康的青粗饲料利用模式** 在“优质青粗饲料资源开发利用”项目的支持下，玉柱教授和王炳老师多次到访企业进行指导工作，基于滩羊营养需要和肉质营养调控技术，特别针对滩羊肉质鲜美的特性，选择利用“优质粗饲料（青粗饲料）＋高品质精饲料”和预混料制作成全混合日粮饲喂滩羊，以进一步提升滩羊肉品质。特别是在全株青贮玉米、甜高粱青贮、苜蓿青贮、桑叶青贮、柠条青贮等优质青粗饲料的使用方面，投入大量人力物力，广泛种植，建立现代化青贮窖，实现种养循环，草畜结合的优质滩羊肉生产。目前，已拥有百余亩的全株玉米青贮玉米、柠条和甜高粱种植土地。特别是目前已大力进行柠条种植和人工平茬收获技术的实施和培训。柠条作为宁夏等西北地区特有的生态防护锦鸡属木本植物，具有良好的防风固沙能力，然而，随着柠条年份的增长，如果不及时进行收获平茬（一般3～5年为宜），则会导致柠条的退化，甚至死亡，最终影响其生态防护功能。因此，柠条的种植和维护以及平茬后的饲料化开发利用，则会实现柠条的生态化和经济利用化利用共赢。而柠条具有特有的营养素、矿物质和生物活性物质，对滩羊羊肉的形成具有较大的促进作用，也是滩羊羊肉这一高端羊肉形成的主要原因之一。

另外，在确保滩羊生长效率的同时，通过科学的饲料配制，特别是加大优质青粗饲料的使用，在本项目研究中发现，该企业已经生产出的高档滩羊“雪花羊肉”，利用优质青粗饲料，如甜高粱等可以进一步提升羊肉嫩度和肌内脂肪的沉积。目前，该雪花羊肉已成功申请国家发明专利，并形成特有品牌“三又佳羊”，也制定出新品系选育标准。

**3. 舒适科学的牧场规划** 随着禁牧政策的出台，滩羊由放牧转向舍饲，而天源良种羊繁育养殖有限公司早在十几年前就开始探索如何在舍饲条件下培育滩羊，十几年来探索出了一套适合滩羊舍饲的养殖模式（运动场＋舍内棚区），将饮水和喂料分开，饮水放在运动场的另一侧，而喂料在棚内，建立统一的给料通道和料槽，实现机械化喂料的清料。同时，由于饮水和喂食分开，以及加大了滩羊的运动量，保证滩羊本身爱好动的习性，不仅减少疾病的发生，而且能在显著提高滩羊生长的条件下保持滩羊优质的肉质风味。

**4. 制度建设** 公司自创建以来，在疫病防控工作中始终坚持科学化、标准化、制度化、现代化管理模式，严格执行《中华人们共和国动物防疫法》《中华人们共和国畜牧法》等相关法律法规规定，严格按照公司免疫程序及时接种防疫疫苗，自建场以来，无发生重大动物疫病史。制定并建立健全种羊管理、卫生防疫等管理制度9项；制定《大理石花纹滩羊肉生产技术规程》地方标准1项，已通过专家评审；制定《育肥羊精料补充料（Q/HTLF 006—2018）》《羔羊精料补充料（Q/HTLF 003—2018）》《繁殖母羊浓缩饲料（Q/HTLF 002—2018）》《育肥羊全混合日粮（Q/HTLF 004—2020）》《繁殖母羊精料补充（Q/HTLF 001—2020）》《育肥羊浓缩饲料（Q/HTLF 005—2020）》等企业标准多项。建立了推广标准化生产、养殖等管理办法。初步建立“种、繁、育、加、销”全产业链质量安全追溯管理体系，详见表2-1、表2-2、表2-3。

表2-1 生产管理制度

| 序号 | 制度名称 |
| --- | --- |
| 1 | 消毒管理制度 |
| 2 | 兽药管理制度 |
| 3 | 饲料管理制度 |
| 4 | 防疫管理制度 |
| 5 | 种羊测定制度 |
| 6 | 种羊选育制度 |
| 7 | 病死羊无害化处理制度 |
| 8 | 员工培训制度 |
| 9 | 检疫申报制度 |

表2-2 生产登记与追溯制度

| 类别 | 记录名称 |
| --- | --- |
| 生产记录 | 配种记录 |
| | 胚胎移植记录 |
| | 妊娠检查记录 |
| | 产羔记录 |
| 疫病防控记录 | 免疫程序 |
| | 驱虫记录 |
| | 诊疗记录 |
| | 剖检记录（报告） |
| 消毒记录 | 消毒记录、消毒剂配制记录 |
| 饲养管理记录 | 日粮配制加工记录 |
| | 饲料出入库记录 |
| | 兽药出入库记录 |
| | 无害化处理记录 |

（续）

| 类别 | 记录名称 |
| --- | --- |
| 销售记录 | 销售（淘汰）记录 |
| | 种羊销售记录 |
| 净化记录 | 种羊布鲁氏菌病检测记录 |

表 2-3　生产方案与管理规程

| 序号 | 技术规程/方案 |
| --- | --- |
| 1 | 种羊育种方案 |
| 2 | 种羊生产性能测定方案 |
| 3 | 种羊饲养管理技术规程 |
| 4 | 饲料调制技术规程 |
| 5 | 寄生虫病防治规程 |
| 6 | 接产及羔羊护理技术规程 |
| 7 | 布鲁氏菌病防治技术规程 |
| 8 | 病死羊无害化处理技术规程 |
| 9 | 肉绵羊免疫程序 |

## （三）示范企业养殖过程中存在的问题分析及解决办法

### 1. 企业在科研方面存在的问题及解决办法

（1）存在问题　滩羊在宁夏养殖历史悠久，然而，其生长较为缓慢，后续将进一步围绕滩羊生长性能和肉品质提升营养调控方面发力，目前已连续多年记录和评定滩羊的生产性能（表 2-4、表 2-5）。因此，基于滩羊生长较为缓慢，放牧转向舍饲后优质青粗饲料摄入不足等现象导致的滩羊肉质下降等问题，在中国农业大学王炳老师的指导和带领下，中国农业大学的研究生们以滩羊肉质提升为目的研究优质青粗饲料在滩羊饲粮中的使用比例，初步实现了滩羊肉质的稳步提升。因此，在后续生产中企业将继续稳步推进和加深“粮改饲”的推广应用示范，特别提高优质青粗饲料在滩羊生产中应用。另外，该品种存在单羔、体重偏小、增重慢等缺点，加之滩羊产业缺乏具有自主知识产权的现代科技成果，滩羊生产始终难以将资源优势、品牌优势转化为经济优势。

（2）解决办法　在营养调控的基础上，加大滩羊的科技投入，围绕滩羊产业继续发力，以打造国内优质羊肉生产基地和知名品牌为重点，推进滩羊产业走精品化、高端化、绿色化发展之路。着力从传统放牧的滩羊养殖模式逐步转变为规模养殖模式和养殖小区合作社等多元化滩羊产业发展模式。天源良种羊繁育养殖有限公司积极响应国家和自治区的各项政策，积极推动养殖模式转变，积极引入先进工艺和设施设备、规范管理，以促进优质滩羊羊肉生产的持续发展。红寺堡区天源良种羊繁育养殖有限公司常年致力于滩羊科技研发，目前，已经创制出世界最大规模基因编辑绵羊群体。此次引入国企助力，将为公司科技研发提供强有力的资金和技术支撑，也为宁夏滩羊产业发展带来新的契机。

表 2-4 滩羊育种基础母羊核心群生产性能测定情况

| 年度 | 测定数量（只） | 产羔数（只） | 产羔率（%） | 繁殖成活率（%） | 人工授精比（%） |
|---|---|---|---|---|---|
| 2019 年 | 1 151 | 1 189 | 103.3 | 92.5 | 86.5 |
| 2020 年 | 1 173 | 1 214 | 103.5 | 94.8 | 87.6 |

表 2-5 滩羊羔羊生产性能测定情况

| 月龄 | 性别 | 测定数量（只） | 体重（kg） | 体高（cm） | 体长（cm） | 胸围（cm） | 管围（cm） |
|---|---|---|---|---|---|---|---|
| 初生 | 公 | 2 141 | 3.84±0.32 | | | | |
| | 母 | 2 263 | 3.33±0.25 | | | | |
| 断奶 | 公 | 2 232 | 21.41±2.52 | 53.07±1.53 | 56.45±1.50 | 64.19±1.47 | 6.76±0.04 |
| | 母 | 2 162 | 19.33±1.89 | 52.48±1.39 | 54.58±1.49 | 61.87±1.53 | 6.65±0.07 |
| 6 月 | 公 | 1 968 | 27.81±3.32 | 58.78±1.64 | 61.16±1.57 | 71.29±1.44 | 7.21±0.03 |
| | 母 | 1 974 | 25.71±2.44 | 57.82±1.79 | 61.07±1.44 | 71.01±1.65 | 7.02±0.05 |

**2. 企业在产业方面遇到的问题及解决的思路** 红寺堡政府、红寺堡天源良种羊繁育养殖有限公司、中建六局水利水电建设集团有限公司将联手投资 10 亿元，在红寺堡区打造一个集滩羊智慧化生产、生态智慧化治理、特色农业文化休闲旅游于一体的智慧型经济示范园区，一期项目计划建设 50 万只滩羊智慧养殖基地；10 万亩柠条平茬复壮基地和 10 万 t 全混合颗粒饲料加工厂。企业之前一直面对的问题是无法扩大滩羊的养殖规模，然而，关于滩羊的一系列项目正式开工建设，对滩羊的发展来说既是机遇，也是挑战。柠条作为宁夏当地的特色饲草资源，其营养物质和功能性物质含量较为丰富，隶属于优质青粗饲料，其作为一种饲料原料，在滩羊生产中还未实现长期稳定的使用，而通过“优质青粗饲料开发与利用”等国家等政府项目支持，并在中国农业大学等科研院校的指导下，已经初步明确柠条青贮饲料在滩羊养殖中具有有益作用，可以提升滩羊生长效率，改善滩羊肉质。因此，优质青粗饲料的开发与利用也为“红寺堡区百万只滩羊生态智慧园区建设项目”的开发奠定了扎实基础。

预计 2023 年建成，建成后可有效带动滩羊养殖场、家庭农场、农民合作社发展，并治理荒漠化土地。该项目一期投资 10 亿元，将在红寺堡区打造滩羊生态智慧园区大数据云平台、50 万只滩羊智慧养殖基地、10 万亩柠条平茬复壮和高效草林复合体基地、0.5 万亩优质高效饲草（料）生产基地、10 万 t 全混合颗粒饲料加工厂、智慧休闲农业特色小镇。按照规划，2023 年一期项目建成后，将直接带动 1.2 万家养殖户、家庭农牧场、农民合作社、加工销售企业增收致富，并治理 10 万亩草地、荒漠化土地，每年带来社会效益 10 亿元以上、直接经济效益 2 亿元以上。在未来滩羊的发展中，红寺堡区天源良种羊繁育养殖有限公司将努力构建现代化产业体系、产品体系、经营体系等，努力培育形成天源牧业等一批农业科技龙头企业，为创建全国易地搬迁移民致富提升示范区不断赋能。此外，公司更加积极围绕滩羊优质羊肉品牌为核心点，在育种、营养和管理 3 个方面持续发力，三管齐下，保障滩羊产业持续优质发展。

3. 基于存在问题的未来发展思路　在未来围绕滩羊的发展中，将继续围绕着以下几个方面展开：

（1）营养饲料方面　继续深化优质青粗饲料的推广和应用示范，加强与国内外科研院校开展长期合作，特别是继续和中国农业大学玉柱教授团队和王炳老师团队进一步深入围绕青粗饲料的开发利用内容开展相关合作研究，并持续带动周边农户在优质青粗饲料方面的使用，助力农户实现小康，推动乡村振兴脚步。具体措施：可以实施节本增效科技示范、优质滩羊羊肉生产、柠条等非常规饲草开发利用等技术示范，加大柠条等宁夏当地优质饲料资源的种植和利用。

（2）遗传育种方面　加强了滩羊基因鉴定等关键技术研究，有效提升了滩羊标准化生产技术水平。推动宁夏滩羊“两年三产”普及率，显著提升繁殖成活率；七八月龄出栏羊胴体重达到明显提高。

（3）标准制定方面　结合生产实际，进一步制定出标准化滩羊羊肉生产技术规程，建立起示范滩羊全程追溯系统，实行滩羊从系谱、养殖、加工、销售等信息全过程可追溯，保证产品质量可控可查。

（4）特色滩羊消费模式　为实现盐池滩羊产业精细化、高端化发展，我们在销售模式上进行了创新，在销售上实现“私人定制”。消费者可根据自己的喜好，通过微信电话或实地考察等方式认养羊只，完成定制并编号后，就可通过手机、电脑视频实时监控认养羊只的生活动态。饲养 8 个月后，羊只可出栏时，根据消费者的要求进行切割、排酸、冷链运输发货。

（5）绿色休闲农业模式　建立智慧牧场匹配羊肉追踪体系，发展休闲农业。

（6）产学研科技创新模式　坚持与全国乃至全世界科研院所和大学开展更深入合作。

（7）人才为本的发展模式　乡村振兴，人才是关键。大力引进高端人才、留住大学生、培养职业农民，吸引越来越多的人才特别是科技人才助力滩羊产业发展。

### （四）示范企业经营模式

2019 年，宁夏滩羊饲养量达 1 148.2 万只，其中，存栏 568.5 万只，出栏 579.7 万只；羊肉产量 10.4 万 t，位居全国第 13 位；人均羊肉占有量 14.4 kg，位居全国第 5 位；全产业链产值达到 215 亿元。每年安排财政补贴资金 5 000 万元左右，对滩羊良种繁育、基地建设、加工销售等各个环节进行扶持，不断提质滩羊产业全生产链。该企业在引入优质青粗饲料后，连续 3 年营业额和利润上升（表 2－6）。

宁夏红寺堡区天源良种羊繁育养殖有限公司从 2003 年成立以来，就致力于对滩羊品种保护和开发利用，特别是通过大力推广利用青粗饲料。随着“粮改饲”的推进以及“优质青粗饲料资源开发利用示范项目”的实施，该公司作为“优质青粗饲料资源开发利用示范项目”的示范点，着力围绕优质青粗饲料在滩羊舍饲养殖中的推广和利用，结合该公司长期以来在青粗饲料方面的投入和应用经验，辐射带动周边农户和小型养殖场扩大使用优质青粗饲料，不仅解决了当地优质粗饲料不足这一问题，而且促进了农牧民增收。在国家新阶段“乡村振兴”中，优质青粗饲料的大力推广应用，也必将为实现乡村振兴助力。

图 2-6 近 3 年宁夏红寺堡区天源良种羊繁育养殖有限公司的营收情况（万元）

<table>
<tr><td rowspan="14">历史财务数据</td><td>项目</td><td>2018 年</td><td>2019 年</td><td>2020 年</td></tr>
<tr><td>主营业务收入</td><td>1 516</td><td>1 538</td><td>2 154</td></tr>
<tr><td>主营业务成本</td><td>1 070</td><td>923</td><td>1 479</td></tr>
<tr><td>营业费用</td><td>41</td><td>111</td><td>9</td></tr>
<tr><td>管理费用</td><td>108</td><td>95</td><td>222</td></tr>
<tr><td>其中投入研发费用</td><td>86</td><td>90</td><td>150</td></tr>
<tr><td>财务费用</td><td>4</td><td>14</td><td>23</td></tr>
<tr><td>营业利润</td><td>292</td><td>395</td><td>421</td></tr>
<tr><td>利润总额</td><td>294</td><td>424</td><td>1 155</td></tr>
<tr><td>所得税</td><td>0</td><td>0</td><td>0</td></tr>
<tr><td>净利润</td><td>294</td><td>424</td><td>1 155</td></tr>
<tr><td>资产总额</td><td>5 309</td><td>6 653</td><td>11 758</td></tr>
<tr><td>负债总额</td><td>2 221</td><td>3 141</td><td>7 091</td></tr>
<tr><td>净资产（所有者权益）</td><td>3 088</td><td>3 512</td><td>7 091</td></tr>
<tr><td rowspan="6">财务预测</td><td>项目</td><td>2021 年</td><td>2022 年</td><td>2023 年</td></tr>
<tr><td>主营业务收入</td><td>2 310</td><td>2 715</td><td>3 320</td></tr>
<tr><td>主营业务成本</td><td>1 600</td><td>1 965</td><td>2 410</td></tr>
<tr><td>主营业务税金</td><td>0.31</td><td>0.31</td><td>0.29</td></tr>
<tr><td>主营业务利润</td><td>454</td><td>481</td><td>570</td></tr>
<tr><td>净利润</td><td>568</td><td>615</td><td>735</td></tr>
</table>

近年来，该公司还进一步通过基因改良、优化饲养方式、改善饲养环境等措施，推动了滩羊全产业链的建设和发展，形成了“滩羊良种培育＋肉羊育肥＋科技发展＋产业扶贫”等多项内容为一体的公司发展理念。通过实施人才强区战略，该公司与高等院校、科研院所合作进行科研项目共同攻关研发，聘请专家不定期提供技术指导、人才培养、科研成果转化等方面的智力服务，搭建产学研合作平台、人才实训基地吸引集聚高等院校、科研院所人才来公司进行科技研发、技术推广、人才培养等。该公司与西北农林科技大学、中国农业大学、宁夏大学合作，在滩羊生物育种、营养调控等关键技术研发中取得重大技术突破，定期邀请专家学者到企业进行交流（图 2-45）。受到和牛肉的启发，寇启芳积极与高校和研究机构合作，在企业建立科研中心，在培育滩羊新品系、营养调控生产大理石花纹滩羊肉等关键技术研发中取得重大技术突破。最终创建高档滩羊羊肉品牌，注册“三又佳羊”商标，使大理石花纹滩羊羊肉成为目前国内唯一具有自主知识产权的大理石花纹高档羊肉，滩羊胴体羊肉价格平均每千克 168 元，是普通滩羊羊肉的 2 倍以上，经济效益显著。该公司在大河乡龙源村建成滩羊产业科技扶贫园区，通过“农户＋合作社＋企业＋人才”模式，生产雪花滩羊羊肉，带动 400 余户建档立卡户、双老户及养殖户饲养基础母羊 2.15 万只，每年销售滩羊 2.5 万多只，销售收入 2 000 多万元，平均每户新增纯收入 5 000 多元。公司相关负责人说，“我们通过转化生产技术成果，大

幅度提高了科技创新、成果转化应用能力和特色优势产业综合生产能力与生产效益。”

图 2-45　企业邀请专家开展培训交流

另外，除了将自身公司经营管理好，该公司还常年开展社会化服务，将公司的技术和管理理念输送给周边养殖户，与养殖户建立联系，并实现互利共赢的发展模式。到目前为止，累计向红寺堡广大养殖户选育推广滩羊优秀基础母羊 3 万多只，优秀种公羊 1.5 万多只，与 11 个县（市、区）畜牧技术服务单位及周边 130 多家中小企业建立了良好的技术协作服务网点。2017 年起，天源公司为大河乡龙源村 35 户 65 岁以上的老人每户捐助2 只滩羊，为 2 户特困户每户捐助 3 只滩羊进行帮扶，并在龙源村建立了滩羊养殖扶贫基地，带动 100 户建档立卡户科学养殖。此外，通过建立“党支部＋合作社＋村干部＋农户＋滩羊集团”的发展模式，村干部带动 26 户村民入股 8.6 万元，共同参与生态牧场经营，年终根据效益按股分红。

目前，大多数羊肉销售都以“实体店＋经销商”的销售模式为主，而天源良种羊繁育养殖有限公司破除常规，选择直接对接消费者，基本形成了网络电商和电话订购、快递发送为主的销售模式，目前，该公司的羊肉已进入销往全国各地，并且采用消费旅游观光体验的模式，邀请宁夏和宁夏周边甚至全国的游客来到公司，品尝滩羊羊肉。目前，几乎每一个到过该公司的游客都成了滩羊羊肉消费的回头客，使天源的滩羊羊肉享誉全国。

### （五）示范企业的发展启示

**1. 种养循环，草畜一体化的滩羊生态养殖模式**　依托于宁夏本地特有的饲草资源和土地条件，不断扩大滩羊养殖规模的同时，三年来在“优质青粗饲料开发与利用项目”的支持下，加大对全株玉米、甜高粱的种植，以及针对草原草坡土地上柠条的开发利用。将羊的粪污还田，不仅解决了环节污染问题，而且减少了化肥使用，实现了种养循环、草畜结合的生态可持续发展模式。

**2. 先进的管理模式**　随着公司规模的不断壮大，积极采用现代化和智能化设备和技术，投入饲料生产、饲料加工、投料管理、棚舍建设和管理、羊只选育、人工授精、粪污处理等一系列的管控措施。在安全防疫方面主要采用自动化控制，通过传感系统对通过车辆进行自动识别，并智能启动高压雾化系统对车辆进行雾化消毒、烘干工作，消毒立体交叉全方位、不留死角。

3. 科技为本模式　为选出最好的母本基因，针对胚胎进行靶向基因编辑，让其他母羊“代孕”产羔，实现了优质个体快速提升。同时，通过“孕检”判定母羊怀孕数量，进而分群饲养，分级配送营养，提高羔羊存活率和优质羔羊率。依靠科研创新的力量，提升滩羊产业的发展质量。

4. “科技联户”服务模式　在发展自身的同时，寇启芳秉持“工匠精神”，通过建立养殖户档案，创建了“科技联户”服务模式，服务周边畜禽养殖场（户）500多家，大幅度拓展了业务范围，并将自己的养殖技术、创业经验带到基层，积极向广大贫困户和养殖户普及示范推广滩羊“双高双优一防”，即“高效养殖、高频繁殖、优质优价、疫病防治”的技术，带领更多的人走向创业致富的道路。近5年来，先后带动3 150多户贫困户和滩羊养殖户，经她指导服务的贫困户和养殖户养殖水平和经济效益均得到大幅度提高，饲养1只繁殖母羊的收入由不足100元增加到近200元，累计新增纯收入1.4亿多元，使一大批贫困人口走上脱贫致富之路。另外，作为科技带贫示范基地，多年来，每年组织国内外知名专家参与宁夏红寺堡地区肉羊扶贫产业，为羊产业发展全程提供技术指导和靶向示范。目前，团队已经示范技术多项，筛选推广优质高产饲草品种，培训农民2万余人次。

5. 成功打造滩羊产业联合体　在年加工十万只滩羊的屠宰场带动下，直接带动7个合作社、2个家庭牧场、1个滩羊养殖扶贫基地养殖“三叉佳羊”，累计全年存栏滩羊6万多只，年销售收入过亿元。2015年以来，天源公司向红寺堡区150多户居民免费提供滩羊养殖技术服务，使得每户每年新增收入6 000多元。2017年，又建成大河乡龙源村滩羊产业科技扶贫基地，为当地100户建档立卡户托管代养滩羊，每户每年新增纯收入4 500多元。除了企户合作，天源公司还致力于开展校企合作，多年来与中国农业大学、西北农林科技大学、宁夏大学展开技术合作，用高素质人才和高科技手段让滩羊产业快速发展。

因此，“优质青粗饲料开发与利用项目”与企业发展理念十分吻合，项目组专家科研背景和支持技术与企业愿景一致，企业通过该项目的支持，将滩羊产业发展得更加壮大，为科技脱贫插上翅膀，为乡村振兴注入强大动力。

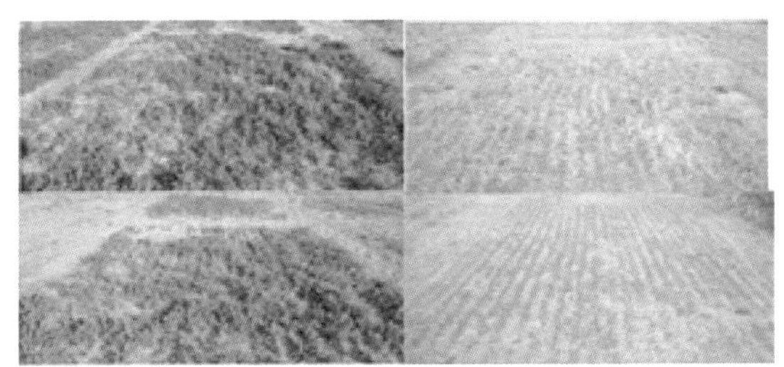

公农1号不同播期试验小区概况，左侧为前两个播期，右侧为最后两个播期（拍摄日期2018 /05/03）

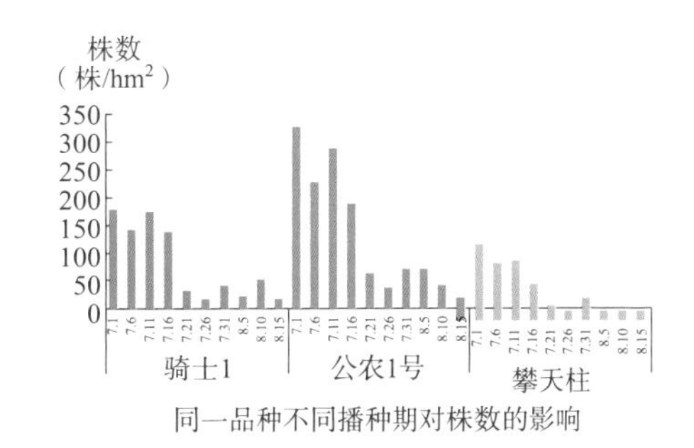


同一品种不同播种期对株数的影响

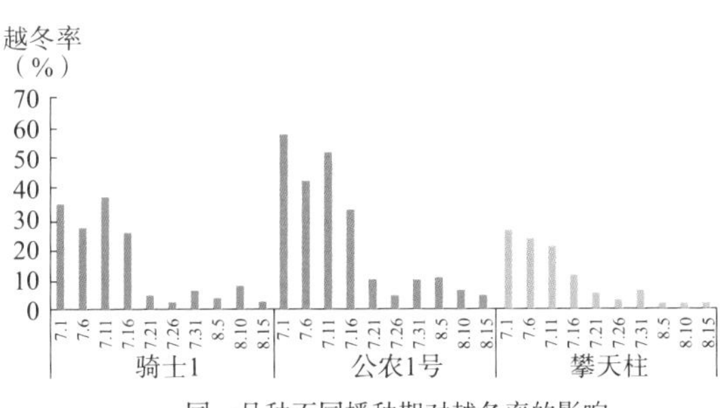


同一品种不同播种期对越冬率的影响

产量
（kg/亩）
500
450
400
350
300
250
200
150
100
50
0
骑士1
公农1号
攀天柱

同一品种不同播种期对干草产量的影响

彩图 1　同一品种不同播种期下对紫花苜蓿越冬率和产量的影响

彩图 2　饲用玉米与高丹草高效间作种植模式

彩图 3　苜蓿-玉米-苜蓿轮作：玉米后茬苜蓿长势（小麦后茬为对照）

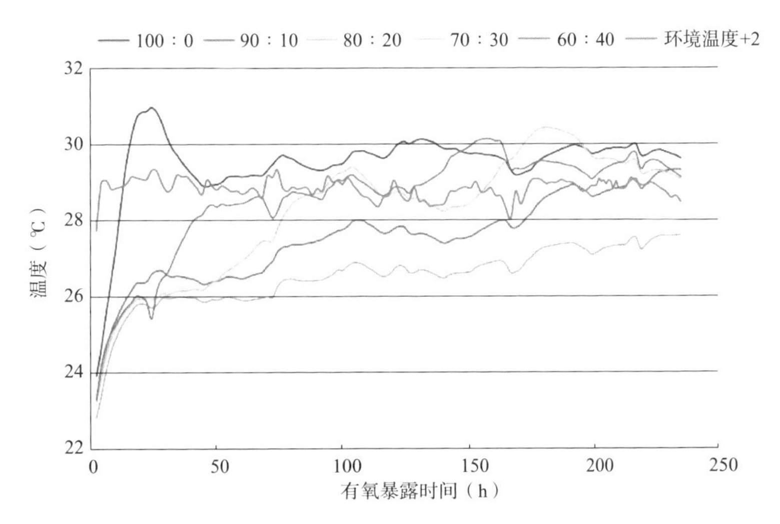


彩图 4　全株玉米与拉巴豆混合青贮饲料的有氧稳定性

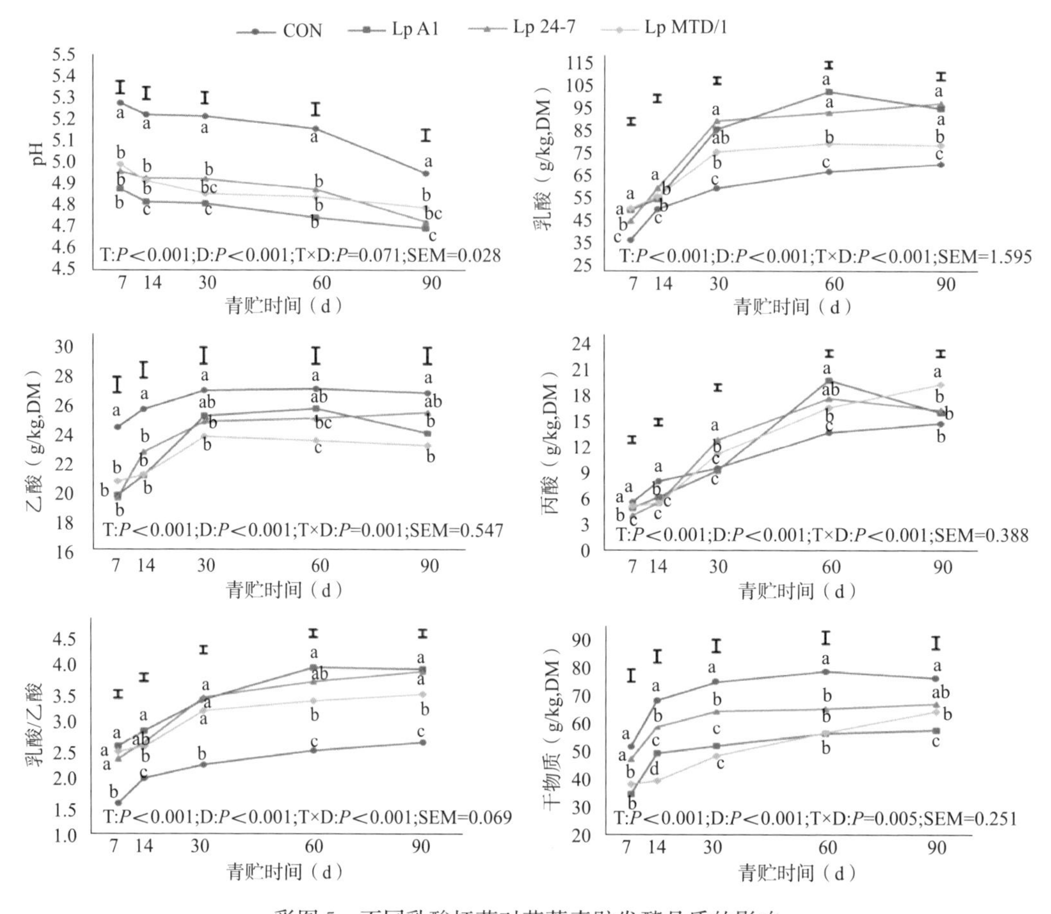


彩图5 不同乳酸杆菌对苜蓿青贮发酵品质的影响

注：CON，对照；Lp A1，产阿魏酸酯酶植物乳杆菌 A1 处理组；Lp 24－7，抗氧化植物乳杆菌 24－7 处理组；Lp MTD/1，植物乳杆菌 MTD/1 处理组；T，处理影响；D，青贮时间的影响；T×D，处理与青贮时间的交互作用；同一列不同小写字母表示同一青贮时间内各个处理组间差异显著（$P<0.05$）

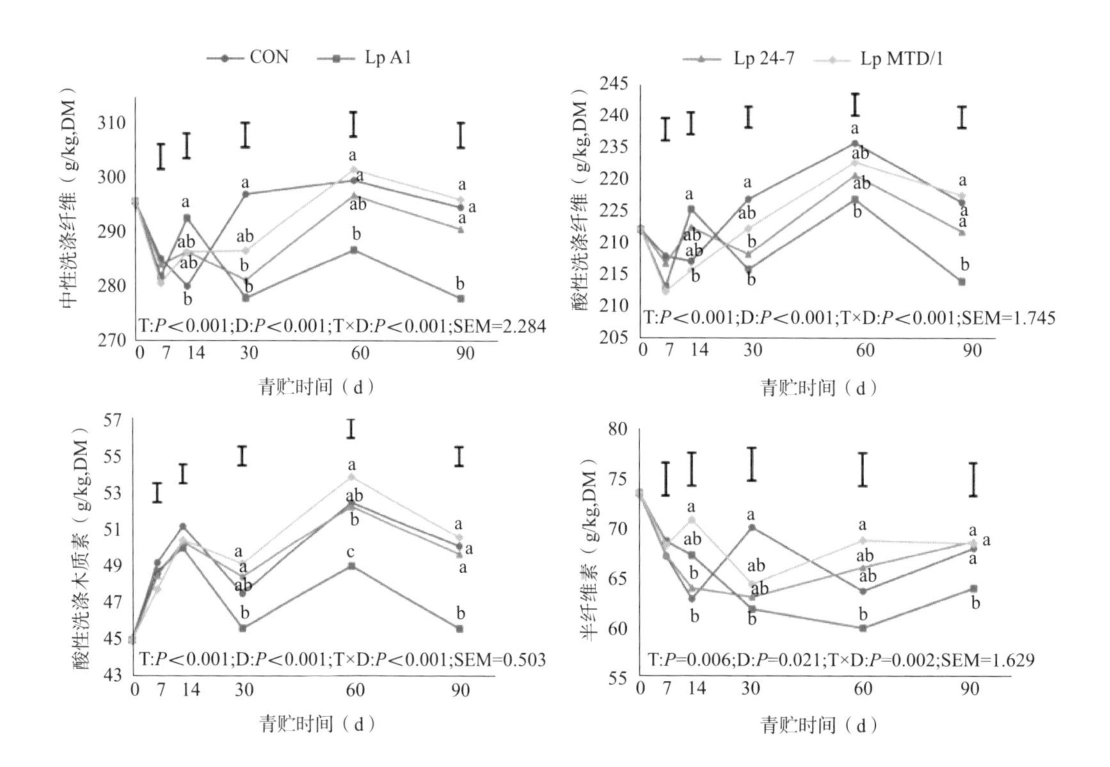

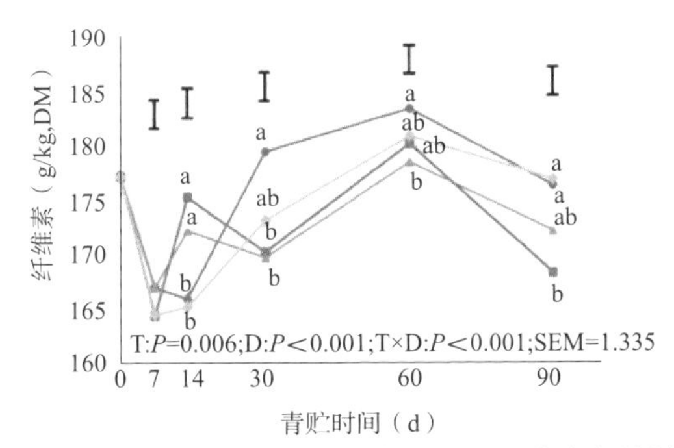


彩图 6　不同乳酸杆菌对苜蓿青贮纤维组分浓度的影响

注：CON，对照；Lp A1，产阿魏酸酯酶植物乳杆菌 A1 处理组；Lp 24-7，抗氧化植物乳杆菌 24-7 处理组；Lp MTD/1，植物乳杆菌 MTD/1 处理组；T，处理影响；D，青贮时间的影响；T×D，处理与青贮时间的交互作用；同一列不同小写字母表示同一青贮时间内各处理组间差异显著（$P$<0.05）

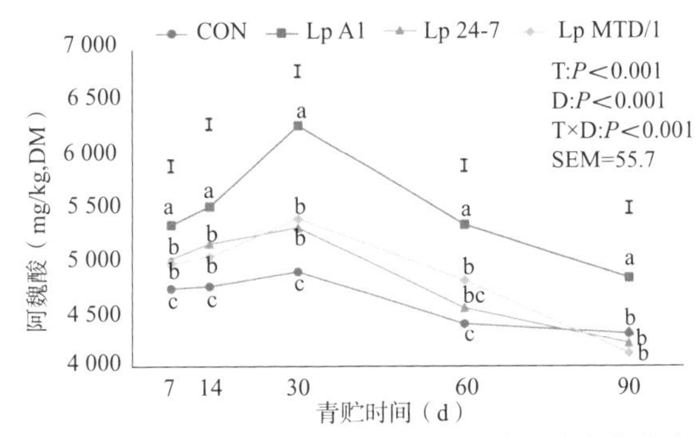


彩图 7　不同乳酸杆菌对苜蓿青贮阿魏酸浓度的影响

注：CON，对照；Lp A1，产阿魏酸酯酶植物乳杆菌 A1 处理组；Lp 24-7，抗氧化植物乳杆菌 24-7 处理组；Lp MTD/1，植物乳杆菌 MTD/1 处理组；T，处理影响；D，青贮时间的影响；T×D，处理与青贮时间的交互作用；同一列不同小写字母表示同一青贮时间内各个处理组之间差异显著（$P$<0.05）

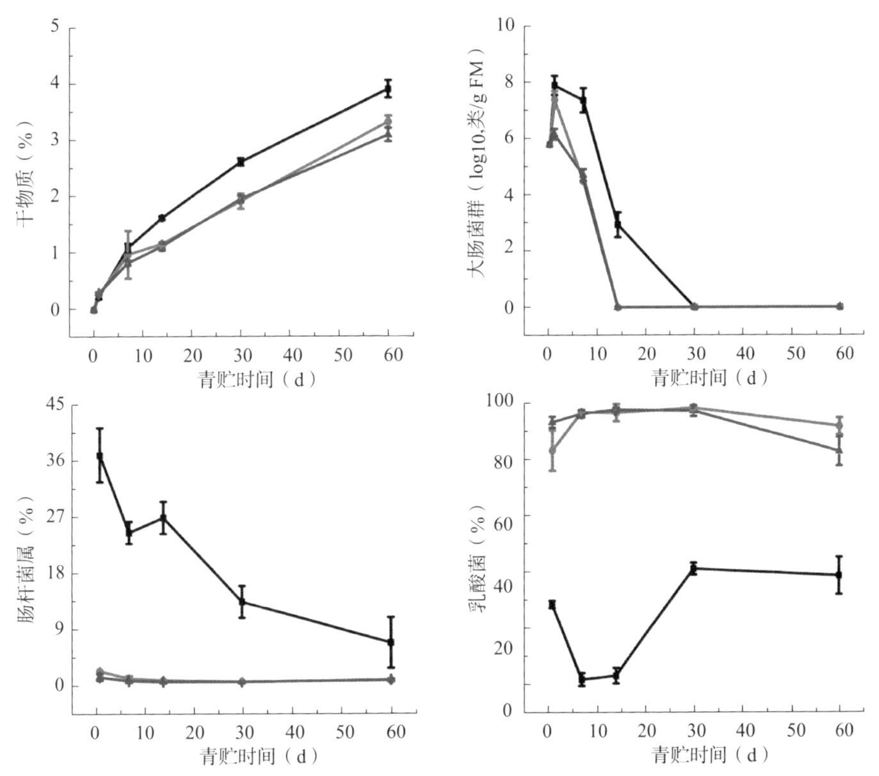


彩图 8　添加香肠乳杆菌、乳酸乳球菌对辣木青贮饲料的影响

注：黑线，对照组；红线，LF；蓝线，LL

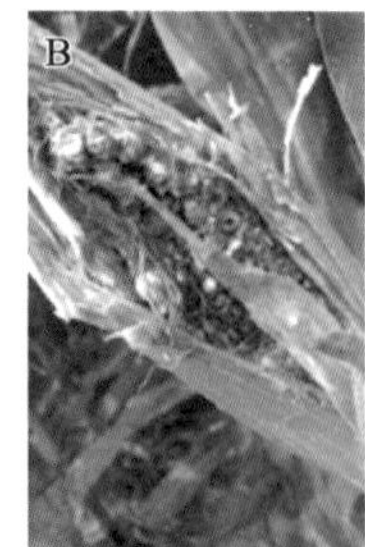

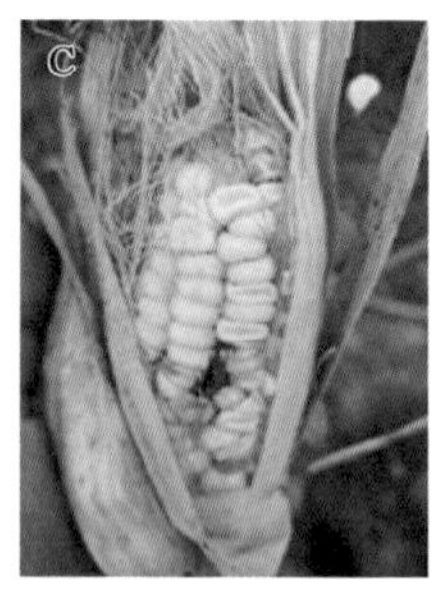

彩图 9　玉米田间栽培过程中容易污染霉菌的主要灾害现象

A. 倒伏　B. 穗腐　C. 天害　D. 瘤黑粉　E. 锈病

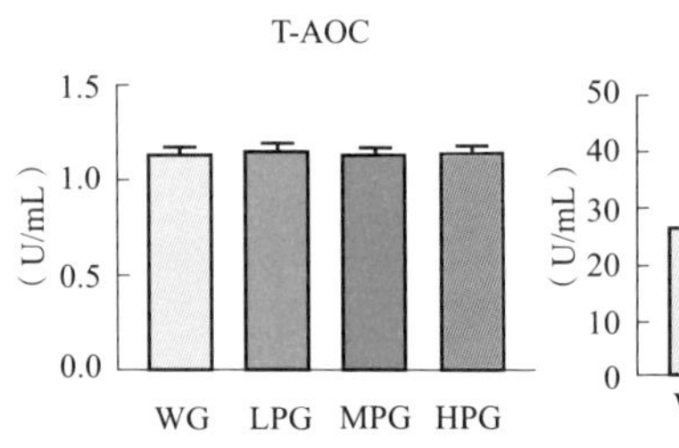

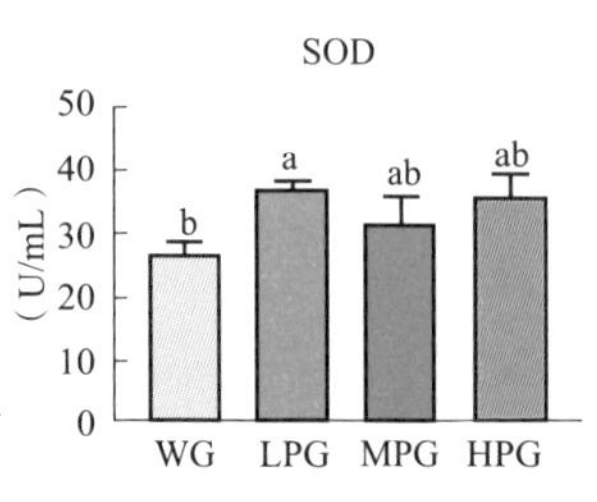


彩图 10　花生秧与全株玉米青贮不同配比对西门塔尔杂交牛血清抗氧化指标的影响

注：图中不同小写字母表示差异显著（$P<0.05$）；T-AOC，总抗氧化能力；SOD，超氧化物歧化酶；WG，45%麦秸组；LPG，25%花生秧组；MPG，45%花生秧组；HPG，65%花生秧组

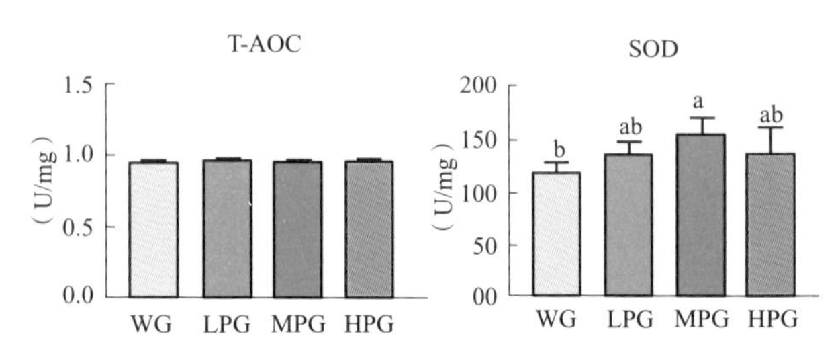


彩图 11　花生秧与全株玉米青贮不同配比对西门塔尔杂交牛脾脏抗氧化指标的影响

注：图中不同小写字母表示差异显著（$P<0.05$）；T-AOC，总抗氧化能力；SOD，超氧化物歧化酶；WG，45%麦秸组；LPG，25%花生秧组；MPG，45%花生秧组；HPG，65%花生秧组

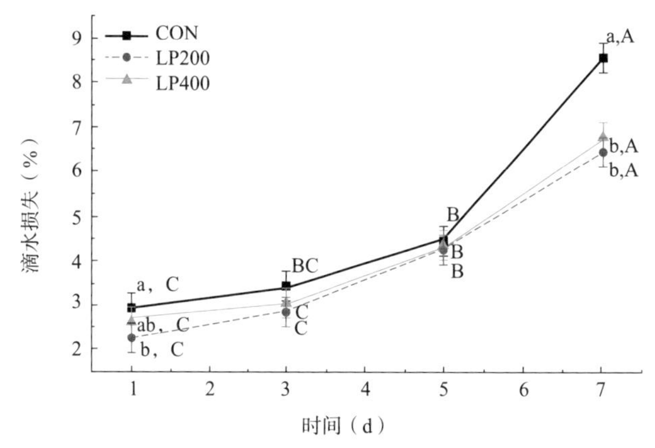


彩图 12　添加番茄红素对储藏期羊肉滴水损失的影响

注：图中不同小写字母表示处理组间差异显著（$P<0.05$）；不同大写字母表示处理组内差异显著（$P<0.05$）；CON，空白对照；LP200，基础日粮中添加 200mg/kg 番茄红素；LP400，基础日粮中添加 400mg/kg 番茄红素

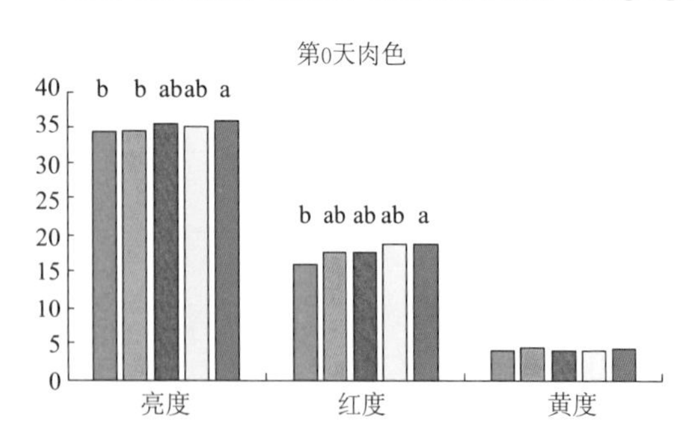

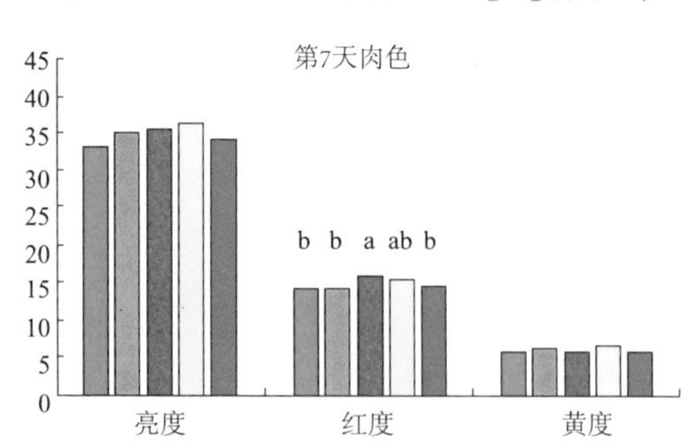


彩图 13　苜蓿皂苷对肌肉肉色的影响

注：图中不同小写字母表示差异显著（$P<0.05$）